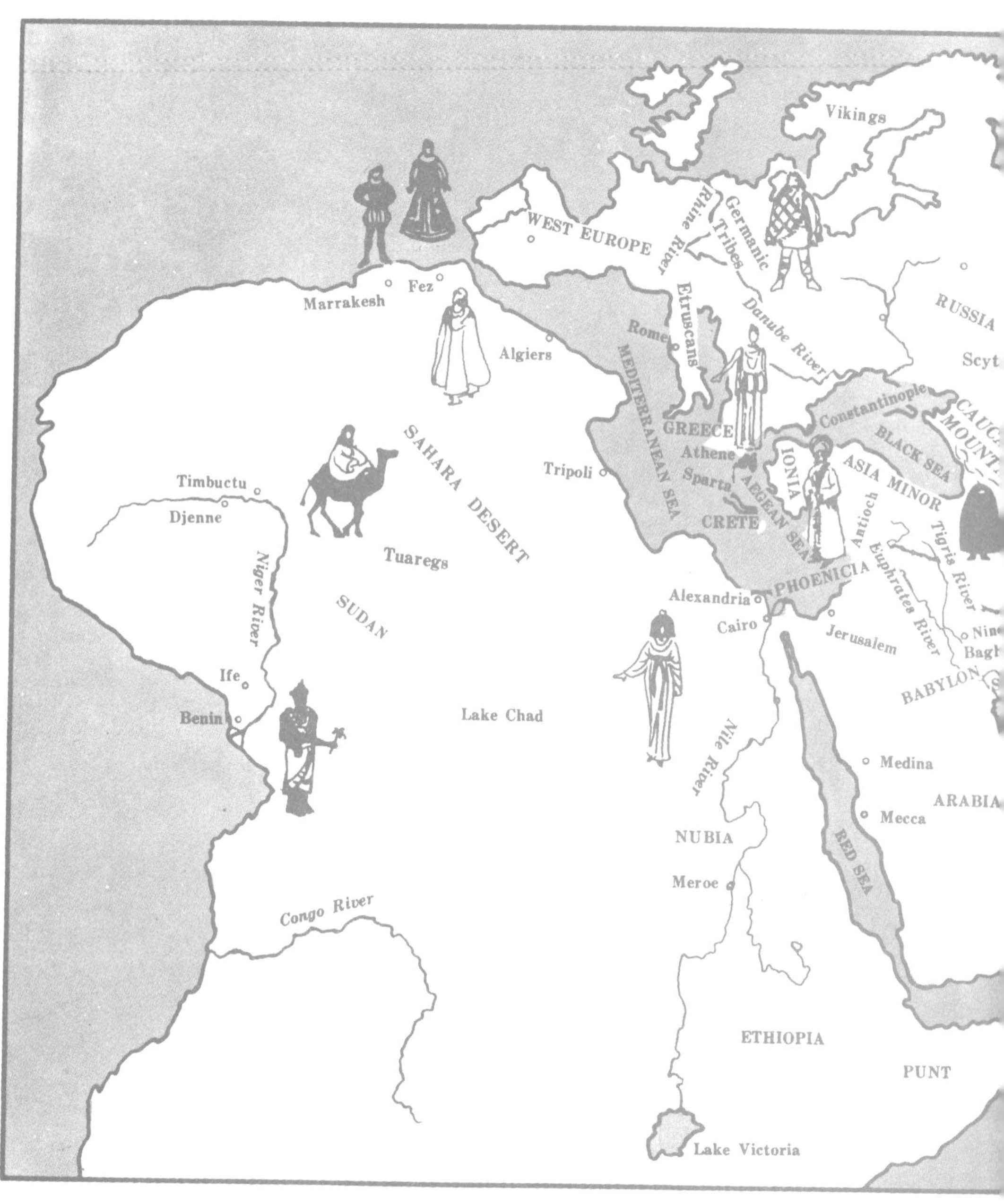
Vikings
WEST EUROPE
Rhine River
Germanic Tribes
RUSSIA
Scyt
Marrakesh
Fez
Algiers
Rome
Etruscans
Danube River
MEDITERRANEAN SEA
Constantinople
BLACK SEA
GREECE
Athene
Sparta
IONIA
AEGEAN SEA
ASIA MINOR
CRETE
Antioch
Tigris River
Euphrates River
SAHARA DESERT
Tripoli
Timbuctu
Djenne
Niger River
Tuaregs
SUDAN
PHOENICIA
Alexandria
Cairo
Jerusalem
BABYLON
Ife
Benin
Lake Chad
Nile River
Medina
Mecca
ARABIA
NUBIA
Meroe
RED SEA
Congo River
ETHIOPIA
PUNT
Lake Victoria

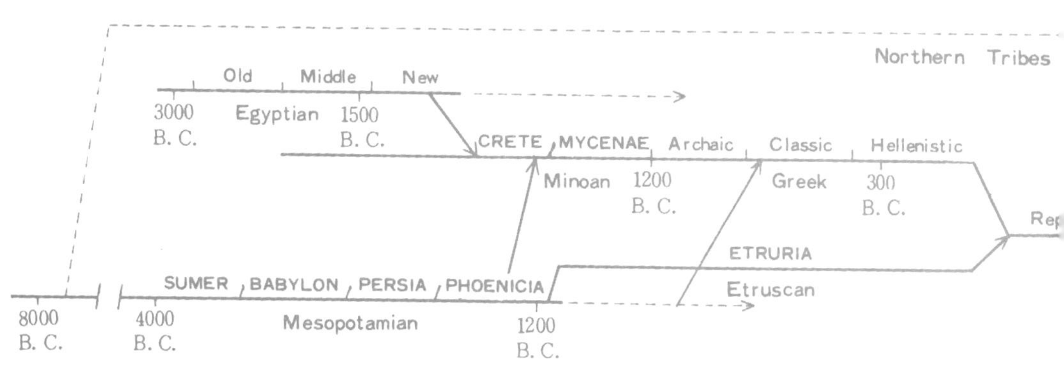
Northern Tribes
Old
Middle
New
3000 B. C.
Egyptian
1500 B. C.
CRETE
MYCENAE
Archaic
Classic
Hellenistic
Minoan
1200 B. C.
Greek
300 B. C.
ETRURIA
SUMER
BABYLON
PERSIA
PHOENICIA
Etruscan
8000 B. C.
4000 B. C.
Mesopotamian
1200 B. C.

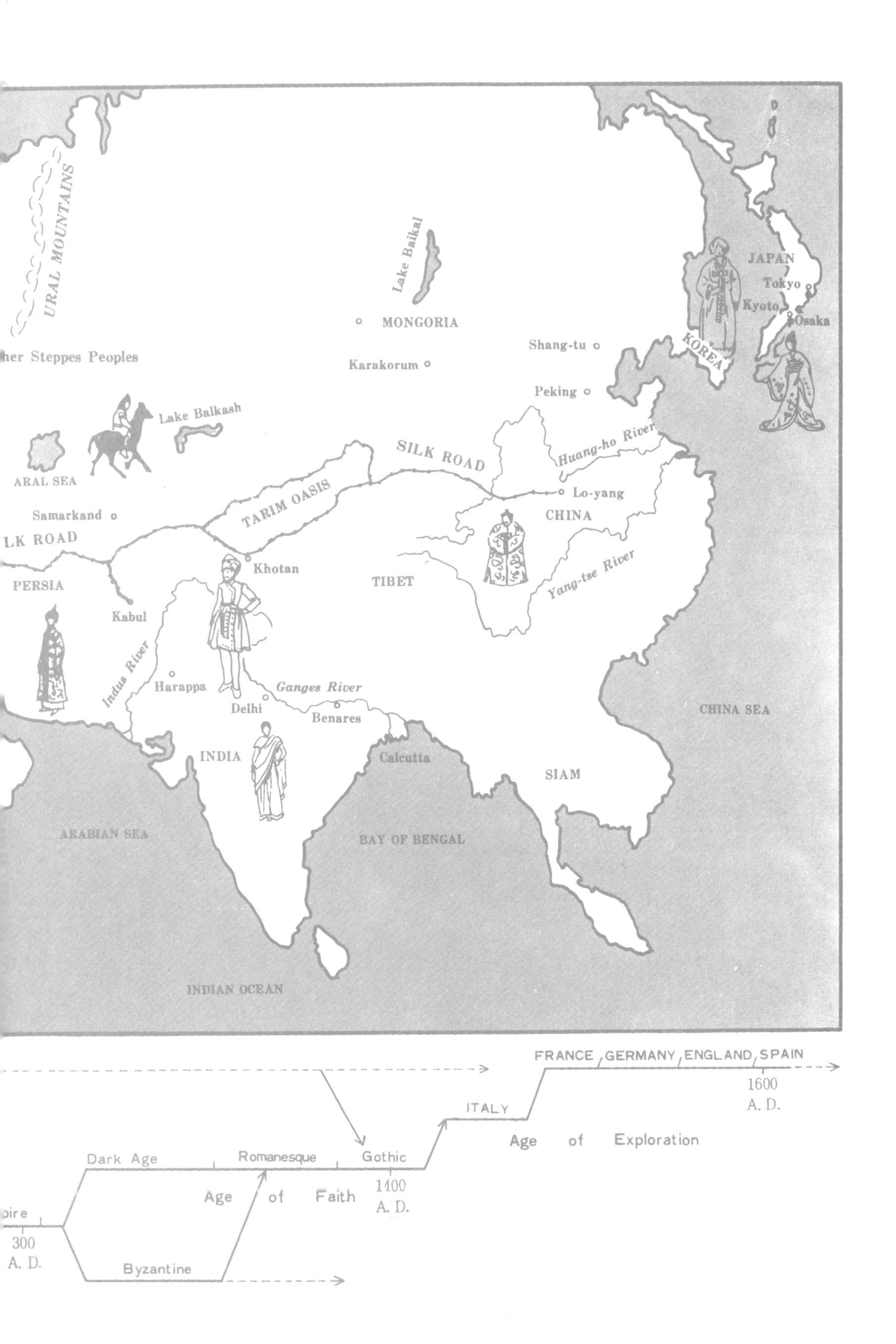
URAL MOUNTAINS
Lake Baikal
MONGORIA
JAPAN
Tokyo
Kyoto
Osaka
KOREA
Shang-tu
Karakorum
her Steppes Peoples
Peking
Lake Balkash
Huang-ho River
SILK ROAD
ARAL SEA
TARIM OASIS
Lo-yang
Samarkand
CHINA
LK ROAD
Khotan
PERSIA
TIBET
Yang-tse River
Kabul
Indus River
Harappa
Ganges River
Delhi
Benares
CHINA SEA
INDIA
Calcutta
SIAM
ARABIAN SEA
BAY OF BENGAL
INDIAN OCEAN
FRANCE
GERMANY
ENGLAND
SPAIN
1600
A. D.
ITALY
Age of Exploration
Dark Age
Romanesque
Gothic
Age of Faith
1100
A. D.
pire
300
A. D.
Byzantine

서양복식문화사

A HISTORY OF FASHION

정 흥 숙 지음

教 文 社

지은이 소개

의류학 박사 정홍숙
Dr. Heungsook Grace Chung, Ph. D.

서울대학교 (학사)
미국 Michigan주립대학교 (석사)
세종대학교 (박사)

역임
미국 Michigan주립대학교 연구교수
미국 Stanford 대학교 객원교수
중앙대학교 생활과학대학 학장
중앙대학교 생활문화산업연구소 소장
중앙대학교 예술대학원 운영위원
한국복식학회 회장
한국의류학회, 복식미학 초대위원장

현재
중앙대학교 의류학과 명예교수
공연예술의상연구회 회장
클래식음악, 유리디체아카데미 회장
클래식음악, 라 스칼라오페라아카데미 회장
운정 시낭송회 회장

저서
근대복식문화사
현대인과 의상
Practical English Conversation(I , II)

수상
경기여고, 영매상
중앙대학교, 교육상
한국과학기술처, 최우수논문상
세계월드컵대회, 대통령표창상
한국의류학회, 이홍수저술상

서양복식문화사

1981년 8월 8일 초판 발행
1997년 3월 10일 개정판 발행 ■ 2022년 2월 11일 개정 29쇄 발행

지은이 정 홍 숙 ■ 펴낸이 류 원 식 ■ 펴낸곳 **교문사**

주소 (10881)경기도 파주시 문발로 116
전화 031-955-6111(代) ■ 팩스 031-955-0955
등록 1960. 10. 28. 제406-2006-000035호

홈페이지 www.gyomoon.com ■ 이메일 genie@gyomoon.com
ISBN 89-363-1416-3(93590)

*잘못된 책은 바꿔 드립니다.
값 27,000원

머 리 말

의상은 무엇인가? 단순히 부끄러움을 감추기 위한 에덴 동산의 산물인가? 나뭇잎에서 발달한 자연스러운 변화인가?

고대 이집트 사람들은 리넨 천으로 몸에 헐렁하게 둘러입는 드레이퍼리 형태의 의상을 착용했다. 이것은 의상이 몸에 밀착되지 않아 체열의 발산을 최대한으로 크게 할 수 있는 디자인이었다. 이집트가 아열대성의 뜨겁고 건조한 기후의 나라임을 생각할 때 그들이 아니고는 만들어 낼 수 없는 필연성을 가지고 있었다.

고대 그리스 건축물의 기둥에 패인 세로줄은 당시 그네들의 의상에 드레이프의 자연적인 주름을 만들었고 건축에 사용된 황금분할의 디자인 원리는 의상에도 적용되었다. 그 시대의 예술양식은 항상 그 시대 복식에 직접적으로 영향을 주었다.

사회상을 반영하는 복식의 변화는 여성들의 노출에서도 찾아볼 수 있다. 처음 여성들의 과감한 노출은 유방을 거의 드러내는 네크라인에서 시도되었다. 12세기 중엽 십자군 전쟁이 실패로 끝나자, 교회의 절대적 권위는 무너지고 사람들은 점차 중세적 기독교 관념에서 벗어나 좀더 인간적인 즐거움을 찾으려는 기풍이 싹트게 되었다. 이러한 심리가 여성복식에서 노출이라는 디자인을 유발시켰던 것이다.

17세기 중엽을 지나면서 왕실을 중심으로 화려한 귀족문화를 꽃피운 프랑스는 판도라라는 인형을 통해 그들의 모드를 유럽 각국에 전파시켰다. 그 후 판도라는 오늘날의 마네킹으로 발전되었으며 복식연구에 많은 도움을 주었다.

16세기와 17세기에는 화려한 씰크와 보석, 레이스, 루프 등의 사용이 지나쳐, 사치금지령이 몇 번씩 내려졌으나 별 실효를 거두지 못하고 계속 화려한 복식이 창조되었다. 이것은 부(富)가 모든 면에 대중성을 가져오며, 복식에서도 모드를 패션으로 쉽게 보급시킨다는 것을 말해 준다. 여기에서 바로 당시의 사회적 배경을 읽을 수 있다.

18세기 후반에 자본주의 사회의 성장과 민주주의를 알리는 종소리는 영국 여성들로 하여금 거추장스러운 복식을 떨쳐버리도록 했다. 이것은 프랑스에서 루이 16세의 왕비 마리 앙투아네트가 반사회적인 초호화 장식 속에 역사상 가장 높은 머리형을 유행시켰던 것과 좋은 대조를 이룬다.

에덴 동산에서 유래한 나뭇잎 의상이 오늘날까지 변천해 온 과정에는 숱한 다른 변화들과 어우러진 필연적인 연관성 및 뚜렷한 역사성이 있다. 그것은 지리적인 조건의 암시이고 사회적인 변화의 거울이며, 또한 그 시대의 인간의 심리를 무엇보다도 솔직하게 표현하는 것이기도 하다. 다시 말해서 복식의 흐름을 통해 현재의 우리의 모습을 뚜렷이 인식할 수 있는 것이다.

의상 한가지 한가지가 단순한 헝겊의 기술적 조합이 아니고, 인류의 발자취를 다루는 고고학이나 인류학이나 동굴의 벽화까지 거슬러 올라가는 미술사와 마찬가지로 인간이 가장 가깝게 남긴 고귀한 흔적이기에, 하나의 완전한 역사로서 긍정하지 않을 수 없는 것이다.

상당한 식견을 가지신 어떤 분이 "의상에 역사랄 것까지 있나?"라고 한 말이 생각나서 지금까지의 설득의 변이 있었는지는 모르지만, 어쨌든 아직도 사람들이 복식사라고 하면 '복식사?' 하고 반문하곤 하는 일들이 이 책의 서두를 이렇게 이끈 것 같다.

원래 복식은 생활 속에서 생겨나 생활과 걸음을 같이 하는 것이므로 인간의 의지와 감정을 가장 잘 형태화시키면서 그 당시의 생활상과 사회상을 직접 반영한다. 따라서 복식은 자연적 환경을 포함한 각 시대의 정치체제, 경제상태, 사회조직, 예술양식, 종교관념 속에서 인류의 정신활동의 발자취를 나타낸 문화사의 중요한 요소이다. 이 책은 예술양식사와 미적 가치관의 변천사의 관점에서 지난 5,000여 년에 걸친 복식의 역사를 정리해 본 것이다. 각 시대별로 사회 · 문화적 배경, 복식의 개요, 의복의 종류 및 형태, 머리모양, 신발, 장신구 등으로 나누어 설명했다.

이 책이 복식연구와 복식문화 향상에 조금이라도 기여할 수 있기를 바라며, 앞으로 보다 나은 책이 되도록 독자들의 지시와 협력을 바란다.

끝으로 이 책이 나올 수 있도록 직접 간접으로 애써 주신 주위의 스승님들께 감사드린다. 서울대학교 당시에 스승님이셨던 임원자 학장님, Michigan State University 재학 당시 지도교수이셨고 현재 University of Minnesota에서 Department Head of Design, Housing and Apparel로 근무하고 계신 Dr. Joanne B. Eicher, 아직도 Michigan State University에서 서양복식사를 강의하시는 원로 교수님 Dr. Anne Creekmore, 교문사의 사장님 이하 편집부원들, 그리고 오늘이 있도록 해주신 부모님과 묵묵히 인고를 같이 나눈 남편과 두 아이들에게 깊은 감사를 드린다.

1981년 8월
저자 씀

개정판을 내면서

복식(服飾)은 인간의 내면적 욕구와 미의식(美意識)의 표현으로서 노출된 시대적 상황에 대한 반응수단의 하나이므로 한 시대의 예술분야로서 건축 · 조각 · 회화 · 공예 분야와 불가분의 관계를 맺고 그 시대의 예술양식(art style)을 표출하는 중요한 장르를 맡고 있다.

그래서 복식의 역사를 가르치기 위해서는 각 시대마다의 건축 · 조각 · 회화 · 공예의 예술양식을 우선 알아야 하기 때문에 내가 모르는 이 많은 분야를 끊임없이 공부해야 하는 과제가 항상 부담감을 주고 있다. 그러나 연구할 자료가 많고 매일 새로운 것을 발견하는 즐거움과 분석 · 정리해 보는 기쁨이 있기에 '서양복식문화'는 매력있는 전공분야임에 틀림이 없다는 확신이 세월과 함께 굳어진다.

1981년 8월 8일에 「서양복식문화사」를 첫 출간한 지 15년 7개월 만에 숙원이던 개정판을 출간하게 되어 무척 흐뭇했다. 그러나 계속 오자도 발견되고 그림도 좌우가 도치되어 개정판을 다시 계획해 오다가 이제 2003년 1월에 내용을 보완하면서 정리하여 신개정판을 출간하게 되었다. 아무리 보완하고 수정해도 항상 미숙한 점이 많으므로 계속 독자들의 조언을 부탁드린다.

이 책이 탄생되어 신개정판이 출간될 때까지 도와주신 주위의 여러분들께 지면을 통해 다시 감사드리고 싶다.

항상 어머니처럼, 친언니처럼 나를 사랑해 주시고 아껴주셨던 주정일 · 윤서석 · 임원자 교수님과 미시건 주립대학교의 지도교수님 Dr. Joanne Eicher, 전 세종대학교의 손경자 교수님, 조언과 격려로 용기를 북돋아주신 이석우 스승님 그리고 늘 자기 일처럼 도와준 제자교수 김찬주 · 주명희 · 이효진 · 현선진 · 곽미영 · 박형애 · 김정은 · 박은희 · 곽보영 · 김영삼 · 김은하 · 정미진 박사들에게 고마움을 표하고 싶다.

아울러 교문사의 류제동 사장님과 편집부의 양계성 부장님과 직원 여러분들의 노고에 감사를 드리고 싶다.

끝으로 오늘이 있도록 도와주신 어머님과 형제들, 특히 정기열 · 오정란 부부, 아들 태영(Michael), 딸 미영(Michelle) 그리고 묵묵히 곁에서 힘이 되어 준 남편 손세영의 사랑과 기도가 있기에 항상 일할 수 있는 힘이 생겨남을 전수님께 감사드린다.

2003년 1월

저자씀

차 례

제 2 부
중세복식

제 3 부
근세복식

제 1 부

고 대 복 식

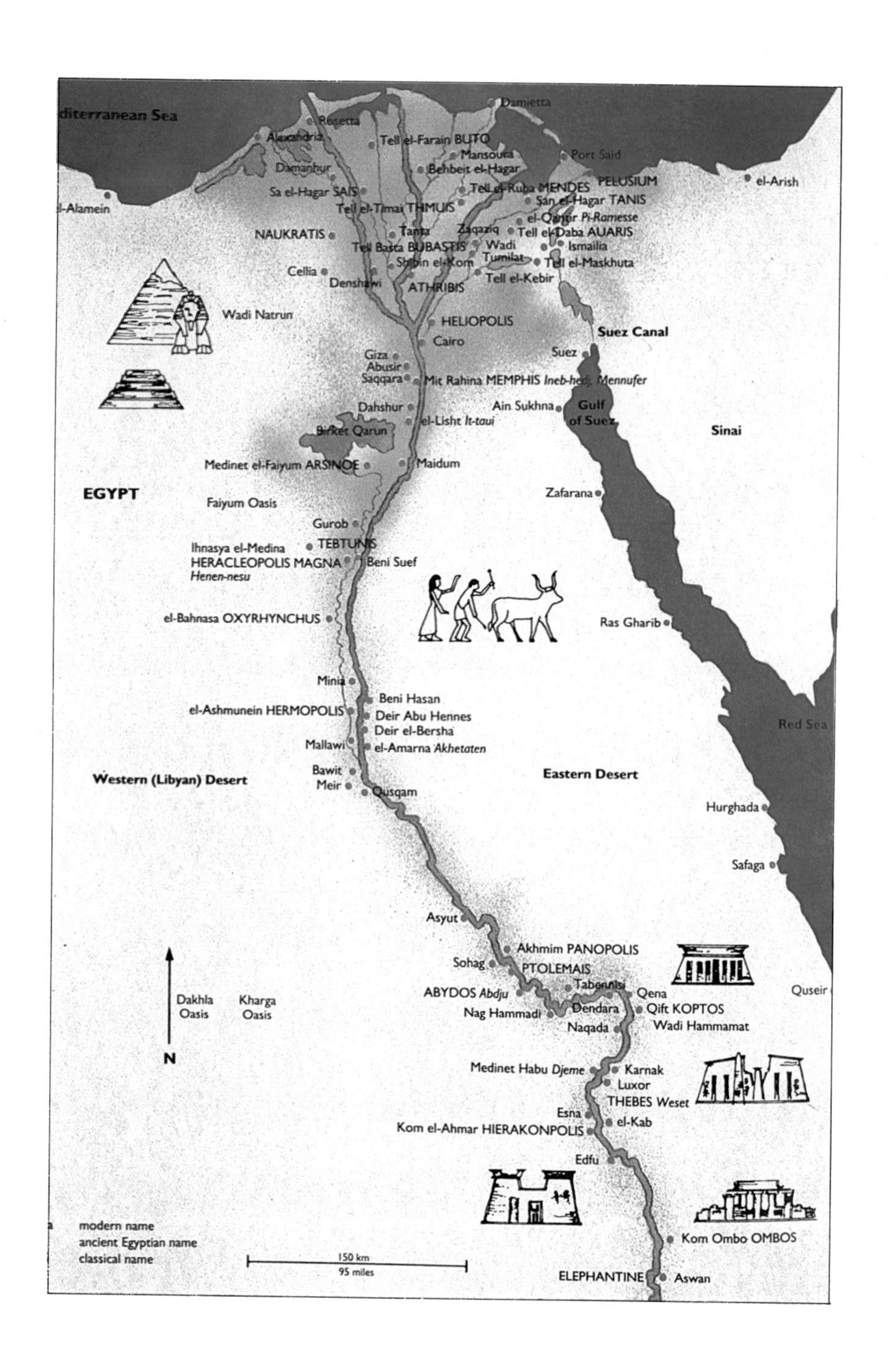

Mediterranean Sea
Damietta
Rosetta
Alexandria
Tell el-Farain BUTO
Mansoura
Port Said
Damanhur
Behbeit el-Hagar
Tell el-Ruba MENDES
PELUSIUM
el-Arish
Sa el-Hagar SAIS
San el-Hagar TANIS
el-Alamein
Tell el-Timai THMUIS
el-Qantir Pi-Ramesse
NAUKRATIS
Tanta
Zagazig
Tell el-Daba AUARIS
Tell Basta BUBASTIS
Wadi Tumilat
Ismailia
Cellia
Shibin el-Kom
Tell el-Maskhuta
Denshawi
ATHRIBIS
Tell el-Kebir
Wadi Natrun
HELIOPOLIS
Suez Canal
Cairo
Suez
Giza
Abusir
Saqqara
Mit Rahina MEMPHIS Ineb-hedj, Mennufer
Dahshur
Ain Sukhna
Gulf of Suez
el-Lisht It-taui
Sinai
Birket Qarun
Medinet el-Faiyum ARSINOE
Maidum
EGYPT
Zafarana
Faiyum Oasis
Gurob
Ihnasya el-Medina
TEBTUNIS
HERACLEOPOLIS MAGNA
Henen-nesu
Beni Suef
el-Bahnasa OXYRHYNCHUS
Ras Gharib
Minia
Beni Hasan
el-Ashmunein HERMOPOLIS
Deir Abu Hennes
Deir el-Bersha
Red Sea
Mallawi
el-Amarna Akhetaten
Bawit
Meir
Qusqam
Western (Libyan) Desert
Eastern Desert
Hurghada
Safaga
Asyut
Akhmim PANOPOLIS
Sohag
PTOLEMAIS
Tabennisi
Quseir
ABYDOS Abdju
Qena
Dakhla Oasis
Kharga Oasis
Nag Hammadi
Dendara
Qift KOPTOS
Naqada
Wadi Hammamat
N
Medinet Habu Djeme
Karnak
Luxor
THEBES Weset
Esna
el-Kab
Kom el-Ahmar HIERAKONPOLIS
Edfu
modern name
ancient Egyptian name
classical name
Kom Ombo OMBOS
150 km
95 miles
ELEPHANTINE
Aswan

제 1 장

이집트의 복식

1. 사회 · 문화적 배경

고대 이집트(Egypt)는 세계 4대 문명 발상지의 하나로서, 그들의 복식이 최초로 종합적인 문화의 성격을 갖추고 나타났다는 점에서 서양복식사(西洋服飾史)의 기원으로 간주될 수 있다.

이집트는 북위 20°~30°의 온난한 지역에 위치하며 그 중심부에는 나일(Nile)강이 흐르고 있다. 그리스의 역사학자 헤로도투스(Herodotus)가 '이집트는 나일의 선물'이라고 단적으로 표현했듯이, 나일강은 이집트인의 물질생활의 원천이었을 뿐 아니라 정신생활의 모태로서, 이들 양면의 총합인 복식문화도 나일강을 통해 이해될 수 있다.

이집트 주민의 대다수가 나일강 유역에 거주했기 때문에, 자연히 복식은 나일강 유역의 뜨겁고 건조한 아열대성 기후에 적응할 수 있는 방향으로 발전하게 되었다. 그들의 의복형은 신체의 일부에 간단히 걸치거나 전체에 헐렁하게 둘러입는 식의 밀착되지 않는 형태를 취함으로써 체열(體熱)의 발산을 최대한 크게 할 수 있었다.

소재면에 있어서도 나일강 유역의 진흙의 산물인 마직 리넨(linen)을 주로 사용했는데, 이것은 얇고 가벼울 뿐 아니라 통기성, 흡습성이 좋아 그들의 기후풍토에 매우 적합했을 것이다.

이집트는 같은 시대의 다른 민족에 비해 장신구의 발달이 현저했는데 그것은 의복형이 단순하고 노출이 많아서 신체 자체에 장식을 하고자 하는 욕구가 컸기 때문이며, 또한 재료의 종류가 다양하고 양이 풍부했기 때문이다.

청동과 철은 고왕국(古王國) 초부터 풍족했고 중왕국(中王國) 시대에는 누비아(Nubia : 이집트 남부에 인접)의 금과 은이 여기에 더해졌다. 이 외에 각종의 보석과 준보석(semi-precious stone), 즉 취옥(emerald : 녹색), 마노(agate : 녹색), 터키석(turkey stone : 옥색), 벽옥(jasper : 청색), 자수정(amethyst : 보라색), 석류석(garnet : 붉은색) 등의 풍부한 재료로 인해 이집트의 장신구는 독특하고 호화로운 색광을 발휘할 수 있었다.

이집트의 뜨겁고 건조한 기후는 미라나 유물 또는 유적이 보존되기에 적합한 천연적 조건이었기 때문에 수많은 조상(彫像), 벽화, 출토품 등이 그대로 보존될 수 있었다. 이러한 자료들은 이집트 복식 연구에 커다란 역할을 하고 있다.

고대 이집트의 왕조사는 이집트 문화의 발전경로, 특히 복식문화의 발전과 깊은 관련을 맺고 있는데, 대략 다음과 같이 3왕국 26왕조로 구분된다.

그림 1. Egypt의 sphinx와 pyramid

- **고왕국** : 1~10왕조, B.C. 3400~2160년
- **중왕국** : 11~17왕조, B.C. 2160~1580년
- **신왕국** : 18~26왕조, B.C. 1580~525년

고왕국 시대는 이집트의 창건기로 강력한 왕(paraoh)에 의해 사회체제가 확립되고 경제적으로도 안정된 시기였다. 이 시기에는 피라미드(pyramid)〈그림 1〉의 축조공사와 같은 대규모 노역사업이 많아 복식은 활동이 편한 단순한 형태가 주를 이루었던 것으로 보인다.

중왕국 시대에는 어느 정도 번성했던 11·12왕조를 제외하고는 서아시아계 종족인 힉소스(Hiksos)족이 지배하여, 고왕조에 비해 신성왕위의 효력은 매우 미약해졌다. 그러나 경제적으로나 문화적으로는 어느 정도 안정과 성숙의 단계에 접어들어 독특한 이집트풍이 성립되었다. 또한 동방과의 접촉으로 인해 이집트 복식에서의 외래적 요소가 이때를 계기로 나타나게 되었다. 복식의 유형뿐 아니라 염색법, 직조법, 세공기술 등도 본격적인 진전을 보여 복식의 발달에 큰 역할을 했다.

신왕국 초기인 18왕조 때에는 영토가 시리아, 팔레스타인 등 지중해 연안과 메소포타미아(Mesopotamia) 지역에까지 이르는 등, 이집트의 최강성시대로 이집트 제국이라 칭했을 정도이다. 이처럼 강력하고 유능한 왕들의 영화(榮華)는 수도 테베(Thebes)와 텔 엘 아마르나(Tel el Amarna : Akhenaten왕 당시의 수도)를 중심으로 이룩된 거대한 건축공사에 잘 반영되어 있다. 즉 이 시기에는 전통적인 문화가 완숙

그림 2. Egypt의 신전 내부

그림 3. Egypt의 신전 기둥

의 경지에 들어갔음은 물론, 여기에 동방세계의 이질적인 문물이 전래되어 융합됨으로써 독특한 양상의 이집트 문명이 창조될 수 있었다. 당시의 전성기를 구가하던 시대상은 1922년 고고학자 카나본(Carnarvon)과 카터(Carter)에 의해 발견된 투탕카멘(Tutankhamen, Tutankhamun)왕 분묘의 부장품 규모와 그 호화로움에서 충분히 엿보인다.

이집트인의 특징적이고 찬란한 문명은 대부분 그들의 생산구조와 종교에 힘입은 바가 컸다. 이집트의 경제는 농업을 기반으로 하는데, 나일강 유역의 기름진 농토를 배경으로 농업이 발달했고 나일강의 범람에도 불구하고 잉여농산물을 획득했다.

역사의 진전에 있어서 이와 같이 잉여농산물을 축적할 수 있었던 개인 소유자의 출현과 노동자와 군사단체의 분화는 지배계급을 형성하게 되었다. 이들은 무력한 동족을 전쟁 때 잡아온 이민족의 포로들과 함께 노예화시켰다. 그 결과 전혀 식량생산에 종사하지 않는 수천수만의 노예가 피라미드나 신전〈그림 2, 3〉, 궁전 등의 거대한 건설노동에만 종사할 수 있었다. 고대 이집트를 특징짓는 저 유명한 유적들은 이렇게 해서 탄생된 것이다. 여기에는 이집트의 독특한 지배체제, 즉 신성시된 국왕 파라오를 중심으로 한 절대적 계급사회의 특권이 반영되어 있다.

파라오는 그들의 주신(主神)인 태양신 라(Ra)의 구현체로서 최고의 신관·군사지휘관·지주 등의 권력을 겸비했기 때문에 그 권위는 절대적인 것이었다. 그들은 그 자신의 신성왕위를 상징하기 위해 복식을 중요한 수단으로 즐겨 사용했다. 즉 넓고 우아한 가운(gown)형 의복의 전체에 또는 부분적인 곳에 태양광선을 상징하는 수

그림 4. 독수리 모양의 necklace

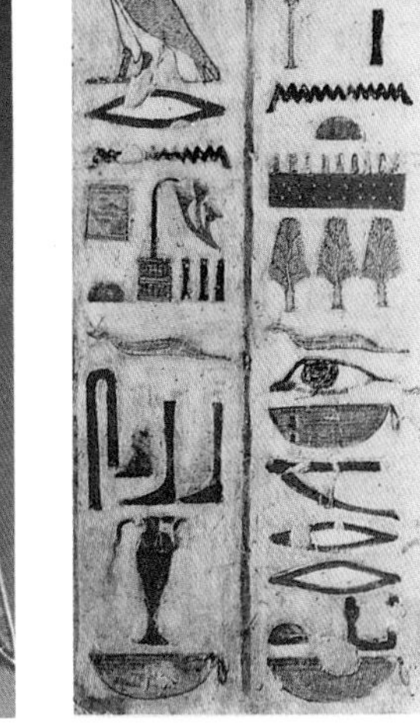

그림 5. 상형 문자

직선의 주름을 잡아 태양신(Ra, Amon)의 아들임을 과시했고, 상·하 이집트신의 상징인 독수리(vulture)〈그림 4〉와 성사(聖蛇, uraeus) 등을 중요한 장신구에 반드시 조형화한 것 등은 모두 이를 설명하는 것으로 볼 수 있다.

이집트 왕가는 그들 자신을 모두 신으로 여겨, 근친결혼을 함으로써 왕가의 혈통을 계승해 나가고자 했으며 여기에 공신 등의 귀족과 각 신을 모시는 성직자가 합세하여 이집트의 지배계급을 이루고 있었다. 이들이 매우 사치스럽고 향락적인 생활을 누린 반면, 생산과 노동을 담당한 하층민과 노예들은 매우 비참한 생활을 했다. 이러한 사회구조는 복식의 성격을 이중으로 구분하게 된다. 심미적인 것에 관심이 많은 귀족계급에서는 우미(優美)를 위주로 하여 화려하고 다양한 형태와 소재의 발달을 보인 데 반해, 하층계급은 이집트 전왕조를 통해 거의 변함없이 소박하고 활동에 편리한 복식을 착용했다. 더욱이 귀족의 복식에는 외래적 요소가 다분히 융합되었기 때문에 고대 오리엔트(orient) 복식의 면모를 짐작할 수 있고, 하층계급의 복식에서는 이집트 민족복의 흐름을 파악할 수 있다.

고대 이집트의 종교에 있어 파라오의 무한한 권력 다음으로 눈에 띄는 특징은 그들의 미래에 대한 관념이다. 이것은 이집트의 문명을 특징지우는 거대한 분묘나 그 속의 미라를 정성들여 만들게 한 근본적인 동기이다. 분묘의 벽화나 그곳에 새겨진 글들은 육체와 영혼에 관한 이집트인의 복잡한 관념을 말해 주고 있다〈그림 5〉. 인간은 육체가 죽은 뒤에도 살아 남는 카(ka)라는 영혼을 가지고 있는데, 이 카가 머무를 몸으로 썩지 않는 미라나 조상을 마련해야 한다고 믿었다. 이처럼 이집트인들은 자신들이 내세에서도 카로서 현세에서와 꼭 같은 생활을 계속하리라 믿었는데, 이러

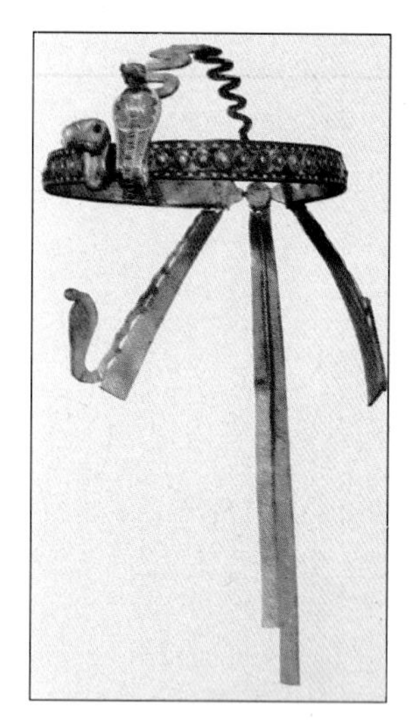

그림 6. 독수리 머리와 뱀머리로 장식된 왕관

그림 7. 신성풍뎅이와 독수리를 장식의 motif로 한 목걸이

한 영혼불멸사상은 분묘에서 함께 발견되는 부장품의 종류를 보아도 짐작할 수 있다. 현세에서 사용하던 일상용품, 즉 향료, 화장품, 장신구, 음식물, 꽃, 촛대, 게임판, 잉크와 펜, 무기 등을 함께 부장하고 내세생활에 동반자가 될 인물들이 그려진 벽화를 분묘 내부 사면에 장식했다. 다행인 것은 분묘의 부장품과 벽화들이 복식연구에 매우 귀중한 자료가 되고 있다는 점이다.

이집트의 영생숭배는 생(生)과 사(死)를 관장하는 신(神)으로 나일강과 동일시된 오시리스(Osiris)와, 그의 누이이며 그와 결혼한 대지와 다산(多産)의 여신인 이시스(Isis) 등 특정한 신의 숭배로 집중되었다. 이들에 대한 숭배는 이집트 문명의 모든 흔적에서 공통적으로 발견된다. 그들은 이 외에도 꽤 진부한 부류의 다신교 신앙을 갖고 있었는데, 원시적인 모든 것, 즉 생과 사와 재생의 회귀, 토템 신앙, 다산숭배 등이 여기에 포함되어 있다. 더욱이 다신교 신앙은 주위의 상징적 자연물을 조형화하여 복식을 비롯한 모든 의장(意匠)에 사용되었다.

장식의 모티프(motif)로는 세력의 영구불멸을 의미하는 뜻으로 모든 신의 선조인 태양이 많이 사용되었으며, 그 중에서도 날개와 더불어 문양화된 것은 인간의 생을 영원히 지키는 것으로 사원과 분묘 입구, 장신구 등 온갖 것에 쓰였는데 미라를 모시는 상자에 반드시 이 장식이 붙어 있는 것도 이 때문이다. 나일강은 오곡 열매를 가져오므로 그 파도를 문양화한 것은 소생을 의미하는 것으로 귀하게 여겼고 독수리는 상(上)이집트 신의 상징으로 전쟁중의 왕을 보호한다는 의미를 지녀 여왕은 왕이 원정을 나간 동안 독수리 장식의 관을 머리에 쓰고 있기도 했다〈그림 6〉. 성사(聖蛇)는 하(下)이집트 신의 상징으로 독수리와 함께 문양 중 가장 많이 사용되었

그림 8. Akenaton왕과 Nefertiti 왕비(18왕조)

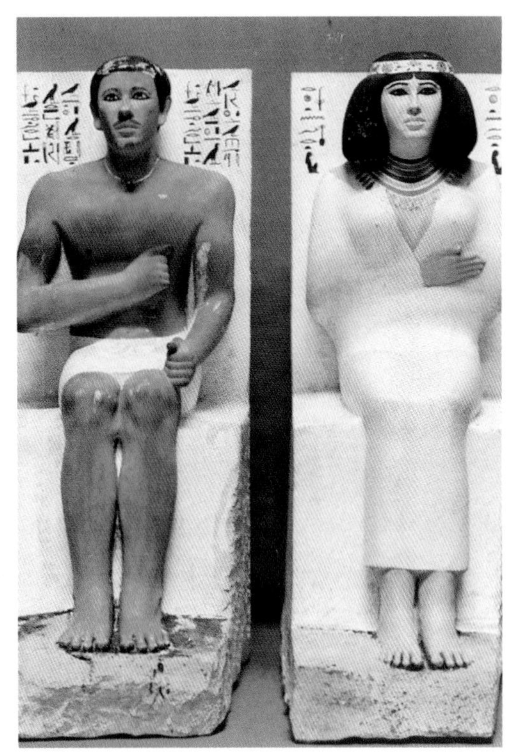

그림 9. Rahotep 왕자와 왕자비
(제4왕조, B. C. 2600년)

다. 무당벌레형의 보석, 즉 스카라바에우스(scaravaeus : 신성 풍뎅이라고도 함)는 불멸의 상징으로 가슴장식〈그림 7〉이나 반지〈그림 16〉 등에, 연(連, lotus)은 영원한 생명의 상징으로 가구나 그릇, 장신구 등에 무수하게 장식되었다. 이 밖에 영원한 젊음을 상징하는 앙크(ankh : ♀)〈그림 15〉나 축제를 의미하는 오우아스(ouas : ⇕) 등 장식적 부호도 있었고, 금은 태양과 같은 색상이라 하여 장식품의 주된 재료가 되었다. 복식요소에 종교적 색채가 이처럼 직접적으로 강하게 반영된 것이 이집트 복식의 특징이다.

흥미로운 사실은 18왕조에서 특히 두드러진 현상으로, 하의(下衣) 착용시 뒤는 허리 위쪽, 앞은 아랫배를 지나도록 둘러입어 배가 노출되도록 했다는 것이다. 그 당시의 이집트인들은 배가 나온 것을 미덕으로 여긴 것을 알 수 있는데, 이것은 그들의 다산숭배에서 비롯된 듯하다〈그림 8, 11〉.

고대 이집트의 복식을 보다 구체적으로 이해하기 위해서는 예술양식과 관련시켜 파악하는 것이 필요하다. 미술운동과 거기에서 성립되는 미술양식은 복식에 있어 외형적 특색으로 뿐 아니라 시대정신을 반영하는 내면적 동기로 크게 작용하고 있기 때문이다. 이집트 복식의 경우 주된 연구자료가 벽화나 조각 등이므로 이러한 속성은 더욱 크게 공감할 수 있다.

이집트 미술의 특징은 기하학적 규칙성의 표현과 자연에 대한 날카로운 관찰과의 결합에서 찾을 수 있다. 이집트인의 기하학적 감각은 모든 선과 배열에 있어 직선과 직각이 기초를 이룬 사실에서 잘 알 수 있다. 직선은 항상 동쪽에서 서쪽으로 일정하게 운행하는 태양의 궤도 또는 태양의 광선을 형상화한 것으로 직선이 공간의 한계로 인해 직각으로 발전하기도 했다. 모든 분묘 내부의 배열이 항상 직선이나 직각이고, 복식에 나타나는 무수한 수직선이나 장신구에서 독수리의 날개를 항상 직선이나 직각으로 배열한 것 등은 이러한 직선적 감각을 대표적으로 반영하고 있다. 이외에 삼각형을 이용한 정사면체형은 이집트 건축의 특징으로 피라미드가 대표적이다.

또한 이집트 미술은 사소한 부분을 모두 생략해 버리고 단지 본질적인 것에만 엄격하게 관심을 두었다. 이러한 경향은, 그들이 가장 중요시했던 것이 아름다움이 아니라 완전함이었다는 것을 의미한다. 의복의 주름 간격이나 방향, 장신구의 문양을 하나하나 세밀하게 정확히 묘사한 것은 이들이 완전성을 추구했다는 것을 확실히 느끼게 한다. 모든 것을 가능한 한 명확하게 그리고 영원하게 보존하는 것이 미술가들의 과제였다. 그래서 그들은 어떤 우연한 각도에서 보이는 대로의 모습을 그리려 하지 않았다. 대신 그림 속의 모든 것이 완전히 명확하게 나타나도록 엄격한 규칙들에 사물을 표현하려 했다.

이러한 의도에서 모든 사물들은 그것들이 가장 특징적으로 보이는 각도에서 묘사되었는데 복식과 가장 관련이 깊은 인물화의 경우 이 경향은 두드러진다. 즉 머리는 측면에서 가장 잘 보이므로 옆으로, 눈은 정면에서 그 특징이 잘 드러나므로 앞으로, 팔이 몸통에 붙은 모습을 묘사하기 위해 어깨와 가슴은 다시 정면으로, 또한 움직이고 있는 팔과 다리는 측면에서 가장 잘 드러나므로 옆으로 표현되는 등 여러 각도에서 묘사되었다〈그림 20, 21〉. 그림 속의 이집트인들이 이상스럽게 평면적이고 왜곡되어 보이는 것은 바로 이와 같은 이유 때문이다. 이러한 독특한 표현방식은 그들의 복식을 이해하는 데 중요한 단서가 된다. 즉 의복이나 장신구의 구체적 형태나 장식 등을 여러 각도에서 고찰할 수 있는 장점도 있는 반면, 방향이 엇갈리는 부분의 의복을 이해하는 데에는 다소 무리가 있으므로 그 표현기법의 원리를 충분히 고려해야 한다.

이집트 미술의 또 다른 특징은 미술가가 그의 작품 속에 구현한 것이 주어진 소재의 형태나 모양에 대한 지식뿐 아니라 그 형태들의 중요성을 인식했다는 점이다. 그는 그가 배웠고 알았던 형태로부터 표상을 만들어 냈고, 이들은 규칙과 관례로 발전하여 이집트 미술을 지배했던 것이다. 이들 미술을 지배했던 규칙들은 이집트 문

그림 10. Tutankhamen의 미라 형태의 관

그림 11. 부장품(의자)의 등받이에 표현된 Tutankhamen왕과 왕비

화 전반에 걸쳐 균형과 엄숙한 조화라는 효과를 주었는데, 장신구에는 이러한 조형 원리가 가장 잘 반영되어 있다.

이집트의 전통적 양식은 신왕국 18왕조 아케나텐(Akhenaten) 왕에 이르러서야 비로소 본격적인 개혁이 이루어지게 되었다. 그는 이집트의 다신교적인 신앙을 정화하기 위해 일륜신(日輪神)인 아톤(Aton)을 유일신으로 주창했다. 또 그 신앙을 강화할 목적으로 수도를 텔 엘 아마르나로 옮기는 등 역대 왕들과는 달리 관습에 얽매이지 않는 유능한 왕이었다. 그는 종교적 개혁뿐 아니라 미술양식에서도 새로운 기풍을 시도하여 후에 이집트적 미술의 방향을 제시했다.

그 결과 이 시대의 미술에서는 전통적 부동성〈그림 8, 9〉이 많이 완화되어, 보다 사실적이고 비기하학적으로 보이기까지 하는 부드러움이 지배했다. 인물화의 경우 자유로운 자세에서 보다 구체적인 복식의 모습이 나타났다. 여기에는 비슷한 시대에 지중해에서 번성했던 크리트의 해양문화적 성격, 즉 사실적이고 생명력이 있으며 개방적인 화풍이 크게 영향을 미쳤을 것으로 보인다. 또한 예술의 소재에 있어서도 보다 자유롭고 사실적인 분위기, 즉 무릎 위에 딸을 올려 놓고 있는 모습이나 부부의 다정한 모습 등의 가정적 목가풍을 많이 표현하게 되었다. 더구나 한 작품에서 표현할 수 있는 모든 것을 미술가의 임의대로 생략하거나 바꾸지 않고 있는 그대로 표현하고자 했다〈그림 11〉.

이처럼 새로운 미술혁신의 기운은 당시 국력의 부강함에 힘입어 문예 전반에 걸쳐 일어났는데, 이를 이집트의 문예부흥이라 한다. 또한 수도 텔 엘 아마르나(Tel El Amarna)를 중심으로 성행하여 아마르나 미술이라고도 한다. 이 문예부흥의 기운은 복식문화의 발달과 일치하여 18왕조 시대의 왕실의 복식에서는 그야말로 이집트 복식문화의 정수를 볼 수 있다.

18왕조의 투탕카멘〈그림 10〉 분묘의 벽화나 부장품〈그림 11〉에 사용된 다음의 상징적인 요소들을 살펴보는 것은 복식을 이해하는 데 도움이 될 것이다.

◆ **직선** 직선은 기하학적인 것을 좋아하는 이집트인의 국민성이 가장 잘 반영된 것이다. 이는 태양의 햇살, 또는 매일 동에서 서로 일정하게 운행하는 태양의 궤도를 상징한다. 의상의 주름, 갈라 스커트(gala skirt)의 햇살무늬 등은 이를 나타낸 것이다. 공간의 한계로 인해 직선이 직각으로 발전하는데 분묘의 배열이나 독수리 날개의 배치가 반드시 직선이나 직각으로 된 것은 전형적인 예이다. 이처럼 직선과 직각은 이집트의 구성양식에 있어 기본적 요소로서 그들의 문화를 이해하는 데 중요한 단서가 된다.

◆ **삼각형** 나일강 하류 평야인 델타(delta)를 상징하는 것으로 대표적인 예가 피라미드이다. 갈라 스커트의 앞늘어짐이 △으로 된 것〈그림 18-f · g〉과 왕의 머릿수건(klaft) 모양 등은 이 같은 의미를 담고 있다.

◆ **원** 태양을 상징하는데 아케나텐왕이 일륜신(日輪神)인 아톤을 유일신으로 주창한 이후 널리 사용된 듯하다. 특히 장신구에서는 원반(圓盤)으로 풍부히 사용되었고 주로 신성풍뎅이나 우라에우스(uraeus)와 함께 장식되었다. 부장품인 의자의 등받이에 그려진 햇살 끝의 손은 축복을 의미한다〈그림 11, p. 3〉.

◆ **로터스(lotus)** 상이집트의 대표적 식물로 영원한 생명을 상징한다. 식물문양의 기본을 이루어 장신구뿐 아니라 그릇, 벽화, 건축양식에 많이 사용되었다.

◆ **파피루스(papyrus)** 하이집트의 대표적 식물로 로터스와 함께 장식되는 경우가 많다.

◆ **독수리(vulture)** 상이집트의 신의 상징으로 상 · 하 이집트가 통일된 이후에는(B.C. 3100년) 우라에우스와 함께 왕의 상징으로 사용되었다. 전쟁중의 왕이 보호받기를 기원하는 의미에서, 또한 왕은 신적 존재로 독수리와 같은 용맹스러움을 갖고 있다는 과시의 표현으로 장식되었다〈그림 4, 7, 13〉. 이것은 왕실의 건축물에서부터 모든 생활일용품, 왕의 장신구에 이르기까지 가장 많이 발견되었다. 성체용기(聖體用

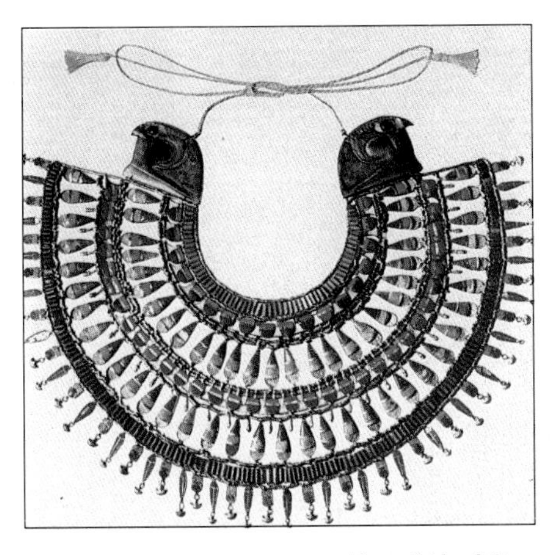

그림 12. Tutankhamen 분묘에서 나온 독수리와 뱀 모양의 목걸이

그림 13. Tutankhamen 분묘에서 나온 독수리와 뱀 모양의 목걸이

器)나 보석상자에는 완전한 형상으로, 왕의 머리 장식(headdress)〈그림 6〉에는 머리만, 왕좌의 등받이나 장신구에는 날개가 표현되는 등 장식대상에 따라 부분을 달리했다. 실체적인 모양〈그림 4〉 외에도 날개를 기하학적으로 조형화하기도 했는데 파시움(passium)〈그림 12〉, 장신구〈그림 13〉, 왕의 코핀(coffin)〈그림 10〉 등이 그 예이다.

◆ **뱀머리(uraeus)** 독수리와 함께 왕권을 상징하는 대표적인 문양〈그림 6, 13〉으로 원래는 하이집트의 신을 상징했다. 장신구에서는 우라에우스의 머리만을 유리상감을 입혀 많이 사용했고 왕의 가짜수염의 무늬도 우라에우스의 표피를 나타낸 것이다.

◆ **타조 깃털** 고귀함을 상징하는 것으로 주로 머리장식(headdress)이나 부채, 장신구, 향유병〈그림 14〉 등에 사용되었다.

◆ **신성풍뎅이(scaravaeus)** 아케나텐왕 이후로 왕실의 장신구에 널리 사용되었는데 재생(rebirth)을 상징한다. 즉 왕이 내세에서도 같은 모습으로 살아 갈 것을 기원한 것이다. 신성풍뎅이에다 독수리의 날개를 다는 등 그들은 자신들이 기원하고 싶은 욕구에 따라 상징을 조합하여 장식하기도 했다〈그림 7, 16〉.

◆ **눈** 호루스(horus)신의 눈으로서 적군을 보는 투시안적인 눈을 상징하며 펜던트(pendant)에 주로 장식되었다〈그림 13〉.

◆ **앙크(ankh)** 영원한 젊음(eternal youth)을 의미하는데 왕의 의식용 장신구나 성체용기, 가구, 거울〈그림 15〉의 문양으로 투탕카멘의 분묘에서 가장 많이 발견되는 부호 중의 하나이다. 이와 비슷한 부호로 우아스(ouas)는 축제를 상징한다.

◆ **도리깨** 풍작을 기원하는 것으로 농업이 주산업인 이집트에서 파라오의 주된 관심대상이 풍작이었음을 알 수 있다〈그림 10〉.

◆ **지팡이(笏)** 지배와 통치로써 권위를 상징한다〈그림 10〉.

그림 14. 타조 깃털과 아톤을 모티프로 한 향수병

그림 15. 영원한 젊음의 상징인 ankh로 디자인된 거울

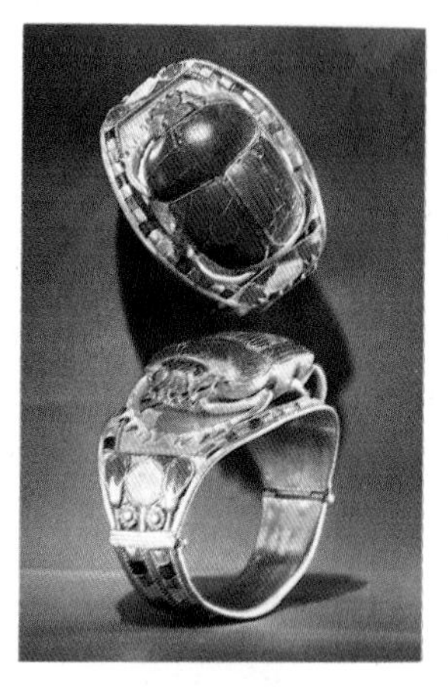

그림 16. 신성풍뎅이 모양의 반지

◆ **금(金)** 태양과 같은 색으로 간주하여 가장 고귀한 것을 상징했다〈그림 10〉.

◆ **아시아 · 아프리카인** 적군을 정벌하려는 염원과 전승을 기원하는 뜻에서 왕의 신발 바닥이나 지팡이 장식, 가구의 받침대 등 주로 밑바닥의 문양으로 사용되었다.

◆ **사자** 왕이 사용하는 왕좌를 사자의 머리나 발로 장식했는데 이는 사자의 용맹함을 숭상한 데서 기인한 것 같다〈p. 3〉.

이 밖에 왕을 사후세계로 인도하는 파피루스 배의 뱃머리에 앉은 젊은 여자와 혀를 내밀지 않은 동물은 죽음의 신 오시리스에게 바쳐진 제물을 상징한다. 혀를 내민 동물은 살아 있는 동물을 상징하며 왕을 보호하기 위한 가구장식에 많이 쓰였다.

2. 복식의 개요

어느 나라이건 그 나라의 민족복은 타민족과의 접촉으로 인해 복식의 형태(style)나 재료(material)에 많은 변화를 가져오게 된다. 이집트 복식의 형태도 동방과의 접촉이 가장 왕성했던 신왕국 시대의 18왕조 투탕카멘 왕가를 정점으로 하여 전·후기에 많은 변화를 보이고 있다.

즉, 후기에 와서 로인클로스(loincloth)의 길이가 길어졌고 옷의 품을 넓게 하여 주름을 많이 잡았으며, 얇은 옷감의 출현으로 상체를 늘 벗고 다니던 남자들도 전신에 얇은 옷감을 둘러 걸쳤다. 얇고 고운 리넨으로 만든 반투명한 의상을 통해 육체가 더욱 아름답게 보인다는 것을 이집트인 모두가 감지했기 때문에, 신왕국 때부터 드레이퍼리(drapery)는 모든 계층에 빠르게 보급되면서 의상에 대한 미의식(美意識)

그림 17. triangular apron을 입고 지팡이를 들고 있는 Tutankhamen

을 높였으리라 생각된다.

또한 후기에는 동방과의 접촉으로 외상의 가장자리에 선(band)이나 술(tassel) 장식을 했는데, 이것은 전기에 없었던 새로운 장식요소였다.

남자들은 기본적인 의상으로 전기에는 로인클로스를 입었는데, 후기에 들어와서는 로인클로스가 일종의 롱 스커트(long skirt)처럼 발전하고 그 위에 로브 스타일(robe style)인 칼라시리스(kalasiris)를 입었다.

왕은 이제까지의 기본형인 로인클로스(loincloth : pagne)를 다채로운 허리끈 장식과 함께 칼라시리스 속에 입었다.

여자들은 몸에 꼭 끼며 유방에서 어깨끈이 달린 쉬스 스커트(sheath skirt)를 입다가 후기에는 드레이퍼리한 칼라시리스를 주로 입었으며 의상을 몸에 두르는 방법은 까다로운 규정이 없이 자유롭게 변화를 주면서 창의력을 발휘했다.

옷감은 주로 흰색의 리넨이 사용되었으나 후기로 갈수록 여러 가지 색과 복잡한 문양이 사용되어 장식적으로 발전했다. 상류계급의 화려한 목걸이와 함께 가발(wig)도 이집트의 복식을 특징짓는 요소로 나타나는데, 가발이나 머리쓰개, 왕관 등이 화려하게 발전했던 것은 권력표시의 강한 의욕 때문이었던 것 같다.

이처럼 이집트인들의 복식은 왕족을 중심으로 한 권력표시의 상징이었으며, 노예계급의 의복은 거의 나체나 띠 형태, 또는 간단한 로인클로스로 한정되었다.

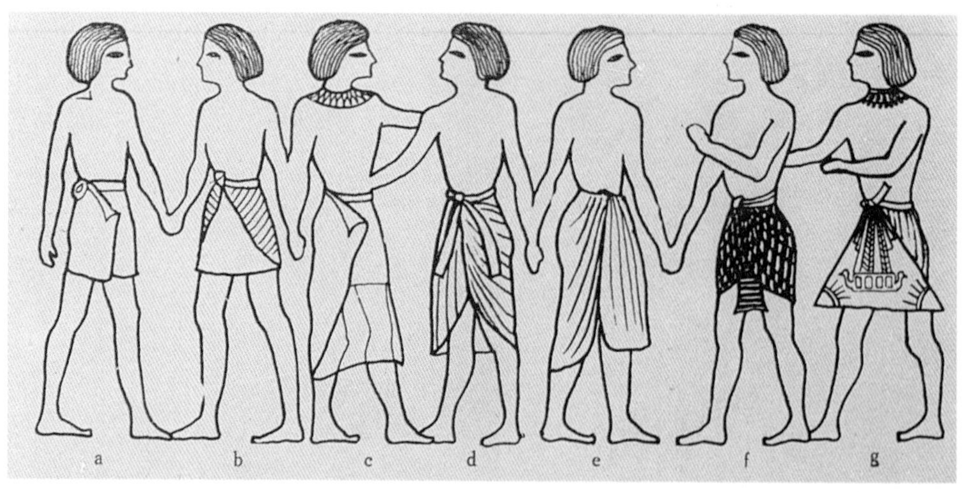

그림 18. loincloth : short shenti-a · b, long shenti-c, kilt-d · e, gala skirt-f · g

이집트인들은 더운 기후에 적응하기 위해 그리고 종교양식을 중시했기 때문에 자연히 청결과 권위를 좋아했다. 머리를 깎고 목욕 및 세탁을 자주했으며, 벌레나 햇빛으로부터 피부를 보호하기 위해 향유(香油, perfume oil)를 하루에도 몇 차례씩 발랐는데 귀족들의 저택에는 향유를 바르는 방이 따로 있을 정도였다. 같은 이유에서 남녀 모두 화장을 필수적으로 했으며 눈은 나일 블루(nile blue)라고 하는 청색으로 그려 더욱 시원하게 보이도록 했다. 붉은색은 저주의 색으로 여겨 잘 사용하지 않았고, 동물의 털도 청결하지 않다는 이유로 종교적 의식 때 승려나 왕이 표범털가죽을 두르는 것 외에는 거의 사용하지 않았다.

3. 복식의 종류와 형태

(1) 의 복

로인클로스(Loincloth) 로인클로스란 허리에 둘러입는 가장 간단한 형태의 의상으로 후에 붙여진 이름이다〈그림 18〉. 이집트의 로인클로스는 남녀가 입는 기본적인 옷으로, 바느질을 하지 않고 천을 그대로 허리에 둘러, 그 끝을 허리에 끼워넣거나 끈으로 천 위를 돌려 매어 고정시켰다. 이것은 주로 노동이나 무용 등 활동을 많이 해야 할 때 애용되었다. 주름없이 길게 하체를 두른 로인클로스는 로인 스커트로 표현되기도 한다. 후에 로인클로스는 쉔티나 킬트(kilt) 등 다양한 형태로 나타났다. 여자 노예들은 긴 끈을 간단하게 허리에 휘돌려 맸다.

그림 19. sheath skirt를 입은 두 여인

그림 20. sheath skirt, kalasiris, gala skirt

◆ **쉔티(Shenti)** 일반 남녀가 입었던 로인클로스의 일종으로, 직사각형의 헝겊을 몸에 둘러입은 무릎 위 길이의 스커트 형태를 말한다. 쉔티에는 여러 가지 형태가 있다. 즉, 몸에 두를 때 시작되는 한쪽 끝과 끝나는 다른 쪽 끝을 왼쪽 어깨에다 잡아맨 형태, 한쪽 어깨에만 끈을 단 형태가 있고, 끈 없이 허리에만 둘러입기도 했다. 쉔티는 후기에 킬트가 나타나면서 더욱 간단한 형식으로 바뀌어 노예계층에서 주로 입혀졌다〈그림 18－a · b · c〉.

◆ **킬트(Kilt)** 신왕국 이후 남녀공용으로 애용한 로인클로스의 변형으로, 롱 스커트의 씰루엣을 이룬다. 이 옷의 특징은 앞자락에 자연스러운 주름을 잡은 것으로, 길이는 무릎에서 발목에 이르기까지 다양했다. 투탕카멘 시대의 킬트는 뒤는 허리 위에, 앞은 아랫배에 걸침으로써 배꼽이 노출되었고 배는 더욱 불러 보이도록 했다. 이 같은 형태는 그들이 다산을 숭상하는 습속에서 비롯된 것으로 생각된다〈그림 18－d · e〉.

◆ **파뉴(Pagne)** 왕족의 남자들이 둘러입었던 로인클로스, 쉔티, 킬트의 총칭이다. 즉, 일상생활이나 운동시에 입는 단순한 로인클로스에서 의식용의 킬트에 이르기까지 왕의 하의를 모두 포함하는 것이다. 따라서 그 길이도 허리에서 무릎 위 또는 발

그림 21. haik

그림 22. Amenhotep Ⅰ세가 입은 haik와 고증에 따라 재현된 haik.

목에 이르기까지 여러 가지이고, 여기에 핀턱 주름(pin tuck pleats)이 전면적으로 잡혀 있으며 앞자락이 둥글려진 것도 있다. 왕을 상징하기 위해 태슬(tassel : 술)이 달린 허리띠나 쉔도트(shendot)라는 앞 장식판을 같이 착용했다. 후에 주름이 많이 잡힌 파뉴를 가리켜 갈라 스커트(gala skirt)라 했다〈그림 11, 20, 22〉.

◆ **쉔도트(Shendot)** 왕족의 남자들이 파뉴 위에 두르는 에이프런형의 장식 패널(panel)로, 잔주름 잡은 헝겊에 보석이나 여러 가지 색깔의 유리상감(유리가루를 녹여 풀로 붙이는 방법)으로 세공하여 입체감이 나게 만든 것으로 매우 정교하고 호화롭다. 아무것도 박지 않고 단순히 수평이나 수직으로 홈질해서 주름을 잡기도 했다〈그림 18－f〉.

◆ **트라이앵귤러 에이프런(Triangular Apron)** 쉔도트와 같은 장식적인 효과를 위해 착용한 에이프런으로 왕족의 남자들만이 착용했다. 이 의상의 특징은 태양의 햇살을 상징하는 주름이 삼각형 모양의 에이프런 한쪽 모서리에서 방사선형으로 잡혀 있는 것이다. 왕은 뱀머리 모양의 장식인 우라에우스를 허리띠 끝에다 권위의 상징으로 장식하기도 했다〈그림 17, 18－g〉.

쉬스 스커트(Sheath Skirt) 일명 쉬스 드레스(sheath dress)라고도 하는 어깨

그림 23. 동방문화의 영향을 받은 신왕국 시대의 Tunic

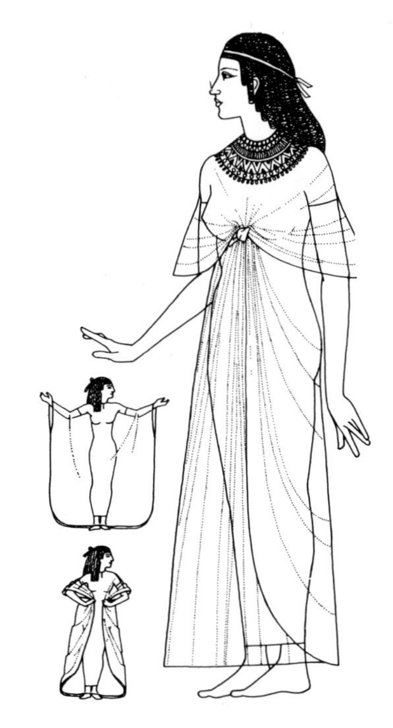

그림 24. kalasiris와 sheath skirt

끈이 달린 긴 스커트로, 일반 남녀가 다 입었으나 특히 여자가 주로 착용했다〈그림 19, 20〉. 이 의상은 직사각형의 천을 옆으로 접어 한쪽 끝을 봉합하고 한 개나 두 개의 어깨끈을 V자나 11자로 단 형태이다. 또한 스커트 허리를 가슴 밑, 즉 하이 웨이스트(high waist)로 하여 유방이 그대로 드러났다. 벽화나 조각에서는 쉬스 스커트가 몸에 꼭 끼는 것처럼 보이지만 실제는 품이 넉넉했을 것으로 추측된다. 이는 그 당시 미술가들이 몸의 곡선을 나타내기를 좋아해서 과장되게 표현했기 때문인 듯하며, 착용장면도 주로 활동하고 있는 모습이 많아 더욱 이러한 추측을 뒷받침해 준다.

재료는 주로 두꺼운 리넨이나 울(wool)에 자수를 하거나 구슬로 장식을 했으며 또는 가죽을 무늬대로 잘라내거나 끈으로 그물처럼 엮어 짜 사용한 것 같고 전면에 기하학적 무늬나 수 장식이 아름답게 채색되어 있다.

튜닉(Tunic) 직사각형의 헝겊을 어깨선에서 접어 목둘레선을 T자나 원형으로 자르고 양쪽 진동선 밑에서부터 단까지 꿰맸다. 신왕국 시대에 와서는 활동하기 편하게 오른쪽 어깨 부분을 없애고 왼쪽 어깨에만 걸치도록 변형된 것도 있다〈그림 23〉.

블라우스(blouse)처럼 상의로 입혀진 짧고 넓은 튜닉이 있는데, 왕족이 축제 때

그림 25. kalasiris와 kilt skirt

입었다. 이 의상은 신왕국의 투탕카멘 왕조 이전에는 보여지지 않고 같은 시대에 주위의 어느 나라에서도 보이지 않는 새로운 형태로 동방에서 수입해 온 것 같다. 직사각형의 헝겊을 반으로 접고 양옆을 소매가 되도록 잘라내고 양 옆 솔기는 진동부분만 남기고 단까지 꿰매었다. 목둘레선은 원형에다 앞 중앙에서 T자로 자르고 다른 헝겊으로 목선과 옆솔기선, 아랫단 등을 장식했다. 소매없는 짧은 튜닉이 18왕조 투탕카멘 왕가의 분묘에서 2점이 발견되었는데, 아메노피스(Amenophis) 3세가 입었던 것은 2.5cm 가량의 선장식(band trimming)이 되어 있고, 투탕카멘왕이 입었던 것은 약 7~8cm가량의 넓은 헝겊의 트리밍이 되어 있으며 아랫단에는 사냥하는 장면이 수놓여 있다. 이것은 나쁜 운으로부터 왕의 신체를 보호하는 부적의 뜻을 가졌다. 목둘레선 앞 중앙에는 재생이나 영원한 젊음을 상징하는 앙크가 트리밍으로 장식되어 있어 십자가 목걸이를 건 것과 같은 모습이다.

이러한 튜닉형은 이때로부터 1,500년 후인 기원후 1세기에 로마의 달마티아(Dalmatia) 지방에서 기독교 신자들이 다시 입기 시작하여 후에 달마티카(dalmatica)라고 이름이 붙여졌다〈그림 115〉. 기독교 신자들이 입기 시작한 달마티카는 이집트의 짧고 넓은 튜닉으로부터 영향을 받은 것으로 추측된다.

투탕카멘이 어렸을 때 입었던 좁고 긴 소매가 달린 튜닉은 전체가 작은 핀턱 주름(pin tuck pleats)이 잡혔다.

칼라시리스(Kalasiris) 직사각형의 반투명한 리넨 천을 가운데에 목둘레선을 내고 양 옆선을 앞으로 접거나 앞자락을 뒤로 돌리고 뒷자락을 앞으로 돌린 후

그림 26. loin cloth, sheath skirt, kalasiris

허리띠를 매거나 핀을 꽂아 입은 의상이다〈그림 8, 11, 24, 25, 26〉.

18왕조의 3대째 왕, 토트메스 3세는 호전적인 지배자로서 팔레스타인에서 메소포타미아 지방에 이르기까지 세력을 떨쳤다. 이때 수많은 전리품과 함께 외국의 패션을 들여왔는데 칼라시리스도 이때를 계기로 폭이 넓어지게 되었다.

왕족의 칼라시리스는 일반인의 것에 비해 그 씰루엣이 더욱 넓고 풍성한 것이었고 형태도 다양했다〈그림 8, 11, 25〉. 즉, 두 팔을 벌린 넓이와 키의 두 배 되는 길이를 반 접어 사용했다. 양 옆을 바느질하지 않고 끝모서리를 둥글려 앞뒤로 접어올렸기 때문에, 벽화에서 둥근 사선이 가슴을 향해 올라가 있는 것은 이를 설명하는 것이다. 여기에 허리띠를 매거나 핀으로 고정함으로써 케이프를 입은 것과 같은 효과를 주었다〈그림 24, 25〉. 이처럼 주름이 많이 생기게 입은 우아한 칼라시리스는 축제때나 의례적인 행사에 입은 옷이라 하여 갈라 가운(gala gown)이나 로브(robe)로 묘사되기도 한다. 투탕카멘 왕가의 분묘에서 발굴된 가구나 그림에 나타난 칼라시리스는 옆솔기를 태슬로 장식한 것도 다수 발견되어, 왕족은 이러한 장식을 했음을 알 수 있다.

이 의상은 직조법이 발달된 신왕국 때부터 폭이 더 넓은 스타일(style)로 유행하기 시작했으며 사용된 천은 얇고 매우 곱게 짠 리넨이었다〈그림 11〉. 따라서 투명하거나 반투명하여 속의 인체가 아름답게 비치는 효과가 컸기 때문에 미의식이 발달한 이집트인의 취향을 만족시켜 주었을 것이다〈그림 26〉. 17왕조 때의 칼라시리스는 주름이 없고 비교적 폭이 좁았다.

하이크(haik) 신왕국 시대 소아시아 지방에서 유래한 이름으로 몸에 걸치거나 두르는 식의 숄(shawl)형 의상을 가리킨다. 하이크는 주로 왕족들이 그들의 위용을 과시하기 위해 입었기 때문에, 후에 로열 하이크(royal haik)라고 명명되기도 했다. 하이크는 긴 직사각형 천을 몸에 걸치거나 두르는 방식에 따라 다양한 형이 연출될 수 있으므로 이집트 의상 가운데 가장 우아한 형태로 독창적인 것이라 할 수 있다. 하이크를 이제까지는 단순히 케이프형으로 생각해 왔으나 투탕카멘 왕가 분묘의 발견으로 다른 모습들이 밝혀졌다〈그림 22〉. 속 스커트 부분을 주름잡은 후 등뒤를 돌아서 스커트의 시작부분과 매줌으로써 스커트에 숄을 걸친 것과 같은 형태, 하이크 중에 케이프형으로는 직사각형의 천으로 양 어깨를 두르고 앞에서 묶는 형태, 한쪽 어깨만을 감싸고 매듭을 반대쪽 가슴 아래에서 묶어 한쪽 유방이 노출되는 형태, 매듭의 위치를 달리하여 유방이 노출되지 않는 형태 등 매우 다양했다. 또한 하이크 밑에는 나체가 그대로 드러나기도 하고〈그림 21〉 몸에 달라붙는 투명한 감의 쉬스 스커트나 칼라시리스를 이중으로 입기도 했다.

남자들의 하이크는 양 어깨를 두르고 매듭을 앞에서 묶어 밑의 갈라 스커트와 투피스를 이루는 형식이 있고, 그리스의 히마티온(himation)이나 로마의 토가(toga)와 같이 한쪽 어깨나 양쪽 어깨를 다 감싸고 남은 부분을 팔에다 걸치는 모습도 보여, 드레이퍼리형 의상이 이집트에서부터 착용되었다는 중요한 사실을 알 수 있다〈그림 22〉.

하이크의 착용방법의 하나로 왕은 제사를 지낼 때 갈라 스커트를 입고 그 위에 표범가죽을 케이프처럼 둘렀으며, 승려들도 표범가죽을 재단하지 않은 그대로 두르고 다녔다. 왕족들이 입은 케이프는 태슬 장식이 달린 것도 많았다.

(2) 머리장식

이집트인들은 종교적인 의식과 청결함을 사랑하는 국민성으로 인해 머리를 짧게 깎았고, 직사광선을 피하기 위해 남녀를 막론하고 가발(假髮, wig)이나 머릿수건인 네메스를 사용했다〈그림 20, 21, 22〉. 그러나 상중(喪中)일 때는 머리와 수염을 자라는 대로 그냥 두어 슬픔을 표시하려 했다. 노예들은 평상시에도 머리를 자르지 않았는데 때로는 자신의 머리카락을 잘라 단발형 가발을 만들어 썼다. 승려들은 깎은 머

그림 27. Ramses II세의 부인 Nefertari의 머리장식

그림 28. Tutankhamen이 쓰고 있는 headdress

리 형태 그대로를 드러내고 가발이나 머리쓰개 등을 쓰지 않았다.

가발 재료로는 리넨이나 종려나무 섬유를 사용하다가 후기에는 울이나 사람의 머리카락으로 부피를 크게 만들어 모자처럼 사용했다. 가발은 그물로 된 캡(cap)에다 가발 재료를 땋거나 간추려 엮어서, 남자들은 완전히 머리카락을 밀어낸 위에, 여자들은 짧게 깎아낸 머리 위에 얹었다. 머리와 캡 사이에 공간이 있어서 머리에서 생기는 열이 발산되고 통기도 되어 오히려 시원한 효과를 주었다. 그들은 방서(防暑)를 위한 연구와 함께 외관상의 미화도 게을리하지 않았는데 결국 가발은 이집트의 복장을 특징짓는 한 요소로서 발전한 것이다. 가발의 색은 일반적으로 검정색이 많고 때로는 진한 청색으로 또는 황금색으로 물들이기도 했다. 여자의 가발은 보통 남자 것보다 길어서 어깨나 가슴 위까지 닿았고 땋는 방법, 가리마를 내는 위치, 묶는 방법, 같이 엮는 장식품 등에 따라 그 모양이 다양하다. 즉, 땋아서 한 옆에 내리기도 하고 리본·꽃·구슬 등과 함께 엮기도 했다.

가발은 점차 복잡해지고 장식화되어 신왕국 시대에 와서 최고조에 달했다. 투탕카멘 왕조 이후에는 각종 보석이나 칠보, 리본(ribbon) 등을 함께 엮어 한층 더 장식적이고 화려해져, 왕의 상징적인 신분이나 위엄을 나타내기에 충분한 역할을 했다. 내세에 집착했던 이집트인은 사용했던 가발을 사망 후 내세에서 다시 사용하도록 하기 위해 무덤 속에 함께 넣었다.

신왕국 시대에는 가발과 함께 여러 가지 왕관이 나타났다. 왕은 뱀머리 모양의 장식인 우라에우스와 독수리를 왕관에 장식하여 왕의 권위를 나타냈고〈그림 10, 11, 22, 28〉, 여왕은 부재중인 남편의 안녕을 비는 뜻에서 독수리 날개와 뱀머리를 장식한 상징적인 관(diadem)을 썼다〈그림 6, 11〉. 또한 이들 외에 타조 깃털이나 태양원반을 함께 장식한 거대한 왕관 등도 나타났다〈그림 21, 27〉.

일찍부터 이집트인은 두껍고 빳빳한 헝겊으로 만든 피라미드 모양의 머릿수건을 썼는데, 이를 커치프(kerchief)라고 한다. 왕이나 여왕이 쓴 커치프는 클라프트(klaft)라 했는데, 이것은 황금색과 청색의 줄무늬가 있는 특이한 모습을 갖고 있다〈그림 10〉.

이집트인의 독창적인 장식성은 인공적 턱수염에서 잘 나타난다. 고왕조 시대의 것은 비교적 짧고 단순하나, 신왕조에 들어오면 매우 길고 기교적인 모양으로 변하는데 이것은 뱀의 표피를 모방한 것이라 한다.

이집트인들은 향료 바르는 것을 좋아했는데 축제 때는 퍼퓸 콘(perfume corn)〈그림 26〉을 머리장식으로 사용하여 더운 기후로 인해 향료가 녹아 흘러내려 온몸에 발라지도록 했다고 한다. 또한 상 · 하 이집트의 상징적인 식물인 로터스나 파피루스 등을 머리에 장식하기도 했다.

(3) 신 발

장신구나 머리쓰개의 발달에 비해 신발의 발달은 극히 완만했다. 더운 기후와 사막, 강이라는 자연환경 속에서 극히 간단한 샌들이 일부 상류층에, 그것도 중왕국 이후부터 착용되었다. 이것은 종려나무 섬유나 파피루스, 야자수 잎의 섬유, 갈대, 양가죽 등으로 만들어졌고, 짜는 방법을 바꾼다든지 천으로 가장자리를 두른다든지 하는 등, 다소의 변화가 있었다.

왕의 신발 바닥에는 적의 모습을 그렸는데, 이는 적을 항상 짓밟음으로써 전승을 기원하려고 한 데서 나온 것 같다. 신왕국 시대의 왕과 귀족의 신발은 앞끝이 뾰족하게 위로 치켜올라갔으며〈그림 17〉, 투탕카멘의 무덤에서 나온 왕의 샌들은 금과 보석으로 꽃무늬가 장식되어 있다.

(4) 장신구

이집트의 건조하고 온난한 날씨는 의복의 형태를 간단하고 개방적인 것으로 만들었기 때문에 피부가 많이 노출되었고, 자연히 몸에 걸치는 장신구가 정교하고 화려하게 발달할 수밖에 없었다. 장신구는 그들의 종교감정과 풍부한 보석 자원에 기인하여 더욱 발달할 수 있었는데 장신구들은 장식뿐 아니라 부적의 의미로도 애용되었다. 이와 같이 부적의 의미로 사용된 장신구들은 투탕카멘왕의 유품에서 많이 출토되었으며 이들은 독수리, 태양, 신성풍뎅이, 앙크, 연꽃, 파피루스 등의 자연물을 조형화시킨 것이다.

장신구에 사용된 금, 은, 청동, 마노, 에메랄드, 자수정, 터키옥, 석류석, 유리 등의 금속과 보석의 아름다운 색채와 광택으로 인해 다른 시대나 국가에서는 보기드문 다종다양한 예술품을 창조할 수 있었다.

이집트의 장신구 중 가장 독특한 것은 넓은 칼라(collar)모양의 목걸이인 파시움(passium)〈그림 12〉으로, 색색의 보석이 삼각형, 타원형, 원형으로 만들어져 여러 줄로 배열되었다. 색조는 한 줄이나 두 줄씩 같은 색이 놓이고, 그 사이에 황금으로 된 가는 줄이나 가는 끈이 보이는 것이 많다. 이것은 독수리의 날개를 형상화한 것이라 한다.

그 밖에 각종의 펜던트(pendant)〈그림 4, 13〉, 펙토럴(pectoral)〈그림 7〉, 팔찌〈그림 22〉, 발찌〈그림 20〉, 반지〈그림 16〉 등도 이런 유형으로 금속이나 보석을 세공하여 이집트 특유의 종교적 감정과 예술미를 창조해 냈다. 그러나 이집트인들은 귀고리는 잘 사용하지 않았다고 보는데, 가발에 가려 잘 보이지 않았기 때문인 듯하다. 그러나 투탕카멘 두상의 귀에는 귀고리를 걸 수 있는 구멍이 뚜렷이 보인다〈그림 28〉. 또한 태양광선을 막기 위해 그리고 곤충이나 악귀를 쫓기 위해 필요한 부채(fan)가 있었는데, 일반인은 파피루스를, 왕은 타조 깃털을 사용했다.

이집트 사람들의 강한 장식욕은 짙은 화장으로도 나타났다. 여장(女裝)이 남장(男裝)보다도 화려한 경향을 보인 것과 같이 화장도 주로 여자들, 특히 여유있는 귀부인 사이에서 유행되었다. 이집트인의 화장 중 특히 눈에 띄는 것은 눈화장인데 이것은 주로 시나이 반도에서 구해지는 공작석(孔雀石)에서 얻어지는 녹청색 화장료(花粧料)로 그리는 것으로, 시원하게 보일 뿐 아니라 곤충의 접근을 방지했고, 가발과도 조화를 이루었다.

이 외에 분, 볼연지, 입술연지 등도 애용되었는데, 연지의 원료인 이집트의 헤나(henna)라는 식물은 유명하다. 화장품을 담기 위한 단지와 손거울〈그림 15〉, 머리핀 등에도 이집트인의 상징적 문양이 아름답게 장식되어 있다.

요 약

이집트(Egypt)는 아프리카 대륙 동북부에 위치하며 그 중심부에는 세계 4대 문명 발상지의 하나인 나일강이 흐르고 있는데 나일강은 이집트인의 정신적 · 물질적 생활의 중요한 원천이었다.

이집트의 문화는 종교의 영향을 강하게 받았으며 이들이 믿는 다신교 사상은 경제 · 사회 · 정치면에서 지배적인 역할을 했다. 이집트인들은 영혼불멸의 종교관념으로 사후세계에 대한 믿음을 가졌으며 자연을 숭배했고, 그 중 태양신은 가장 중요한 신앙의 대상이 되었으며 소나 고양이 같은 동물도 신성시했다.

이집트는 신성시된 국왕 파라오를 중심으로 한 절대적 계급사회로서 신성왕 파라오에 대한 절대적 숭배는 종교철학을 바탕으로 복식을 특징지웠고, 왕을 상징하는 우라에우스, 독수리, 태양의 햇살, 황금 등과 같은 여러 상징적 요소들이 복식에 나타난 것을 알 수 있다.

이집트인의 복식은 자연환경에 적응하기 위한 극히 단순한 형에서 시작되었고 사회 · 경제적 여건이 향상되면서 형태가 다양해지고 장식, 미화가 이루어지게 되었음을 알 수 있다.

복식의 소재로는 주로 흰색의 리넨이 사용되었으며 남자들의 기본의상은 한 장의 천을 그대로 허리에 둘러 입는 로인클로스(loincloth), 여자들의 기본의상은 몸에 꼭 끼며 유방에서 허리끈이 달린 쉬스 스커트(sheath skirt)가 대표적이다. 後에 동방, 주로 시리아와 접촉하면서 이집트 민족복은 커다란 변화를 맞게 되는데, 칼라시리스(kalasiris)와 하이크(haik)가 그것이다. 이들은 고대의 의복 중에서 가장 화려하고 우아한 것으로, 이집트인의 독창성이 가장 잘 표현된 것들이었다.

이집트인들은 이제까지 어떠한 민족보다도 가장 기하학적인 감각을 지닌 민족으로서, 그들 복식에서도 기하학적인 규칙성과 그로 인해 빚어지는 보다 본질적인 영원성을 감지할 수 있을 것이다.

또한 거대한 가발과 각종의 아름다운 장신구들도 그들의 뛰어난 미의식으로 창조된 예술품들이다.

제 2 장

메소포타미아의 복식

그림 29.
Ziggurat of
King Urnammu
Ur, Iraq
(B.C. 2500년)

1. 사회 · 문화적 배경

인류 최초의 문명은 오늘날 중동지방의 두 지역, 메소포타미아 지역과 나일강 유역에서 시작되었다. 인간들이 일정한 지역에 정착하여 농경을 중심으로 한 사회를 발전시켜 나갈 즈음, 그들이 찾아낸 비옥한 토양이 이들 지역이었다.

메소포타미아는 티그리스(Tigris)강과 유크라테스(Euphrates)강 사이의 비옥한 삼각형 모양의 지대로 메소(Meso)는 사이 또는 중간을, 포탐(Potam)은 강 또는 하천을 의미하여 '강 사이의 땅'을 뜻한다. 두 강은 매년 범람하여 토양을 비옥하게 했으나 그 시기와 규모가 나일강의 범람과는 달리 일정하지 않아, 농사짓기에 적절한 수로와 저수지 시설을 개발하여 기후에 잘 적응하던 수메르인(Sumerians)이 토착하면서부터 이곳에는 진정한 의미의 문명이 싹텄으며(B.C. 3000년경), 수메르인들은 그 후 메소포타미아 지역에 나타나게 될 여러 문명들의 기반이 되는 문화적 배경을 만들어 냈다. 메소포타미아 지역의 역사는 개방적인 환경조건 때문에 끊임없는 이주와 침입의 연속이었는데 새로 이주해 온 민족들은 수메르 문명의 핵심을 받아들이는 한편 자신들의 새로운 문명을 결합하여 보다 발전된 국가를 이루었다.

B.C. 1600년 이후 메소포타미아 및 이집트 문명을 급격하게 변화시킨 일련의 침입이 있었으며 그 결과 B.C. 1200년 이후에 이르러 메소포타미아 지역에서는 히브루(Hebrew), 페니키아(Phoenicia), 아시리아(Assyria) 등의 주요 문명들이 새로 일어나게 되었다. 또 B.C. 6세기 이후에는 페르시아(Persia)가 중동지역 전역을 정복하여 고대동방의 최대최후의 통일국가를 형성했으나 페르시아 전쟁의 패배로 멸망하기에

이르렀다. 이후 유럽의 역사적 중심은 고대동방에서 서쪽으로 옮겨지게 되었다.

- **수메르**(Sumer) : B.C. 3500~2000년
- **바빌로니아**(Babylonia) : B.C. 1894~1595년
- **아시리아**(Assyria) : B.C. 911~612년
- **페르시아**(Persia) : B.C. 550~330년

B.C. 3500년경까지 수메르(Sumer)에서는 10여 개 이상의 독립된 도시국가들이 성립되어 각각 자체의 도시 수호신을 숭배하고 왕정을 유지하고 있었다. 이중 우르(Ur)는 최대인구를 갖고 있던 도시국가로 그 사회는 귀족과 성직자, 평민, 노예의 3계급으로 나뉘어져 있었고 도시 중심에는 거대한 벽돌탑인 지규레(ziggurat)를 쌓아 그 정상에 신전을 두고 도시 수호신을 숭배했다〈그림 29〉. 수메르인들은 대개 농사나 목축을 했으며 또 세공술을 고도로 발달시켜 금이나 동으로 만든 세공품에 종교적, 역사적 사건들을 매우 정교하게 양각했는데 특히 눈을 크게 뜨고 자연의 위대함을 경외하는 듯한 표정을 지으면서 기도하는 사람들의 입상이 많다. 이들은 또한 쐐기 모양의 표식으로 글자를 나타낸 설형문자를 만들고 갈대줄기를 펜으로 하여 이 설형문자를 점토판에 적고 구워냈는데 후에 페니키아인들이 이 설형문자를 간단하게 한 것이 오늘날 알파벳(alphabet)의 시조가 되있다.

바빌로니아(Babylonia)는 B.C. 1894년경 셈(Sam)족이 기존의 수메르인과 아카드인(Akkadian)을 정복하고, 이후 정치적 중심지가 된 도시인 바빌론(Babylon)을 중심으로 발달하여 함무라비(Hammurabi)왕 때 전성기를 누린 국가로 이들 셈족의 아모리(Amorite)인들은 기존의 수메르인들의 문화와 종교, 법제들을 기본으로 하여 자신들의 새로운 기술과 문화를 발전시켜 나갔다. 이 당시 메소포타미아 지역은 농업 외에 다른 지역과의 교역이 활발하여 인도(India), 시리아(Syria), 아라비아(Arabia), 이집트와 교역했으므로 바빌로니아는 국제무역의 중심지 역할을 했다. 따라서 계약에 의한 교역, 무역의 발달 등 여러 가지 필요에 의해 법제가 일찍 발달하여 세계 최초의 성문법이 이때 체계화되었다.

아시리아는 B.C. 911년에서 B.C. 612년경에 걸쳐 부흥하게 된 도시국가로 전성기에는 그 영토가 광대해져 메소포타미아 지역을 통합한 최초의 제국이 되었으며, 아시리아인들은 막강한 군대를 보유한 호전적 기질의 국민들로 이들의 정복자적 기질은 결과적으로 군복의 발달, 동방복식 요소의 도입 등 복식에도 영향을 주었다. 아시리아는 B.C. 612년에 패망하게 되었는데 그 큰 이유는 정복일변도의 확대정책으

그림 30. Persepolis의 Apadana 계단 옆벽의 양각화(B.C. 500~350년)

로 내실을 기하지 못했고 잔혹한 정책으로 정복지 국민들의 신임을 얻지 못했기 때문이다.

메소포타미아 지방의 문명권은 이와 같이 티그리스와 유프라테스강 동남부를 중심으로 성장·소멸한 문명들과 함께, 넓게는 소아시아 쪽에 기울어진 지역에서 흥망한 국가들을 일컫는데, 즉 일신교의 발달을 통해 크리스트교(Christianity) 발전에 크게 공헌한 헤브라이 민족, 해상활동과 무역으로 큰 세력을 이룬 페니키아, 고대동방의 최후 통일 제국을 형성한 페르시아, 그리스 고전문명의 선구가 된 에게 문명 등이 그것으로 그들 또한 고대사에 중요한 영향을 주었다.

특히 페르시아인은 인도-이란어족에 속하며 B.C. 6세기경 페르시아만 동부의 고원 산악지대에 흩어져 기마생활과 사냥을 주로 하면서 메디아(Media)의 지배를 받고 있던 민족으로 B.C. 550년경 키루스(Cyrus)의 영도하에 반란을 일으켜 메디아를 멸망시키고 페르시아를 세웠는데 이곳이 지금의 이란(Iran)이다.

페르시아는 이후 리디아(Lydia)와 신 바빌로니아를 정복하고 광대한 고대 동방의 여러 원주민들과 유목민을 통합·지배하여 5세기 말 다리우스(Darius) 1세 때에 동방 최대의 통일국가를 이루게 되었다. 따라서 페르시아의 문화는 이집트, 메소포타미아 및 인도와 에게해에 이르는 지역의 문화를 흡수하여 발전시킨 절충적 성격을 띠고 있다〈그림 30〉. 이와 같은 문화의 성격은 복식에도 잘 나타나고 있는데 중앙집권적 전제국가에서 복식의 계급상징의 역할과, 전리품 등으로 얻어진 부의 축적을 통한 상류층의 장식욕구 등은 독특한 페르시아 복식 형태를

그림 31. wrap around fur skirt와 shawl(B.C. 2700~2500년경)

구성하는 요인이 되었다고 본다.

2. 복식의 개요

메소포타미아 지역은 지리적으로 고립되지 않고 개방적이어서 끊임없이 서로 정복하고 지배했다. 따라서 그 문화는 외부로부터의 침공에 의한 타문화와의 접촉으로 인해 이질적인 요소가 혼합·융화된 절충적 성격을 갖는다. 이 지역의 복식문화의 성격 또한 도시국가들 간에 뚜렷한 변화를 보여줌과 동시에 몇몇의 공통점을 보여주기도 한다.

수메르의 복식은 랩 어라운드(wrap around) 형태의 스커트와 숄(shawl)이 대표적인 것으로 남녀가 모두 착용했는데 이것은 모피나 모직물로 만들어졌다. 또 카우나케스(kaunakes)라 불리는 여러 층의 모피(fur)로 만들어진 스커트와 숄 또한 특징적인 복식형태이다〈그림 31, 32, 33, 34, 35〉.

바빌로니아와 아시리아의 기본복식은 술이 달린 튜닉과 숄이다. 술 장식은 장식과 신분의 상징으로 사용되었고 발달된 자수와 염색기술로 호화롭게 모양을 내기도 했다. 이 시기에는 활발한 교역으로 모직물과 더불어 씰크와 리넨 등의 화려한 직물을 의상에 사용했다. 특히 아시리아에서는 기능적이고 다양한 형태의 군복이 발달했으

그림 32. tassel이 달린 kaunakes

그림 33. khafaje에서 발견된 남성상 (B.C. 3000년경)

며 이 두 시기의 여성 복식은 잘 알려지지 않는다.

페르시아는 바빌로니아나 아시리아의 복식형태를 따르면서도, 메디아의 국민복이었던 캔디스(kandys, candys)를 입거나 그들 특유의 복식을 착용했는데 튜닉과 더불어 기본복식으로 등장한 바지와, 턱시도 칼라(tuxedo collar)에 셋인 슬리브(set-in sleeve)가 달린 코트(coat) 등은 복식사상 처음으로 등장한 것으로 그들이 고도의 재단과 재봉법을 사용했음을 보여주고 있으며 이것은 현대복장의 재단과 재봉의 기원이라 볼 수 있다.

3. 복식의 종류와 형태

(1) 수메르(Sumer)의 복식(B.C. 3500~2000년)

초기 수메르의 남자들은 허리에서 발목길이의 랩 어라운드 모피 스커트(wrap around fur skirt)를 입었으며 왼쪽 뒤에서 겹쳐서 3~4개의 고리나 잠금 장치로 여몄을 것이라고 추측된다〈그림 31〉. 또 다른 형태는 모피 스커트의 단을 잎처럼 재단하여 훌라(hula) 스커트처럼 보이는 것인데, 초기 카파제(khafaje)의 남성 입상에서도

그림 34. skirt를 입은 농부. 발목 길이의 skirt와 보호용 외투를 입고 helmet을 쓰고 있는 군인들

그림 35. Tel Asmar의 모신(母神). 장식없는 단순한 형태의 shawl(B.C. 2800년경)

긴 잎 모양으로 끝을 처리한 모피 스커트를 볼 수 있다. 이와 같이 모피가 여러 층으로 늘어져 있는 직물의 복식형태를 카우나케스(kaunakes)라고 하며 그 구성방법에 대한 해석이 다양하다〈그림 32, 33〉.

먼저 이것은 유목민이었던 수메르인들이 직조법이 발달하기 전에 즐겨 착용했던 양털을 당시의 조각가들이 층이 진 모습의 티어드(tiered) 형태로 표현했다고 보는 견해와 부드럽게 짠 바탕에 술을 덧붙이거나 직조과정에서 장식적인 고리형태를 만들어냈을 것으로 보는 견해 등이 있다. 우르(Ur)의 보병대의 모습에서 보여지는 이 시기의 군인들은 모피 스커트와 발목까지 오는 외투를 걸치고 턱끈이 달린 가죽의 헬멧(helmet)을 쓰고 있다〈그림 34〉.

초기 수메르 여자들의 숄은 왼쪽에서부터 드리워져 앞을 가로질러 오른쪽 팔 밑을 지나고 등을 지나 왼쪽 팔을 덮고 오른쪽 팔을 자유롭게 드러내도록 착용되었다〈그림 35〉.

여자들은 정교하게 만들어진 터번(turban)을 쓰거나〈그림 36〉 금이나 리본, 루프(loop), 잎, 장미꽃 등으로 머리를 장식한 데 비해〈그림 37〉, 남자들은 컬이 있는 머

그림 36. Sumer 여자들의 머리. 정교하게 꾸며진 turban

그림 37. Sumer의 장신구

그림 38. Sumer 남자의 curl 된 머리와 턱수염 (B.C. 2800년경)

그림 39. 새 Sumer 시대 Lagash의 지도자인 Gudea (B.C. 2800년경)

그림 40. Babylonia 왕과 신의 복식

리와 수염을 잘 정리하는 대신 장신구는 거의 사용하지 않았다〈그림 38〉.

(2) 바빌로니아(Babylonia)의 복식(B.C. 1894~1595년)

바빌로니아의 복식은 초기에는 수메르식의 스커트와 숄의 형태를 보여주었으나 국가가 성장하면서 새 수메르 시대(B.C. 2130~2016년)에 라가쉬(Lagash) 국가의 지도자였던 구데어(Gudea)의 입상에서 보이는 복식과 거의 흡사해졌다〈그림 39〉.

그림 41. Assyria의 복식. 긴 tunic에 술장식이 달린 shawl을 착용하는 모습

그림 42. Assyria의 군복. tunic과 술달린 띠장식

기본복식은 튜닉과 숄로, 특히 튜닉은 원통형으로 몸에 꼭맞고 짧은 소매가 달려 있으며 대개 발목길이이다. 그러나 군인이나 신분이 낮은 사람, 노동자들은 무릎길이의 튜닉을 입었다. 숄은 단에 수를 놓거나 술을 단 것들이 있는데 양 어깨에 걸치거나 왼쪽 어깨에 걸치고 왼쪽 팔에 늘어뜨려 입었다.

함무라비 법전이 새겨진 기둥의 상부에서 보이는 함무라비의 왕과 태양신 샤마시의 모습에서, 함무라비 왕의 복식은 무늬가 없는 모자 외에는 구데아의 복식과 같으며 샤마시 신은 화려한 티어드 스커트를 입고 있다〈그림 40〉.

바빌로니아에서는 직조기술의 발달로 모직물과 마직물 외에도 금사를 섞어 짠 다양한 종류의 직물들을 생산하여 그들의 복식에 사용했다.

(3) 아시리아(Assyria)의 복식(B.C. 911~612년)

아시리아의 복식은 튜닉과 숄을 기본으로 하는데 그 모양이 바빌로니아와 유사하나 좀더 화려해졌다. 아시리아인들의 호전적인 기질로 인한 영토확장은 직물을 풍부하게 하는 요인이 되었는데 이집트의 리넨, 인도의 목면, 씰크로드(silk road)를 통한 씰크의 반입은 복식에 다양한 소재사용과 동양적 색채 그리고 보석과 자수장식 등

그림 43. Assyria의 군복

을 가능하게 했다.

술장식이나 술 달린 숄은 아시리아의 공식적 의상의 징표가 되었는데 술의 길이와 정도로 착용자의 지위를 나타내고 있다. 왕과 고관들은 술의 길이는 물론 술의 숫자, 폭과 배치 등으로 신분을 나타냈는데 그 디자인도 경·위사로 술 달린 것, 기하학적 무늬와 여러 색상으로 짠 것, 환상적이거나 종교적 의미의 자수를 놓은 것 등을 다양하게 만들어 장식했다〈그림 41〉.

튜닉의 단 부분은 주로 술로 장식되었고〈p. 27〉 짧은 소매가 달렸으며 관리 계급은 그 길이를 길게 입었고, 노동자와 군인들은 짧게 입었다.

아시리아인의 호전적인 기질은 군복의 발달을 가져왔는데 그 형태는 짧은 튜닉 위에 갑옷을 입고 머리에는 원추형의 헬멧을 쓰고 넓은 허리보호용 띠를 둘렀으며 왼쪽 어깨에서 오른쪽 팔 밑에 걸쳐 수대(手帶)를 찼다〈그림 42, 43〉.

군복은 구리·청동·철 등의 조각으로 만들어졌으며 이 같은 재료들은 몸을 보호할 뿐 아니라 햇빛에 반사되어 상대방에게 위협을 준다고 믿었다.

또한 상업성이 강한 아시리아인들은 터키 고원의 광산물, 특히 구리를 직물들과 바꾸어 직물을 풍부하게 소유할 수 있었으며 광물의 풍부함과 제련공업의 발달은 갑옷을 만드는 일도 용이하게 했다.

아시리아인의 머리는 검고 덥수룩하며 때로는 어깨까지 길게 늘어뜨렸다. 남자들은 곱슬곱슬한 턱수염과 코밑 수염을 길렀으며 턱수염이 인조제품인 경우에는 크고 풍성하게 만들었다. 머리장식으로 왕이나 고관들은 보석이 박힌 티아라(tiara)와 토크(toque)를 썼고, 부인들은 장식 밴드인 머리띠를 했다.

아시리아의 왕과 상류계급의 남자들은 굽이 달린 샌들을 신었으며 여자와 일반인들은 맨발이었다. 남자들의 샌들은 잦은 전시(戰時)를 위한 특별한 것이어야 했으며

그림 44. 넓은 sleeves를 가진 풍성한 robe인 candys

그림 45. Persia의 호위병. 호화로운 직물, 다른 직물의 sleeves를 덧댄 candys

부츠(boots)도 함께 신었다.

(4) 페르시아(Persia)의 복식(B.C. 550~330년)

페르시아인들은 원래 메디아(Media)에 종속되어 있던 산악인으로 추운 기후에 대처하기 위해 신체에 밀착된 형태의 의복을 입었으며 말타기에 편리한 바지를 착용하기도 했다.

이들은 B.C. 5세기 말 메디아를 시작으로 하여 점차 메소포타미아의 대부분을 정복하고 지배하기에 이르러 복식 또한 여러 나라의 문화가 혼합된 절충적 양상을 보인다. 이들은 메디아의 국민복이었던 캔디스(kandys, candys)를 관복으로 채택했는데 캔디스는 풍성한 로브(robe)로, 길이가 길고 소매와 도련이 어깨에서부터 넓게 퍼져 있으며 T자형으로 목둘레를 파고 팔꿈치에서 소매끝까지 다른 천을 대어 주름을 잡아 전체적으로 여유있게 보이는 것이 특징으로 허리띠를 둘러서 양쪽에서만 주름이 지도록 착용했다〈그림 44, 45〉. 왕의 캔디스는 염색을 하거나 수가 놓인 직물로 만들었으며 소매와 도련에 선을 둘렀다.

소재로 많이 사용된 씰크는 캔디스의 우아함을 잘 표현해 주었으며 그 외에 모직

그림 46. Apadana 계단 벽의 부조. 두 명의 Persians(양쪽)와 Median(가운데)

그림 47. 길고 풍성한 바지를 착용한 Persian

물, 면직물 등이 함께 사용되었다. 페르시아인은 기본복식으로 튜닉과 함께 바지를 착용했는데, 윗부분이 넓고 발목으로 갈수록 좁아지는 형태로 기능적인 것이었다〈그림 47〉. 페르시아인의 코트에는 턱시도 칼라와 셋인 슬리브가 달려 있으며 당시에 몸에 맞추어 재봉된 의복(tailored garment)을 제작했다는 점에서 복식사적으로 큰 의미를 갖는다〈그림 46〉.

페르시아 남자들은 곱슬머리와 수염을 잘 손질하여 길렀고, 정치의 발달로 권위를 표시하기 위해서나 전쟁으로부터 머리를 보호하기 위해 모자가 발달했다. 왕이나 왕족은 삼중관(tiara)이나 미트르(mitre)를 썼으며 일반 남자들은 흰색의 펠트지로 만든 토크(toque)나 머리와 턱, 목을 감싸는 터번, 끝이 꼬부라진 프리지안 보닛(phrygian bonnet)을 썼다. 군인들은 헬멧 외에 터번과 비슷한 형태의 워리어(warrior)를 썼다. 신발은 구두창이 없고 발을 모두 감싸는 형태의 모카신(moccasin)을 많이 신었는데 재료는 부드러운 가죽이나 펠트로 진주나 보석장식을 하거나 수를 놓은 것도 있다.

요 약

메소포타미아 지역의 문명은 세계 문명 발상지의 하나로 티그리스 · 유프라테스강 사이의 땅과 소아시아 쪽으로 기울어진 몇몇 지역들을 배경으로 일어났다.

이 지역은 지리적으로 주변국가들의 접근이 용이해 서로 정복하고 지배당하는 역사가 되풀이되었다. 따라서 그 문화는 외부로부터의 침공에 의한 타문화와의 접촉으로 인해 이질적인 요소가 혼합 · 절충된 성격을 갖는다.

최초로 이 지역을 통일한 왕조인 수메르인(Sumerian)들이 이곳에 정착한 이후 개방적인 지역적 특성으로 인해 여러 나라의 흥망성쇠가 이어졌으며 바빌로니아(Babylonia), 아시리아(Assyria), 페르시아(Persia) 등이 차례로 메소포타미아 지역의 강대한 제국으로 발달했다.

수메르의 복식은 대개 모직이나 모피로 만들어졌으며 랩 어라운드(wrap-around) 형태의 스커트와 숄(shawl)이 대표적인 복식이다. 또한 카우나케스(kaunakes)라 불리는 여러 층의 모피로 만들어진 스커트도 남녀 모두가 착용했다.

바빌로니아와 아시리아의 기본복식은 술이 달린 튜닉(tunic)과 숄로, 특히 술 장식은 이 시기에 신분과 장식의 상징이 되었으며, 소재로는 모직물과 더불어 씰크와 리넨이 함께 사용되었는데 자수와 염색 기술의 발달로 호화롭게 모양을 내었다.

특히 호전적인 민족인 아시리아에서는 기능적이고 다양한 형태의 군복이 발달했다.

페르시아는 추운 기후에 대처하기 위해 신체에 밀착된 형태의 의복을 입었으며 말타기에 편리한 바지를 착용하기도 했다. 그들은 바빌로니아나 아시리아의 복식형태를 따르면서도 메디아인(Median)들의 국민복이었던 캔디스(candys)를 입거나 턱시도 칼라와 쎗인 슬리브(set-in sleeve)가 달린 코트(coat) 등을 착용했는데, 이것은 복식사상 처음으로 등장한 복징형태로 그들이 고도의 재단기술과 재봉법을 사용했음을 보여준다.

제 3 장

크리트의 복식

그림 48. Cnossos 궁전 : 기둥의 아래가 가늘고 상부가 굵어지는 건축양식은 Crete인들의 날렵한 몸매와 복식을 연상케 한다.

1. 사회 · 문화적 배경

크리트(Crete) 복식문화는 비단 크리트섬에만 한한 것이 아니라 이집트와 소아시아 지방, 그리고 그리스(Greece) 본토에까지 이르는 광대한 지역을 무대로 했다. 에게(Aege)라는 바다를 통해 이들을 연결시킨 교량적 역할을 했을 뿐 아니라, 이 두 세계의 어느 쪽에도 속하지 않는 독특한 아름다움을 지니고 있었다는 점에서 높이 평가되어야 할 것이다.

크리트 복식의 문화적 배경을 이해하기 위해서는 크리트 문명과 에게 문명과의 관계를 염두에 두어야 한다. 고고학자들에게 있어 에게는 단순한 지리학적 용어만은 아니다. 그들은 에게를, 그리스 문명이 발달하기 이전인 기원전 약 3000년경에서 기원전 약 1100년까지 이 지역에서 번성했던 문명을 지칭하는 의미로 사용해 왔다. 에게에는 서로 밀접한 연관관계를 가지면서도 각자의 특성을 가지고 있는 세 가지 문명이 있다. 즉, 전설적인 크리트의 왕 미노스(Minos)의 이름을 본따서 미노아(Minoa) 문명이라 불리는 크리트 문명, 크리트 북방에 있는 소군도의 문명인 시클라데스(Cyclades) 문명, 그리고 그리스 본토의 미케네(Mycene)를 중심으로 한 미케네 문명이 그것이다. 그들 문명은 차례대로 초기 · 중기 · 후기의 세 시대로 구분되며, 그것은 대체로 이집트의 고왕국 · 중왕국 · 신왕국에 해당된다. 즉, 크리트 문명은 시클라데스 문명과 미케네 문명의 출발점이자 중심이었던 것으로 에게 문명 전체는 크리트를 통해 알 수 있다고 생각한다.

그림 49. The Queen's Megaron, Palace of Minos, Knossos, Crete

지금으로부터 약 1세기 전만해도 크리트 문명은 그리스의 서사시인 호메로스의 「일리아드」에 나오는 트로이(Troy) 전쟁 이야기와 크리트를 소재로 한 그리스 전설 등을 통해서만 알려져 있었다. 이러한 이야기들의 실상을 조사할 목적으로 1870년대에 슐리만(Heinrich Schliemann)이 소아시아 및 미케네 지방에서 크리트 문명의 유적을 탐사했고 1900년대 초반에 영국의 에반스(Arthur Evans)경이 크리트섬에서 크노소스(Knossos) 미궁(迷宮)〈그림 48, 49〉을 발굴하게 됨으로써 비로소 에게(Aege) 문명의 실마리가 풀리게 되었다. 그리고 고고학적 고증에 필수적인 그들의 문자, 즉 선상문자(線狀文字) β를 최근에야 해독하기 시작했다. 그러나 해독한다 하더라도 그 내용은 대부분 왕실의 재산목록과 행정상의 기록들로 종교, 철학, 예술, 풍속 등 그들의 정신세계를 엿볼 수 있는 것은 아니었다. 그래서 그들의 문명을 이해하는 데 필요한 배경적인 지식은 결여되어 있는 것이다.

그러나 크리트섬에서 크노소스 궁전이나 그 밖의 유적을 발굴함에 따라 궁전의 벽화〈그림 49〉와 함께 출토된 도기(陶器)〈그림 50, 51, 52〉의 문양, 그리고 이집트와 소아시아, 미케네 지방에서 발견된 크리트에서의 수출품을 통해 복식문화의 실상을 다소나마 짐작할 수 있다는 것은 매우 다행이라 하겠다.

크리트는 기원전 3400년경부터 문명의 발자취가 엿보이는데, 기원전 3000년경 초에 새로운 주민들이 크리트로 침입해 들어와 그들의 항해술을 고대 크리트인에게 전해 주었다. 더욱이 지리적 위치상 크리트는 아시아, 아프리카, 유럽의 세 대륙에서 쉽사리 항해할 수 있는 거리에 있었다. 그래서 일찍부터 외국과의 교역이 시작될 수

그림 50. Crete 시대의 물주전자(B.C. 1850~1700년대)

그림 51. Crete 시대의 도자기(B.C. 1500년대)

그림 52. Crete 시대의 도자기(B.C. 1500년대)

있었으며, 이러한 것이 이후 크리트인이 에게해의 중심적 국민으로 활동할 수 있었던 원동력이 될 수 있었다.

기원전 2800년쯤에 구리와 청동제법이 전래되면서 그들은 점차 독자적인 성격을 띠며 발전했다. 그 후에 발달한 크리트 문명을 미노아 문명이라고도 하는데, 학자들은 이것을 세 시대로 나누고 있다.

- **초기 미노아 시대** : B.C. 2800~2300년
- **중기 미노아 시대** : B.C. 2300~1600년
- **후기 미노아 시대** : B.C. 1600~1300년

이 중에서 문화가 절정에 달했던 시기는 중기 미노아 시대 말에서 후기 미노아 시대 중엽(B.C. 1800~1400년)으로 추측된다.

크리트섬의 기후는 전형적인 지중해성 기후로, 여름은 길고 맑은 날씨로 거의 비가 내리지 않는다. 그러나 해풍 덕택으로 덥지도 않고 겨울에도 온화하다. 이처럼 일년 내내 온화한 기후로 인해 실외생활을 즐겼으며 신체를 많이 노출시켰다. 신체의 노출은 이집트와 같으나, 이집트의 경우 뜨겁고 건조한 기후로 몸에 밀착되지 않는 드레이퍼리(drapery)형의 의상이 환영받았으나 크리트에서는 기후로 인한 제약을 받지 않아도 되었기 때문에 몸에 꼭 맞는 의상이 발달한 점이 양자의 복식형태에 있어 근본적인 차이점이라고 볼 수 있다.

크리트섬의 토지는 대부분이 거의 비탈지거나 메말라 경작에 알맞지 않았기 때문에 가뭄을 타지 않는 과일인 포도, 올리브나 아열대 과일을 재배했다. 경제의 빈곤

을 보충하는 한 수단으로 청동기 제품 생산의 수공기술이 일찍부터 거대한 규모로 발달했고 이것은 소아시아에서 이집트에 이르는 동지중해 전역에 공급되었다. 이때 발굴된 보석과 장신구들은 크리트 복식문화의 첫 실례로서 순수한 심미안을 보여준다. 이렇듯 크리트의 부(富)와 예술은 빠른 성장을 이루어 이집트나 바빌론(Babylon)의 수준을 따랐다.

그러나 기원전 약 2200년경 아리아인(Arian)의 이주로 인해 그리스 본토가 아케아인(Achaean)에 의해 침입을 받았는데, 이것은 크리트에 직접 영향을 끼치지는 않았지만 상업의 파탄으로 인한 경제적 위기를 가져다 주었다. 이러한 번영의 첫 쇠퇴기가 기원전 1880년까지 거의 4세기 동안 지속되었으나 다시 회복하여 기원전 1400년경까지 약 4세기 동안 번영의 절정을 누렸다. 이 시기는 크리트 복식문화에 있어 가장 중요한 시기라고 볼 수 있는데, 현존하는 대부분의 연구자료가 이때 출토된 것이기 때문이다.

크노소스 궁전의 건립은 이 시기에 있어 대표적인 건축사업이었다. 크노소스 궁전은 내실·창고·작업장·거실·회의실 및 정청(政廳) 등의 수많은 방이 복잡하게 배치된 미궁으로서 미노스 건축에 관한 중요한 정보원이 되었다. 그 건물의 전모를 완전히 복원할 수는 없지만 이집트나 페르시아, 아시리아의 사원이나 궁전에 비하면 그다지 인상적인 것은 아니었을 것으로 추정할 수 있다. 거기에는 통일된 기념비적인 효과를 추구한 노력이 보이지 않는다. 개개의 구성단위는 대체로 작고 천장은 낮아서 몇 층의 높이로 된 건축물의 부분조차도 그다지 높게 보이지 않는다.

그럼에도 불구하고 수많은 원주(圓柱)나 계단, 환기통 등이 그 궁전에다 쾌적할 만큼 개방적이고 신선한 성격을 부여하고 있다. 특히 원주는 아래쪽으로 갈수록 점차 가늘어지고 꼭대기에는 넓은 방석 모양의 주두(柱頭)가 달린 특징적 형태〈그림 48〉를 하고 있는데, 이는 회화와 조각, 도기에도 나타나는 것으로 크리트의 대표적인 약동적인 모습의 표현양식인 듯하다. 크리트 복식에서 위는 부풀고 하체(여자는 허리까지)로 내려올수록 가늘어지는 모습이나 스커트의 종 모양(bell-shape), 끝이 잘린 원추형의 모자들은 이러한 감각의 영향을 받은 것으로 볼 수 있다. 또한 그 모습은 크리트인들의 성격과 같이 가벼운 동적 느낌을 준다.

크노소스 궁전의 벽면에는 아름다운 색채, 흐르는 듯한 선, 사실적 표현 등을 특징으로 하는 벽화가 장식되어 있다. 거기에는 남자도 있지만 특히 많은 궁녀의 모습이 그려져 있는데 이들은 현대적이고 매력적인 모습을 하고 있어 후에 '파리의 여자'라는 별명을 얻기도 했다. 인물 외에도 자연주의적인 정경, 즉 무성한 식물 사이의 동물이나 새, 바다의 생물 등을 소재로 한 벽화들이 다수 발견되었다〈그림 49〉.

그림 53. 나무와 금으로 만든 Crete의 여신상
(B.C. 1500년대)

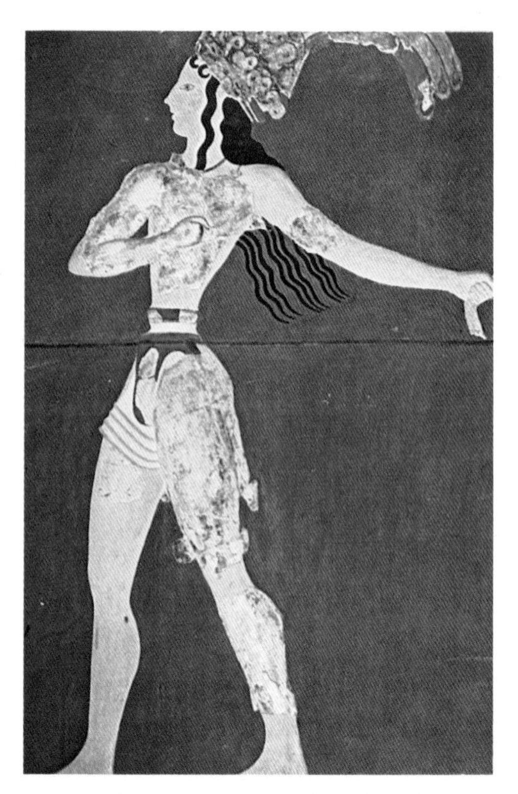

그림 54. loincloth를 입고 있는 남자
(B.C. 1600년대)

소재에 대한 예리한 관찰은 이집트 미술과 같으나 분위기나 미적 감각은 매우 다르다. 즉 이집트의 영구성과 부동성 대신에 율동적이고 파도치는 듯한 운동에의 강한 열정을 느낄 수 있고, 형태 자체는 기묘하게 날렵한 성질을 지니고 있다. 이것은 그들이 흐르는 듯한, 조금도 힘들지 않은 움직임을 표현하는 것을 사실의 정확성이나 완전함보다도 더 중요시했음을 뜻한다〈그림 55〉.

크노소스궁 벽화에 표현된 부유(浮游)하는 세계는 매우 풍부하고 독창적인 상상력의 산물이었기 때문에 그 영향은 당시 미술품의 어디에서나 찾아볼 수 있다. 채색도기나 직물에 사용되었던 추상적 무늬는 점차 식물이나 동물을 소재로 한 새로운 내용의 디자인으로 바뀌었다〈그림 50, 51, 52〉. 새로운 미적 감각을 주위의 생활미술뿐 아니라 자신들의 치장에 적용하는 것은 당연한 귀결이다. 크리트의 특징적인 조상(彫像)인 뱀을 든 여신상에서 뱀의 구부러진 모습이나 가슴을 노출시키면서 흘러내려가는 상의의 곡선, 독특한 물결 같은 모양의 머리 모양은 모두 이러한 감각을 반영하고 있다〈p. 41〉.

미술이나 복식에서 느껴지는 생명감있고 약동적인 표현과 선명한 색채감각은 그

만큼 이들의 생활습관이 개방적이고 활기있었다는 것을 말해주며 복식에 나타난 새롭고 다채로운 색상이나 커다란 무늬들은 다른 고대복식에서 찾아볼 수 없는 강렬함을 느끼게 한다〈그림 55〉.

크리트 사회에서는 이집트에서와 같은 엄격한 계급제도는 없었던 것으로 추정된다. 따라서 이들의 복장에서는 권위를 나타내기 위한 거대함이나 호화찬란함 등을 찾아볼 수 없다. 다만 그들 특유의 관능적인 미의식을 나타내어, 오히려 현대적인 감각을 느낄 수 있다.

크리트의 종교나 풍속 등에 대해 정확히 알 수는 없으나 다산(多産)과 풍요(豊饒)를 숭상했던 것 같다. 이것은 여신상으로 짐작되는 작은 성상(聖像)이 가슴을 온통 드러내고 몸 전체에 뱀을 감고 있는 모습을 통해 알 수 있다. 고대의 많은 종교에서는 이같이 성상의 노출된 가슴이 여성의 풍요(다산)를 의미하고 있고 뱀은 남성의 풍요와 관련되어 있기 때문이다.

이것은 중대한 조형원리를 보여주고 있는데 즉, 가슴을 풍만하게 보이기 위해서는 허리를 졸라매어야 하고, 그 밑의 스커트의 퍼짐은 가슴의 강조를 위한 간접적 효과로서 당연한 것이다. 또한 스커트의 폭을 넓히기 위해 티어드 스커트(tiered skirt)가 디자인되었을 것이다〈그림 53, p. 41〉.

다산의 강조는 크리트 사회의 특수성, 즉 모계사회에서 비롯된 것이다. 시민권이 있는 여자는 남사에 비해 사회직 지위가 디욱 강했을 것으로 생각되는데, 남자들이 여자처럼 머리를 길게 늘어뜨리거나 금속 벨트(metal belt)를 하는 등 여자와 비슷한 복장〈그림 54〉을 하고 있었던 것은 이를 설명하는 것이라 하겠다.

크리트에서는 일찍이 직물생산이 상당히 발달했다. 울(wool)을 직조하여 사용했고 유럽에서 뒤늦게 이용하기 시작한 리넨(linen)을 당시 이미 생산하고 있었는데, 많은 방적기가 출토되어 이러한 사실을 증명하고 있다. 방적과 방직은 가내적(家內的)으로 행해졌으며 여왕의 방 입구에 실패가 묘사되어 있는 것으로 보아 크노소스궁은 방적과 방직 생산을 위한 노동성을 찬양했음을 알 수 있다.

여기에 동물의 가죽이나 털도 그대로 사용되었으며 직물염색이나 수(繡)장식으로 복식이 한층 더 화려해졌다. 크리트인들은 식물로부터 나오는 천연염료를 주로 사용했으며 조개로부터 분비물을 추출해서 햇볕에 쪼임으로써 붉은 보라색으로 변하는 염색술을 습득했다. 붉은 보라색은 오랜 역사를 가지고 있고 귀한 사람의 색으로 여겨졌는데, 이것은 서양복식사에서 나타나는 특징적 요소이다. 이 밖에 보라색이 감도는 황색(purplish brown)과 옥색(greenish white) 등도 발견되어 그들의 색채감각이 강렬하고 원색적이었음을 알 수 있게 한다.

이처럼 풍부한 직물원료와 함께 바느질법이 발달하여 복식의 형태에 다양성을 더해 주었다. 즉, 상체(bodice)와 스커트의 분리, 에이프런, 다양한 형태의 남자들의 로인클로스, 자수 등은 그들만의 독창적인 형태로, 재단법의 발달과 연관시키지 않고서는 이해할 수 없다.

또한 당시는 크리트의 전성기로 경제적으로 가장 부유하고 외국과의 문물교류가 왕성했기 때문에, 이집트나 서아시아적인 요소도 융합되어 발달했으리라 생각된다. 이러한 크리트 문명의 위력은 그 후 시클라데스와 그리스를 점령하면서 키프로스는 물론 시리아에까지 이르렀다.

그리스 본토에서 아케아인이 크리트섬에 침입함으로써 크리트는 멸망했고, 크리트의 우세권도 종말을 고했다. 섬은 가까운 미케네에 종속되었으나 문화에 있어서는 오히려 점령국들을 크리트화시켰다. 이후 크리트는 독자적으로 번영하지 못했으나 오히려 다른 지역에 영향을 끼쳐 혼합된 문화를 이룩했다.

2. 복식의 개요

크리트 문명은 섬 문명으로서 주위 여러 나라와 해상무역을 하면서도 그들의 독자적인 성격을 띠었다. 특히 그리스와는 시대적 배경이나 지리적인 위치상 밀접한 관계가 있었음에도 불구하고 복식양식은 그리스와 전혀 달랐다는 것이 주목할 만하다. 즉, 그리스 의상은 한 장의 옷감을 몸에 우아하게 드레이프(drape)한 데 비해, 크리트는 이미 고도로 발달된 재단과 재봉을 통해 입체적인 씰루엣(silhouette)을 나타냈다. 크리트인들이 인체곡선의 아름다움을 자랑스럽게 나타내려고 입체적으로 구성한 것이, 같은 시대에 근접해 있던 다른 나라들의 복식과 틀린 점이다.

여성들은 유방을 완전히 노출시키면서 몸에 꼭 끼는 블라우스와 힙(hip)의 곡선을 나타내며 아래로 미끄러져 내려가는 벨 모양의 롱 스커트를 입었는데, 이는 여러 층으로 나누어 붙인 형태로서 티어드 스커트의 시원형을 이룬다. 그 위에 에이프런과 함께 허리를 꽉 조이는 넓은 금속 벨트를 둘러 콜셋(corset) 역할을 하도록 했다.

남성들은 상체를 완전히 벗고 힙의 곡선을 나타내는 로인 스커트(loin skirt)를 입고, 그 위에 여성들처럼 허리를 극도로 조이는 금속 벨트를 착용했다.

그들이 사용한 문양의 모티프는 섬나라였기 때문에 해파리나 산호, 문어 등 바다의 동식물이 많았고, 장미, 백합, 종려나무 등과 고양이, 새, 소, 토끼 등 자연물 도안을 좋아했으며, 그 외에 줄무늬, 바둑무늬 등의 기하학적 무늬도 있었다.

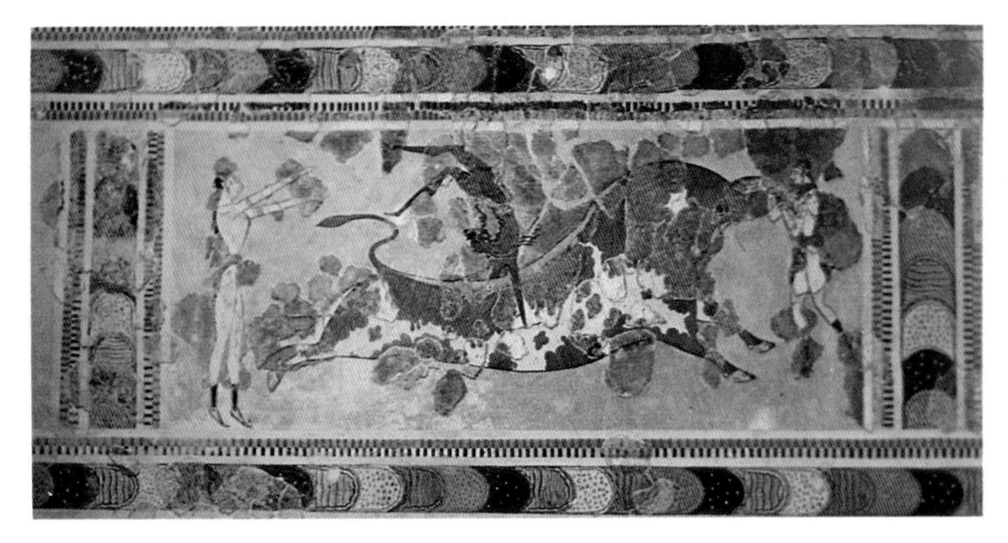

그림 55. 황소와의 운동경기(B.C. 1500년경)

3. 복식의 종류와 형태

(1) 의 복

로인클로스(Loincloth) 맨살 위에 입는 기본적인 의상으로, 주로 남성들이 짧은 스커트나 바지의 형태로 입었다. 여성들은 운동할 때만 간단히 로인클로스를 입은 것 같다. 로인클로스의 종류는 다양한데, 몇 가지로 구분해 보면 다음과 같다.

- 두 개의 삼각 천을 앞뒤로 하나씩 둘러 입은 더블 에이프런(double apron)과 같은 형태인데, 앞 · 뒤 중앙에 늘어진 삼각형 끝이 위로 올라가서 꼬리 모양을 이루며, 끝이 올라간 것으로 보아 가죽을 사용한 듯하다.
- 남성의 성기를 보호하는 앞가리개인 프런털 쉬스(frontal sheath)가 있고, 한쪽 다리는 내놓고 힙을 감싼 형태이다. 다른 다리 한쪽은 주름을 수평으로 잡았으며, 엉덩이에 두른 천의 끝은 위로 올라가 있다〈그림 54〉.
- 무릎까지 오는 짧은 스커트형으로 앞 중앙이 삼각형으로 약간 뾰족하게 각이 졌다.

다른 지역에서의 로인클로스의 형태는 직사각형의 헝겊을 허리에 둘러서 한쪽 끝을 허리선에 끼워 넣거나 끈으로 맨 단순한 것임에 비해, 크리트에서는 이와 같이

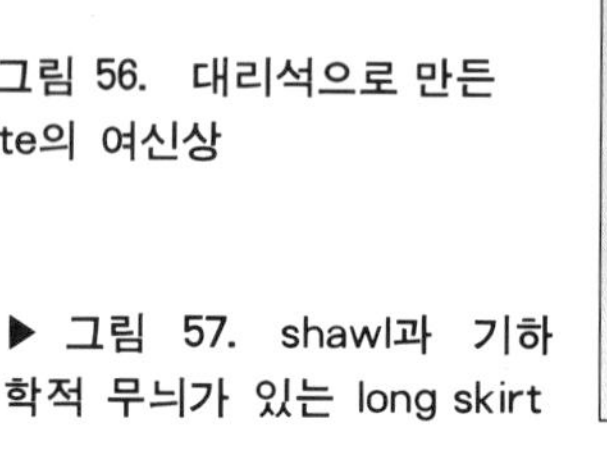

◀ 그림 56. 대리석으로 만든 Crete의 여신상

▶ 그림 57. shawl과 기하학적 무늬가 있는 long skirt

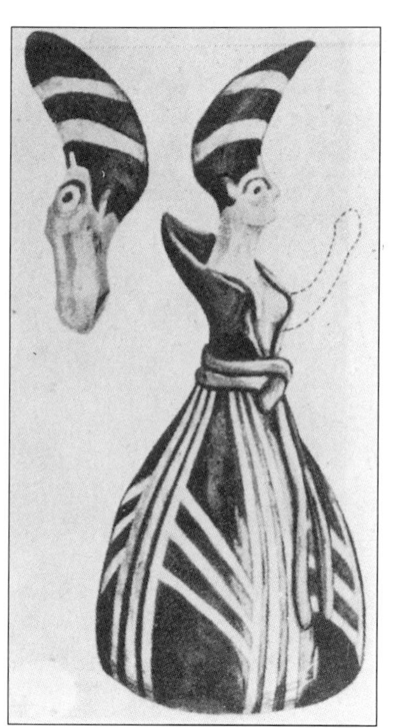

다양한 형태가 있었다. 이것은 크리트인들이 나체를 중시하여 의복면적이 가장 적은, 기본형인 로인 클로스에 관심을 많이 가진 데서 비롯된 듯하다. 크리트에서는 콜셋처럼 허리를 조이는 금속이나 가죽으로 넓은 벨트를 만들어 로인 클로스 위에 착용했다.

블라우스(Blouse) 초기에는 여성들도 남성들처럼 상체를 벗고 다닌 것 같다. 기원전 1800년 이후엔 상체에 꼭 끼는 블라우스를 입었는데, 짧고 좁은 소매가 몸판에 이어져 붙었고 유방을 완전히 노출시켰다〈그림 56〉. 블라우스의 앞 모양도 스커트처럼 다양한데, 그 중에서 유방과 미드리프(midriff)가 모두 노출되도록 앞판이 전혀 여미어지지 않는 형태〈그림 57, 58, 59〉와 유방 아래부터 허리까지의 미드리프 부분을 끈으로 묶어 내려간 형태가 대표적인 것으로 보인다〈그림 56〉.

국내 논문이나 저서에 소개된 크리트 의상 중에, 블라우스의 뒤판에 프린세스 라인(princess line)이 디자인되었다는 견해는, 크리트 의상에 대해 정보를 제공해 주는 벽화, 부조, 공예품, 소상(小像) 등에서는 증명될 수 없었다. 이 시대에 이미 프린세스 라인과 같은 기교적인 재단법이 발달되었다고는 판단되지 않는다.

기원전 2500~1800년 사이에는 블라우스가 없었고, 대신 직사각형의 숄(shawl)을 상체에 두르고, 그 양 끝을 스커트 속에 집어넣어 블라우스처럼 입었다〈그림 57〉. 메

그림 58. 벽화에 나타난 Crete 여인

그림 59. 유방이 노출된 blouse를 입은 Crete의 여인들

디치 칼라(medici collar : 16세기에 유행했던 부채 모양의 주름 칼라)처럼 세워졌던 것으로 보아 숄의 재료는 풀기가 있는 리넨이나 가죽이었던 것 같다.

롱 스커트(Long Skirt) 여자들이 운동경기를 할 때에는 짧은 로인 스커트를, 평상시에는 롱 스커트를 입었는데, 롱 스커트는 벨 모양을 이루는 것이 특징이다〈그림 53, 56, 57, 58〉.

수평의 층계식(tiered or flounced) 디자인이 많은데, 길이가 다른 스커트를 여러 개 포개어 입은 모양이나, 주름잡힌 긴 폭을 층층이 꿰맨 것 같은 스커트형이 보인다〈그림 53, 56, 58〉. 무늬 디자인도 수평으로 층계선을 만든 것이 많은데, 앞 중앙선에서 아래로 V자 형태를 이루는 것은 남자들이 입은 로인스커트의 앞 중앙의 V선과 같은 분위기를 느끼게 한다〈그림 53, 58〉.

스커트의 무늬는 바둑무늬〈그림 56〉, 물결무늬, 크고 대담한 기하학적인 선무늬〈그림 53, 57〉 등이 있고, 이러한 무늬들은 크리트인만이 갖고 있던 예술성에서 나온 창조적인 것이었다. 짐승의 털로 간단하게 만든 것도 보이는데, 양 옆이 트이면서(종아리 중간 정도 길이에) 굴려진 선이 보인다.

에이프런(Apron) 여자들은 블라우스와 스커트를 입고 그 위에 혀(tongue) 모양의 에이프런을 앞·뒤에 둘렀다〈그림 56〉. 이 에이프런은 여자들이 기원전 1800

년 이전에 입었던 로인 스커트가 변형된 것으로 생각되는데, 기능적인 목적보다 장식적인 목적으로 착용되었으며 체크와 점무늬의 기하학적 무늬가 많다.

콜셋 벨트(Corset Belt) 남녀 모두 허리를 극도로 가늘게 조이기 위해 콜셋 벨트를 사용했다. 콜셋 벨트는 가죽이나 금속으로 만들었는데, 금속으로 만든 벨트에는 장미꽃이나 기하학적인 무늬를 디자인한 금속조각판을 연결해 만든 것도 있다. 벨트를 착용했을 때 피부와의 접촉으로 상처가 나지 않도록 벨트의 가장자리를 둥글게 만들었다.

허리가 굵어지지 않게 하기 위해 어렸을 때부터 콜셋 벨트를 착용시켰는데, 이렇게 조여진 가는 허리는 가슴과 엉덩이를 더 커 보이게 했다.

튜닉(Tunic) 짧고 좁은 소매가 몸판에 연결된 T자형으로 간단하게 구성한 원피스 드레스(one-piece dress)를 남녀가 종교적 의식 때 입은 것 같다.

튜닉은 어깨선과 옆솔기선, 치맛단에 줄무늬로 트리밍을 하고, 튜닉 전체를 파도무늬나 꽃무늬, 기하학적 무늬 등으로 장식하여 화려하고 산뜻한 분위기를 느끼게 했다. 병사들은 넓적다리 길이로 단에 태슬(tassel)장식을 대기도 했다.

(2) 머리장식

크리트인의 머리모양은 물결치는 듯한 컬(curl)이 인상적이다〈그림 58, 59〉. 여자들은 대개 컬한 머리를 폭포와 같은 모양으로 길게 내려뜨렸으며, 타래머리(chignon)의 형태로 묶기도 했다. 단순한 밴드나 구슬을 꿴 끈으로 머리를 묶었다. 남자들은 머리를 이마에서부터 어깨까지 자연스럽게 내려뜨리기도 했다. 또한 앞이마와 귀에 몇 가닥의 컬을 남기고는 전부 뒤에서 모아 올리는 원추형도 보인다.

후기에는 모자가 나타나는데, 끝이 잘려진 원뿔 형태, 터번(turban), 삼각형, 크고 뾰족한 관 같은 형태 등은 크리트인의 특징적인 복식 중의 하나로 그들의 창조력을 말해 준다. 특히 이러한 모자들은 여신상에서 많이 나타난다. 모자들을 장식하기 위한 장식요소들도 똑같이 창조적이며 정교했다. 장미꽃 장식이나 휘어진 깃털 등이 장식 리본과 함께 사용되어 크리트인의 모자에 멋을 더해 준다.

사제가 쓴 붓꽃관은 장미빛 · 보랏빛 · 푸른빛의 세 개의 깃털로 장식되었다.

(3) 신 발

크리트인들은 실내에서는 언제나 맨발이었으나 외출할 때는 샌들이나 굽이 있는 신발, 긴 부츠(boots) 등을 신었으며, 이러한 신발의 형태는 장식적이기보다는 기능적이었다.

보다 많은 시간을 밖에서 보내는 남자들은 발을 감싸기에 좋은 반 부츠를 즐겨 신었는데, 종아리까지 오는 이 부츠는 가죽끈으로 다리 아래 부분까지 묶었다. 이런 무거운 부츠 형태는 크리트의 땅이 울퉁불퉁했기 때문에 더욱 필요했으리라 생각된다.

신발의 재료는 붉은색, 흰색, 자연적인 색 등의 가죽이 주로 사용되었다.

(4) 장신구

최근의 고고학적인 발견으로 크리트의 문화가 대단히 풍요했음을 알 수 있는데, 그 한 예가 장신구의 풍부함이다. 반지, 목걸이, 귀고리, 왕관 등 150점의 사치스러운 장신구와 보석이 크리트의 분묘에서 발견되었다. 크리트인들은 여러 가지 보석을 사용해 고도로 세련된 금속세공 기술을 발휘했다. 그러나 출토된 조그만 입상들에서 장신구의 정확한 형태를 파악하기는 어렵다.

웅장하게 조각된 팔찌나, 목걸이는 귀족과 평민이 다 같이 애용했는데, 평민의 목걸이는 보통 돌구슬을 꿰어서 만든 단순한 형태이고, 왕족이나 부유한 사람들의 것은 마노, 수정, 자수정, 홍옥수(cornelian), 금속판 등을 세공한, 보다 정교한 형태였다. 다양한 돌로 만든 둥근 구슬 목걸이는 새, 동물, 그리고 작은 사람 모양의 펜던트와 함께 사용되었다.

요 약

고대 동방의 문명을 그리스에게 전달하는 교량적 역할을 한 것은 에게(Aege) 문명이었다. 지중해 동쪽의 크리트섬과 그리스의 미케네와 티린스 및 소아시아 쪽의 트로이를 잇는 삼각형의 에게해를 중심으로 한 해양문명은 서양의 고대문명 중 가장 오랜 문명의 하나이다.

이 중 크리트(Crete)의 문화는 에게 문명 중에서 가장 대표적이었으며, 그들은 해상 활동을 활발히 벌인 상업민족으로 채색토기, 직물, 금속세공품 등을 수출했다.

모든 사회계급이 평등을 누린 크리트인들은 해양민족답게 쾌활하고 활력적으로 무용 · 권투와 같은 지중해성 기후에 맞는 옥외 스포츠를 즐겼다.

크리트의 복식문화는 그리스의 복식문화권 내에 있었지만, 그리스의 드레이퍼리(drapery) 형식의 스타일과는 전혀 다른 양상을 띠면서 독자적인 스타일로 발전했다.

크리트 여성들의 복식형태는 앞가운데 트임을 만들어서 유방을 완전히 노출시킨 블라우스와 힙의 곡선을 나타내며 아래로 미끄러져 내려가는 벨 모양의 롱스커트였다. 스커트는 여러 층으로 나누어 붙인 형태로서 티어드 스커트의 시원형이며 그 위에 에이프런과 함께 허리를 꽉 조이는 넓은 금속 벨트를 둘러 콜셋의 역할을 하도록 했는데 이는 오늘날의 콜셋의 원조라 할 수 있다. 또한 블라우스와 스커트를 몸에 꼭 맞게 재단 · 구성한 것은 그 당시 어느 나라와도 비교할 수 없을 만큼 입체적이고 독자적이다.

남성들은 상체를 완전히 벗고 성기를 보호하는 앞가리개(frontal sheath)가 달린 로인 스커트를 입고 그 위에 여성들처럼 허리를 극도로 조이는 금속 벨트를 착용했다.

크리트인의 복식에 나타난 선명한 색상과 무늬, 아름다운 육체의 곡선미를 살린 육감적인 씰루엣 등 그들의 복식미에는 엄숙한 왕족의 분위기도, 전사의 웅장함도 느낄 수 없으며 누구나 평등하다는 민주주의 감각과 평화, 소박함, 풍만한 생명력, 즐겁고 가벼운 율동미 등이 있어 명랑하고 참신한 분위기를 감지할 수 있다.

제 4 장

그리스의 복식

1. 사회 · 문화적 배경

그리스(Greece) 문화는 기독교와 함께 서양문화의 정신적 지주가 되어 왔고, 그리스 복식은 대표적인 드레이퍼리(drapery)형으로 로마로 연결되어 서양복식의 기본형이 되어 왔다. 그리스 복식의 특징은 정신 · 육체 · 의상이 완전하게 하나로 융합되어 창조되는 뛰어난 예술성에 있다.

그리스 복식을 정확히 이해하기 위해서는 직접 또는 간접적 요인으로 먼저 역사적 · 지리적 배경을 주목하지 않으면 안된다. 기원전 1400년경부터 시작된 그리스인의 이동은 북유럽의 아드리아(Adria) 지방에서 내려온 이오니아족(Ionian)의 이동에서 시작되었다. 소아시아에서는 아케아족(Achaean)이 더욱 남쪽으로 이동하여 미케네와 트로이를 점령하고, 그 뒤를 이어 호전적인 도리아족(Dorian)이 대륙의 본토뿐 아니라 지중해까지 진출하는 경로로 이루어졌다. 이들은 방언에 따라 구분되긴 하지만 모두 인도-유럽어족에 속하는 동일 종족으로, 헬렌(Hellen)의 후손이라 하여 자신들을 헬렌즈(Hellens)라 하고, 국토를 헬라스(Hellas)라 칭하며 우월감을 가진 반면, 다른 민족은 바바로이(Barbaroi)라 하여 멸시했다. 이들은 점차 두 종족으로 통일되어 갔다. 하나는 주로 본토에 정착했던 도리아인이며, 또 하나는 에게해의 여러 섬들과 소아시아 연안에 살며 그 때문에 고대 근동(近東)과 밀접한 접촉을 가지게 된 이오니아인이다. 아케아인은 크리트 문명의 유산인 미케네 문명에 흡수되고 말았다.

그리스의 발전을 시대적으로 구분해 보면 다음과 같다.

- **알카익 시대**(Homeric or Archaic Period) : B.C. 1200~480년
- **고전 시대**(Classic Period) : B.C. 480~330년
- **헬레니스틱 시대**(Hellenistic Period) : B.C. 330~146년

알카익 시대의 그리스는 이집트와 크리트의 혼합양식을 그대로 보여 주고 있고, 알카익 시대 후기부터 고전 시대에 이르기까지는 순수하고 창의성 있는 그리스풍이 성립되었다. 헬레니스틱 시대에는 동방의 요소가 매우 강해 이미 그리스적 색채는 잃어 갔다. 그래서 그리스 복식은 고전 시대에 전성기를 맞이하게 된다.

그리스는 대체로 기원전 1000년경까지는 촌락을 중심으로 한 민족공동체사회를

형성하다가, 토지제도가 사유화로 되면서 귀족정치로 변하고, 여기에서 그리스의 특수 형식인 도시국가(polis)의 성립을 보게 되었다. 아테네(Athene)는 가장 먼저 개척되어, 원시 씨족사회에서 민주주의 공화국이라는 새로운 형태가 생긴 것은 그리스 역사에서 가장 큰 의의가 있는 것으로, 여기에 그리스 문화의 성격을 특징지우는 모든 요소가 포함되어 있다. 지리적 환경으로 인한 도시국가들간의 오랜 분쟁 결과 아테네, 스파르타(Sparta), 코린트(Corinth)가 그리스 세계의 중심이 되었다. 이들 도시국가들은 에게해와 지중해를 무대로 한 교역과 식민활동의 근거지로서 이집트, 바빌로니아, 아시리아, 페니키아로부터 방대하고 다채로운 철학, 예술, 학문, 풍속 등을 받아들였다. 또한 이러한 외래문화를 그리스의 독자적 성격으로 발전시켰을 뿐 아니라, 항해술의 발달을 시칠리아, 스페인 반도, 유럽 내륙 등지로 전파했다는 점에서 더욱 그 의의를 찾을 수 있다.

이들 폴리스는 정치단체라기보다는 종교적인 공동단체로 도시 중심에 수호신을 위해 제사지내는 언덕이 있고, 그 밑에 아고라(agora) 광장이 자리잡고 있어 집회나 시장 등의 장소로 이용되는 등 생활의 터전이 되었다. 아고라 광장을 중심으로 한 개방적이고 공동체적인 생활은 그리스 민주주의 발달의 요인이 되었다. 따라서 그리스 복식에서 계급을 의식한 엄격한 규제가 조장하는 기본적 형태의 차이는 보이지 않고 다만 경제적 부에 따라 소재나 장식상의 차이가 생겼던 사실은 이러한 그들의 생활방식이 초래한 결과였으리라고 생각된다.

법률과 헌법에 의해 공동체 안에서 개개인의 자유가 보장된다는 것은 폴리스 사회의 특징이긴 하지만, 폴리스가 가지고 있는 나름대로의 사정 때문에 모든 것이 반드시 일률적이지는 않았다.

그 중에서 이오니아인과 도리아인의 대조적인 환경은 양자를 더욱 다른 성격으로 발전시켰고, 그 특징은 풍습, 예술, 복식 등 모든 면에 놀라울 정도로 명백히 반영되었다. 도리아인은 일반적으로 상무적(尙武的) 기질을 갖고 있고 실제적인 데 비해, 이오니아인은 예술적으로 섬세한 감각을 갖고 있고 융화적이었다. 이것은 그들의 생업과도 관계되어 도리아인은 농업이 주산업으로 보수적이었고, 이오니아인은 상공업을 위주로 하여 개방적이고 자유로운 기질을 가졌다. 이오니아인들은 이러한 풍토에서 자연히 예술적으로 교육을 받게 되었는데, 여기에는 그들의 사회구조가 크게 영향을 미쳤다. 모권사회에서 부권사회로의 전환은 이오니아인들의 대표적인 도시 아테네에서 훨씬 먼저 새롭게 행해졌다.

여자들의 지위는 매우 열등한 것으로 교육·사교·정치적인 기회에서 제외되어 집에서 육아나 가사를 돌볼 뿐이었고 직조, 자수나 재봉 등의 섬세한 작업에 열중하

그림 60. Parthenon신전(B.C. 447~432년)

게 되었다. 이러한 환경은 자신들의 치장에 관심을 갖게 만들어, 단순한 형태의 의복에다 입는 방식에 변화를 주든지, 직조술을 개발하거나 자수 등의 장식을 하여 그들의 개성과 미의식을 발휘하고자 했다.

아테네의 여성적인 분위기에 비해 스파르타에서는 모권제가 늦게까지 지속되어 여자도 남자와 함께 자유로이 옥외에서 육체적인 단련을 할 수 있었다. 이처럼 상반된 양자의 성격은 도리아복과 이오니아복의 형태와 재료에서 그 차이점이 뚜렷이 나타난다.

도리아복은 두껍고 거친 울을 주로 사용하여 실질적이고 형태도 손발을 내놓아 활동적인 데 비해, 이오니아복은 얇고 부드러운 리넨으로 폭이 넓게 디자인되었기 때문에 우아하고 아름답긴 하지만, 비활동적인 느낌을 준다.

또한 당시 솔론(Solon)이 아테네에 국영 창가(娼家)를 설치했는데, 이것이 이오니아복을 더욱 호화스럽고 아름답게 이끌어간 원인이 되었다고 생각된다. 창부(娼婦)는 교육을 받은 비교적 지성적인 여성으로서 화려한 의상과 함께 남성을 매혹시켰고, 당시의 패션 리더(fashion leader)가 되었다. 아테네의 귀부인들도 그러한 여성들을 따라 점점 다채롭고 장식이 더해진 의상을 입게 된 것이다.

도리아복과 이오니아복의 성격은 건축양식과 비교해 볼 때 더욱 확실해진다. 그리스 건물의 특성은 많은 원주가 떠받치는 단순한 대리석 건물이라는 점인데 거기에 사용되는 원주의 종류에 따라 전체 구조의 양식이 결정되었다.

가장 오래된 초기의 도리아식 건축은 세로로 홈(flute)이 패인 튼튼한 원주의 주

그림 61. Athene의 Nike 신전(B.C. 421년)

그림 62. Corinthian 건축양식

두(柱頭)가 매우 단순한 것으로 전체적으로 힘차고 소박한 느낌을 준다. 대표적인 건축물인 포세이돈(Poseidon) 신전과 바질리카(Basilica)의 강건한 외양은 도리아복의 특성(단순하고 굵은 주름)을 그대로 반영하고 있다.

그러나 후기로 갈수록 그 양식은 무르익어 갔는데, 파르테논(Parthenon) 신전〈그림 60〉은 고진기 도리아식 건축의 완전한 양식으로서 그 큰 규모에도 불구하고 육중한 느낌은 훨씬 적어 보인다. 오히려 그 두드러진 인상은 도리아 주식(柱式)의 간소한 구성에 의한 명랑하고 균형잡힌 우아함이다. 이것은 비례를 전체적으로 부드럽게 하고 재조정한 데서 이루어진 것이다. 이른바 세련됨, 즉 미적인 이유 때문에 엄격한 기하학적 규칙성에서 이탈했고 여기에 점차 곡선적인 감각이 들어가게 되어, 건축의 필수적 요소인 조화미를 창조하고 있다. 이는 또한 도리아식 건물에 이오니아적 요소가 혼합되는 과정을 보여주는 것이기도 하다. 이러한 경향은 건물 주위에서 항상 생활하고 있는 주민의 생활양식에 그대로 반영되었을 것이다. 도리아 복식이 초기의 단순하고 소박한 형태에서 점차 우아하고 여성적인 감각으로 변해간 것은 이를 설명해 주고 있다.

이오니아식의 건축의 가장 뚜렷한 특색은 역시 원주에서 찾을 수 있는데, 그것은 형태뿐 아니라 정신면에서도 도리아식과는 다르다. 즉, 대표적인 건물인 아크로폴리스(Acropolis)의 니케 신전(Temple of Nike)〈그림 61〉의 경우, 기둥의 몸통(柱身)과 세로의 홈은 한결 가늘며 기둥머리는 소용돌이 모양의 스크롤(scroll)로 화려하게 장식되어 있다. 전체적인 느낌은 도리아식보다는 훨신 경쾌하고 우아한 반면, 남성적인

그림 63. 건축양식의 비교(doric, ionic, corinthian)

그림 64. chiton과 chlamys를 착용한 Greece 남성의 모습이 그려져 있는 도자기(B.C. 470년)

성격은 결여되어 있다. 그 대신 성장하는 식물이나 형식화된 종려나무와 같은 인상을 불러일으킨다. 이러한 이오니아식 건물의 정교하고 심미적인 세련미는 의복에서 두드러진다. 즉, 바디스(bodice)에 구성된 섬세하고 많은 주름은 원주의 정교한 홈을 연상하게 하며, 어깨에서 팔에 잡힌 곡선 주름은 이오니아식 원주에서 주두의 화려하고 곡선적인 스크롤 인상과 거의 일치하고 있다.

이오니아식 원주의 발달은 코린트식을 낳았는데 코린트식 원주의 주두에는 아칸서스(acanthus) 잎이 정교하게 조각되어 마치 꽃과 잎이 돋고 있는 듯한 느낌을 준다〈그림 62〉. 코린트식의 출현은 그리스 복식에 완숙미를 가져왔고 이들이 함께 로마에서 완성을 보게 됨으로써 건축양식이 복식에 미치는 영향의 정도를 입증해 주고 있다. 이처럼 도리아와 이오니아의 성격의 차이는 그리스 복식 발달에 특징적인 요소로 작용해 왔다〈그림 63〉.

그리스 예술 가운데 복식과 밀접한 관계를 지닌 것으로 조각과 도자기를 들 수 있다〈그림 64, 65, 66〉. 이것은 복식 연구에서 보배와 같은 귀중한 자료들이다. 그리스의 조각은 그들의 우수한 예술적 능력이 가장 탁월하게 발휘된 것으로, 이전이나

그림 65. 결혼식 장면이 조각된 도자기(B.C. 560년대)

그림 66. Greece의 도자기

이후의 어느 시대 조각에서도 이처럼 완전하고 사실적인 복식의 묘사를 찾아볼 수 없다. 그 조각들에 있어 복식의 이해에 무리가 가는 점은 거의 없으며 작품의 주제는 신화(神話)의 주인공이 대부분이다. 그 이유는 그리스인들이 신을 인간화했기 때문이다. 즉, 그리스의 신은 이상적인 인간의 육체를 가지고 있고 그들 스스로가 갖고 싶었던 모든 미덕, 예를 들면 위엄, 고귀, 자비, 사랑 등의 가치뿐 아니라 인간과 같은 감정을 가진 인간적 신으로 표현되었기 때문이다. 그리스 복식이 고대 오리엔트나 이집트 복식과 달리 전체적인 권위나 위엄에 얽매이지 않고 본연의 아름다움이나 인간성을 표현할 수 있었던 것도 이것으로 설명될 수 있다.

조각에서 나타난 복식은 바로 그리스인의 평상시의 차림이었다. 이들 조각은 얼른 보기에는 흐르는 듯 유연하고 율동적인 감각으로 규칙의 지배를 전혀 받지 않은 것처럼 느껴지나 실제는 엄격한 비례(proportion)를 기반으로 하고 균형이 강조됨으로써 그들이 추구하던 이상적 원리가 그대로 표현된 것이다〈그림 67, 68〉. 그 중에는 불필요한 선이나 호화로운 점은 조금도 찾아볼 수 없다.

그리스 복식도 겉에서 볼 때 자유로움뿐인 것 같으나 황금분할(golden mean)을 이용한 엄격한 비례와 균형 감각이 지배하여 안정감을 주고 있고, 어느 한 부분을 강조하기보다는 전체적인 조화를 중시하고 있다. 더욱이 쓸데없는 장식이 배제되어 있음은 그리스 예술의 가치를 더욱 확실히 인식하게 해 준다.

또한 그리스의 쾌적하고 아름다운 자연환경은 그들의 예술적 감각을 발달시킨 주요인이다. 심한 추위나 더위가 없는 지중해성의 건조하고 온화한 기후, 그리고 사계절의 구별이 뚜렷하고 공기가 맑을 뿐 아니라 산과 바다로 둘러싸인 아름다운 자연환경은 자연에 대한 애착심을 길러 주었고, 감수성을 예민하게 하여 더욱 순수한 예술성이 표출될 수 있는 능력을 조성했다. 이러한 자연적 환경에서 그리스인들은 옥외생활을 좋아했으며, 또 민족의 융합이나 교육의 목적으로 운동경기를 즐기게 되었

그림 67. Myron의 대리석 조각

그림 68. Milo의 Venus

다. 따라서 자연히 나체의 아름다움이나 율동미를 중시하게 되었는데, 자유로이 걸치거나 두름으로써 몸의 곡선이 그대로 드러나는 드레이퍼리형의 복식은 그들의 이러한 욕구를 만족시켰을 것이다. 이처럼 그리스 복식은 그들의 자유로운 정신과 생동하는 육체의 아름다움이 유연한 드레이프의 감각을 통해 최고도로 발휘될 수 있었던 것에 더욱 그 가치를 인정해 주어야 겠다.

그리스에서 발달한 학문은 순수한 이론적 학문으로, 이는 그들이 실용적인 결과보다는 지식이나 웅변 그 자체의 전개에 흥미를 가졌기 때문이다. 이러한 국민성은 복식에서도 그대로 나타난다. 재단과 봉합에 의해 일정한 형태로 완성되어 변화가 거의 불가능한 의복이 아니라, 입는 사람의 개성에 따라 자유자재로 변화시킬 수 있는 것으로 주름의 전개를 통한 예술적인 실험 그 자체에 가치를 부여했음을 알 수 있다.

원래 그리스에서는 금·은·동·철 등의 광물자원이 풍부했고, 또 식민지에서 포로로 잡아온 수많은 노예를 활용함으로써 수공업이 발달했다. 수공업의 발달은 장신구의 발달을 가져왔다.

그리스는 토지가 건조하고 평지가 적어 주로 목축이 행해졌고, 따라서 의복의 재료로 울이 주로 사용되었다. 울의 직조기술이 향상됨에 따라 품질은 몇 개의 층으로 분류되었는데, 질이 좋은 울은 신축성이 있어 주름을 만들기에 적합했을 것이다. 이집트에서 리넨이 수입됨에 따라 아테네의 여자들에게 애용되었고, 또한 리넨과 씰크의 교직, 퓨어 씰크(100% silk) 등도 사용한 것 같다. 씰크는 소아시아와의 교역이 성해지면서 중국산이 비단길(silk road)을 통해 들어온 것이다. 직물이나 또는 가공되지 않은 상태로 수입되었는데, 가공되지 않은 것은 그리스의 기후에 맞게 얇은 천으로 직조되어 일부의 귀부인들에게 공급되었다.

알카익 시대 말부터 고전 시대를 지배했던 그리스의 드레이퍼리는, 마케도니아의 알렉산더 대왕의 동방진출과 함께 널리 다른 민족에게 보급되어 갔다. 그러나 그리스 본래의 특성은 동방과의 대규모적 문물교류로 말미암아, 점차 호화와 위엄이라는 전혀 이질적인 요소에 의해 엷어졌고 마침 세력을 넓히고 있던 로마로 그 정신이 옮겨져 갔다.

2. 복식의 개요

초기 그리스 복식은 딱딱한 직선적 감각의 비교적 단순한 형태를 보였으나, 경제의 번영과 오리엔트(Orient)의 문물이 들이오면서 점점 복잡하고 화려하게 변화했다.

그들은 창조적인 예술성과 자유로운 정신, 직물의 유연성을 이용하여, 단련된 육체가 그대로 표현되는 드레이퍼리형 의상을 디자인했다. 즉 신체를 감싸기 위한 의상으로서 재단이나 바느질을 하지 않고 천 그대로를 몸에 걸쳤으며, 고정시키는 허리끈(girdle, string)도 극히 가늘고 단순한 것을 사용했다. 그들의 의복은 어느 한 부분의 장식이나 미를 보여 주기 위한 것이 아니라 균형잡힌 신체의 미를 나타내기 위한 것이었다.

그 형식은 다양한 크기의 직사각형의 천을 몸에 두르거나 감싸는 자유로운 형태로, 일정한 규격이 없고 종족이나 환경, 생업, 개성에 따라 길이, 소재, 색상, 입는 방식 등에 약간의 차이만을 보였다. 따라서 전체적으로 드레이퍼리하여, 세부적인 것보다는 전체적인 비율과 균형·조화로서의 씰루엣을 중시했다.

그리스 의복은 크게 키톤(chiton)형과 외투의 역할을 하는 두르개형으로 구분되는데, 두르개형에는 히마티온(himation)과 클라미스(chlamys)가 있다.

그림 69. doric chiton을 입는 모습과 옆모습

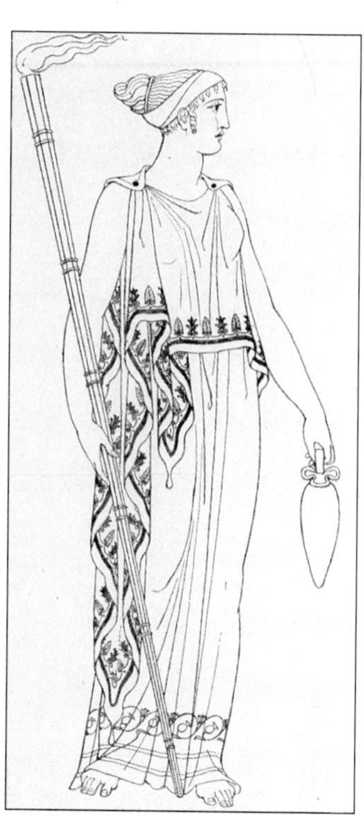

그림 70. doric chiton을 입은 Greece 여성

그림 71. doric chiton

3. 복식의 종류와 형태

(1) 의 복

도릭 키톤(Doric Chiton) 알카익 시대에 도리아 남녀가 입기 시작한 기본적인 의상으로 알카익 키톤(archaic chiton), 페플로스(peplos) 또는 도릭 페플로스(doric peplos)라고도 한다〈그림 69, 70, 71〉. 2m의 폭에 착용자의 어깨부터 발목까지의 길이에다 약 45cm를 더한 길이의 직사각형 천을 반 접어 몸에 두르고 양쪽 어깨에 핀을 꽂는다. 이때 약 45cm가 더 긴 부분을 어깨에서 밖으로 접어 케이프처럼 늘어지게 만드는데, 이것을 아포티그마(apotigma)라고 한다. 이 아포티그마의 길이는 45cm보다 짧거나 또는 길어서 힙을 덮기도 했다. 초기엔 허리띠를 매지 않았으나, 후기에는 한 개 내지 두 개의 허리띠를 하이 웨이스트나 웨이스트 위치에 매고 허리띠가 보이지 않게 상체의 옷을 잡아올렸다가 내려놓음으로써, 블라우징(blousing)된 블라우스를 입은 효과를 연출했다. 키톤의 블라우징 부분을 콜포스(kolpos)라고

◀ 그림 72. ionic chiton

▶ 그림 73. ionic chiton
(B.C. 475년대)

한다. 열려진 한쪽 옆솔기선을 꿰매지 않고 그대로 트인 상태로 입거나 또는 허리부터 스커트 단까지만 꿰매기도 했다.

키톤의 길이는 땅에 끌리거나 발목 길이가 대부분이었지만, 후에 남자들은 종아리 중간이나 무릎 밑 또는 무릎 위까지 짧게 입기도 했다. 키톤은 길이와 입는 방법에 따라 명칭이 다르다. 특히 무릎 길이로 많이 입혀진 것은 콜로보스(kolobos)라고 하고, 한쪽 어깨에만 걸치는 것은 엑조미스(exomis)라고 불렀다.

초기의 도릭 키톤은 두터운 울로 폭이 넓지 않게 입었기 때문에 주름(drape)이 많이 잡히지 않고 평면적인 분위기였으나, 후기엔 얇은 울로 넓게 만들어 초기보다는 드레이프가 많이 생겨 입체적인 느낌을 준다. 처음에는 키톤의 양쪽 어깨에 꽂은 피불라 핀(fibula pin)〈그림 82〉의 침 부분이 송곳처럼 뾰족하게 디자인되었으나, 그 핀으로 일어난 살인사건 이후 안전한 핀 장식의 피불라나 브로치, 또는 단추로 대신하게 되었다.

이오닉 키톤(Ionic Chiton) 이오니아 지방의 남녀가 착용한 기본적인 의상으로, 주로 얇은 리넨으로 만들어진 옷이라 하여 페플로스에 대해 키톤이란 이름이 붙여졌다. 그러나 후에 소아시아의 영향을 받아 리넨 외에 씰크를 사용하기도 했다.

도릭 키톤보다 더 넓어서 폭이 두 팔을 벌린 것의 2배가 되며, 길이는 어깨부터

◀ 그림 74. himation

▶ 그림 75. doric chiton 위에 입은 himation

발목까지 온다. 도릭 키톤과 다른 점은 아포티그마가 없고 대신 통이 넓기 때문에, 어깨에서 10개 내지 14개의 피불라나 단추, 브로치로 고정시키거나 때로는 꿰매기도 했다〈그림 72, 73〉. 그러나 후에는 도릭 키톤처럼 아포티그마를 만들고 여러 개의 단추나 브로치로 도릭 키톤의 씰루엣을 연출하기도 했는데, 하이 웨이스트나 웨이스트 부분을 끈으로 돌리고 다시 X자형이나 H자형 등 다양한 방법으로 묶는 등 창조적으로 연출한 것이 또한 이 의상의 특징이다.

이오닉 키톤은 주로 가장자리에 무늬를 넣어 짜거나 자수장식을 하여 매우 우아하고 화려한 멋을 풍겼다. 주로 흰색이 사용되었고 기원전 5세기 이후에는 여러 가지 색상이 이용되었다. 이오닉 키톤은 도릭 키톤보다 얇은 천을 사용하여 속이 비치고 드레이프가 많아서 여성적인 분위기를 주었기 때문에, 여성들이 이오닉 키톤을 입는 것을 좋아했다고 한다. 후기에는 이오닉 키톤을 입고 그 위에 도릭 키톤이나 엑조미스를 겹쳐 입기도 했다.

히마티온(Himation) 히마티온은 그리스어 중에서 '의류'라는 뜻의 헤이마(heima)에서 변형된 것으로, 고대 그리스에서는 특수복 또는 망토(manteau)의 의미로 쓰였으며 히메이션이라고도 발음한다. 폭이 입는 사람의 키만하고 길이가 키의 약 3배 정도 되는 직사각형의 천을 몸에 둘러 입는 겉옷으로, 외출시에 많이 입었

그림 76. 여자들이 입은 himation

다. 주로 울로 만들었으나 계절에 따라 리넨이나 카튼도 사용되었다.

착용방식은 여러 가지가 있으나, 가장 대표적인 것은 한쪽 어깨에서 시작하여 몸통을 한 번 또는 두세 번 정도 휘감고 한쪽 끝을 왼팔에 두르거나〈그림 74, 75〉 어깨에 걸치는 방식으로, 여러 번 두른 것은 온 몸을 감싸게 된다. 간단히 등을 감싸고 양 팔에 걸치기도 하고, 때로는 반을 접어 한쪽 팔 밑으로 히마티온의 중심이 오게 하고 양 끝을 오른쪽 어깨와 팔 위에서 이오닉 키톤과 함께 피불라로 고정시키기도 했다. 상가(喪家)에 갈 때는 검은색이나 갈색의 큰 히마티온을 휘둘러 등자락으로 머리를 감싸기도 했다〈그림 76〉. 방한용으로 착용하거나〈그림 75〉 또는 철학자들이 청빈함을 나타낼 때는 맨몸에다 속옷을 입지 않고 히마티온만 둘렀다〈그림 74〉.

키톤이 주로 흰색인 데 비해 히마티온은 여러 가지 색상을 사용했으며, 흰색일 때는 가장자리에 무늬를 넣어 짜거나 수를 놓았다〈그림 75〉. 후기로 갈수록 남성들의 키톤이 짧아진 것과는 달리 히마티온은 더욱 부피가 커졌다. 히마티온은 로마에서 토가(toga)와 팔리움(pallium) 또는 팔라(palla)로 변형되었고 비잔틴 시대에는 로룸(lorum)이라는 귀족복으로 바뀌는 등 대표적인 고대 드레이퍼리형 복식이 되었다.

클라미스(Chlamys) 히마티온의 변형으로 짧은 키톤 위에 입혀진 망토〈그림 77〉를 의미하며, 주로 여행자나 군인들이 입었고 때로는 여자들이 입기도 했다. 여

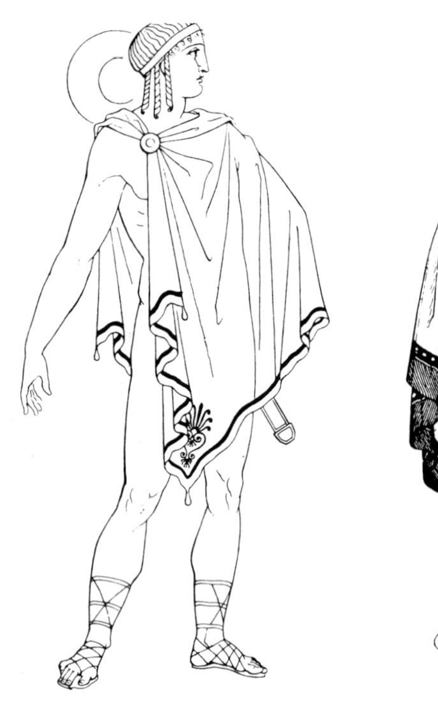

그림 77.
좌 : 맨몸 위에 걸친 chlamys
우 : chiton 위에 걸친 chlamys

행할 때에 비나 추위를 막아 주기도 하고 잠잘 때에는 담요로도 사용되었다. 정사각형·직사각형·사다리꼴의 천으로 주로 왼쪽 어깨를 덮고 오른쪽 어깨나 앞가슴에서 피불라로 고정하여 오른팔을 자유로이 사용할 수 있도록 했다. 클라미스는 선명한 색상의 직물에다 수를 놓아 사용하기 시작했으며, 후에 로마·비잔틴에서는 더욱 화려한 의상으로 발전했다.

(2) 머리장식

그리스인들은 금발을 아름답게 여겼기 때문에 자연적인 모습 그대로에서 미를 표현하고자 했다. 이것은 남신이나 여신을 표현할 때 금발(red or blonde)을 즐겨 사용하고, 길고 숱이 많은 제우스(Zeus) 신이나 남자의 타래머리 등이 회화나 조각에 많이 보이는 사실로 알 수 있다. 비교적 단순한 의상으로 인해 자연히 머리치장에 관심이 많아져, 머리를 깨끗이 하고 컬을 만들거나, 잿물로 표백하고 노란 꽃을 으깬 물에 머리를 헹구어 황금색으로 착색하는 것 등이 유행이었다. 여기에 오일이나 향수로 윤을 내었는데 머리뿐 아니라 몸 전체에 사용했다. 그러나 상(喪)을 당했을 때나 슬픈 일이 있을 때에는 머리를 깎고 부정한 여자의 경우는 처벌의 의미로 남편이 머리를 깎는 등, 머리의 아름다움을 중시한 것을 알 수 있다.

그림 78. Greece 남자들의 머리모양

그림 79. Greece 여자의 머리 장식

남자의 머리모양은 컬을 이마 위로 내리는 형태〈그림 78〉, 앞머리의 컬을 뒤로 굽슬거리게 빗어넘기는 형태, 앞머리를 짧게 단발하고, 뒤는 길게 타래머리한 형태, 귀와 같은 길이로 둥글게 자른 형태 등 여러 가지가 있고, 여기에 금속 밴드나 은장식을 했다. 초기에는 긴 머리를 즐겼는데, 후기에는 단발형을 좋아했다. 수염은 초기에는 아주 길게 하거나 덥수룩하게 길렀으나 젊은 사람들은 짧은 것을 좋아했고, 후에는 수염을 기르지 않는 것이 유행했다.

여자의 머리모양은 일반적으로 풀어내리거나 목에서 자유롭게 묶는 간단한 형태가 유행했다〈그림 79〉. 후기에는 의상이 화려해지면서 머리장식도 복잡해졌다. 즉, 머리를 뒤로 틀어올려 그물이나 리본, 밴드로 묶거나 캡(cap) 모양의 머리쓰개를 쓰고 아름다운 머리핀을 꽂았는데, 그 전체적인 모양은 뒤로 향한 원추형의 타래머리(chignon) 형태였다.

그리스의 남자 모자는 페타소스(petasos)·필로스(pilos)가 있는데, 페타소스는 여행할 때 햇볕과 비를 막기 위해 쓴 것으로, 넓은 챙을 가진 갓형이며 끈으로 턱에서 묶고 사용하지 않을 경우에는 끈으로 고정시켜 뒤에 걸쳐 놓았다. 재료로는 울이나 동물의 털을 축융한 펠트(felt)를 사용했으며 후에는 부인용 모자로 응용되기도 했다. 필로스는 알렉산더 정복 후에 애용된 것인데 테가 좁거나 없는 것으로 둥글고 끝이 뾰족한 형태이다. 펠트로 만들었으며 주로 농부나 어부가 사용했다. 병사들은 헬멧을 썼다. 전시 외에는 어깨에 걸치고 다녔다.

여자는 거의 모자를 안 썼으나, 햇볕이 강한 날에는 히마티온이나 페플로스를 머리 위까지 쓰고 그 위에 솔리아(tholia)를 썼다. 이것은 좁은 챙이 있고 꼭대기에 작은 원추형의 크라운(crown)이 있는 모자이다〈그림 79〉. 이 외에 여자들은 주로 베일(veil)을 많이 사용했는데, 초기에는 단순히 머리 위만을 덮는 작은 것이었으며, 후

그림 80. phrygian bonnet

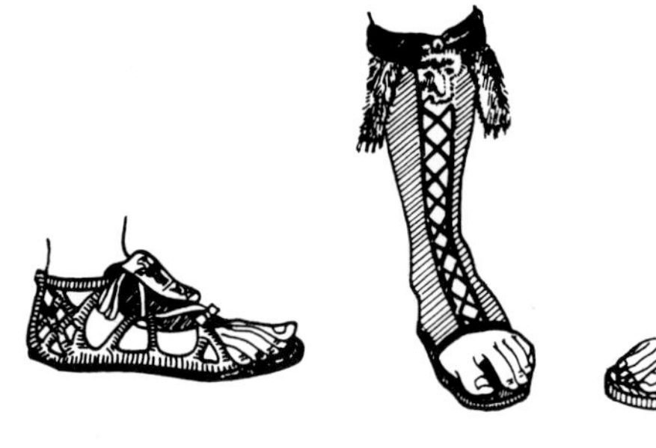

그림 81. Greece 시대의 신발

기에는 얇게 비치는 것으로 머리 주위를 둘러썼는데 어깨까지 내려왔다. 색은 주로 흰색이었으며 상(喪)중에는 푸른색이나 붉은 보라색을 사용하기도 했다.

이 밖에도 프리지안 보닛(phrygian bonnet)〈그림 80〉이 있는데, 가죽이나 울로 만들었고 꼭대기가 둥근 후드(hood) 모양이며 모자가 뻣뻣한 천일 때에는 앞을 향해 구부러진 모양이 되기도 했다. 한 쌍의 옆드림이 귀와 뺨을 내리덮었는데, 앞에서 묶거나 어깨에 내려뜨렸으며 남녀공용으로, 여자의 것은 자수를 놓는 등 수식(修飾)이 가해졌다〈그림 80〉.

(3) 신 발

초기에는 일반적으로 모두 맨발이었으나, 문화가 발달함에 따라 다양한 신의 종류가 나타났다. 처음 나타난 쌘들(sandal)〈그림 81〉은 파피루스(papyrus)나 가죽으로 구두창을 만들고 가죽끈으로 묶어 전통적인 형태를 만들었다. 철학자들은 장식이 전혀 없는 쌘들을 신었다.

쌘들이 복잡해진 것으로 크레피스(crepis)와 버스킨(buskin)이 있다. 크레피스는 발보다 약간 넓은 두꺼운 구두창에다 여러 가닥의 끈을 발등으로 끌어올려 묶어서 발과 발 옆을 보호하도록한 것이다. 상류계급은 부드러운 가죽을 사용하거나 금으로 장식했다. 버스킨은 여행용이나 군인용의 부츠로, 목이 무릎 밑이나 종아리까지 오고 중앙에 있는 끈으로 조절했는데 크레피스나 버스킨 모두 발가락이 노출되었다. 이것은 온화한 기후 속에서 통풍을 고려했기 때문이라고 생각된다. 남자의 것은 가죽의 자연색이나 검정색, 여자의 것은 붉은색, 노란색, 흰색, 녹색 등의 고운 색상이 많고, 이 위에 여러 가지 색의 자수나 금으로 장식하여 복식 중 값비싼 종목으로 취급되었다〈그림 81〉.

그림 82. 금으로 만든 fibula와 귀고리(B.C. 8세기)

그림 83. 금으로 된 rosette형의 머리 관장식 (B.C. 7세기)

그림 84. 금으로 만든 머리 관장식과 목걸이 (B.C. 2, 3세기)

(4) 장신구

그리스인의 장신구 중 특징적인 것은 피불라 핀과 양산(parasol)이다. 핀에는 드레이퍼리한 의복을 고정시킴과 동시에 또한 장식효과도 가졌던 브로치의 일종인 피불라〈그림 82〉와 장식용 핀이 있다. 이 외에 머리빗, 귀고리〈그림 82〉, 목걸이〈그림 84〉, 반지, 팔찌 등도 매우 아름다웠다. 목걸이는 섬세한 사슬이나 고리모양의 긴 끈에 화병 등이 매달린 펜던트형이 많다. 귀고리는 구슬모양에 동물이나 꽃을 조각한 것 등이 주를 이루었으며, 반지는 건강·사랑·행복·부를 주는 마력을 가지고 있다고 믿어 즐겨 사용했다.

양산과 부채는 주인의 안락을 위해 노예들이 들고 다녔으며, 긴 손잡이에 갈대 양산살이 원형 또는 반원형으로 디자인되었다.

그리스의 여자들은 집에서 자수를 하면서 보내는 시간이 많았기 때문에 자수기술이 발달하였으며 복식이나 장신구 등에 전체적인 무늬를 넣거나 또는 가장자리에만 자수를 놓기도 했다. 주로 사용된 모티프는 번개무늬, 성공의 상징인 월계수, 평화의 상징인 올리브, 아칸서스의 잎 등이 있었는데, 이들은 모두 그리스인들이 추구하던 조형원리인 균형·비례·율동 등을 잘 표현하고 있다.

요 약

그리스(Greece)인들은 고대 동방의 문화적 유산을 계승하여 고도의 독창적인 문화를 형성하였으며 그들이 남긴 철학과 과학, 문학과 미술, 연극과 역사, 정치 이론 등은 로마인에 의해 전파되었고 오늘날에 이르기까지 서양문명의 각 분야에서 본질적인 기반을 이루어 놓았다.

특히 그리스인들은 예술과 아름다움을 처음으로 의식한 민족으로 순수하고 명확한 그들의 예술양식을 반영하는 기하학적 황금분활의 미묘함, 조화미, 균형미 등을 처음으로 창출했다. 특히 그들의 생활감정, 이념 및 인간성이 자유롭고 솔직하게 표현된 조각작품들은 그리스인이 추구하는 정신세계와 현실적인 인체의 아름다움을 균형과 조화 속에서 구현했다.

그리스의 복식형태는 다양한 크기의 직사각형의 천을 몸에 두르거나 감싸는 드레이퍼리형이 대부분이었다.

조잡한 것을 좋아하지 않고 전체적인 미를 추구했던 그들은 의상의 어느 한 부분을 강조해 보이려고 애쓰지 않았으며 특이한 모양의 칼라나 네크라인, 허리띠, 소매모양 등을 각각 아름답게 꾸미는 것보다 의상 전체에 골고루 관심이 가도록 하는 균형의 미를 연출했다.

복식의 종류로는 그리스의 남녀 모두가 착용한 기본복식인 키톤(chiton), 히마티온(himation), 클라미스(chlamys) 등이 있다. 키톤은 도릭(doric) 키톤과 이오닉(ionic) 키톤이 있는데, 도릭 키톤은 두꺼운 모직을 소재로 만들었으며 실용적이고 활동적인 데 비해 이오닉 키톤은 얇은 리넨을 소재로 만들었고 주름(drape)이 많아 우미하며 여성적이다.

이와 같이 간단한 형태의 복식이 표현하는 부드러운 주름으로 나타낸 리듬감, 드레이프 사이로 보였다 가려졌다 하는 적당한 신체의 노출과 의상과의 조화 등에서 느껴지는 의상미는 그리스인들이 추구하는 관능적인 아름다움과 자유롭고 평화스러운 정신과 최대의 조화를 이룬다.

제 5 장

에트루리아의 복식

1. 사회 · 문화적 배경

에트루리아(Etruria)인은 로마(Rome)에 살던 원주민으로 그들의 복식은 로마 복식을 이해하는 데 매우 중요하다. 에트루리아의 복식은 동방(Orient)과 그리스(Greece) 양식의 혼합형일 뿐 아니라, 그리스에서 로마로 넘어가는 진행과정을 보여주고 있다. 그러나 이들의 문자를 해독할 수 없고 유적, 유품도 다른 문화권에 비해 적어 에트루리아 복식문화에 대해서는 대략적인 것만을 알 수 있을 뿐이다.

에트루리아인은 기원전 8세기경, 소아시아에서 이탈리아 반도로 이주했을 것으로 추정된다. 17세기 영국의 아메리카 식민의 경우와 같이 본국인 동방으로부터 높은 수준의 문물을 가지고 들어왔고, 또한 그리스와 접촉함으로써 문화가 더욱 발달했을 것으로 생각된다. 그들은 기원전 7·6세기경 코르시카(Corsica)를 정복하고 로마를 그 지배하에 두는 등 전성기를 이루었다. 그들의 도시 발달은 그리스의 도시와 맞먹었고, 그들의 함대는 서지중해를 제압하여 광대한 상업권을 확보했다. 그러나 그들은 그리스처럼 통일국가를 건설하지 않고 개개의 도시국가로 구성된 엉성한 연합체를 만드는 데 불과했다. 그들의 문화가 같은 시대의 다른 나라들에 비해 원시성을 띠는 것도 이 때문이다. 기원전 5세기에서 4세기에 걸쳐 에트루리아의 도시들은 로마인에게 차례로 패배당하고, 기원전 1세기에 로마에 의해 점령된 짧은 역사를 지녔다.

에트루리아는 해상무역과 농업으로 경제적인 부를 축적했는데, 특히 3면이 바다라는 조건으로 인해, 지중해를 둘러싼 인접국들인 그리스·이집트·페니키아·미케네 등과의 문화적인 교류가 왕성했다. 특히 그리스로부터는 화려한 보석과 의복, 그 밖의 일상용품들이 대규모로 수입되어 그리스 문화가 이곳에서도 전성기를 맞게 되었다. 이러한 여러 문화의 수입은 에트루리아 복식의 성격을 다양한 것으로 특징지웠다.

에트루리아 문명의 개화는 그리스의 알카익 시대와 때를 같이하고 있다. 에트루리아 미술이 최고로 활력을 띤 것은 기원전 6세기 말에서 5세기 초에 이르는 시기였다. 그리스의 영향이 절대적이긴 했으나 에트루리아의 미술가들이 그리스의 작품들을 단순히 모방한 것은 아니었다. 오히려 그들 자신의 명확한 독자성을 가지고 있었다. 에트루리아인의 독자성은 우선 그 종교적 관념에서 분명해진다. 그들은 분묘를 육체뿐 아니라 영혼까지도 안주하는 곳으로 생각했다. 이것은 분묘에서 발굴된 사자상(死者像)이 침상(寢牀)과 같은 모양의 석관(石棺)의 뚜껑 위에 기대어 누워 있고

그림 85. terracotta 관 뚜껑 위의 조각(B.C. 520년)

입가에는 미소까지 띠고 있는 모습에서 잘 알 수 있다〈그림 85, p. 73〉. 더욱이 그들은 이집트와는 달리 평상시의 복식을 그대로 입고 있어 복식연구에 도움이 된다. 여기에는 형태의 엄격한 규범은 전혀 없고 솔직함과 쾌활함이 나타나 있다.

분묘 내부의 화려한 벽화도 이러한 분위기를 지니고 있다. 그 중 춤추는 한 쌍의 남녀를 그린 장면에서 느낄 수 있는 격정적인 운동감은 현저히 에트루리아적이라는 느낌을 주고 있다. 특히 흥미로운 것은 여자의 복식으로 풍성한 스커트는 투명한 옷감으로 만들어져 인체의 아름다움을 보여 준다. 이것은 그리스, 크리트와 다르고 서아시아와는 더더욱 다르며 오히려 멀리 이집트의 감각을 느끼게 한다.

또한 투명한 옷감은 그들의 직조방법이 매우 발달된 단계에 있었음을 알려 준다. 이들은 모두 에트루리아의 국민성과 그에 따른 복식의 전체적 감각을 예견하게 한다. 즉, 착하고 명랑하며 낙천적인 생활태도로 생활 자체를 즐겼던 듯하다. 그들은 또 나체로 다니기를 좋아했고, 의복에서도 장중한 위엄이나 화려하고 우아한 느낌보다는 활동적이고 경쾌한 리듬감을 주로 느낄 수 있다. 여기에는 크리트의 영향이 크게 작용한 것으로 보이며 이러한 것은 해양문화의 공통점이다.

에트루리아도 모권사회로 여성의 지위가 동방의 여러 나라와는 달리 비교적 높아 남자와 거의 동등한 지위를 누렸으리라 생각된다. 함께 춤추거나 운동을 즐기는 장면 등의 벽화가 발견되고, 무덤에서 발견되는 부장품의 대부분에 여자소유주의 이름이 새겨져 있으며, 가족무덤 중 가장 중요한 위치를 차지한 것은 여자였던 사실 등이 이러한 추측을 뒷받침해 준다. 이러한 사회구조는 여자복식의 발달에 매우 중요

그림 86. 무덤의 벽화(B.C. 530년)

한 동기가 되었을 것이다.

로마의 저술가들에 의하면, 에트루리아인들은 건축공학과 도시계획 및 측량술의 대가들이었다. 기능적인 도로나 요새화된 성문, 거대한 사원이나 무덤 등은 그들의 문화수준을 짐작하게 하는 것으로 그들의 발달된 건축술은 로마로 전수되어 로마 건축을 발달시키는 데 큰 공헌을 했다.

에트루리아의 조각품과 장신구는 그들의 금속세공기법이 매우 발달해 있었음을 짐작하게 한다. 더욱이 에트루리아의 안정된 경제상태는 초기부터 동(銅), 은(銀)의 개발을 발판으로 하고 있었던 것을 고려할 때 고대 지중해 연안에서 그들의 세공술은 널리 인정받았을 것이다. 이 외에 구두제조, 재봉방법 등도 꽤 높은 수준을 보여주고 있다.

에트루리아의 유물 가운데는 직사각형, 반원형 등 여러 가지 형태의 직물이 있어, 그들 복식의 다양한 모습을 상상할 수 있다. 이들은 그리스의 직사각형 히마티온에서 로마의 반원형 토가로의 변화과정을 보여주는 것이다.

2. 복식의 개요

에트루리아의 복식에 관한 자료는 그들의 분묘의 벽화〈그림 86〉와 조각, 부조(浮

그림 87. 여성을 상징적으로 표현한 도자기

그림 88. 짧은 tunic과 tebenna를 걸친 모습

彫), 도자기〈그림 87〉 등에서 얻을 수 있다. 에트루리아의 복식은 이집트, 소아시아 등 고대 오리엔트와 지중해 연안의 그리스, 크리트 등 여러 나라들의 복식을 혼합한 것이다. 즉, 크리트의 영향을 받은 스커트와 짧고 좁은 소매가 달린 블라우스를 입은 이부식 의복형과 그리스의 키톤과 히마티온식의 드레이퍼리형 의복이 공존했고, 거기에 이집트에서 유래한 듯한 수직방향의 주름이나 소아시아 지방의 화려한 색상의 트리밍(trimming) 등도 나타나, 고대복식의 특징적인 요소들이 에트루리아의 복식에 종합된 듯한 느낌을 갖게 한다.

더욱이 에트루리아의 복식은 로마에 그대로 이전되어 이들 여러 복식요소들과 로마 복식을 연결시켜 주는 다리 역할을 한 점에서 그 의의가 크다고 보겠다.

맨 몸에 얇은 맨틀(mantle)만을 걸치거나 나체로 운동경기를 하는 등, 이들에게는 해양에 인접한 국가의 공통적 성격인 나체를 중시하는 경향이 있었다. 남녀가 간단한 튜닉을 입고 그 위에 테베나(tebenna)를 걸치는 형식이 보편적이었다.

그림 89. Etruria인의 tebenna

3. 복식의 종류와 형태

(1) 의 복

로인클로스(Loincloth) 좁고 긴 띠의 형태로 된 로인클로스를 남녀가 입었다. 이 띠는 허리를 돌아 두 다리 사이를 지나고 다시 허리에서 만나, 그 끝을 비틀어서 묶어 내려뜨렸다.

튜닉(Tunic) 남녀 어느 계급의 사람에게나 보편적으로 많이 입혀진 대표적인 의상으로 형태가 다양하다. 초기에는 몸에 넉넉하게 맞는 씰루엣으로 허리띠를 한 두 번 감아 맸는데, 후기엔 간단한 T자형의 원피스 드레스(one-piece dress) 형태가 되었으며 특히 소매의 종류가 다양하다. 즉, 짧고 좁은 소매〈그림 86〉와 팔꿈치까지 오는 반소매, 또는 팔목까지 오는 좁고 긴 소매 등이다. 또 상체는 둥근 목둘레선에 뒤여밈이 있고 벨트 없이 몸에 꼭 맞고 하체는 플레어(flare)져서 풍성한 씰루엣을 이루는 것도 있었다〈그림 90〉.

튜닉의 길이는, 남자는 넓적다리·무릎·종아리·발목까지 등 여러 가지로 입었고, 여자들은 남자들보다 좀 길게 대부분 종아리나 발목 길이로 입었다. 어느 나라에서나 대개 신분이 높은 사람은 옷의 길이를 길게 입었듯이, 이 나라에서도 긴 옷

그림 90. 좌 : 통이 넓은 tunic과 tebenna, 우 : 풍성한 tunic과 over-blouse

은 위엄을 나타내기 위해 착용되었으리라 생각된다. 그러나 복식학자 켐퍼(Rachel A. Kemper)는 옷의 길이는 재정적인 부(富)보다는 나이와 관계가 있다는 견해를 보이고 있다. 즉 젊은 사람은 짧게, 노인들은 길게 입었다는 것이다.

또한 초기엔 높은 계급을 상징하기 위해 클라버스(clavus) 또는 클라비스(clavis)라는 수직선 장식을 했는데, 후기엔 이것을 신분의 차이없이 순수한 장식을 목적으로 사용했다. 클라버스 외에도 어깨나 소매끝, 옆솔기, 아랫단 등을 다른 색상의 천으로 장식했다〈그림 89〉. 튜닉의 재료는 얇은 리넨을 많이 사용하여 몸의 곡선을 드러냈는데 이는 이집트의 영향을 받은 것 같다.

테베나(Tebenna) 튜닉 위에 걸치는 케이프(cape)로 상류계급의 남녀가 입었다. 테베나는 트라베아(trabea) 또는 트롤레아(trolea)라고도 불렸다. 그 형태는 에트루리아인들의 독창성에 의해 만들어진 것으로 특유하지만, 입는 방법은 그리스의 히마티온을 본딴 것이라고 할 수 있다. 형태는 원형이나 타원형의 천을 반 접거나 또는 반원형의 천을 직선쪽만 밖으로 접어서, 히마티온처럼 한 끝을 왼쪽 어깨에 걸치고 다른 쪽은 오른쪽 팔 밑을 지나 등뒤로 넘겨서 왼쪽 가슴에 늘어뜨리거나 왼팔에 걸쳤다. 또한 앞가슴을 둥글게 늘어지도록 하고, 양 끝을 등뒤로 그냥 늘어뜨리거나 또는 어깨와 팔을 지나 늘어진 부분으로 고리를 끼우듯이 다시 잡아빼는 형

그림 91. tunic 위에 걸친 tebenna

그림 92. Etruria인의 머리모양과 수염

식도 있었다.

이 외에도 등에 걸치고 다시 양 팔에 휘감는 등, 모양과 두르는 방식이 다양하여, 테베나는 에트루리아인의 미적 감각이 반영된 가장 독창적인 의상으로 꼽힌다〈그림 86, 88, 89, 90, 91〉. 주로 모직물을 사용했으며 가장자리를 붉은색이나 푸른색으로 트리밍을 두르고 여기에 문양을 수놓았고, 상(喪)을 당했을 때에는 검정색 테베나를 사용했다. 테베나는 그대로 로마에 전해져 대표적인 의상인 토가로 전성기를 맞는다.

롱 스커트(Long Skirt) 에트루리아 여자들도 크리트 여자들이 입었던 롱 스커트처럼 종모양(bell-shape)의 롱 스커트를 입었다. 롱 스커트 외에 종아리나 무릎까지 오고 주름이 풍성하게 잡힌 스커트도 보인다. 또는 스커트 전체에 작은 점무늬로 수를 놓기도 하여 크리트의 기하학적이고 자연적인 무늬에 비해 훨씬 여성적이고 우아한 느낌을 주는데 이것은 그리스의 이오닉 키톤의 영향을 받았기 때문으로 풀이된다.

블라우스(Blouse) 여자들만이 롱 스커트 위에 블라우스를 입었는데, 튜닉처럼 짧은 소매가 달려 있어 어깨는 넓어 보이고 허리는 가늘어 보이게 했다. 블라우스의 소매 끝단은 접어올리기도 하고 곡선으로 트리밍을 대주기도 한 것으로 보아 재단과 봉제술이 퍽 발달된 것으로 추측된다. 롱 스커트와 블라우스는 착용자의 계급에 얽매이지 않고 자유롭게 착용된 듯하다.

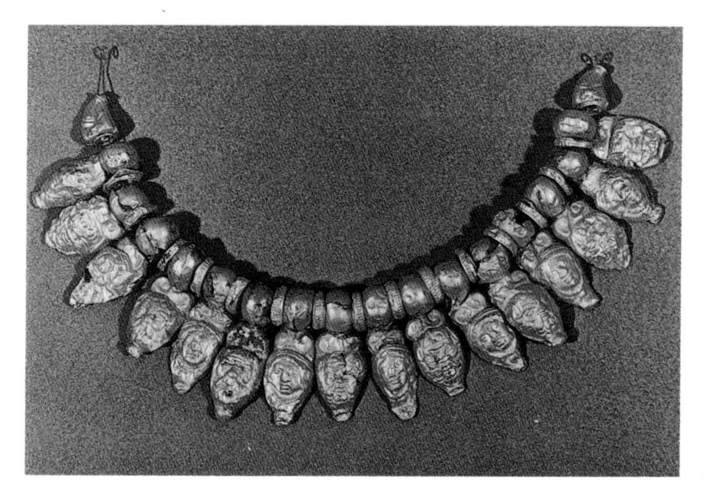

그림 93. Etruria인들의 목걸이

오버 블라우스(Over-blouse) 추위를 막기 위해서 튜닉이나 블라우스 위에 입은 의상으로 짧은 튜닉과 같은 형태이다〈그림 90〉. 칠부소매가 달리고 블라우스의 길이는 힙을 가리는 정도가 많은데, 발목까지 오는 긴 것은 오버 튜닉(over-tunic)으로 불린다. 방한용이었기 때문에 재료는 주로 울이 사용되었다.

(2) 머리장식

에트루리아인의 머리모양은 같은 시대의 다른 해양국가들의 사람들과 별 차이가 없었다. 남자는 머리 전체가 짧은 곱슬머리였고 옆수염(side burn)을 길렀다〈그림 92〉. 여자의 경우 초기에는 단순한 형으로 앞가리마를 하고 뒤로 당겨 귀 뒤에서 두 개로 묶어 허리까지 길게 늘어뜨렸다. 후기에는 얼굴 근처의 머리가 나선형으로 곱슬거리게 하고 뒤에는 몇 개의 가닥으로 땋았는데 이 땋은 머리는 바닥까지 내려왔으며 가발을 사용하기도 했다〈그림 85, p. 73〉.

금속으로 만든 보석관(寶石冠)과 금잎이 연결된 모양의 화관(花冠)으로 머리장식을 하기도 했다. 또한 여자들의 모자로 펠트나 가죽 등 딱딱한 소재로 만들어 꼭대기에 둥근 방울을 단 긴 원추형의 테툴루스(tetulus)가 있는데 이것은 그리스의 프리지안 캡의 영향으로 보인다〈그림 85, p. 73〉.

(3) 신　발

에트루리아인의 신발에는 가장 단순한 슬리퍼(slipper)형에서 샌들, 부츠형까지 다양하다. 슬리퍼는 한 장의 펠트나 천으로 간단히 발바닥과 발 위를 감싸는 형태로서, 색상은 주로 붉은색, 녹색, 갈색 등을 사용했다. 쌘들은 슬리퍼보다 정교하게 만든 것으로 가죽을 사용하여 위를 끈으로 묶는 형태인데, 그리스에서 들어왔으리라 생각된다. 부츠도 가죽으로 만들었으며 발과 종아리를 감싸는 형태로 소아시아의 영향을 받아 끝이 뾰족하고 위로 올라간 것이 특징이다.

(4) 장 신 구

에트루리아에서는 금속세공술이 발달하고 외모에 관심이 많았으므로 몸치장을 위해 많은 보석을 제조하기도 하고 이집트, 그리스 등지에서 수입하기도 했다. 이들의 장신구는 목걸이〈그림 93〉, 귀고리, 팔찌, 반지, 피불라, 브로치 등 종류가 매우 다양하다.

디자인은 매우 정교하여, 가장자리를 아름다운 골드 체인(gold chain)으로 섬세하게 엮은 것, 얇은 황금판에 신화의 주인공을 그린 것, 새나 곤충·당초(唐草)무늬·꽃무늬 등을 보석에 새겨넣은 것 등이 있다. 이들은 모두 고도의 기술을 보여주고 있다. 특히 귀고리는 가장 중요한 액세서리로 취급되었는데 매우 크고 긴 형태로 그 길이가 약 8cm 정도나 되는 것도 있다.

요 약

에트루리아(Etruria)는 로마시대 이전의 이탈리아 반도의 주인공으로 동방 및 그리스의 수준 높은 문화를 받아들여 독자적인 문명을 형성했으며 특히 토목·건축에 뛰어나 로마의 건축양식의 발달에 큰 영향을 끼쳤다.

에트루리아는 삼면이 바다라는 지리적인 환경에서 해상무역을 통해 여러 인접국들과의 문화교류를 활발히 진행할 수 있었으므로 그들의 복식은 이집트, 그리스, 크리트 등 여러 나라의 복식이 혼합된 형태로 나타났다.

대표적인 복식의 형태로는 남녀가 모두 간단한 튜닉을 입고 그 위에 그리스의 키톤과 히마티온의 영향을 받은 듯한 두르는 방식의 복식인 테베나(tebenna)를 걸친 형식이 보편적이었으며, 이집트와 크리트에서 유래한 듯한 얇은 리넨 스커트, 소아시아 지방의 화려한 색상의 트리밍 등 고대복식의 특징적인 요소들이 에트루리아 복식에 혼합되어 나타났다.

이러한 복합적인 요소를 가진 복식은 로마에 그대로 이전되어 여러 복식문화와 로마를 연결해주는 다리 역할을 한 점에서 그 의의를 갖는다.

제 6 장

로마의 복식

1. 사회 · 문화적 배경

헬레니즘(Hellenism) 문화권의 쇠퇴와 함께 그리스(Greece)의 복식문화의 발달이 말로에 도달했을 때 이 문화가 에트루리아인(Etrurian)에 의해 발전도상에 있던 로마(Rome)로 연결되어 강대한 고대문화를 형성할 수 있었던 것은 서양복식사에 있어 매우 다행한 일이라 하겠다. 즉, 그리스의 드레이퍼리를 계승하여 완성하고 이를 후세에 전할 수 있었던 그 위업은 그리스 복식의 예술성과 동등한 가치로서 평가되어야 한다. 로마의 이러한 공로는 실제 후세 르네상스에서 프랑스 혁명 후기에 이르는 근대 서양복식에 있어 기본이 되었던 고전양식을 생각할 때 더욱 중시되어야 한다.

로마는 지중해의 중심인 이탈리아 반도에 위치했기 때문에 주위의 여러 민족과 쉽게 접촉할 수 있어, 자연히 국제적인 문물의 교류가 일찍부터 행해졌다. 기후는 온화한 지중해성 기후로, 이것은 로마 복식의 성격을 그리스와 같은 드레이퍼리성 복식으로 결정지어 준 요인이다.

로마인들의 종교는 현세적인 자연이나 그리스적 신화를 숭배하는 것으로, 자연 속에 존재하는 영혼들에게 규칙적으로 봉납하면 보호와 은총을 받으리라는 믿음에서 신앙의식을 일상생활의 필수적이고 실질적인 부분으로 받아들였다. 로마인의 이러한 현실적이고 물질적인 종교관념은 그들 문화에 직접적인 영향을 주었다. 좋은 점을 모방하여 자신에게 맞는 문화로 재생시키는, 지극히 합리적이고 실질적인 성격을 띠게 한 것이다. 이것은 그들의 학문이 철학 · 미학 · 신학 등 형이상학적으로 발달한 그리스의 학문과는 대조적으로 법률 · 수사 · 역사 · 토목 · 건축 등 실용적인 학문으로 발달한 것을 보아도 쉽게 이해할 수 있다.

그러나 로마 복식에 나타나는 위엄 · 박력 · 양감이라는 특성은 인문적 · 지리적 · 역사적 배경보다 독특한 사회제도에 의한 영향이 훨씬 크다. 로마에 있어 복식과 사회적 배경의 관계는 다른 어떤 나라에서보다도 밀접하여, 복식은 그 시대의 양상을 그대로 반영하는 역할을 했다.

로마의 역사는 기원전 8세기 중기로부터 5세기 후기에 이르는 13세기 동안의 오랜 기간에 걸쳐 전개되는데 그 시기는 다음과 같이 구분된다.

- **왕정**(The Kingdom) : B.C. 750~B.C. 509년
- **공화정**(The Republic) : B.C. 509~B.C. 30년
- **제정**(The Empire) : B.C. 30~A.D. 476년

건국의 전설에 의하면, 로마는 기원전 8세기 중엽 라틴 종족에 의해 건설되었으며 여기에 다른 종족이 합해져 로마시민, 즉 포풀레스 로마누스(popules Romanus)가 형성되었다. 왕을 선출하는 등의 공공문제를 처리하는 원로원이 각 족장에 의해 조직되었는데, 이들은 파트리쿠스(patricus)라는 귀족적 신분으로 동족인 포풀레스 로마누스와 구별되었다.

로마가 정복에 의해 영토를 확장하는 동안, 본래의 시민과 새로이 로마국민으로 편입된 이민족—이들은 평민(플레브스 : plebs)으로 불리웠고, 토지소유권이나 재산분배권 등 공권(公權)이 주어지지 않음—과의 사이에는 격한 대립이 오랫동안 지속되었다. 그 결과 시민·평민이 다같이 재산의 차에 의해 계급이 분리되는 새로운 제도가 형성되었다. 이 제도는 공화정권 수립에 직접적인 원안이 되었고 또한 로마 문화의 방향을 결정짓는 요소가 되었다. 왕제가 폐지되고 왕에 대신하여 2인의 집정관이 통치하는 공화정이 수립되었다. 그러나 본래부터 완고한 기반을 가진 파트리쿠스와 점차 세력이 증강되어 가는 평민과의 계속적인 투쟁은 국력의 번영과 함께 활발히 전개되었다. 양자의 투쟁이 한창인 중에도 로마인들은 이탈리아 반도를 통일하고 아프리카 북단까지 영역을 확장하게 되었다(B.C. 146년경).

대규모의 정복이 행해지면서 로마 사회에는 많은 변화가 생겼다. 정복한 지중해를 통해 많은 속주(屬州)에서 호화로운 직물, 장식품 등 진기한 사치품들이 수입되었고, 또한 그 주민을 이입시켜 이들을 노예로 사역할 수 있었기 때문에 영토와 개화에의 욕망이 더욱 자극되었다. 이들 노예의 노동력으로 인해 로마의 산업이 발달할 수 있었으나 반면 지방에 따라 기계의 발달을 방해한 요인이 되기도 했다. 즉, 당시 이미 수력이용이 발명되었으나 로마에서는 생활의 모든 면에 노예의 노동력을 이용한 원시적인 방법이 지속되었다. 이 중에서 직물 생산은 특히 노예의 노동력을 필요로 하는 것으로, 직물을 수축시켜 내구성을 늘리기 위해 물 속에서 손, 발, 방망이 등으로 다지는 일이나 백토를 이용하여 발로 밟고 화산구에서 얻은 유황을 모아 그 증기로 하는 표백작업 등이 있는데 폼페이(Pompeii)의 벽화에서 그 모습을 찾아볼 수 있다.

이러한 노예제도는 그리스보다 로마에서 더욱 발달했으며 국가의 전성기에 해당하는 B.C. 2세기에서 A.D. 2세기에 걸쳐 성행했다. 따라서 귀족층의 세력도 증강했는데 사치품이나 가옥의 장식, 의상 등에 지대한 관심을 기울이게 되어 복식문화가 발달하게 된 반면 사회풍조는 사치와 방종으로 매우 문란해졌다. 이러한 불건전한 상태는 제정의 수립을 초래했고 결국 로마 제국을 멸망시킨 원인이 되었다.

A.D. 2세기 경에는 로마 제국의 영토가 최대로 확장되었고, 부와 노예의 노동력으

그림 94. Rome의 Constantine 개선문

로 귀족층의 생활은 사치하고 방탕했으며 복식이 극도로 화려하고 우아해졌다. 그러나 서민생활은 귀족과는 대조적으로 비참했으며, 이러한 빈부의 차는 반란을 초래하여 국력의 소멸을 가져오고, 마침내 394년 동·서 로마로 분리되기에 이르렀다.

이상과 같이 로마는 영토와 재산의 차별제도 아래에서 구축되었으며 문화도 역시 그러한 기반 위에서 발전되었다. 토지소유에의 야망, 특권계급에 대한 동경 등은 로마인들을 현실적이며 박력있는 성격으로 만들었고 거대한 제국을 수립할 수 있게 하는 요인이 되었다.

로마인들은 스스로 예술을 창조할 능력이 없었다고 말하지만, 모체를 그리스와 에트루리아에서 얻어 여기에다 현실성을 첨가함으로써 강대하고 박력있는 것으로 완성하는 능력을 갖추고 있었고, 이러한 능력은 복식과 건축〈**그림 94**〉에서 최대로 발휘되었다.

그리스 건축의 기본 요소이던 원주는 로마 시대에 들어와 더욱 화려하게 발전하여 코린트 양식을 형성하게 된다. 코린트식 원주 외에도 에트루리아로부터 배운 둥근 아치를 독자적으로 발달시킨 형태를 로마의 유적인 다리·목욕탕·수도·개선문〈**그림 94**〉·원형 경기장〈**그림 95**〉 등에서 쉽게 찾아볼 수 있다. 원형의 천장에 사용된 아치는 실상 굴의 지붕같이 연결된 형태로 넓은 지면을 덮을 수 있었다. 이 밖에 둥근 지붕·돔(dome)을 디자인했는데, 이러한 반원형의 곡선감각은 로마 주민의 복식에 있어 새로운 감각으로 환영받았을 것이다. 드레이퍼리형이나 맨틀형 의복의 펴놓은 모습 가운데 반원이나 적어도 반원형을 이용한 형태가 많은 사실이 이를 설명해준다. 이처럼 로마의 건축은 이전 시대의 건축양식〈**그림 96**〉을 모방하여 종합적으로

그림 95. Rome의 Colosseum(75~82년)

발전시킨 것이었다.

로마 사회는 처음부터 놀라울 정도로 외래문명에 대해 관대했다. 범로마적 기풍은 국가의 안전을 위협하지 않는 한 모든 외래문명을 수용할 수 있는 특성을 지니고 있었던 것이다. 그리하여 로마 미술은 그리스의 유산뿐만 아니라, 그보다 규모는 작지만 에트루리아·이집트 및 서아시아의 유산까지도 흡수하기에 이르렀다. 이 모든 것이 동질적이면서도 동시에 다양한, 그리고 매우 복잡한 개방적인 사회의 형성요인이 되었다. 로마 복식의 성격 또한 이와 같은 성격으로 이해될 수 있을 것이다.

로마에서는 이제까지 다른 어떤 나라보다도 실제적인 용도를 가진 건축물을 많이 건립했는데, 이는 대제국을 관리하기 위해 필수적인 것이었다. 이처럼 현실적인 성격을 가진 로마문화는 그리스 문화가 폴리스 사회에서 이상미를 추구하면서 발달한 것과는 대조적인 본질을 갖고 있다. 그리스의 드레이퍼리는 민족의 생활감정을 반영하는 것으로 그 본래의 미가 충분히 발휘될 수 있었음에 비해, 로마의 복식은 사회적인 지위나 생활수준 등을 반영하는 것으로 그 자체가 사회적 의의를 가졌다. 따라서 지배계급에서 의복에 대한 동경과 야망 등을 자극하게 되었다.

대표적 민족복인 토가(toga)〈그림 97〉는 한 장의 천에 입는 방식과 색상의 변화가 주어짐으로써 황제에서 노예에 이르기까지의 계급을 반영했다. 복식에 대한 사회적인 여러 규칙은 드레이퍼리 복식의 생명인 자유성과 이것에 수반되는 예술성 등을 엄격하고 획일적으로 규제하여 그 발전에 큰 장애가 되었다. 즉, 위엄과 권력이 주는 장엄한 미가 발휘되기는 했지만 그리스적인 이상미에서 느낄 수 있는 순수한 미는 볼 수가 없다. 드레이퍼리의 본질이 이처럼 변질되어 가는 동안 경제적인 번영으

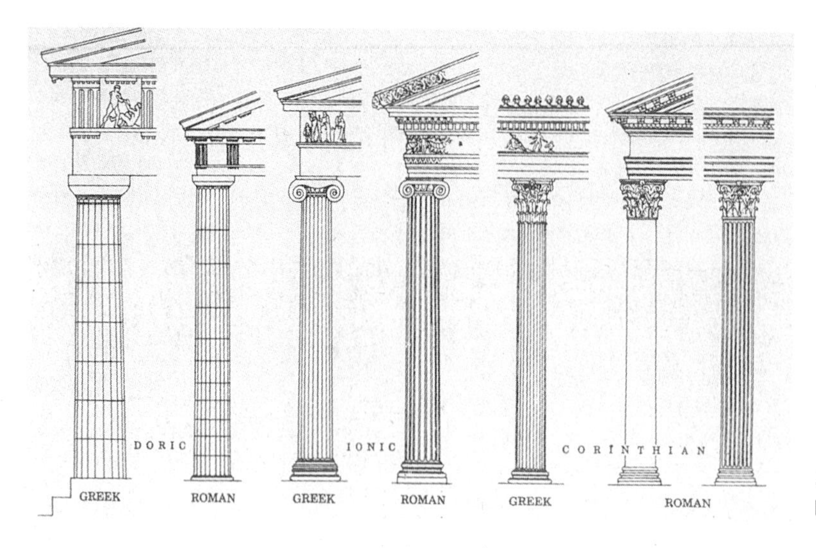

그림 96. Greece와 Rome의 건축양식 비교

로 점점 대중적인 성격을 띠게 되었고, 제정 말기에 와서 토가는 최고 권위자나 성직자의 의상으로 유지되었다.

로마의 사회상은 남성들의 복식 발달을 촉진하는 요인이 되었으나, 사회적으로 별로 중요하지 않았던 여성들의 복식에는 큰 영향을 주지 않았다. 그리스의 여성이 미약한 사회적 지위를 가졌던 것에 비해 로마 여성은 비교적 자유로웠다. 이는 로마 사회가 일부일처제를 기본으로 했고 에트루리아의 영향을 받았기 때문이며, 여성은 외출도 자유로이 하고 학교도 나가게 되었다. 따라서 보다 나은 품위와 지성미를 겸비하는 것을 중시했다. 반면 로마 법률에 있어 부인은 전면적으로 남편의 감독하에 있었으므로, 의복·장신구의 착용 등 모든 것이 남편에 의해 좌우되었으며 남편의 관심을 끌기 위해 항상 우미(優美)와 품위를 잃지 않게 매혹적으로 꾸미는 것이 여성의 생명이었다. 로마에서도 그리스와 같이 공창제도(公娼制度)가 있었는데 이들의 의복은 여성복식의 발달에 있어 큰 자극이 되었다.

로마 제정의 전성기였던 1세기경부터 발달한 초기 기독교는 로마 복식, 나아가 서양복식의 발달에 있어 매우 중요한 위치를 차지한다. 초기 기독교는 현세적인 로마인들의 종교관에 천국이라는 내세관념을 불어넣음으로써 가난한 자유민이나 포로·노예들 사이에 급속도로 전파되었다. 이들은 지방으로 다니면서 포교활동을 전개했는데, 종래의 드레이퍼리형 의상은 활동에 매우 불편했기 때문에 일반 로마시민과는 다른 소박한 복식 형태를 취하는 것이 기독교의 순교적 신앙심을 만족시켰을 것이라 생각된다. 313년에 콘스탄틴 대제에 의해 기독교가 공인되면서 달마타카(dalmatica)〈그림 115〉가 점차 귀족이나 성직자들의 대표적인 의복으로 변했고 비잔틴 제국을 비롯한 중세 유럽 복식의 기본형이 되었다. 즉, 달마티카는 본래 유고슬라비아 지방의 민족복으로서 고대의 드레이퍼리형 의복이 로마를 전환점으로 하여 동방의 영향을 받은 비(非)로마적 튜닉형으로, 중세의 기본적인 의복이 되었다.

로마 시대 복식에서는 직물이나 염료의 개발이 주목된다. 이탈리아 반도는 유목민이던 아리아(Aria)인의 분지였으므로 목축에 적합하여 다른 나라에 비해 우수한 모직물을 생산할 수 있었다. 로마의 영토가 확장됨에 따라 울·리넨·카튼의 산지가 증가했고, 여기에 수입품도 합하여 국가의 전성기에는 직물의 생산량과 질이 절정에 달했다. 주로 이집트에서 수입되었던 리넨은 사치품으로 생각되어 여자복식에는 비교적 빨리 사용되었지만, 남자복식에는 이집트가 로마의 지배하에 있던 제정시대 후기에 사용되었다. 리넨과 울, 씰크와 리넨 등의 교직도 일부 귀족에 의해 사용되기 시작했다.

여기에 기원전 2세기경부터 개발되었다고 하는 씰크로드를 통해 인도의 보석·진주·카튼 그리고 소량이긴 하나 중국의 씰크가 전래되었는데, 이는 이후에 본격적으로 행해지는 동방과 서방의 복식문화의 교류에 전초적인 역할을 했다. 중국산 씰크의 원사를 수입하여 그들의 기후조건에 맞게 리넨과 울을 섞어 비쳐 보일 정도의 얇은 직물로 직조했는데 왕이나 귀족에게만 한정되어 사용되었다. 이들 섬유의 직조기술과 규모는 국력이 번성하면서 우수한 기술을 가진 노예가 식민지에서 다수 이입되어 한층 진전되었다.

로마 복식에 있어 또 하나의 진전은 색상이 다채로워진 사실이다. 공화정권 말기까지는 백색(白色)이 주조를 이루었고, 이외에 진한 보라색을 사용했으나 퇴색하기 쉬웠기 때문에 자주색과 어두운 보라색이 사용되었다. 제정 시대에는 초목을 발효하거나 그 외의 방법에 의해 많은 염료가 개발되어 색상의 범위가 매우 넓어졌다. 붉은 보라색은 가장 귀하게 취급되었고, 녹색과 황색도 많이 사용되었다.

염색기술이 발달함에 따라 복식의 색상은 직업의 종류 표시로도 사용되어 청색은 철학자, 흑색은 신학자, 녹색은 의사, 백색(白色)은 하층계급의 색이 됨으로써 색상으로 사회계층을 구별하는 등 복식을 통해 로마 특유의 계급의식을 반영하게 되었다.

2. 복식의 개요

로마의 복식은 그리스와 에트루리아의 것을 그대로 받아들여 로마의 특수한 시대 양상에 맞게 변화되었다. 즉, 그리스의 키톤은 스톨라(stola)로, 히마티온은 팔라(palla)나 팔리움(pallium)으로, 클라미스는 팔루다멘툼(paludamentum)으로 바뀌었다.

그림 97. Rome 시대의 toga

그리스의 대표적인 의상이 히마티온이라면 로마의 대표적인 의상은 히마티온의 변형인 토가(toga)라고 할 수 있다. 토가는 국운(國運)과 함께 거대해져서 권위성을 띠고 로마인의 사랑을 받으며 공용복(公用服)으로 착용되었다. 그러다가 제정 말기에는 본래의 의미를 잃을 정도로 폭이 좁아지자 명칭이 바뀌었고 후에 종교 예식용으로 비잔틴 복식에 로룸(lorum)으로 그 자취가 남게 된다. 또 거창한 형태의 토가 대신에 간단한 형태의 팔리움(pallium)과 팔라(palla)가 남녀에게 착용되었다.

토가 밑에는 튜니카(tunica)를 입었다. 튜니카는 토가 속에 입으면서 점차 겉옷의 성격으로 바뀌고 장식성을 띠며 계속 발전되었다. 추울 때는 튜니카를 두·세 벌 겹쳐 입었다.

3. 복식의 종류와 형태

(1) 의 복

토가(Toga) 토가는 라틴어로 평화복(平和服) 또는 '덮다'라는 뜻이며, 그리

그림 98. Rome 시대 tunica 위에 입은 toga

스의 히마티온과 에트루리아의 테베나가 합하여 발전한 것이다. 토가는 반원형이나 타원형, 또는 팔각형의 천을 접어 몸에 둘러입었다〈그림 97〉. 재료는 주로 울을 사용하였고 부피가 커지면서 얇은 울이나 리넨, 씰크 등도 사용했다. 두르는 방식은 그리스의 히마티온과 본질적으로 같은데 초기에는 비교적 간단했으나 후기로 갈수록 점점 복잡해지고 형식화되었다. 복잡한 형식으로 입는 토가는 주름 사이에 포켓(pocket)이 구성되기도 했다. 성직자가 기도할 때나 일반인이 상을 당했을 때는 토가의 한 자락을 머리에 뒤집어 쓰기도 했다.

토가는 로마의 가장 대표적인 의상으로 초기엔 남녀노소 모두 착용하다가 제정시대부터는 공식복(公式服)으로 지배계급에서만 입었다. 로마 초기의 토가는 에트루리아의 테베나처럼 작고 단순한 형태였으나 로마의 전성시대인 제정 초기부터는 부피가 매우 커져서 길이가 6m를 넘는 거대한 것으로 바뀌었다〈그림 98〉.

제정 말기가 되자 토가는 관복이 되었고, 색상이나 트리밍, 입는 방식 등이 계급에 따라 엄격히 달라지면서 여러 가지의 다른 명칭이 붙게 되었다. 토가의 크기가 너무 커지니까 평상복으로 항상 입기에는 불편해져서 의식 때만 입고, 대신 토가 밑에 입던 튜니카를 평상복으로 입게 되었다. 이처럼 토가가 잘 입혀지지 않으면서부터 그 크기가 다시 작아져 긴 장식띠 형태의 로룸(lorum)으로 바뀌었다〈그림 120〉.

토가는 제정 말기부터 관복이 되면서 색상과 선장식, 크기, 입는 방법 등에 따라

그림 99. 통이 넓은 doric chiton과 ionic chiton이 병합된 stola를 입고 palla를 하체에 두르고 앉아 있는 모습

그림 100. stola 위에 입은 palla

명칭이 다양해졌다.

◆ **토가 픽타(Toga Picta)** 황제나 개선장군이 입었던 공식복으로 로마의 수도가 콘스탄티노플로 옮겨진 뒤에는 착용되지 않았다. 토가 픽타는 붉은 보라색의 씰크에다 금실로 가장자리에 수를 놓은 것으로 토가의 여러 유형 가운데 가장 화려하고 거대한 것이다.

◆ **토가 프라에텍스타(Toga Praetexta)** 황제나 성직자, 집정관, 14세 이하의 소년·소녀들이 입은 토가로, 하얀 울에다 보라색으로 가장자리에 트리밍을 댔다.

◆ **토가 푸라(Toga Pura)** 전혀 장식없이 만든 단순한 모직 토가로, 일반 남자들이 평상복으로 착용했다.

팔라(Palla), 팔리움(Pallium) 그리스의 히마티온이 그대로 계승된 것으로 여자가 입는 것을 팔라라고 했고 남자가 입는 것을 팔리움이라 했다. 형태와 입는 방법이 토가와 비슷한 것으로 직사각형의 천을 왼쪽 어깨로부터 가슴을 거쳐 오른팔 밑을 지나 등뒤로 돌려서 다시 왼쪽 어깨로 두른 다음 왼팔에 걸쳐지게 했는데, 이런 순서를 반대로 하거나 또는 더 복잡하게 몸에 여러 번 두르기도 했다. 여자들은 등뒤로 지나가는 팔라 자락을 머리위로 끌어올려 머리에 쓰기도 했다.

팔라는 대개 중류 이상의 계급에서 애용되었으며 매우 아름답고 화려했다. 즉, 여러 가지 색깔을 사용했으며 가장자리에 트리밍을 대거나 전면에 수를 놓기도 했다.

그림 101. toga를 걸친 Rome의 남자들(B.C 13~9세기)

토가가 거추장스러워지자 공화정 중기부터는 토가를 착용하지 않고 간단한 팔라나 팔리움을 애용했다. 팔라나 팔리움은 튜니카나 스톨라 위에 입었고 옷감은 울·리넨·씰크가 사용되었다〈그림 99, 100〉.

튜니카(Tunica) 튜닉의 라틴명이다. 토가가 거창해지자 일상복으로 잘 입지 않고 속옷으로 입던 튜니카를 대신 일상복으로 입었다. 튜니카는 그리스의 도릭 키톤이 변형·발달된 원피스 드레스이다〈그림 102〉. 초기엔 두 장의 직사각형 천을 어깨와 양쪽 옆솔기를 진동선만 남기고 바느질하여 목둘레선을 일자로 트고 속옷으로 입었다. 후기엔 일자형 튜니카에 소매를 달아서 겉옷으로 입었다. 길이는 남자들은 보통 무릎 근처까지 오게 입고 의식 때는 길게 입었다. 여자들은 남자들보다 길게 발목까지 오게 입었고, 뒤 목둘레선 중심을 T자로 트고 목둘레와 어깨 등에 장식을 하거나 튜니카 전체에 수를 놓기도 했다. 초기엔 소매가 없거나 좁은 소매가 달렸었는데, 후에 팔꿈치 길이의 넓은 소매가 달리기도 했다.

보통 흰색의 리넨이나 울로 만들었는데, 노동자들은 장식없이 수수하게 입었고, 세정 말기에 이르러 귀족들은 그들의 신분을 나타내기 위해 의상에다 여러 가지 상징적 장식을 사용했다. 즉, 붉은 보라색의 트리밍을 앞뒤 어깨로부터 단까지 수직으로 대거나 어깨와 무릎 부분에 4각이나 6각, 8각 또는 원형의 헝겊 장식인 세그멘티(segmenti)를 붙였는데 장식이나 색상에 따라 명칭을 달리했다.

그림 102. tunica 위에 둘러입은 lacerna

스톨라(Stola) 그리스의 키톤을 로마에서는 스톨라라 했다. 남자들은 주로 튜니카를 많이 입고, 여자들은 튜니카보다 넓은 스톨라를 입었다. 스톨라는 그리스의 도릭 키톤과 이오닉 키톤이 약간 변형・발전된 것이다〈그림 99, 100〉. 이오닉 키톤의 소매처럼 어깨부터 손목까지 솔기선이 있고 솔기선을 따라 주름을 잡아 소매 모양을 만들었는데 소매의 주름잡은 솔기선을 피불라(fibula)로 고정시켰다. 길이는 손목 또는 팔꿈치까지 오는 소매, 짧은 소매 등이 있고 소매통도 넓은 것과 좁은 것 등 다양하며, 소매는 따로 재단해서 몸판에 붙이기도 했다. 이 우아한 원피스 드레스는 길이가 발목까지 왔는데, 허리띠를 유방 밑에 한 번 두르기도 하고 유방 밑과 힙 근처에 두 번 두르기도 했다〈그림 99〉.

초기엔 흰색의 울을 사용했으나 후기엔 붉은색, 푸른색, 노란색 등의 리넨이나 카튼, 씰크 천으로 만들고 금실로 수를 놓기도 했다.

팔루다멘툼(Paludamentum) 팔루다멘툼은 그리스의 클라미스(chlamys)와 같이 직사각형 또는 정사각형의 천으로 왼쪽 어깨를 덮고 앞이나 오른쪽 어깨에서 장식핀으로 고정시킨 것이다〈그림 112〉. 공화국 초기에는 장군들이 입고, 제정 시대에는 황제와 장군들이 튜닉 위에 둘러 입었으며, 평민들도 여행할 때는 질이 낮은 거친 울의 팔루다멘툼을 입었다. 지배계급이 입을 때는 이 팔루다멘툼의 안팎을 보

그림 103. Rome인의 sagum

그림 104. 속옷, strophium(3~4세기)

라색 씰크로 만들고 겉은 금실로 수를 놓았다. 비잔틴에서는 이 팔루다멘툼이 지배 계급의 공식복으로 화려하게 발달했다.

외 투

◆ **라케르나(Lacerna)** 로마가 북쪽으로 영토를 넓힐 때 북쪽의 추운 날씨에 대비하기 위해 방한용으로 서민과 노예들에게 입혀진 케이프의 일종이다. 직사각형의 네 모서리를 굴린 후 어깨에 걸치고 피불라로 고정시켰으며 때때로 후드를 달거나 뗄 수 있게 만들었다. 초기엔 두꺼운 울을 사용하다가 후기엔 로마의 시민들도 질이 좋은 얇은 울을 여러 가지 색상으로 염색하여 사용했다. 북쪽의 추운 곳에서는 모피(fur)나 가죽을 이용하기도 했다. 공개회의 장소나 운동경기장에 황제가 나타날 때에는 경의(敬意)의 표시로 라케르나를 한쪽 어깨에만 두르고 피불라로 여몄다.

◆ **페눌라(Paenula)** 모든 계급에게 입혀진 커다란 케이프의 일종이다. 반원형의 천을 어깨에 두르고 앞에서 핀이나 훅(hook)으로 여미었다. 길이는 힙 아래나 또는 발목까지 오게 입었고 붉은 포도주색이나 갈색, 청색, 진한 보라색 등 어두운 색의 두꺼운 울로 만들었다.

◆ **사굼(Sagum)** 로마 공화정 시대에 군사들이 입었던 군복의 일종으로 정사각형이나 직사각형으로 된 외투로서 그리스나 로마의 클라미스와 같이 수수한 색의 울로 만들었다〈그림 103〉.

그림 105. Rome 시대 남성의 머리모양

스트로피움(Strophium) 간단한 형태의 운동복으로, 경기장에서 여자들이 입었다. 그 모양이 요즈음의 비키니(bikini) 수영복과 비슷한 것으로 보아 비키니가 여기에서 비롯된 것 같다. 또한 뜻으로 보아 브래지어(brasier)와 팬티(panty)의 원조라고도 할 수 있다〈그림 104〉.

(2) 머리장식

로마인의 머리모양은 그리스와 거의 유사한 느낌을 주는 형태로, 소박하고 정교한 아름다움을 발휘한다.

로마 남성들은 대부분 곱슬거리는 짧은 머리의 단순한 형태를 좋아했다〈그림 105〉. 그들은 머리숱이 적은 것을 수치스럽게 생각하여 가발을 쓰기도 했고 제정 시대가 되자 수염을 기르는 것이 유행했고, 성직자들은 머리와 수염을 길게 길렀다. 또한 남성들도 향수를 사용하고 화장을 하는 등 청결과 몸치장을 중요시했다.

여성의 머리형은 시대에 따라 단순한 형에서 복잡한 형으로 다양하게 변화했다. 공화정 시대에는 앞가리마를 타고 양쪽 머리를 곱슬거리게 늘어뜨리거나 머리 전체를 짧게 컬하는 등 단순한 형이 주를 이루었다. 제정 시대에는 정교한 형으로 발전하여 앞머리는 작은 컬이 높게 솟아오르게 하고 뒷머리는 땋아서 늘어뜨리거나 위로 둥글게 말아 쌓아 올린 스타일이 많이 보인다. 여기에 리본, 화환(花環), 금속세환(金屬細環), 장식망, 진주, 보석, 황금 등의 장식품으로 치장하기도 했다〈그림 106〉.

머리 빗는 일은 아침에 하는 일 중에서 가장 큰 일로서 취급되었고 향유와 머리분을 사용하여 항상 향기가 나도록 했다. 로마인들도 그리스인과 같이 컬된 금발을 좋아하여 노란색으로 염색했다.

로마인들은 모자를 거의 착용하지 않았는데, 그 이유는 기후조건상 그다지 필요하

그림 106. Rome 시대 여성의 머리모양

지 않았고, 햇빛·비 등을 피할 때나 여행 등 모자가 필요한 때에는 팔라나 팔리움을 끌어올려 쓰면 되었기 때문이다.

신부(新婦)는 베일(veil)로 머리를 장식했는데, 밴드나 화환으로 고정시켜 어깨까지 내려뜨렸으며 베일의 색상은 가정(家庭)의 신(神) 베스타(Vesta)의 색인 주황색을 선호했다. 기독교의 신부는 흰색이나 붉은 보라색의 베일을 사용했는데, 베일 밑에는 순결함을 상징하는 헤어 밴드(hair band)를 둘렀다.

이와 같은 머리장식의 다양함은, 로마 의복이 사회적 규제에 의해 비교적 고정된 것과 비교해 볼 때, 로마 여인들이 그들의 미적 감각을 과시할 수 있는 수단으로 매우 중요시했을 것으로 짐작된다.

(3) 신 발

로마인의 신의 종류는 그리스와 비슷하나 정교함이 더해져 그리스 신발이 로마에 와서 완성된 느낌을 준다.

씰크로 만든 슬리퍼에서 가죽을 소재로 한 하이 부츠(high boots)에 이르기까지 종류가 다양했고 그 중 샌들이 주종을 이루었는데 엮는 끈의 모양이 그리스 때보다 더욱 복잡해져 로마 신발의 특징을 나타낸다. 정복사업이 계속됨에 따라 승전하고 돌아온 장군은 그 위용을 과시하기 위해 사자머리가 새겨진 부츠를 신기도 했다.

재료는 가죽·울·씰크 등을 사용했고 귀족은 여기에 황금·은·보석으로 사치스럽게 장식했다〈그림 107〉. 또한 신발의 끈을 묶는 방법이나 장식 등의 정교함에 의해 사회적 신분을 표현했고, 창이 높은 신발은 배우나 귀족 중심으로 신겨지다가 점차 일반화되었다.

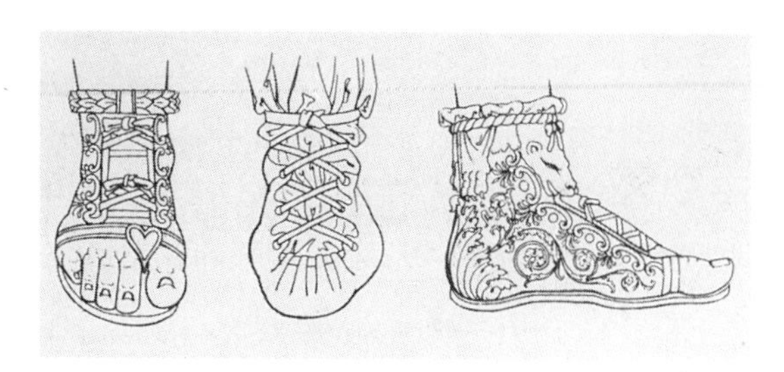

그림 107. Rome인의 신발

그림 108. 장신구(1~3세기경)

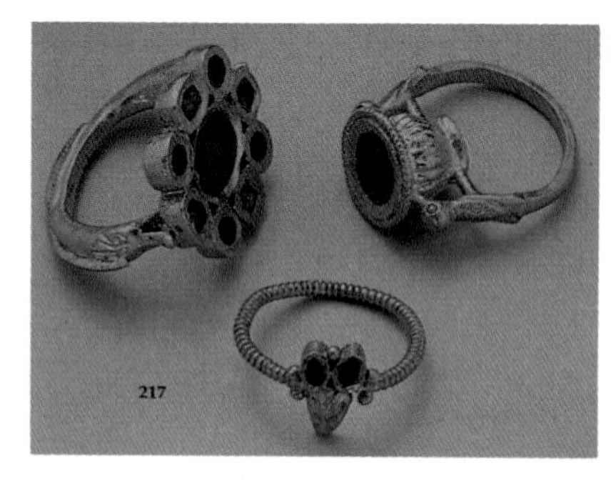

그림 109.
장신구(5세기경)

(4) 장신구

로마는 광대한 제국을 이루고 있었기 때문에 정복지로부터 다종다양한 보석류의 수입이 있었고, 사치스러운 사회풍조로 인해 장신구가 거의 필수품이 되었다. 특히 부인들은 그들의 몸장식과 화장을 하는 것이 매일의 큰 일과였다. 각종의 보석, 진주, 상아, 금, 은 등을 소재로 한 목걸이〈그림 108〉, 귀고리, 반지〈그림 109〉, 팔찌 등은 세공술이 매우 정교하고 뛰어났음을 보여준다. 특히 멀리 인도나 중국에서부터 보석류를 수입하여 사용하기도 했다.

요 약

그리스의 히마티온(himation)에서 시작되어 에트루리아의 창의성이 첨가된 테베나(tebenna)는 로마에 와서 대표적 민속복인 토가(toga)로 바뀐 것을 알 수 있다. 토가는 로마 사람들의 열렬한 계급의식을 그대로 나타냈으며 그리스의 히마티온에서 보여지는 드레이퍼리보다 더 많은 드레이퍼리의 특성이 보인다.

권위와 권력을 나타내는 장대하고 화려한 미의 추구를 특성으로 하는 로마는 예술의 이상적 원리를 구체화한 그리스의 아름다운 미의 원리를 실현하지는 못했으나 열심히 모방하고 착실하게 현실성을 첨가하여 의상에서도 로마다운 박력있는 형태를 완성하는 능력을 갖추었다는 것을 알 수 있다.

제 2 부

중세복식

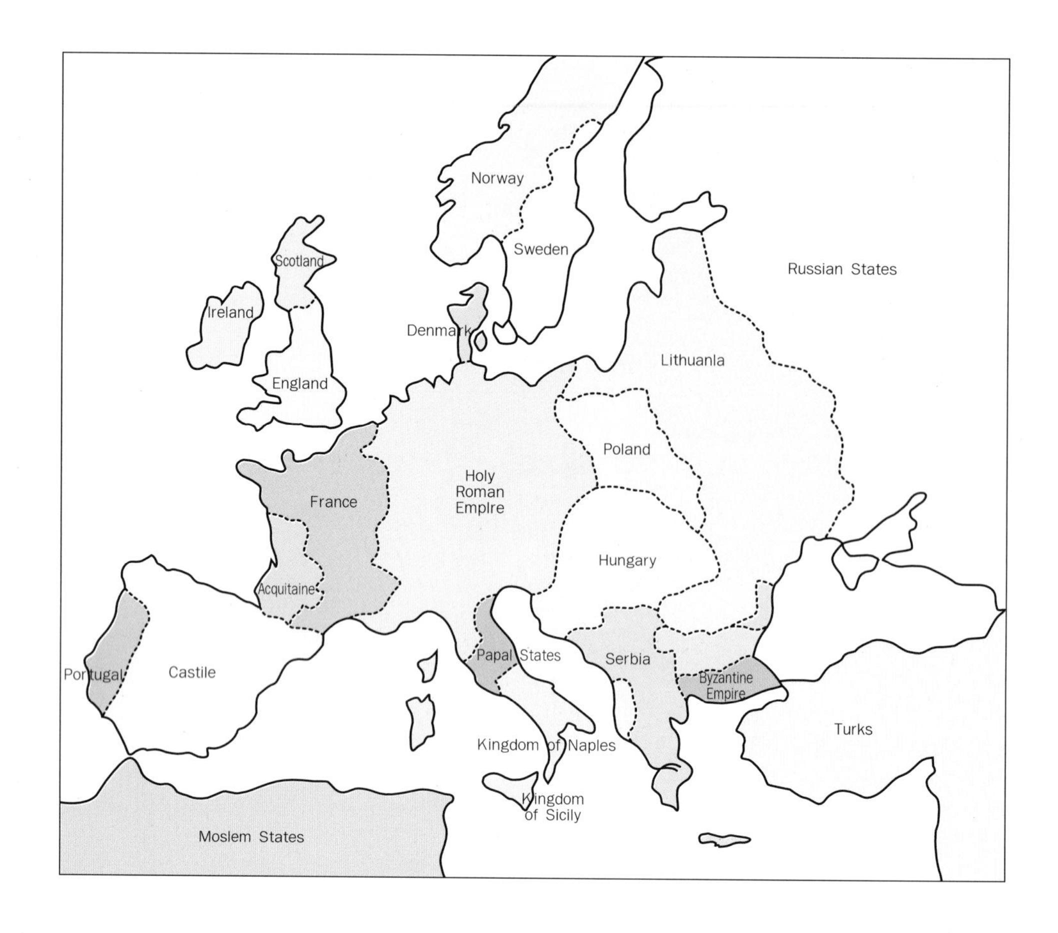

서로마가 멸망한 5세기 후반(A.D. 476년)부터 15세기 르네상스 시대 이전까지의 약 1,000여 년 간의 시기를 중세(中世)라 하고 이는 동로마 제국(비잔틴 제국)과 서유럽으로 구분된다.

동로마제국은 330년 수도를 비잔티움(Byzantium)으로 옮기면서 로마체제가 동유럽으로 이전해 간 것인데, 지리적 조건과 경제적 번성에 힘입어 독자적인 문화를 발달시켰다. 한편 서유럽은 종래의 켈트(Kelt)인의 세계에서 게르만(German)인의 세계로 되었는데, 고대 노예제도를 거치지 않고 미개사회에서 직접 봉건사회(封建社會)로 이행한 특수성을 가진다.

이 시기는 문화적 견지에서 보면 5~10세기의 중세 초기인 암흑 시대(Dark Age), 11~12세기의 중세 중기인 로마네스크(Romanesque) 시대, 13~14세기의 중세 말기인 고딕(Gothic) 시대로 구분되며, 15세기 초엽부터 르네상스가 시작되는 등 그 변천과정이 매우 다양하다. 이러한 서유럽의 중세 복식에 일찍부터 발달한 비잔틴 복식이 끼친 영향은 지대한 것으로 로마네스크 양식과 르네상스 양식의 모체가 되었다.

이처럼 역사적인 진행에서 비잔틴 제국이 선행했고 복식사적으로 보아 비잔틴 복식이 중세 유럽 복식의 모체가 되었기 때문에, 중세 유럽 복식사의 단서로서 비잔틴 제국의 복식부터 살펴본다.

제 7 장

비잔틴 제국의 복식

1. 사회 · 문화적 배경

비잔틴(Byzantine) 제국이라는 명칭은 수도 비잔티움(Byzantium : 고대 그리스의 도시)에서 나온 것으로 동로마 제국을 가리킨다. 기원후 330년 로마의 콘스탄티누스(Constantinus) 황제는 수도를 비잔티움으로 옮기고 이곳을 그의 이름을 본따서 콘스탄티노폴리스(Constantinopolis : 일명 콘스탄티노플, 현재의 이스탄불)라 했다.

395년 동로마 제국은 서로마 제국과 완전히 분리되어 정통적인 로마 제국의 계승자로서 1453년 오스만 투르크(Osman Turk)에 의해 멸망할 때까지 독자적인 발전을 했다. 약 1,000년에 달하는 비잔틴 제국의 전 역사는 6세기를 정점으로 해서 그 전후의 두 시기로 나눌 수 있다. 4~6세기의 동로마 제국은 노예제가 쇠망해 가고 그와 병행하여 노예제 사회의 내부에서 봉건적 여러 요소가 발달해 있던 시대였다.

동로마 제국의 전성기는 6세기 유스티니아누스(Justinianus) 황제(527~565년) 시대로 그는 영역을 발칸 반도와 소아시아, 에게해의 여러 섬들, 시리아, 팔레스티나, 북부 이집트, 흑해 북안(黑海北岸) 등에까지 넓혔다. 이후 7세기 페르시아의 침입, 11세기 터키의 침입 등 동방으로부터의 공격이 심해져 이집트와 시리아는 잃어버렸으나 여전히 아시아와 유럽을 잇는 대제국으로서 건재할 수 있었다. 이처럼 광범위한 영토의 소유는 수도 콘스탄티노플에 다양하고 풍부한 문물이 집중되게 했다.

수도 콘스탄티노플은 동양과 서양의 접촉점으로서 상업상 · 군사상의 요점(要點)이었을 뿐 아니라 지중해와 흑해를 맺는 요지이기도 하여 그 당시의 유럽 · 아시아 대륙의 중심이 되었다. 따라서 비잔틴 제국은 유럽 세계의 유행의 중심이었으며, 비잔틴 제국에 조공(朝貢)하는 서유럽의 귀족에 의해 완만하기는 하나 비잔틴 양식이 서유럽으로 전파되어 갔다. 그 범위는 이탈리아 전역과 프랑크 왕국에 이르고, 이 외에 북으로는 슬라브, 동으로는 중국에까지 이르렀다. 그러나 당시 서유럽은 생활수준이 낮고 공동체의 유력자들이 맹목적인 욕망추구를 하는 가운데 차차 봉건제도를 형성하기 시작하던 때였으므로, 세련된 비잔틴의 생활양식과 구체적 내용이 본격적으로 서유럽에 들어가게 된 것은 아니었다.

색채감각은 주요한 지배계급의 거주지와 실제의 생산자가 살고 있는 환경에 의해 형성되는 것으로, 비잔틴 제국의 문화교류에 용이한 지리적 조건은 국민의 색채감각을 발달시키는 데 결정적인 역할을 했을 것이다.

비잔틴 제국은 경제적으로 부유한 국가였다. 경제적 활동을 국가적으로 규제했는데, 상업활동은 국가 재부(財富)의 주원천이었으므로 흑해・지중해를 무대로 한 수출・입을 강력한 해군력으로 뒷받침하는 등 보호・육성했다. 수도 콘스탄티노플은 상공업의 대 중심지였고 세계 각처에서 몰려온 선박들의 교역지가 되었다. 러시아나 슬라브 등의 흑해 연안에서는 모피와 가죽, 곡물, 소금, 포도주 등을 수입했고 인도・중국・시리아와 아라비아에서는 씰크, 향료, 보석 등을 들여왔다. 비잔틴 제국에서는 또한 직물공업, 금속이나 유리 제품의 제조업 및 세공업 등이 매우 발달했는데 특히 직물은 비잔틴 제국을 번영하게 한 주요인이었다. 초기엔 황제들이 견직물(絹織物)과 붉은 보라색 염료 및 금자수품(金刺繡品)의 제조와 판매를 독점했는데, 이것들은 기호품에 그치지 않고, 동방이나 서방에서는 교회와 고관들의 절대적 필수품이 되었다.

씰크는 제국의 초기에는 페르시아와 시리아로부터 고가로 수입되어 비잔틴 복식의 주된 직물소재로 사용되었다. 6세기경 유스티니아누스 황제 때 비잔티움에 견직물공업이 확립되면서 복식은 더욱 화려해졌다. 그 후 사치가 지나쳐 콘스탄틴 대제 때 견직물과 금자수 등의 사치금지령(侈奢禁止令)이 내려지기도 했다.

비잔틴의 씰크는 그 품질이 우수하고 색채 및 문양이 화려하여 비잔틴 제국의 생활문화, 특히 복식의 발전에 결정적인 역할을 했다. 이처럼 발달한 비잔틴의 직물과 장식품들이 교역에 유리한 지리적 위치와 수출정책 덕분에 중개무역상들을 통해 이탈리아, 북아프리카, 라인강 유역 등 세계 각국으로 퍼졌다.

비잔틴 제국의 문화는 단적으로 표현하면 로마 제국의 정치적 전통 위에 그리스 문화와 기독교 사상, 여기에 동방적인 요소가 융합하여 독자적인 양상으로 창조된 것이다. 이것은 11～12세기의 로마네스크 문화, 15～16세기의 르네상스 문화에 직접적인 영향을 주었다.

역대 황제들은 자신들이 로마 아우구스투스 이래의 황제의 계열에 있어 정통이며 우주의 최고 권력을 대행한다는 신념을 갖고 그 이상의 실현을 위해 노력했다. 또한 제국 전체의 기풍이 이러한 신념을 바탕으로 했기 때문에 동방의 침입에 대해 그 문화를 보존할 수 있었다고 볼 수 있다.

이 신념은 세계 제국의 이념을 대표하는 기독교의 교리에 의해 한층 더 강화되었다. 기독교는 처음에는 노예와 포로, 은둔자 등 비천한 대중의 종교였으나 점차 귀족, 관리, 군인에 이르는 상류계급의 종교가 되어 비잔틴 문화의 지침이 되었다. 따라서 초기에는 현실생활의 수도(修道)를 의미하는 정숙 및 금욕의 공고가 문화생활 전반에 걸쳐 요구되었으나, 제국이 번성해 갈수록 그리스도의 권능 및 천국의 영화(榮華)를 나타내기 위한 장엄하고 화려한 양식을 취하게 되었다. 이러한 종교적 색

그림 110. Byzantine의 Hagia Sophia 성당

그림 111. Hagia Sophia 성당의 내부 (532~537년)

채는 비잔틴 제국의 건축 및 조각, 회화 등 예술양식에서 두드러진다. 신의 위대함을 느끼지 않을 수 없을 정도의 장엄하고 정교한 사원(寺院)〈그림 110〉이나 그 내부〈그림 111〉의 벽화인 풍부하고도 심오한 색채의 종교화(宗敎畵)는 돌이나 유리조각들을 꼼꼼하게 짜맞춘 모자이크(mosaic) 양식으로, 이들에서 느껴지는 분위기는 전혀 자연주의적이거나 사실적이 아닌 기적적이고 성스러운 것이다. 대부분 엄숙한 장면을 묘사한 것으로 이것은 기독교 교회 속에 구현되어 있는 그리스도의 변함없는 능력을 상징하는 것이다.

종교적 색채는 양식화되어 문양으로 나타났다. 즉, 신과 인간과의 신비로운 관계를 찬양하기 위해 기독교 성서에 나오는 장면을 전면적인 문양으로 사용했다. 장식모티프로 사용한 문양으로 원(圓)은 영원한 안녕을, 양(羊)은 그리스도를, 비둘기는 성경(聖經)을, 十자형은 기독교 신앙을 상징하는 등 모두가 기독교에 관계된 것이었다. 또한 색도 종교적 의미를 가져서 백색은 순결, 청색은 신성함, 적색은 신의 사랑, 붉은 보라색은 위엄, 녹색은 영원한 젊음, 황금색은 선행, 밝은 황색은 풍성함, 푸른 보라색은 겸덕(謙德)을 상징했는데, 이처럼 풍부한 색 철학은 현대 의장(意匠)에 이르기까지 기본적 감각이 되고 있다.

이러한 종교의 영향은 비잔틴 복식에 다각도로 반영되었다. 즉, 외형은 기독교적인 정숙의 의미에서 몸 전체를 감싸는 형태이고, 여기에 기독교를 상징하는 문양을 동방의 화려한 색채감각으로 장식하여 신의 영광, 신비로움, 천국의 영화 등을 표현하려 했다. 여기에서 외형의 비례나 조화보다는 색채의 효과를 이용하여 내적인 미를 중시한 비잔틴 복식문화의 특성이 이해될 수 있다.

비잔틴 문화에 미친 그리스 문화의 영향은 매우 지대한 것으로, 비잔틴 문화의 중심지가 원래 그리스 영토였고 그 주민이 대부분 그리스인이었던 만큼 비잔틴 제국에는 그리스주의가 강렬했다. 11세기에 이르러 여기에 슬라브적 요소가 결합되어 그리스정교회의 성립을 보게 되었는데, 고대로부터 그리스와 로마의 민족적 차이가 동·서 두 교회의 전통으로 계승되는 것 같았다.

비잔틴 미술에서는 그리스 미술이 자랑했던, 그리고 로마 시대까지 계속 이어졌던 운동과 표정의 완벽한 표현 같은 것은 없었으나 그리스 미술이 바탕이 되었음을 알 수 있다. 즉, 옷자락이 어떻게 몸에 걸쳐지는지 정확하게 알고 있으므로 옷 주름 사이로 육체의 곡선이 보이도록 묘사할 수 있었는데, 이는 비잔틴 복식연구에 큰 도움이 된다. 이러한 그리스적 색채는 특히 의상에 있어 두드러져, 비잔틴 의상은 그리스적 간소미(簡素美)가 복잡화된 형태에 불과하고, 그리스 의상의 주를 이루던 담백색(淡白色)이 농도가 짙게 착색되어 호화롭고 다채로워졌을 뿐이다.

이와 같이 그리스, 기독교 신앙 등 여러 가지 요소가 복합된 비잔틴 문화에 결정적인 역할을 한 것이 지리적 조건과 경제적 번영에 힘입은 동방문화와의 교류이다. 그 중에서도 페르시아의 화려한 색채감각과 중국의 견직물은 비잔틴에서 혼합·발달하여 비잔틴의 조형문화, 특히 복식의 특징적인 요소가 되었다. 또한 장신구의 발달은 동방양식에 의존한 바 컸고 전체적으로 비잔틴 복식을 그리스·로마나 서유럽과 매우 다른 형태로 구분짓도록 했다.

비잔틴에서 여성의 지위는 매우 종속적인 것으로 기독교에 의해 더욱 강화되었다. 기독교는 그 교리 속에 동양의 모든 종교와 같이 부인은 남편에게 순종할 것과 남자의 영광을 위해 존재할 것을 강조했다. 여기에서 여장(女裝)의 성격이 우미·화려하고 비활동적으로 방향지워졌다. 특히 여성의 미는 매우 중시되어 상속인이나 왕비를 신분에 관계없이 '미의 제전'을 통해 선택하는 관습이 있었을 정도다. 또한 그 시대의 패션은 황제를 중심으로 귀족들이 이끌어 나갔다.

2. 복식의 개요

기독교를 공인한 비잔틴 제국의 복식은 그레코-로만(Greco-Roman : 그리스와 로마의)풍의 복식에 동방의 영향을 받아 풍부한 색상과 호화로운 직물인 씰크를 사용하고 자수와 보석 특히 진주로 장식을 했기 때문에 화려하고 아름다웠다.

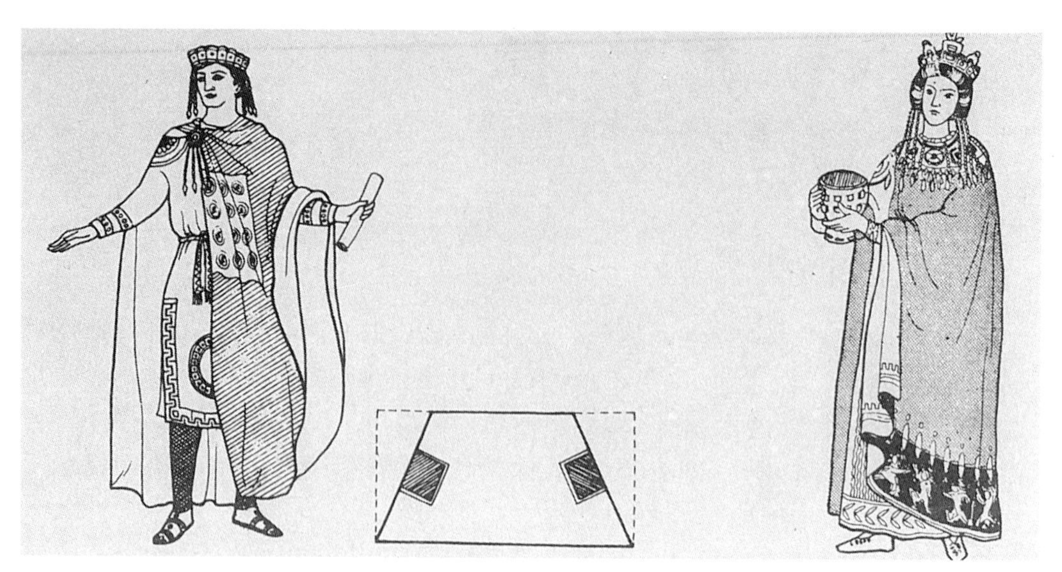

그림 112. Byzantine 시대의 paludamentum(6세기)

비잔틴 초기에는 동방에서 생사를 수입하여 비잔틴의 따뜻한 기후에 맞게 얇게 짜서 입었고 비싼 씰크를 경제적으로 사용하기 위해 울과 함께 교직하여 사용했다. 유스티니아누스 황제 시대인 552년에 중국에서 누에고치를 가져와 처음으로 유럽에서 씰크를 직조하기 시작한 이후 직물이 급속히 발전했다. 그들은 금실과 반보석과 진주 등을 넣어 짜거나 또는 한 면은 씰크, 다른 한 면은 금실로 짠 이중직(二重織)의 싸미(samit : 佛, samite : 英)라고 하는 씰크를 짰는데, 이것은 광택이 있고 호화로워서 평면적이고 화려한 비잔틴 의상에 잘 어울리는 옷감이었다. 복잡한 무늬와 아름다운 색조의 두꺼운 브로케이드(brocade : 금실이나 은실, 그 외 여러 가지 색상의 실로 무늬를 넣어 화려하게 직조한 두꺼운 견직물)와 얇은 씰크는 의상뿐만 아니라 궁전이나 교회, 그리고 개인주택 실내장식에까지 화려하게 이용되었다.

비잔틴의 대표적 의상은 팔루다멘툼과 달마티카, 그리고 튜닉이다. 비잔틴의 기독교 신자들은 긴 소매가 달린 튜닉을 입고 그 위에 달마티카를 입었는데 날씨가 추우면 튜닉 속에 언더튜닉을 입었다. 황제와 귀족들은 튜닉과 달마티카에 세그멘티(segmenti)나 클라비스(clavis)를 대어 그들의 신분을 표시했다. 로마 초기에는 세그멘티와 클라비스가 그들의 신분을 나타내는 데 사용되다가 후기에는 차츰 장식으로만 쓰였다. 궁중의 왕족들은 튜닉 위에 공용복인 팔루다멘툼을 입었다.

비잔틴의 문양은 무늬와 공간과의 관계가 빈틈없이 정리되어 있고 그리스 문양의 경쾌함에서 오는 우미(優美)함에 비해 눌러박은 그림과도 같이 평면적이고 무게있게 보이는 데 그 특징이 있다.

그림 113. 황제 Justinianus와 시종들(547년)

3. 복식의 종류와 형태

(1) 의 복

팔루다멘툼(Paludamentum) 로마의 대표적인 의복이 토가이듯이 비잔틴의 대표적인 복식은 팔루다멘툼〈그림 112, 113, 114, 118, 119〉이다. 팔루다멘툼은 그리스의 클라미스가 로마를 거쳐 비잔틴의 기본적인 의복이 된 것이다. 그 형태는 그리스의 클라미스와 같은데 비잔틴에서는 직사각형이나 정사각형 대신에 사다리꼴 또는 반원형의 천을 사용했다. 두르는 방식도 왼쪽 어깨는 완전히 감싸고 오른쪽 어깨에다 장식핀으로 고정시킨 것으로 오른손의 활동이 자유로울 수 있었다.

특히 왕족은 양쪽 가장자리 중간에 타블리온(tablion)〈그림 112, 113, 114〉이라는 사각형의 장식적인 헝겊을 붙였는데, 이 타블리온은 금·은실을 사용한 자수와 보석으로 장식되어 있으며 왕족만이 사용할 수 있는 장식적인 계급표시였다. 타블리온의 장식무늬의 모티프로는 원(圓), 양(羊), 비둘기, 십자(十字), 황제의 초상화, 또는 종교화 등이 화려한 감각으로 사용되었다. 황금색 바탕의 타블리온은 왕과 왕비에게만 사용이 허락되었다. 후기에는 팔루다멘툼의 착용이 일반인에게는 금지되고 사제나 왕족, 귀족에게만 국한되어 공식의복으로 정해졌다. 일반 서민들이 입은 팔루다멘툼

그림 114. Theodora 황비와 시녀들(547년)

은 그리스의 클라미스나 로마의 사굼과 같이 타블리온의 장식이 없이 수수한 색의 울로 만들어 사굼(sagum)〈그림 103〉이라 했다.

달마티카(Dalmatica) 달마티카는 1세기 쯤에 달마티아(Dalmatia)라고 불렸던 지방에서 소수의 기독교인들이 처음으로 입기 시작했기 때문에 여기에서 달마티카라는 이름이 붙여진 것 같다. 초기에는 기독교를 포교하기 위해 남녀신자들이 입었었는데, 로마 시대에 박해를 받아 가며 포교에 종사했던 기독교인들에게는 이 옷이 튜니카나 토가보다 간편하여 매우 애용되었다. 달마티카는 일반 로마 시민의 거대하고 우미한 복장과 다른 검소한 것으로, 순교자로서의 엘리트 의식을 충분히 만족시켰으리라고 본다〈그림 115〉.

그러나 이와 비슷한 형태의 옷이 이집트의 신왕국인 18왕조 투탕카멘(Tutankhamen) 왕가의 분묘에서 발견되었다. 투탕카멘왕이 입었던 튜닉은 달마티카와 비슷한 형태에다 앞 중앙에는 부활, 영원한 젊음을 상징하는 앙크(ankh : ♀)가 선으로 장식되어 있어, 기독교의 정신을 내포하고 있는 듯한 우연의 일치가 보인다.

콘스탄티누스 1세 때(313년) 기독교가 공인되면서, 왕족이나 교황, 사제들뿐 아니라 귀족들도 모두 기독교 신자가 됨에 따라 달마티카를 입게 되었다. 달마티카는 직사각형을 반으로 접어서 양쪽 팔 밑을 직사각형으로 잘라내고 가운데 머리가 들어갈 부분을 一자나 T자, U자 또는 원형으로 파서 만들었다. 이 옷을 펴 보면 십자

그림 115. clavis 장식을 한 dalmatica

가의 형태를 이루어 종교적 감각을 암시적으로 느낄 수 있다. 달마티카의 특징은 어깨부터 아랫단까지 그리고 소매 끝동에 클라비스(clavis, clavus)를 보라색이나 붉은색으로 장식한 것이다. 결혼하지 않은 기독교 신자들은 클라비스나 수장식이 없는 수수한 것으로 입었는데, 후에는 그 구분이 없어졌고 왕족이 입을 때는 종종 클라비스 외에 전면을 화려하게 수놓기도 했다〈그림 128〉.

이 의상의 재료로는 처음엔 리넨이나 거칠고 성글게 짠 울을 사용하다가, 기독교 공표 후엔 씰크로 만들어져 화려한 의상으로 변화하는 모습을 보인다. 기독교 공표 후 귀족 이상의 남자들만이 착용하기 시작할 때부터 의상의 형태가 바뀌어 갔다. 즉, 클라비스의 색과 장식도 다양해지고, 옷맵시를 아름답게 보이기 위해 소맷부리를 넓히고 대신 진동과 가슴둘레를 좁혀서 상체가 몸에 맞게 했다. 몸에 맞게 재단했다는 것은 재단술의 발전을 암시한 것으로, 고대에서 중세로의 전환의 방향을 제시했다고 말할 수 있겠다. 즉, 달마티카는 그 후 서유럽에 비잔틴의 대표적인 의상으로 전래되어 르네상스 이전까지 중세복의 기본형을 이루었다. 이 의상은 현재까지 사용되어 오고 있으며, 또한 유고슬라비아의 국민복으로 내려오고 있다.

튜닉(Tunic) 간단한 T자형의 원피스 드레스〈그림 116, 117〉로 로마에서 착용했던 튜니카가 비잔틴에서 더욱 화려하게 발전했다. 길이는 무릎 위까지 오는 짧은 것으로부터 발목까지 오는 긴 것까지 있어 다양했다. 로마 초기에는 계급을 엄격하게 나누기 위해 클라비스와 세그멘티의 넓이와 색·무늬, 튜닉 천의 색상 등을 규정했지만, 비잔틴에서는 계급을 엄격하게 분별하지 않고 크게 왕족(王族), 귀족(貴族),

그림 116. tunic 위에 paludamentum을 입은 Otto 2세(972년)

그림 117. tunic과 lorum을 착용한 Nicephore Botaniate 황제와 paludamentum을 걸치고 있는 성미카엘 대천사(11세기)

평민(平民) 등으로 나누었다. 높은 층의 사람들은 세그멘티와 클라비스를 함께 사용했다. 스커트 단 쪽으로 앞이나 옆에 슬래쉬(slash)가 있는 것도 있다. 직물은 씰크나 울, 또는 씰크와 울의 교직(交織) 등이 사용되었고 중류계급 이하는 주로 울을 사용했다〈그림 118〉.

소매는 길고 좁았으며, 튜닉의 길이는 무릎 아래부터 발목까지 다양했고, 허리를 끈으로 맸다. 튜닉의 양 옆은 활동을 편하게 하기 위해 터 놓은 것(slit, slash)〈그림 116〉이 많다. 추울 때는 튜닉 밑에 소매가 좁고 스커트 길이가 긴 언더튜닉(under-tunic, underskirt)을 입거나 튜닉 위에는 소매가 넓고 소매 길이나 스커트 길이가 짧은 쑤퍼 튜닉(super-tunic)을 입는 등 이중(二重)으로 입기도 했다. 비잔틴에서 튜닉은 로마의 스톨라와 같은 용도로 착용되었다. 튜닉이나 달마티카가 화려한 데 비해 스톨라는 백색의 리넨으로 만들어졌으며 수수한 의복이다.

팔라(Palla), 팔리움(Pallium) 직사각형의 옷감을 몸에 휘둘러 입는 랩 스타일(wrap style)로, 리넨이나 울을 주로 사용했다. 그리스의 히마티온이 로마에 와서 부피가 큰 토가로 바뀌면서, 부피가 작은 남자용을 팔리움이라 했고 여성용을 팔라

그림 118. tunic 위에 입은 paludamentum

라고 했다. 비잔틴 시대에는 토가가 없어지고 대신 팔라와 팔리움이 튜닉이나 달마티카 위에 착용되었다.

로룸(Lorum) 로마의 토가가 팔리움과 팔라에 밀려 점차 착용하지 않게 되자 크기가 현저히 줄어들었는데, 이것이 비잔틴에 들어와 왕족들의 장식적인 띠로 변한 것이 로룸이다. 로룸은 두꺼운 씰크에다 보석과 자수로 화려하게 장식을 많이 하여 뻣뻣한 것이 팔리움이나 팔라와 다른 점이다〈그림 120〉. 로룸의 유형에는 여러 가지가 있다. 18～20cm 폭의 긴 패널(panel)로 팔리움이나 팔라처럼 몸 전체에 두르는 형태〈그림 120〉와, 머리가 들어가는 네크 오픈(neck open)을 가운데로 두고 앞뒤로 길게 늘어뜨리는 Y 스타일〈p. 101－왼쪽〉이 있고, 또한 이집트의 목걸이인 파시움(passium)과 같이 폭이 넓은 칼라 스타일도 있었다.

페눌라(Paenula) 판초 형식의 길이가 긴 케이프를 페눌라라고 하는데, 로마에서는 서민들이 실용적인 외의(外衣)로 입던 것이 비잔틴에서는 사제복이 되고 그 후 그 기본형은 케수블레(chesuble)로 전해 내려와 현재도 전례복(典禮服)으로 사용되고 있다〈그림 117〉.

그림 119. tunic 위에 입은 paludamentum

그림 120. Byzantine의 lorum
(1078~1081년)

브라코(Braco) 브라코는 무릎이나 발목까지 오는 바지로, 남자들이 짧은 튜닉 밑에 입었다. 무릎 길이의 짧은 브라코를 입을 때는 다리에 헝겊띠로 붕대를 감듯이 감거나 직사각형의 헝겊을 두르고 끈으로 X자를 만들며 묶었다. 바지의 폭이 넓은 것은 브라코라 했고, 다리에 밀착되는 것은 호사(hosa)라고 했다〈그림 118〉.

브라코형의 바지는 원래 북유럽과 같이 추운 지방의 의복으로, 로마에서는 북쪽으로 영토를 넓혔을 때 군인들이 이러한 바지를 입기 시작했는데 귀족들은 브라코를 야만인의 의복이라 하여 경멸했기 때문에, 귀족에게는 전혀 호감을 얻지 못하고 서민이나 노예층에게만 애용되었다. 비잔틴에서는 이와 달리 긴 브라코가 비교적 널리 착용되어 왕이 입은 모습도 보인다. 옷감은 주로 울을 사용했다.

(2) 머리장식

비잔틴인들은 자연스러운 머리의 컬과 웨이브의 미를 중시했던 그리스·로마인들과는 달리, 머리에 쓰는 관이나 장식 등을 중요시했다. 이것은 전제군주제가 확립되어 관으로 그 권위를 구별한 동방으로부터의 영향이 컸다고 본다.

남자의 머리는 그리스·로마인의 머리처럼 목덜미까지 내려오는 스타일이었으나,

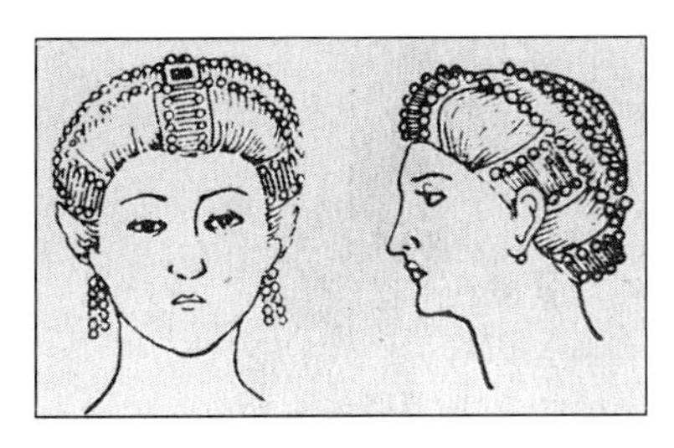
그림 121. Byzantine 시대 여자들의 머리장식

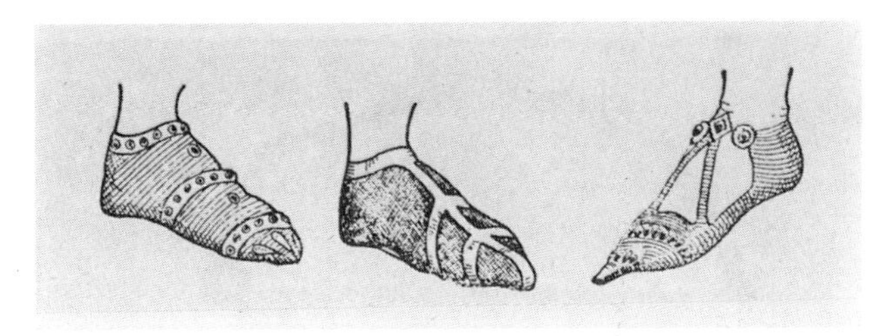
그림 122. Byzantine 시대의 신발

점차 짧아져서 이마에 가지런히 내려오도록 깎은 앞머리와 단발 모양의 단순한 형태가 되었다.

여자들의 머리는, 초기에는 로마인들처럼 땋아서 밴드나 리본으로 묶거나 올리는 형태였으나, 8세기 이후로는 머리를 감싸는 형〈그림 121〉이 주를 이루어 머리 자체의 형태보다는 터번이나 베일 등의 수식(修飾)이 발달하게 되었다. 이러한 머리장식은 주로 귀부인에게 한정되었으나 비잔틴 여자들의 가장 중요한 장신구가 되었고 화려한 의상과 잘 조화되었다.

베일은 삼각형, 사각형으로 어깨나 허리, 혹은 발끝까지 오는 것 등으로 다양했고, 밴드나 크라운을 그 위에 쓰기도 했다. 색은 주로 흰색이었고 때로 붉은 보라색을 쓰기도 했으며, 앞에서 브로치로 고정시키거나 목에 두르기도 했다.

(3) 신 발

비잔틴의 신발은 그리스와 로마의 쌘들형에 비해 발을 좀더 감싼 스타일인데, 그 종류는 쌘들, 슈즈, 부츠의 세 가지 유형이 있다.

발목까지 오는 슈즈는 부드러운 직물이나 가죽으로 만들었는데 요즈음의 무용화와 같다〈그림 122〉. 부츠는 발목, 종아리 중간, 무릎 아래 등 여러 가지 길이에, 길고 뾰족한 앞꿈치를 금실과 진주로 장식했다.

신발의 색은 일정한 규제없이 기호색으로 만들었고, 왕실에서는 진한 보라색을 주로 사용했는데 여기에 금실로 수를 놓거나 보석을 박기도 했다. 여자의 신발은, 벽화에 의하면 항상 의복에 덮여 있으므로 정확히 알 수 없으나, 색은 붉은색이 많고 모양은 대개 남자의 것과 비슷한 것 같다.

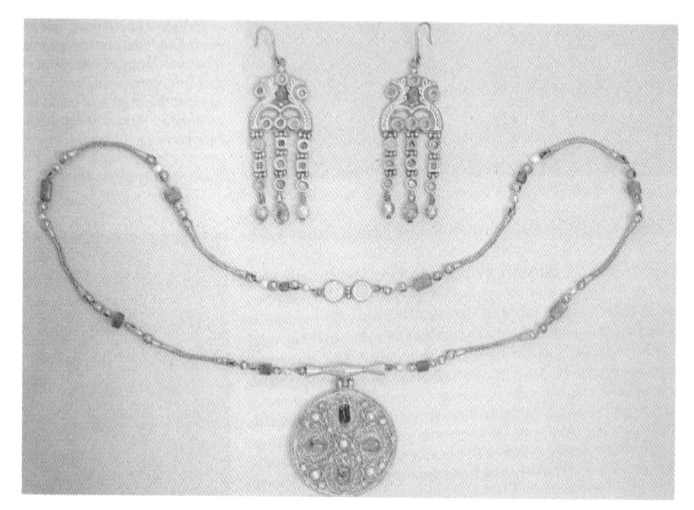

그림 123. Byzantine 시대의 장신구. necklace, pendant

(4) 장신구

비잔틴에서는 직물뿐 아니라 금이나 유리 세공업이 발달했고, 동방으로부터 진기한 장신구가 전래되어 보석의 종류도 다양하고 그 기법도 매우 정교하여, 이전 시대나 같은 시대의 다른 지역과 비교해 볼 때 매우 사치스러웠다.

타블리온이나 가장자리의 장식 외에도 귀고리, 목걸이, 팔찌, 피불라 핀 등이 정교하게 만들어졌고 많은 보석이 사용되었다〈그림 123〉. 이 중 반지는 귀족과 성직자들에게는 권위의 상징이었고 또한 성직과 교회의 신비로운 융합의 상징이었다. 또 모양도 십자형이나 사용자의 머리글자, 문장 등을 새긴 것으로 발달했다.

장신구의 전체적인 모양은 보석을 많이 사용하여 색이 다채롭고 세공의 규모가 비교적 컸다. 또한 북쪽 지방에서는 성직자나 주교가 청결과 청렴의 표시로 흰 리넨이나 씰크 장갑을 끼기도 했다.

요 약

역사적으로 비잔틴 제국(Byzantine Empire)이라 불리게 된 동로마 문화는 그리스와 동방의 문화가 융합된 산물로 서유럽과의 사회 · 문화 전반에 걸친 폭넓은 통상을 통해 그들의 사회 · 문화 발전에 지대한 영향을 끼침으로써 서양 중세문화에 중요한 역할을 했다.

비잔틴 문명의 화려함은 제국의 광범위한 상공업으로 축적된 경제적 부에서 유래했고, 금속제품, 직물, 유리제품 등의 산업이 활발했다. 특히 직물공업은 비잔틴의 중요한 산업이었다.

비잔틴의 대표적인 복식은 팔루다멘툼(paludamentum), 달마티카(dalmatica), 튜닉(tunic) 등으로 이 시대의 복식은 독창적이라기보다는 대부분 그리스의 복식이 로마로 전해진 것을 그대로 이어받은 느낌을 준다. 그러나 동방으로부터 들어온 두터운 씰크와 금 · 은실로 수놓은 자수, 보석 등을 많이 사용함으로써 더욱 중후하며 화려하고 사치스러운 감각을 띠었다.

또한 비잔틴 복식에는 기독교적인 취향이 지배하고 있음이 두드러진다. 즉 종교적인 금욕주의(禁慾主義)로 몸을 완전히 감싸 드러내지 않았으며 색조 · 문양 등은 종교적 상징의 의미를 담고 있는데, 이들은 신의 영화와 권능을 현실적 감각으로 구체화한 것이었다.

그러나 이율배반적(二律背反的)으로 피부를 노출시키지 않으려는 기독교 정신의 겸손함과는 달리 의상의 표면을 찬란한 색상으로 자수를 놓고 화려한 보석으로 장식함으로써 어느 시대보다 색채(color)와 빛(light)을 중요시한 복식문화를 이루었다.

제 8 장

중세 초기의 복식

1. 사회 · 문화적 배경

이집트에서 로마에 이르기까지 복식문화가 주로 지중해 연안 지역의 온난건조한 기후를 무대로 발달했던 것과는 달리, 서로마의 멸망 이후 서양복식은 유럽 대륙의 내륙지방을 무대로 전개되었다. 그 중에서도 중세복식은 북부 내륙지방의 복식과 비잔틴의 지중해성 남방지역 복식의 유입이라는 이중구조 속에서 상호 영향을 주며 발달했다. 이들이 분리된 시기인 5~14세기를 복식사에서는 통틀어 중세라 보고, 이 중 통일국가의 시원형(始原型)이 등장할 때까지, 즉 게르만족의 분란이 계속되었던 10세기까지를 중세 초기라 한다.

게르만족은 로마 제국의 용병이나 노예로 일찍부터 로마 영내에 들어와 있던 무리도 있었고, 로마의 속주(屬州)였던 갈리아 지방에 정착한 일파도 있었으나, 그 외의 유럽 지역을 차지하고 있던 대부분의 게르만족은 로마 문화권으로 남하하려고 했다. 몇 세기 동안에 걸쳐 게르만족은 로마 제국의 유럽 국경에 침입했으나 대개 라인강과 도나우강 선에서 제지되었다. 그러다가 4세기에 유라시아의 유목민인 훈(Hun)족에 의해 밀려 내려오면서 이 저지선을 돌파하게 되었다. 여기에서 게르만족의 대이동이라고 하는 역사적 이동이 시작되었는데, 그 대략적인 경로는 다음과 같다.

- 발트해 연안에서 흑해, 로마를 거쳐 스페인을 점령한 서고트족(3세기 초엽~8세기 초엽)
- 유라시아의 유목민으로 유럽 전역을 휩쓸었던 훈족(4세기~5세기 중엽)
- 서고트족과 서로마를 몰락시킨 동고트족(5세기 초엽~6세기 중엽)
- 라인강을 횡단하고 스페인을 거쳐 북아프리카를 점령한 반달족(5세기 초엽~6세기)
- 발트해 연안에서 지금의 프랑스 지방과 이탈리아 북부를 점령한 부르군드와 롬바르드족(5세기~6세기 후엽)

이처럼 게르만족의 대이동은 종족의 종류와 그 경로가 매우 복잡했다. 그러나 점차 이탈리아와 스페인을 제외한 내륙지방을 차지한 프랑크(Frank)족에 의해 통일되어 중세 서유럽의 가장 중심적인 국가를 이루었다. 프랑크 왕국을 건설한 메로빙(Méroving, 486~751년) 왕조의 클로비스(Clovis, 465~511년)왕은 기독교로 개종함

그림 124. Staint Miguel 교회(8세기)

그림 125. Santa Sabina 교회 내부(422~432년)

으로써 로마의 정통적 신앙과 결합될 수 있었다. 그의 사후, 분열되었던 왕국은 카롤링(Caroling, 751~888년) 왕조를 창시한 피핀(Pipin)과 그의 아들 찰스(Charles : 후에 샤를마뉴 황제라는 호칭을 받았음) 대제에 의해 그 기반이 확고해져, 서로마 제국의 구영토를 거의 회복하게 되었다. 이처럼 영토를 확장해 가는 동안 로마 교회와 밀접한 관계를 맺게 되어, 기독교가 초기의 분산된 조직력에서 유럽 세계 전역을 지배할 수 있는 권위와 힘으로 발달할 수 있었다. 샤를마뉴(Charlemagne) 대제의 프랑크 왕국은 그의 사후, 그의 아들들에 의해 삼분(三分)되어 중세는 또 다시 분열 속으로 빠지게 되었다.

내륙지역이 프랑크 왕국에 의해 진통을 겪으며 발전하는 동안, 북부 브리튼(Britain)에서는 앵글로색슨에 이어 노르만족의 침입이 잦아지더니 마침내 11세기 후반, 노르망디(Normandie)공 윌리엄(William)에 의해 정복됨으로써 혼란의 역사에 종지부를 찍었다.

중세 초기는 이처럼 혼란과 통일, 다시 분열이라는 악순환을 거듭하면서 진행된 시대이므로 사회제도나 문화가 제대로 발달할 수 없었다. 서로마의 몰락이 사회적·정치적으로는 분열적이라고 할 만한 결과를 가져왔고 문화적으로도 거의 파국적인 결과들을 가져왔다. 암흑시대의 어둠은 미술, 문학, 철학의 분야에서 가장 두드러졌으나, 완전한 문화적 정체(停滯)에 이른 것은 아니었다. 그 이유는 기독교의 역할과 비잔틴 문명 때문이었다. 교회는 미개한 이교도의 포교 및 계몽에 힘써 문학이나 예술활동은 이들 수도원을 중심으로 발달했다.

650년부터 750년까지의 1세기 동안에 유럽 문명의 중심이 지중해에서 북쪽으로 이동하여 중세의 경제적·정치적·정신적 체제가 형성되기 시작했다. 실상 10세기 후반까지에는 위대한 중세예술의 대부분의 터전이 뚜렷이 닦아졌다. 메로빙 시대가 카롤링 시대로 되고 다시 카롤링 시대가 중세의 중기 시대로 되면서부터 서방은 일부 상실되었던 예술적 기교를 차차 되찾아 로마네스크(Romanesque)라는 자신의 양식을 이룩할 수 있는 기틀을 마련한 것이다. 7세기까지 수도원이나 궁정의 건축은 로마의 화려한 양식에 비해 초라할 정도로 소박하고 단순한 모습을 보인다〈그림 124, 125〉. 복잡한 수식(修飾)이 거의 없는 평범한 건축물은 그대로 주민들의 의생활에도 영향을 주었을 것이다. 그러나 샤를마뉴 대제가 중세예술의 부흥을 목표로 학예정책(學藝政策)을 실시하자, 이의 영향은 단순하던 건축물에 비잔틴풍의 화려함이 더해지는 식의 구체적 결과를 가져왔다. 이때를 계기로 회화나 공예, 직조, 자수 등 일체의 미적 감각이 요구되는 분야는 스스로 발전하는 기회를 갖게 되었다.

이러한 문화의 복구를 도와준 것이 경제적 안정이다. 게르만인의 사회는 미개한 상태에서 직접 지방분권적 봉건제도로 이행하여 봉건국가를 조직했다. 여기에서 파생된 경제체제가 장원(莊園)이다. 장원이란 자급자족적인 농촌경제로서 도로나 해양술이 발달하여 모든 종류의 문물이 수입되었던 로마와는 달리, 지방과 지방 사이의 교역이 막혔으므로 자체 내에서 필요한 모든 물품을 생산할 수밖에 없었다. 중세 초기의 직조기술이나 금세공기술 등이 다른 예술적 분야에 비해 비교적 발달해 있었던 것은 이러한 이유에서였을 것이다.

중세 초기 복식의 성격은 성질이 서로 다른 여러 요소가 혼합되어 나타났다. 로마화 이전의 게르만 특유의 요소, 로마로부터 존속해 온 요소, 이슬람적 요소, 노르만적 요소, 아시아 유목민의 복식인 훈족의 호복(胡服)의 요소와, 여기에 9~10세기에 동방으로 진출하면서 받아들인 비잔틴의 요소들이 더해졌다. 이러한 중세적인 요소들은 게르만의 여러 종족들이 나타났던 시대적 순서와 이동경로, 정착한 곳의 지리적 위치에 따라 독자적으로 혹은 복합되어 게르만 복식문화에 반영되었다. 즉, 정착한 지리조건이나 인접 문화권의 영향에 따라 복식의 형태나 소재에 뚜렷한 차이를 보인다.

그러나 대체로 초기에는 서로마의 영향이 잔존하다가, 정치·사회적으로 안정되어 간 후기로 갈수록 주로 비잔틴의 영향을 받아 복식이 화려해지게 되었다. 이처럼 지리적 조건이 다양하고 일찍 정치적 통일을 이룬 국가들은 복식이 선진적인 영향을 보이는 등, 사회적 발전의 정도에 따라 복식문화의 진전경로가 점이적(漸移的)인 성격을 띠게 되었다.

그림 126. Frank인의 tunic, manteau, braies(8~10세기)

2. 복식의 개요

서로마 제국이 멸망하고 나서 게르만인의 침입을 받은 서유럽인의 복식은, 게르만적 요소가 바탕이 되고 거기에 로마적 요소와 비잔틴 요소가 융합되어 고대복(古代服)과는 다른 양식으로 발전했다. 즉, 둘러입는 드레이퍼리 형태가 아니라 활동하기 편한 바지 형태의 의복을 채택하여 튜닉 밑에 입었으며, 여자들은 튜닉을 겹쳐 입고 망토를 썼다.

지역과 종족에 따라 매우 다양한 복식형태를 갖고 있으나, 단순한 형이 일반적이며 조잡한 직물과 수수한 색이 주를 이루어, 복식의 발달이 비교적 늦어 단순한 단계에 머물러 있었다고 볼 수 있다. 그러나 귀족은 화려한 직물에다 자수, 보석 등의 장식을 했다. 동유럽에서 비잔틴 복식이 중심이 되고 있을 때 서유럽에서는 프랑크 왕국이 복식문화의 중심을 이루고 있었기 때문에, 프랑크의 복식에 대해서만 살펴보기로 한다.

그림 127. tunic과 manteau를 걸친 Frank 여인들 (8~10세기)

그림 128. Charlemagne 대제의 dalmatica (771~814년)

3. 복식의 종류와 형태

(1) 의 복

튜닉(Tunic) 남녀가 모두 착용한 T자형의 기본적인 의복으로 남자들은 무릎 정도로 짧게, 여자들은 발목까지 길게 입었고 벨트를 매기도 했다〈그림 126, 127〉. 귀족의 남자들은 튜닉의 길이를 발목까지 길게 입었으며 단순한 벨트는 넓고 장식적인 것을 사용했다. 귀족들은 다른 색의 천으로 튜닉의 목선과 앞중심선, 아랫단을 장식하기 위해 트리밍을 댄 것이 특이하다. 남자 평민들의 튜닉에는 중앙선보다는 목선과 스커트 단만을 장식한 것이 많다. 왕족은 비잔틴 왕족의 튜닉처럼 양 어깨에 세그멘티(segmenti)를 부착했다.

소매는 좁은 것부터 넓고 짧은 것까지 있으며, 언더튜닉의 소매는 좁고 길다. 추운 기후로 인해 그들은 튜닉을 보통 2개씩 겹쳐 입었고, 직물은 주로 리넨이나 울을 사용했다. 후기에 색상과 직물이 좀더 화려해졌는데 이는 비잔틴의 영향을 받았기 때문일 것이다.

달마티카(Dalmatica) 처음엔 기독교인들이 리넨이나 울로 만들어 수수하

그림 129. 보석, 칠보, 반보석으로 만들어진 금관(9세기 후반)

게 착용하다가 기독교가 정식으로 공표된 이후부터는 귀족계급의 남자들이 씰크에 화려하게 자수된 달마티카를 착용했다. 특히 샤를마뉴 대제는 성경에 나오는 장면을 전면에 화려하게 수놓은 것을 애용했다〈그림 128〉.

망토(Manteau) 추위를 막기 위해 그들은 정사각형, 직사각형, 원형 또는 반원형의 망토를 다양하게 입었는데, 주로 울을 사용했다. 남자들은 로마의 클라미스(chlamys)처럼 주로 왼쪽 어깨를 가리고 오른쪽 어깨에서 장식핀으로 여미거나 두 장의 사각형 천을 앞뒤로 두르고 양 어깨에서 핀으로 고정했으며, 또는 팔리움처럼 간단하게 둘러 입었다. 여자들은 머리와 양 팔을 두른 다음 앞에서 장식핀으로 여미거나, 원형의 망토인 큐큘러스(cuculus)처럼 가운데에 머리가 들어갈 오프닝을 내고 뒤집어 입었다. 비잔틴의 영향을 받아 망토는 단 부분에 수놓은 트리밍을 대거나 전체에 수를 놓기도 했다〈그림 126, 127〉.

브레(Braies) 브레는 게르만인의 튜튼어에서 유래된 말로 '바지'를 가리킨다. 주로 노동할 때나 말을 탈 때 남자들만이 입었던 이 브레는 리넨이나 울로 만들었고 허리에 가죽 벨트를 맸다. 사용이 보편화되자 남자들은 주로 짧은 튜닉에 헐렁한 브레를 받쳐 입었다. 브레 위에는 다른 색의 끈을 묶거나 양말과 같은 쇼오스(chausses)를 착용했다〈그림 126〉.

(2) 머리장식

원시적인 생활을 하고 있던 북방인들은, 이전의 그리스·로마 시대나 동방의 비잔틴 제국의 문화처럼 문명화된 모습을 보여 줄 수 없었다. 이것은 의복뿐만 아니라 허리띠, 머리장식, 신발, 장신구 등 복식 전체에 공통점을 보인다. 그들은 여러 종족으로 구성되었고, 정착한 지리적 위치에 따라 영향을 준 인접 문화권, 즉 서로마나 동로마의 특색이 복식에 반영되었다.

남자의 머리모양은 자연 그대로의 머리를 짧게 깎거나 중간 길이, 혹은 어깨까지 긴 길이였다. 이들은 노란색이나 붉은색의 머리를 좋아했는데, 특히 로마 문화에 접해 있던 프랑크(Frank) 원주민인 골(Gaul)족은 붉은색을 매우 좋아했다.

여자의 머리형은 남자와 같이 자연 그대로의 머리를 내려뜨리거나 양 옆으로 길게 땋아내리는 소박한 형으로, 귀부인들은 황금이나 가는 은고리, 밴드 등을 머리에 장식했다. 카롤링 왕조 시대의 여자들은 스카프(scarf)나 앞이 막힌 케이프형의 후드를 애용하여, 중세복식의 특징을 이루었다.

남자들은 일반적으로 모자를 거의 쓰지 않았다. 프랑크 왕국의 안정화와 함께 기사들은 머리를 천으로 감싼 위에 밴드나 보석으로 장식했고, 왕이나 영주들은 비잔틴 양식의 관(冠)을 썼다〈그림 129〉.

(3) 신 발

대체적으로 이들의 신발은 쌘들형에서 발을 많이 감싼 슈즈형으로 차차 변해 갔는데, 한랭한 기후조건이나 생활유형으로 인해 장식적이고 심미적인 면보다는 실용적인 성격을 띠었다. 그러나 왕이나 봉건영주들은 화려한 장식을 했다.

북방의 앵글로색슨인들은 활동의 간편함을 위해, 무릎 길이의 끈으로 엮은 신발을 신었다. 또 남쪽의 골(Gaul)인들은 신발의 재료로 초목을 이용하기도 했다.

여자들의 신발은 단지 끈으로 묶는 형을 제외하고는 남자와 거의 비슷했다.

(4) 장신구

중세 초기 유럽인들의 미적감각은 금속제의 장신구에 집중된 것 같은 느낌을 준다. 장신구는 소박한 사람들이 각자의 위엄이나 아름다움을 표현하고 싶어하는 마음에서 사용되었으며, 그 분량은 신분을 상징하는 역할을 했다.

장신구의 종류로는 버클, 브로치, 목걸이, 금관〈그림 129〉 등이 있는데, 이들은 청동이나 금·은을 세공한 것으로 여기에 아름다운 색의 보석을 끼우기도 했다. 브로치는 다른 시대에 비해 현저하게 크고 다종다양한 변화를 보여 장신구 중에서도 특히 주목된다. 허리에는 화려한 버클(buckle)이 달린 허리띠를 맸으며 여기에 칼이나 화살 등 전쟁이나 수렵에 필요한 물건들을 차고 다녔는데, 이는 유라시아의 스키타이 문화권의 풍습에서 온 것으로 생각된다.

요 약

중세 초기는 게르만 민족이 유럽을 장악함으로써 오늘날의 유럽이 지리적·역사적·민족적으로 성립된 기간으로 이 시대의 유럽은 서양사에서 하나의 문명권의 성격을 갖기 시작했다.

이 시기에는 사회 전반에 걸쳐 어떤 분명하고 통일적인 양식이 생겨나지 않았으며 혼란과 통일, 다시 분열이라는 악순환을 거듭하던 시기로 사회제도나 문화의 발달이 다른 시대에 비해 적었기 때문에 암흑시대(Dark Age)라고도 한다.

중세 초기의 복식은 게르만족, 로마, 이슬람, 노르만족, 아시아 유목민 등의 성격이 다른 여러 요소가 혼합되어 그 특징을 이루었는데, 활동하기 편한 바지형태와 튜닉이 기본형이며 여자들은 튜닉을 겹쳐 입고 망토를 썼다.

직조기술이 미비한 이유로 단순한 형태와 섬세하지 못한 수수한 직물이 이용되었으나 귀족계급은 화려한 직물, 자수, 보석 장식을 하였다.

제 9 장

중세 중기의 복식

1. 사회 · 문화적 배경

서유럽과 브리튼(Britain)에서는 10세기 후기에 이르자 오랜 기간의 혼란기를 벗어나 통일과 안정을 되찾게 되었다. 955년 오토(Otto) 1세가 독일을 통합하여 신성로마 제국을 건설했고, 987년 위그 카페(Hugues Capet)가 프랑크를, 1066년 노르망디 공(公) 윌리엄이 브리튼을 통일하여, 현재의 독일 · 프랑스 · 영국의 기반을 이루었다.

이러한 통일국가들이 국가체제를 확립해 가는 과정에서 왕, 귀족, 시민 등 사회계층 간에 활발한 투쟁의 역사가 계속되었으며, 봉건제후들에 의한 장원경제(莊園經濟) 체제가 순조롭게 발전해갔다. 그러나 그 구조는 자급자족을 원칙으로 한 폐쇄적 농업경제였다. 생산기술이 발달함에 따라 점차 여가를 이용한 수공업 등이 발달하여 잉여생산물이 축적되기 시작했다. 따라서 농업 위주의 경제구조에서 공업이 분리하게 되는데, 그 중에서도 직물공업이 기본적인 체제를 굳혀 가기 시작했다.

또 경제규모가 확장됨에 따라 농민의 지위가 향상되기 시작했다. 농민은 종래의 농노(農奴)라는 예속적인 위치에서 벗어나 독립적인 토지를 소유하거나, 지대(地代)를 지불하는 차지농(借地農)이 되거나, 임금을 받고 일하는 농업노동자가 되는 등 좀더 자유로운 신분으로 성장하게 되었다. 이들은 오랫동안의 빈곤한 생활 속에서 벗어나 생활수준이 향상되었고 시간적 여유도 생겨 주위와 자신을 치장하는 일에 관심을 갖게 되었다. 일반 복식에서도 미적 감각을 중시한 흔적이 나타나기 시작한 것은 이 때문이다.

또한 당시의 교회는 정신적 안식처였을 뿐 아니라 기술학교로서 직조술, 자수, 금속세공술 등을 가르쳤는데, 이후 현대복식에서도 애용되고 있는 프랑스 자수 기법이 여기에서 시작된 것이다. 이처럼 교회를 통한 직조술이나 자수의 보급은 이 시대의 의상과 장신구의 미화에 큰 역할을 했다.

동방으로부터 풍부한 염료가 수입되고 생산기술이 개선됨에 따라 양질의 모직물공업이 발달하기 시작했다. 이 시대의 모직물공업은 초기단계에 불과했으나, 이후 유럽의 복식을 발달시킨 가장 기본적 배경이 되었다. 그리고 생활수준이 향상되고 이처럼 직물공업이 기반을 닦게 되자 복식은 이제 종래의 귀족 · 성직자 위주의 기호에서 벗어나 점차 일반화되기 시작했다.

당시의 문화에 가장 영향을 끼친 것은 무엇보다도 십자군 전쟁이었다. 십자군 원

그림 130. Notre-Dame 성당(1135년)

정은 기독교의 교세 확장을 주목적으로, 여기에 인구팽창이라는 사회적 문제의 해결과 영주들의 세력과시 등 여러 가지 목적을 위해 11세기부터 13세기 말에 걸쳐 행해진 종교전쟁이었다. 십자군 전쟁이 가져온 정신적·물질적 영향은 지대한 것이었다. 이와 같은 영향으로 십자군 전쟁 초기인 11세기에는 한 시대의 문화사조를 대변하는 예술양식이 성립되었다. 즉, 십자군 전쟁을 계기로 그리스·로마 양식을 바탕으로 한 비잔틴 양식이 전래되어 교회와 수도원 중심으로 새로운 양식의 예술이 일어나게 되었는데, 이것이 로마네스크(Romanesque) 예술이다.

서유럽 미술이 동방미술의 이상(理想)과 보다 밀접하게 접근했던 때는 로마네스크 양식이 번창했던 11~12세기 외에는 없었다고도 볼 수 있다. 이전 국가체제가 확립되지 못한 때인 9세기 말 샤를마뉴가 고대예술의 진흥을 목적으로 학예정책을 실시했으나 서유럽 사회의 혼란으로 인해 곧 실현되지는 못했다. 그러나 11세기에 들어와 사회적으로 안정됨에 따라 점차 독특한 문화적 성취가 실현될 수 있었다. 중세 문화의 발전에 있어 기독교의 힘은 절대적인 것으로 중세 서유럽의 기독교의 발전은 지방차가 현저하긴 했지만 신앙의 보편화로 인해 미술에서는 공통적인 양식이 발전할 수 있었다. 특히 학식이 풍부하고 교육을 받은 성직자들은 권력의 지위에 올라 군주의 궁정(宮政)에 영향을 미치고 예술의 부활을 위해 크게 노력했다.

여기에 비잔틴 예술이 전래되면서 그 노력은 더욱 빛을 보게 된다. 봉건영주들의 경제적 지원과 수도원의 기예승(技藝僧)의 기술이 결합되어 그들의 야망이었던 거대한 석조성당을 건립할 수 있었다. 당시에는 이러한 성당 건축〈그림 130, 131〉의 양

그림 131. Pisa 성당 내부
(1053~1272년)

식을 가리켜 영국에서는 노르만 양식, 대륙에서는 로마네스크 양식이라 불렀으나, 오늘날은 11세기, 12세기 미술 전체의 양식을 로마네스크 양식이라 일컫게 되었다. 로마네스크는 그 건축양식이 로마 건축의 주제인 반원(半圓), 아치(arch)와 원주(圓柱)를 응용했기 때문에 로만(Roman)이란 명칭을 붙인 듯하다〈그림 131〉. 그렇다고 로마의 건축을 그대로 모방한 것은 아니었고, 고딕을 향한 과도기적 양식으로 민족과 풍토에 따라 여러 가지 지방적인 특성을 나타내고 있다.

로마네스크 건축양식의 조형성은 성당뿐만 아니라 조각〈그림 132〉, 벽화, 그리고 공예품〈그림 137〉 등에도 지배적인 양식으로 영향을 주게 되었다. 로마네스크 건축의 특색으로는 십자형의 건물 배열에 아치의 조직적인 구성, 두터운 벽과 아치의 압력을 견디기 위한 작은 창문 등을 들 수 있다. 창의 면적이 적어 넓은 벽면을 부조와 벽화로 자유로이 꾸밀 수 있었는데, 이제까지의 건축장식에는 인물표현이 적었음에 반해 이들은 대부분 사람을 소재로 한 것이어서 당시 복식을 연구하는 데 귀중한 자료가 된다. 로마네스크 건축의 전체적인 외관이 주는 중후하고 순박한 양감은 엄숙하고 경건한 종교심을 느끼게 한다. 이러한 로마네스크 성당 모습은 비잔틴의 사원이나 후기의 고딕 건축과 비교해 볼 때, 비잔틴 양식이 많이 도입되기는 했으나 북구풍(北歐風)의 게르만적 요소가 여전히 내재(內在)하고 있음을 실감하게 한다.

십자군 전쟁이 가져온 자극으로 동방의 아름다운 견직물과 면직물이 진보된 직조기술과 함께 수입되었다. 이들은 모슬린(mousseline), 다마스크(damask), 쌔틴(sateen), 벨벳(velvet) 등 풍부한 광택과 부드러운 질감, 화려한 색채와 무늬를 가진 소재로 단순한 모직물이나 견직물만 사용하고 있던 서유럽 사람들, 특히 귀족들에게 놀랄 만한 인기를 끌었으리라 생각된다. 이들은 주로 비잔틴 제국과 인접하여 상품시장으로서의 도시가 일찍부터 발달할 수 있었던 이탈리아의 제네바, 피렌체, 피사 등을 통해 수입되었고, 다시 프랑스에 운반되어 상파이유의 대시장에서 매매되었다. 이들 상품에는 호화로운 특수계급의 사치품과 모직, 염료, 명반(明礬 : 염색 후에 광택과 내구성을 첨가하는 것) 그리고 금속류와 같은 수공업의 원료까지 다양하게 포함되어 있었다.

이들은 복식에 직접 영향을 주어 복식의 양과 질을 향상시키는 계기가 되었다. 따라서 복식의 발달도 좁은 범위의 자연적 환경보다 도시의 발달에 따라 문물의 교류를 담당한 상공업자나 기술자의 능력에 주로 의존하게 되었다. 피렌체의 유명한 모직 제품을 예로 들면, 우수한 원료는 영국에서 수입하고 염료는 동방에서 자유로이 운반해 오는 등 문물의 교류에 힘입었으며, 직조는 우수한 기술의 수공업자에 의해 이루어지는 식이었다.

여기에서 중세복식에 나타나는 혼합성이 다시 한 번 설명될 수 있다. 의상과 장식품의 재료는 이처럼 교류품의 중요한 품목을 이루면서 도시의 발달에도 기여했는데, 12세기에 들어오면서 독일, 영국, 프랑스, 스페인 등에서도 도시가 상공업의 중심지로서 점차 번영하게 되었다.

또한 기계의 발명은 상공업을 향상시키는 원동력이 되었다. 당시의 기계는 수력기로서 생산의 능률화에 기여했고 방추(紡錘)나 직기(織機)도 일층 개량되어 기술은 점점 향상되어 갔다. 수공업 중 가장 발달한 것이 직물산업이고, 분업도 다른 분야보다 빨리 진전되어 12세기 중엽에는 중세의 특수한 조합인 길드(guild)의 기틀이 이미 성립되었다. 분업이 이미 이루어졌다는 사실은 의복이나 장신구의 제작에 있어 좀더 기교적인 진전이 가능함을 의미한다.

원래 기독교는 신체의 노출을 싫어했기 때문에 의복으로 몸을 감싸고 외관의 존엄성에 그 가치를 부여했는데 이것이 로마네스크 시대 의복의 경향이 되었다. 그리고 이것이 본격적인 제작기술의 진전으로 자연적인 체형의 아름다움을 나타내려고 하는 경향, 즉 몸의 씰루엣을 그대로 드러내려는 방향으로 나아가게 되었다.

한편 십자군 원정이 진행되는 동안 군복이 점차 일반에게 유행되기 시작했으며 추위를 막거나 적군의 무기로부터 보호하기 위해 심(pad)을 넣은 조끼가 남자복으로 널리 애용되었다.

로마네스크 장식의 모티프는 공상화된 동물, 식물, 인간 등이 문양화되고 이것이 다종다양하게 조합되어 있는 것이 특징이다. 따라서 모티프는 인간과 동물이 자연의 형태를 잃는 경우도 적지 않았으며, 대부분 기하학적 모양의 테두리에 둘러싸여 있는데 이것이 규칙적으로 반복되어 아름다운 리듬을 살리도록 표현되었다. 이러한 로마네스크 장식의 특징은 직물과 공예품으로서의 장식품〈그림 136〉 그리고 의복의 트리밍(trimming) 등에 자연히 반영되었다.

2. 복식의 개요

로마네스크 시대의 복식은 게르만적 요소를 바탕으로 하여, 십자군 원정으로 그리스·로마의 전통을 계승한 비잔틴 복식문화와 고도의 동방문물이 융합되어 독특한 스타일을 형성했다. 동방의 독점 직물이었던 씰크와 카튼의 수입으로 씰크와 리넨, 씰크와 울, 리넨과 울 등의 교직물이 생산되면서 달마티카와 튜닉은 블리오(bliaud)로 화려하게 발전하게 된다.

로마네스크 복식은 전체적으로 헐렁한 형에서 몸에 맞는 형으로 발전해 가는 과도기의 성격을 갖고 있다. 즉, 지퐁(gipon, jupon이라고도 함)이나 블리오, 코르사주(corsage) 등에서 이러한 변화과정을 뒷받침하는 재단의 발달을 추적할 수 있다. 또한 이때부터 남녀복이 분리되기 시작하고 여자복은 남자복보다 더욱 복잡하고 화려해졌다.

이 당시의 일반인들은 흰색의 리넨으로 만든 쉥즈(chainse) 위에다 블리오를 입고 맨틀(mantle)을 걸쳤다. 그러나 성직자의 복식은 여전히 비잔틴과 같았다.

이 시대의 서유럽 복식문화의 중심지는 프랑크(Frank) 왕국에 뒤이어 탄생된 프랑스(France)가 된다.

3. 복식의 종류와 형태

(1) 의 복

블리오(Bliaud) 블리오(Bliaud, Bliaut)는 중류 이상의 귀족남녀들이 착용한 달마티카와 튜닉이 변형된 것으로 9세기 후반경부터 나타나기 시작했다. 초기에는 달마티카처럼 몸통이 헐렁하고 소매통이 넓은 원피스 드레스였는데, 12세기부터는 상체가 몸의 윤곽선이 나타날 정도로 끼고 하체는 통이 넓어지게 되었고 발등을 덮는

그림 132.
bliaud를 착용한 중세 조각

길이였다〈그림 132, 133, 134〉. 몸통을 꼭 맞게 하기 위해 뒤나 옆을 트고 끈으로 X자로 묶었다.

이 옷을 크게 특징지우는 것은 깔때기처럼 넓게 퍼진 소매인데〈그림 133, 134〉, 소매 끝이 땅에 끌릴 정도로 긴 것도 있어 중간에 한 번 잡아매기도 했다. 이 옷의 또 하나의 특징은 긴 허리장식 끈을 허리에 한 번 돌린 다음 다시 아랫배에서 매고 끝을 앞에다 길게 늘어뜨린 것이다. 이것은 여성의 가는 허리와 배의 둥근 곡선을 나타내려고 한 것 같은데, 기독교 교의(教義)에 따라 체형을 드러내는 것이 금지되었던 그 당시의 현상으로 보아 주목할 만한 일이다〈그림 133〉. 이러한 곡선화의 경향은 평면적인 비잔틴의 의복형과는 근본적으로 다른 것으로, 그 후 유럽 여자복식의 씰루엣을 결정짓는 중요한 변화이다.

블리오의 재료로는 인체의 곡선을 나타내기 위해 신축성이 있는 울과 씰크의 교직을 많이 사용했고, 또한 정교하게 잔주름을 잡아서 기능성을 살리기도 했다. 요즈음에 우리가 입는 블라우스는 이 블리오에 그 기원을 두고 있다.

튜닉(Tunic) 중류 이상의 남녀가 블리오를 입는 동안 일반 서민들이 착용한 겉옷이다. 일반적으로 길이는 무릎 정도로 짧게 입고 벨트를 맸다〈그림 134〉. 이 시대의 달마티카는 튜닉의 일종으로 포함되며 브레(braies)와 함께 입었다.

쉥즈(Chainse) 리넨이나 얇은 울로 만든 튜닉의 속옷으로, 블리오의 밑에

그림 133. chainse 위에 입은 bliaud, bliaud 위에 입은 corsage

입었다. 몸에 끼는 듯한 이 옷은 발목까지의 길이에다 폭이 좁고 소매통도 좁다〈그림 133, 134〉. 둥근 목선의 앞부분을 1자로 트고 목선의 가장자리와 소매 끝을 금·은실로 수놓거나 장신 밴드를 두르는 등 블리오 속에 입은 쉥즈는 비교적 화려했던 것으로 보이는데 12세기에 귀족들이 씰크를 많이 사용하면서 더욱 화려해졌다. 이 의상은 중세 말기에 슈미즈(chemise)로 바뀐다.

코르사주(Corsage) 코르사주는 몸에 꼭 끼고 앞이 트이지 않은 조끼 스타일로 블리오 위에 입었는데, 몸의 곡선을 나타내기 위해 블리오처럼 등뒤를 트고 끈을 끼워서 잡아당겼다〈그림 133-오른쪽 끝〉. 조끼의 밑단은 배 밑으로 곡선을 이루는데, 긴 장식띠를 허리에 한 번 두르고 다시 코르사주 단을 따라 배 밑에서 매고 그 끝을 늘어뜨렸다. 신축성을 주기 위해 울과 씰크의 교직물을 두·세 겹 겹쳐서 누빈 것이 이 옷의 특징이라고 할 수 있다. 화려한 것은 금·은색의 실 등으로 모양을 넣어 누비고 보석으로 장식했다.

지퐁(Gipon) 십자군 병사가 착용했던 조끼 형태의 옷이다. 코르사주의 허리를 자른 것처럼 짧고, 겨드랑이 밑을 트고 끈으로 몸에 꼭 맞게 조였다. 울이나

그림 134. tunic, bliaud, chainse, braies

가죽으로 패드를 넣었기 때문에 추위나 적군의 무기로부터 몸을 보호하는 데 도움이 되었던 것 같다.

망토(Manteau) 이때의 망토는 프랑크인들이 7세기부터 10세기까지 사용한 형태와 별로 다른 점이 없었고, 블리오의 길이가 길어짐에 따라 망토의 길이도 길어졌다.

브레(Braies) 프랑크인들이 착용했던 것과 같은 형태의 일반 서민 남자들이 튜닉 밑에 착용한 헐렁한 바지로 리넨이나 울로 만들어졌다〈그림 134〉.

(2) 머리장식

11세기 남자들의 머리모양은 종래와 같이 짧은 단발이 주를 이루었다. 그들은 귀족이나 특수층을 제외하고는 거의 모자를 쓰지 않은 대신 후드(hood)가 매우 유행했다. 후드는 로마 시대로부터 목동이나 농부들이 주로 착용해 왔으나, 이 시기에는 특정 신분에게 한정적으로 착용되지 않고 남녀공용으로 널리 애용되었다. 형태는 후

그림 135. Romanesque 시대의 머리장식

드와 케이프가 혼합된 형으로 앞이 막혀 얼굴만 내놓을 수 있는 것이다. 또한 후드의 또 다른 유형인 코이프(coif)가 상류층 여자들에게 애용되기 시작했는데, 이것은 크기가 매우 작고 어린아이의 모자와 같이 턱에다 묶는 것으로, 13세기의 대표적인 모자가 되었다. 농부들은 일광이나 비를 막기 위해 챙이 있는 모자를 쓰기도 했다.

여자의 머리모양은 앞가리마를 타서 머리를 두 가닥이나 세 가닥으로 땋아 길게 내려뜨린 형태가 주를 이루었는데, 때로는 리본으로 머리를 함께 땋아 거의 발까지 닿을 정도로 길게 타래를 만들었다. 귀부인들은 관을 쓰기도 했고, 종교적 관습에서 수녀나 미망인에게는 필수적인 것으로 또 일반 부녀(婦女) 들은 외출시나 종교적 행사 때에만 썼던 흰색의 베일이 있었는데 이를 윔플(wimple)이라 했다. 또한 외투용의 맨틀을 어깨 위에서 덮어내린 샤프(chape)가 있었으며, 목둘레를 덮어 얼굴만 내놓은 후드 스타일도 있었는데 주로 서민계층에서 애용되었다〈그림 135〉.

(3) 신 발

이 시기는 근세와 같은 구두의 형식을 낳기 위한 과도기였으므로 목이 긴 것, 낮은 것, 짜올려진 것, 버클이 달린 것 등 여러 종류의 구두가 있었으며, 여자의 구두는 대개 낮은 것이었다. 동방과의 접촉이 빈번해지자 비잔틴의 영향으로 11세기 말경부터는 앞이 뾰족한 구두가 유행하게 되었는데 이후의 고딕 감각이 이 시대에 이미 나타났다는 것을 알 수 있다. 후기로 갈수록 본격적으로 앞이 뾰죽하게 돌출되었으며, 뱀의 꼬리, 물고기 꼬리, 돼지 꼬리 같은 기발한 형도 나타났다.

재료는 보통 가죽인데, 특히 귀족의 신은 사치스러워 좋은 가죽 외에 씰크와 벨벳등에 금실과 은실 등을 넣어 짠 교직물이 이용되었다. 여기에 진주, 보석을 달거나 자수로 장식을 하기도 했다. 더욱이 동방에서의 씰크 수입과 모피(fur)의 자유로운 사용으로 더욱 화려하게 발달하여, 유럽 신발의 질은 이 시기에 급속히 향상되었다.

그림 136. Romanesque 시대의 황제의 관(10세기경)

그림 137. Romanesque 시대의 공예품(1160~1170년)

(4) 장신구

이 시대의 대표적인 장신구는 블리오의 허리와 아랫배를 매주는 허리끈(girdle, string, belt)으로 값비싼 보석으로 장식된 것은 상당한 고가의 품목이었다.

남자들은 십자군 전쟁에 나갈 때 성직자들에게서 축성받은 십자가를 보관하기 위해 앨모너(almoner)라 불리는 주머니를 허리끈에 달고 다녔으며 후에 여자들이 이 유행을 이어받았다. 이것은 현재 여자들이 들고다니는 핸드백(hand bag)의 모체가 된다.

요 약

로마네스크(Romanesque) 시대의 복식은 비잔틴 복식문화와 십자군 원정으로 인해 수입된 동방문물이 혼합된 독특한 경향을 나타낸다.

기독교의 절대적인 영향 아래 있는 중세문화에서 본다면 신체의 노출을 금지하고 의복으로 몸의 곡선을 드러내는 것조차도 금기시하는 것이 당연하지만, 이 시대에는 동방에서의 아름다운 견직물, 면직물의 수입과 직조기술의 발전으로 인해 복식이 양과 질 양면에서 향상되었고 자연히 복식으로 신체의 아름다움을 드러내기 위해 헐렁한 씰루엣에서 몸에 좀더 맞는 형으로 변화되었다.

이 시기는 남녀의 복식에 확실한 구분이 있는 것은 아니지만 점차 분리가 되는 시기로, 기본 복식인 블리오, 튜닉, 쉥즈 등의 경우 로마네스크 초기에는 모두 헐렁하고 소매통이 넓었는데 후기로 가면서 몸의 윤곽선을 드러내기 위해 뒤나 옆을 트고 끈으로 묶거나 허리에 장식띠를 둘렀다. 이러한 복식의 특징으로 인해 재단술이 발달하기 시작했음을 짐작할 수 있다.

제10장 중세 말기의 복식

1. 사회 · 문화적 배경

십자군 원정에 의해 자극된 서유럽의 학문과 예술, 산업 등은 13~14세기에 이르러 비약적으로 발달했다. 그로 인해 이 시기에는 근대문화의 서광(曙光)이 나타나면서 이전의 느린 성장에 비추어 약진하는 정도와 방법, 그리고 중세 초기 · 중기와 근세의 중간적 존재라는 시기의 중요성 등이 더욱 부각되었다. 13~14세기를 통해 가장 눈부시게 진전한 것은 직물공업으로 이것이 새롭게 번영한 고딕(Gothic) 양식의 예술과 교차하면서 특징적이고 복잡한 복식양식을 형성했다. 고딕복에 나타난 다양성은 복잡한 정신생활과 다각적인 경제생활이 함께 반영된 것이다.

이제까지 지방시장의 규모로 생산되던 수공업은 기술의 진보와 생산방법의 개선, 원거리 통상의 번영으로 인해 보다 넓은 판매시장이 필요하게 되자 필연적으로 본격적인 가내공업적 생산체제로 발달해 갔다. 이탈리아의 여러 도시와 파리, 독일의 쾰른(Köln) 등지에서 견직물공업이 수공업으로서 일찍부터 발달해 왔지만, 더욱 대규모로 행해진 것은 모직물공업으로 그 중심지는 홀란드(Holland : 지금의 네덜란드), 플랑드르(Flander : 지금의 벨기에 지방), 이탈리아였다. 이들 지방에서 방적(紡績)은 대개 농촌 여인들에 의해 행해지고 이것이 다음 과정의 기능공, 즉 직공, 염색공 등을 거치면서 만들어진 생산품은 모두 도매상이라는 한 장소에 모이는 제도로 변화했다. 여기에 기계에 의한 능률화가 촉진됨으로써 직물공업은 더욱 진전을 보게 된다. 씰크 섬유를 몇 가닥씩 합하면서 꾸러미를 만드는 기계가 1272년에 발명되었고, 1298년에는 매우 편리한 근대적인 기계가 발명되었다. 이것은 손으로 돌리기만 하면 방추가 저절로 회전되면서 견직물이 짜지는 능률적인 것이었다.

기계에 의한 직조는 농촌뿐 아니라 도시에서 더욱 성행하게 되었는데, 이것은 자연히 분업화를 가져왔다. 12세기 중엽에 이미 분업의 결과로 결성된 수공업조합이 어느 정도 자리잡고 있었는데 13세기 중엽 이후에는 전성기를 맞이하게 된 것이다. 기계의 발명과 일의 분업화가 생산의 능률을 높인 것은 물론, 분업에 있어서의 제품은 그 나름대로 소규모이지만 숙련된 비법에 의해 기술이 개발되었다. 이는 당연히 새로운 직물생산의 개발을 초래하여 고급 모직물이나 상품질(上品質)의 벨벳(velvet), 브로케이드(brocade) 등이 상류사회에서 각광받게 되었다. 이러한 과정은 당시 복식의 종류와 형태에 다양성을 돋보이게 하는 결과를 가져왔다. 즉, 충분한 직물 사용으로 점차 양감(量感)이 풍부한 의상, 필요 이상으로 장식된 의상, 기괴한 유행에 의한 의상 등이 나타났는데 이들은 모두 사회의 특수성을 반영하는 것이며 이 경향은 13세기 말부터 15세기 초까지 현저했다.

상공업의 발전으로 도시는 번성했으나 그 부(富)는 도매업으로 치부한 상인과 대길드와 관계있는 유력한 상인들에게 편중되었다. 이들은 부르주아(bourgeois)로서 종래의 봉건귀족과 동등한 생활을 했고 사회의 중심세력으로서 활약하기 시작했다. 또한 도시의 부르주아들은 그때까지의 지도적 지위였던 승려들과 동등하거나 그 이상의 권력을 가지고 건축과 공예 등 미술에 대해서도 지배적인 영향력을 발휘할 수 있었다. 이러한 사실은 종래의 기독교 미술의 성격이 르네상스(Renaissance)의 기풍으로 넘어가는 데 중요한 계기가 된다. 이들은 때로 군주에게 자금을 지원해 주고 정치적인 권력을 가질 때도 있어 그야말로 막강한 위력을 과시했다. 권력이나 부가 없는 지식인과 로마네스크 시대의 직인들은 이러한 부르주아의 임금노동자가 되어 그 밑에서 움직였고, 따라서 수공업 공장의 노동자로 전락하게 되었다.

여가를 이용한 여자들의 취업도 활발해지기 시작하여 분업에 참가하게 되었다. 이들은 여러 가지 분업 과정에 있어 생산에 열중했고 기술과 생산량의 성과는 지배자인 부르주아의 의욕에 의해 박차가 가해졌다. 그 결과 이들은 다양하게 세별(細別)된 전문점으로 발전하여, 고딕 시대의 복장이 복잡하고 다양해질 수 있었던 직접적인 요인이 되었다. 즉, 꼬뜨(cotte)는 꼬뜨 전문점에서, 쇼오스(chause)는 쇼오스 전문점에서 취급하는 등 의복 각 종목의 분업뿐만 아니라, 일체의 장신구가 전문화되어 만들어졌다. 이처럼 기술과 생산형태가 전문화되어 가자 전문업종간의 경쟁이 심화되어, 창의성없이 유행만 따르는 전문직인은 소멸될 수밖에 없었기 때문에 전문직인들은 모든 기술개발에 전념하게 되었다. 이리하여 일의 분업화는 길드의 원숙함을 낳았고 복식문화를 보다 창의성 있고 다양하게 발전시킨 중요한 요인이 되었다. 당시 발달된 문화는 대개 이러한 식으로 하여 도시의 부르주아와 그 밑에서 일하는 많은 직업인에 의해 구축되었으며, 시민이 문화의 기수로서 동참했다. 이처럼 시민이 귀족·승려와 같이 진출하여 활약한 것이 이 시대의 특징이었다. 고딕 시대의 복장에 귀족성뿐 아니라 시민성이 강하게 나타나는 것은 여기에 기인한 것이다.

한편 시민의 대두는 봉건귀족의 몰락을 가져왔다. 십자군에 가세한 것은 주로 귀족과 기사이기 때문에, 전쟁이 수행되는 동안 재력과 인력이 손실되었고 원정이 실패로 끝나게 되자 종래의 귀족세력이 급속히 약화되었고 이와 같은 봉건제도의 세력 약화는 반작용으로 군주권의 강화를 가져왔는데, 군주국가가 확립되어 감에 따라 복식에서는 더욱 장식적인 아름다움이 중시되었다. 복식의 장식을 위해 비잔틴에서 유입된 보석이나 로마네스크 시대 이래 수도원을 중심으로 성행한 자수가 널리 사용되었다.

십자군의 영향은 복식에 간접적으로뿐 아니라 직접적으로 그 형태나 문양 등에 새로운 기풍을 가져 왔다. 즉, 전쟁을 수행하는 동안 여러 가지 필요에서 개발된 군복이 일상복으로도 유행하게 된 것이다. 로마네스크 양식이 성행한 12세기부터 남자 복에서 흔히 눈에 띄던 것으로, 패드를 댄 조끼 형태의 방패막이인 지퐁(gipon)이나 사막의 햇빛, 먼지로부터 갑옷을 보호하기 위한 의상으로 쉬르코(surcot) 등이 있다. 단지 그대로 모방하여 유행한 것이 아니라, 시대 감각에 맞도록 독자적인 모습으로 다소 변형되어 나타났다. 또한 사라센(Saracen)풍의 단추나 군복의 칼자국인 슬래쉬, 전리품이나 십자가를 간수하기 위한 주머니 등이 복식의 장식적 요소로서 성행하기 시작했으며, 르네상스 시대에 전성하여 현재까지 이어져 내려온다.

십자군 원정에서 비롯되어 고딕 복장을 특징지운 것은 각 가문(家門)의 상징인 문장(紋章, heraldry)의 사용이다. 문장은 원래 기사들의 기마시합(騎馬試合)에서 그들의 가족들이 자신의 가문을 구별하기 위해 고안한 것으로, 십자군 전쟁 때 각 기사(knight)가 속한 영주의 가문을 표시했다. 이것이 점차 평상시의 복식에 문양화되면서 장식과 신분상징의 구실을 동시에 해내게 되었다. 문장은 전체적인 직물이나 장신구의 도안, 또는 부분적인 장식으로서 용도가 다양했고, 의복의 반을 갈라 색상을 달리 하는 등 자유자재로 창조력이 동원되었다.

고딕 시대 복식의 외관은 사람들의 종교에 대한 회의와 함께 많은 변화를 보이게 된다. 이러한 경향은 12세기 중엽에서부터 계속되어 오던 것으로, 십자군 전쟁이 실패로 끝나게 되자 교회의 절대적 권위는 무너지게 되고 사람들은 점차 중세적 기독교의 관념에서 벗어나려 했다. 즉, 좀더 인간적인 즐거움을 찾으려는 노력이 싹트게 되었는데, 이러한 심리는 우선 자신의 치장에 관심을 갖게 만들어 복장에서 여러 가지 변화를 유발시켰던 것이다. 먼저 여성들의 과감한 노출이 시도되어 V나 U자형 등으로 네크라인(neckline)이 내려가기 시작했다.

고딕 시대의 복장을 좀더 정확히 이해하기 위해서는 이 시대의 독특한 예술양식을 먼저 고찰해야 한다. 고딕 양식이란 12세기 후반 프랑스를 시작으로 하여 북으로는 영국, 남으로는 이탈리아, 스페인 등 유럽 전역에 보급된 중세 특유의 건축양식을 말하는 것이다. 사실 동양에서는 한 예술양식이 몇 세기 동안 지속되는 데 비해 서유럽에서는 새로운 미의 추구와 이에 대한 해결책을 찾는 예술운동이 끊임없이 일어나고 있었다. 이는 동·서양 문화의 본질적인 차이를 보여 주는 것이다.

새로운 고딕 양식은 사원과 교회당의 건축에 우선 적용되었고 종교와 결부되어 발전한 것은 이제까지의 경향과 별로 변함이 없었다. 이것이 점차 왕 이하 귀족의

그림 138. Gothic Style의 건축

그림 139. Gothic Style의 건축 내부

저택, 도시의 공공건축물에까지 성행하여 직접 이 건축 양식을 접하는 일반 시민의 마음을 사로잡으면서 시민생활 속으로 들어가게 되었고, 따라서 가구나 공예품, 장신구에 이르기까지 모든 조형미술에 새로운 양식이 자리잡게 되었다.

고딕 양식의 특징은 하늘을 찌를 듯한 뾰족한 탑〈그림 138〉, 첨형(尖形)아치와 서로 얽힌 격자무늬〈그림 139〉, 그리고 벽 대신 유리창을 많이 사용하여 전체적으로 힘있고 밝은 느낌을 주는 것이다〈그림 140〉. 고딕 건축의 첨두적(尖頭的)외관은 복식에 그대로 영향을 주어, 전체적으로 길고 흐르는 듯한 씰루엣이나 앞이 뾰족한 구두, 높고 뾰족한 모자, 소매나 옷단의 톱니모양은 모두 이러한 예각적 감각을 반영하고 있다.

또한 내부의 스테인드 글라스(stained glass)〈그림 139, 140, 141〉는 고딕 건축의 대표적 특징으로 순수한 색(色)과 광(光)으로써 당시 사람들의 종교 감정을 자극할 뿐 아니라 미적 감각을 높이는 데 크게 기여했다. 이러한 미감은 장신구 등의 공예품과 직물에 있어 풍요한 광택과 색채로 나타났다.

고딕 건축의 내면과 외면은 풍려한 장식에 의해 가득차 있었는데, 건축면을 장식하는 조각에는 로마네스크 건축에 나타난 인간군상의 아름다움과는 달리 인간상 하나 하나를 중시하여 풍부한 인간적 미가 나타나기 시작했다. 이 시대의 조각에서 표

그림 140. 중세 말기의 stained glass

그림 141. 중세 말기의 stained glass

현된 복식의 부드러운 드레이프의 선은 그리스·로마 복식의 유동미(流動美)를 연상하게 하고, 그 섬세함은 당시의 복식을 고찰하기에 좋은 자료가 된다. 또는 회화도 종교화(宗敎畫) 위주에서 점차 인물화(人物畫)로 옮겨가 복식연구에 중요한 정보를 제공해 준다.

고딕 시대에 널리 사용된 장식문양은 로마네스크풍의 공상화된 인물이나 동물 문양이 식물 장식 문양과 교묘하게 조합되었으며, 이것들은 점점 합리화되어 자연 그대로의 모양으로 변해 갔다. 자연적인 아름다움을 보여주는 식물 문양과, 기하학적 문양은 고딕 양식을 특징짓는 독특한 것으로서 직물과 장신구의 세부적인 곳에까지 널리 사용되었다.

고딕 시대에는 벨벳이나 브로케이드 등의 고급 직물이 귀부인들에게 환영받았으며, 북방에서 수입한 모피류가 외투와 의상의 안감이나 장식용으로 애호되었다.

그 밖에 금속세공, 칠보, 도기, 유리세공, 가죽세공 등의 기술도 크게 발달하여 우수한 수공업자에 의해 창조된 장식품이 그 당시의 복식을 더욱 다채롭게 만들었다.

2. 복식의 개요

12세기에 신체의 윤곽선을 잘 나타내 주던 의상은 13세기에 질병과 천재지변을 겪은 후에 밀착된 의상에 대한 반발로 잠시 무겁고 헐렁하게 인체를 감추는 듯하더니, 다시 부드러운 옷감과 거들(girdle)로 인체의 곡선미를 나타내기 시작했다.

종래의 정적인 생활이 급변하는 시대에 적응하기 위한 이동성과 활동성이 있는 생활형태로 바뀌자 복식도 합리적인 형태를 추구하여 블리오와 같이 소매가 땅에 끌리는 등의 불합리한 의상형태는 사라지고 꼬뜨(cotte)와 같은 편리한 원피스 드레스 형태가 나타났다. 이 시대의 사람들은 속옷인 슈미즈와 블리오의 변형인 꼬뜨나 코타르디(cotehardie)를 입고 그 위에 쉬르코를 입었다.

14세기에는 수세기 동안 거의 없었던 남녀의복의 성차가 처음으로 뚜렷해졌는데, 남자의 의상은 짧아지고 여자의 의상은 몸에 꼭 끼게 되어 크고 호화로운 우플랑드를 겉옷으로 착용했다. 여자의 의상은 주름의 미를 강조하고 신체의 씰루엣을 자연스럽게 나타내기 위해 상체는 꼭 맞고 스커트는 넓고 길어진 것이 특징이다.

씰크는 동방에서 수입하기도 했으나 프랑스에서도 모직물과 함께 생산되어 질감과 색상이 더욱 다양하고 화려해졌다. 또한 짐승털을 복식에 이용하면서 복식 디자인도 다양해졌다.

15세기에 들어오면 네크라인은 허리까지 내려오고, 흘러내리는 것을 방지하기 위해 앞가슴에 삼각형의 장식천을 따로 붙이기도 했다. 의상의 씰루엣은 종래의 몸을 감싸는 것에서 벗어나 좀더 몸의 곡선을 자연스럽게 드러내는 데 치중하게 되었는데, 이는 상류사회에서 더욱 유행했다.

또한 소매의 형태가 좁고 긴 것, 슬릿(slit)이 있어 속의 옷이 보이는 것, 넓고 길어 땅에까지 끌리는 것, 톱날 같은 모양 등으로 다양해졌고, 더욱 재미있는 것은 가짜소매(hanging sleeve)의 출현으로 이것은 르네상스 시대에 가서 전성기를 맞게 된다.

이러한 의상 씰루엣의 변화는 계속 새롭게 개발되는 직물을 바탕으로 한 것으로, 우수하고 다양하며 독특한 스타일이 연출되어 르네상스가 개화될 조짐을 복식에서부터 느끼게 한다.

그림 142. 중세의 cotte

그림 143. chemise와 cotte, pourpoint과 chausses(1460년)

3. 복식의 종류와 형태

(1) 의 복

꼬뜨(Cotte) 꼬뜨는 남녀가 함께 입은 튜닉형의 원피스 드레스로, 블리오가 없어지고 대신 생긴 것이다. 꼬뜨는 로마네스크 시대(11~12세기)에 유행했던 블리오와 비슷한 의상으로 블리오보다 단순한 형태와 서민적인 성격을 띤다. 블리오는 주로 상류계급층에서 착용했기 때문에 씰크 또는 씰크와 울의 교직물을 사용한 데 비해, 꼬뜨는 일반 서민에게 널리 입혀진 의상이므로 울이 주로 사용되었다.

블리오는 상체 부분이 겨드랑이 밑의 옆트임이나 뒤트임으로 꼭 맞게 되었고 소매 끝이 넓어져서 땅에 끌리는 복잡한 스타일인 데 비해, 꼬뜨는 상체가 비교적 여유있게 맞고 스커트 부분이 넓어져서 자연스러운 드레이프(drape)가 생겼다〈그림 142, 143〉. 소매는 끝이 좁아지는 돌먼 슬리브(dolman sleeve)나 소매통이 전체적으로 좁은 소매가 달려 현대적 감각을 느끼게 하였다〈그림 142, 143〉. 꼬뜨의 길이는 발등을 덮고 바닥에 끌릴 정도로 길었는데, 여자가 입는 꼬뜨가 약간 더 길었다. 옥외로

그림 144. heraldry가 디자인된 houppelande

그림 145. heraldry가 디자인된 surcot와 cotte

나갈 때는 옥내에서 입는 것보다 짧게 입었다. 또한 벨트를 매고 앞 부분을 끌어올려 들고 다니기도 했다〈그림 142, 143〉. 15세기쯤에는 약간 하이 웨이스트에 벨트를 맨 로브로 발전한다.

꼬뜨 속에는 쉥즈(후에 슈미즈로 바뀜)를 입고, 꼬뜨 위에는 쉬르코나 시클라스, 쉬르코투베르를 입기도 했다〈그림 146, 147〉.

코타르디(Cotehardie)

코타르디는 이탈리아에서 처음 시작되어 유행하던 것으로 14세기가 되자 알프스를 넘어 프랑스로 들어왔다. 이 옷은 꼬뜨의 변형으로 허리는 맞고 앞 중앙선에 장식적인 단추를 달았으며, 여자의 것은 스커트가 길고 풍성한 스타일이며 남자의 것은 짧은 무릎길이로 타이트하고 힙(hip) 근처를 값진 벨트로 장식했다〈그림 152〉. 상체는 육체의 곡선이 잘 나타나도록 앞 중앙에서 단추를 채우거나 겨드랑이 밑에서 끈으로 여미었고, 목이 파인 것이 보통이다. 여자의 것은 바닥에 끌리게 길고, 다른 폭의 무(gusset)를 대어 플레어처럼 퍼지면서 A-라인 씰루엣을 이룬다. 이때 앞 중앙선에 슬릿이 있는 것도 있었다. 소매는 타이트한 것이 많고 또는 소매 윗부분에 슬래쉬가 있어서 팔을 그 슬래쉬 사이로 내놓음으로써 행잉 슬리브(hanging sleeve)라는 장식소매 형태를 이루기도 했으며 허리 양쪽에 슬릿(slits)이 있어 여기에 손을 넣어 스커트를 들고 다닐 수 있는 것이 이 의상의 특징이다〈그림 152〉.

후에는 코타르디의 소매가 짧아지고 거기에 따로 행잉 슬리브를 달기도 했다. 이

그림 146. 중세 말기의 surcot

행잉 슬리브는 폭이 약 8~15cm, 길이가 100~150cm의 크기로 금실을 섞어 짠 씰크나 울, 리넨, 모피 등으로 만들어졌다. 몸판에 길게 달기도 했는데, 기능적인 역할은 할 수 없었고 장식적인 것으로 때때로 안팎의 색을 달리하기도 했다. 이 행잉 슬리브는 후에 티핏(tippet)으로 불리웠는데, 사용하지 않을 때는 나무판에 끼워넣어 보관해 두었다.

여인들은 남편이나 애인이 전쟁터에 나갈 때 티핏을 전해 주면서 전승을 빌었고, 기사는 이 티핏을 창끝이나 방패 끝에 달아 말을 타고 달릴 때 바람에 날리는 아름다운 모습을 보였다고 한다.

14세기 말부터 다채로운 색의 자수가 유행하자, 귀족 부인들은 가문을 존중하는 봉건적 풍습에서 낮은 계급과의 구별을 위해 의상에다 가문을 나타내는 문장(heraldry)을 수놓기 시작했다〈그림 144, 145〉. 좌우 양쪽이나 상하로 나누어 색상과 문양을 다르게 디자인했는데, 이러한 문장의 문양에는 사자와 독수리 문양이 가장 인기가 있었다. 결혼을 하면 남편은 생가(生家)의 문장을 코타르디나 쉬르코〈그림 145〉에 나타내었고, 처가(妻家)의 문장은 망토에 나타내었다. 부인은 시가(媤家)의 문장을 오른쪽에, 친가(親家)의 문장을 왼쪽에 나타내었고, 아이들은 아버지쪽의 문장에다 새로운 디자인을 가해서 복잡한 문장을 갖게 되었다.

쉬르코(Surcot)

◆ **쉬르코(Surcot)** 쉬르코는 십자군 전쟁 당시 강한 햇빛의 반사와 눈, 비, 먼지로부

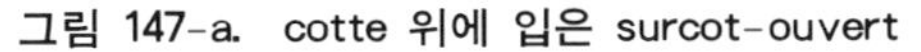

그림 147-a. cotte 위에 입은 surcot-ouvert

그림 147-b. surcot-ouvert

터 갑옷을 보호하기 위해 병사들이 갑옷 위에 입기 시작한 의상이었는데, 차차 일반에게도 유행하게 되었다. 처음에는 두 개의 직사각형 천을 양쪽 어깨에서 꿰매어 걸쳤는데, 후에는 옆솔기선을 꿰매기도 하고 가슴부터 스커트 단까지 풍성한 주름을 잡아 넓히는 등 씰루엣이 다양해졌다〈그림 146〉.

쉬르코는 점점 장식적인 겉옷으로 변해 꼬뜨나 코타르디 위에 입혀졌기 때문에, 화려한 색상의 씰크나 곱게 짠 울 등의 고급 옷감으로 만들어졌으며 문장이 디자인되기도 했다. 남녀의 구별없이 입었지만, 남자용 쉬르코〈p. 139〉는 발목으로부터 종아리 중간 정도의 길이가 많고 여자용은 바닥에 끌리는 길이가 많았다. 쉬르코에는 가짜소매가 달리기도 했다〈그림 146〉.

14세기 중엽부터는 쉬르코 대신 우플랑드(houppelande)를 입었다.

◆ **쉬르코투베르(Surcot-ouvert)** 쉬르코투베르는 쉬르코가 변형되어 화려하고 독특한 스타일로 발전한 것인데, 주로 상류층 귀족들이 애용했다. 이 옷의 특징은 진동이 크게 벌어져 허리선이나 힙까지 보이는 것으로 현재의 점퍼 스커트(jumper skirt)형이다. 네크라인은 턱밑부터 어깨까지 넓게 파여진 것 등 다양하다. 스커트 부분은 주름이 잡히면서 풍성하고 긴 씰루엣을 이룬다. 스커트 앞자락에는 양손을 넣어 앞자락을 들어올릴 수 있는 슬릿이 있는데 이것은 의상에 주머니가 생기는 시초라고 볼 수 있다〈그림 147-a · b, 155-b〉.

쉬르코투베르는 꼬뜨나 코타르디 위에 입혀지는 장식적인 겉옷이므로, 씰크와 고

그림 148. pourpoint와 chausses

급 울로 만들어졌으며 화려한 단색으로 안팎 또는 좌우가 대조되는 색상을 배합했다. 쉬르코투베르가 널리 유행하자 보석이 박힌 장식단추를 중앙에 달기도 하고 모피(fur)로 진동둘레를 장식하는 등 화려한 모습을 보였다.

◆ **시클라스(Cyclas)** 시클라스는 화려하고 질이 우수한 비단을 생산한 시클라데스(Cyclades) 지방에서 나온 명칭이다. 이 옷은 쉬르코의 일종으로, 호화로운 옷감으로 만든 쉬르코를 말하며 귀족 계층에서 주로 의식용으로 입었다. 옆선은 트인 것이 주로 많고 풍성한 드레이프가 플레어지며 뒷자락을 더 길게 디자인하여 바닥에 끌리게 했다. 때때로 태슬(tassel)을 옆선과 단에 달기도 했다.

푸르푸앵(Pourpoint) 푸르푸앵은 누빈 옷이란 뜻으로, 영국에서는 더블릿(doublet)이라고 불렀다. 이 옷은 14세기 중엽에 나타난 짧은 의상인데 십자군 병사가 호신용으로 입었던 누빈 옷인 지퐁이 변형·발달된 것이다. 지퐁은 로마네스크 시대의 의상에서 언급되었듯이 겨드랑이 밑에 트임이 있고 끈으로 몸에 꼭 맞게 조이는 것이지만, 푸르푸앵은 앞이 트이고 단추로 여민 점이 다르다. 초기의 푸르푸앵은 앞에 단추가 달리지 않았으며 품이 넓어서 허리에 띠를 둘렀다〈그림 148〉.

14세기 중엽부터 동방풍의 카프탄 스타일(caftan style)과 단추가 도입되어서 이 시대에 영향을 주었는데, 푸르푸앵도 그 영향을 받아 앞 중앙의 오프닝에 단추가 촘촘히 달리기 시작하고, 길고 타이트한 소매에도 팔꿈치부터 단추가 촘촘히 달렸다. 일

그림 149. 유태인의 결혼식 : 소매가 넓은 houppelande

그림 150. 유태인의 결혼식 : 소매가 넓은 houppelande

(一)자인 단춧구멍도 동방에서 들어온 것으로 뛰어난 기능성으로 인해 그 후 서양 남성복에 널리 적용되었다. 후기로 갈수록 몸체가 꼭 맞고 패드를 넣어 가슴과 어깨를 부풀린 것이 이 의상의 특징이다. 다마스크(damask), 쌔틴, 곱게 짠 울 등 화려한 직물이 이용되었다.

푸르푸앵은 브레(braies)나 양말과 같은 쇼오스(chausses)와 함께 입혀졌는데, 이들은 오늘날의 남성 신사복 바지의 전신이라고 할 수 있다. 푸르푸앵은 이와 같이 남성만이 착용했던 특유한 의상으로 이때부터 남녀 성차가 의상에 뚜렷이 나타나기 시작했다〈그림 148〉.

우플랑드(Houppelande) 우플랑드는 14세기 말에 나타나서 15세기를 특징짓는 남녀공용의 의상이었다. 풍성한 품에 매우 넓고 긴 소매와 귀 밑까지 높게 세운 칼라가 달린 특이한 씰루엣으로 코트(coat) 스타일의 원피스 드레스이다〈그림 149, 150, 151, p. 199〉.

15세기 초부터 귀 밑까지 올라간 스탠드 칼라(stand collar)는 접힌 칼라(turned-over collar)나 작고 둥근 칼라, 또는 V 네크라인으로 바뀌었다. 이 의상의 특징은 소매의 디자인에 있는데 소매 끝이 바닥에까지 끌리며 소맷단 쪽이 깔때기처럼 거창

그림 151. Westmorland 백작과 그의 자녀들이 입은 houppelande(1410~1430년)

그림 152. 남녀의 cotehardie

하게 넓어져 잎사귀 모양이 연결되어 있거나 성곽무늬나 톱니무늬, 부채꼴무늬, 조개껍데기무늬(scallop) 등 다양한 무늬가 장식되어 있다. 15세기가 지나 상체와 소매가 타이트해지면서 소매의 괴상한 정도가 약화된다.

드레스의 길이는 바닥까지 끌리는 것과 무릎 위까지 짧아진 것도 있고 벨트를 매기도 했다. 앞 중앙선이 전부 트여 단추가 달린 것과, 스커트 부분에는 슬릿이 있고 앞 목둘레 부분만 조금 열려 단추를 채우게 된 것도 있다. 스커트 부분이 풍성한데도 앞이나 또는 앞뒤에 슬릿이 있는 것은, 가장자리에 털을 붙이기 위해서였거나 또는 대비되는 안감의 색을 보이기 위해서였던 것 같다.

귀족과 대상인(大商人)들은 우플랑드의 폭과 길이를 더 늘려서 기이한 모양을 더욱 강조했다. 또, 좌우 색을 다르게 하거나 왼쪽 어깨에서 오른쪽 스커트 단에 걸친 방향으로 색과 문양을 배치하기도 했다. 옷감은 호화로운 씰크나 수놓은 씰크, 얇은 울, 카튼으로 짠 벨벳 등이 주로 사용되었고, 귀족들은 보석, 금실과 산뜻한 색실의 자수로 장식한 화려한 우플랑드를 착용했다〈그림 149, 150, 151〉.

로브(Robe) 중세 말기에 나타난 로브는 꼬뜨와 우플랑드가 변화된 의상으로 가운이라고도 하며 초기 르네상스(Early Renaissance) 시대의 대표적인 여성복식

그림 153. V자형 neckline과 폭이 넓고 길이가 긴 robe(1430년경)

그림 154. manteau

이다〈그림 153, 155-b〉.

네크라인이 V자로 하이 웨이스트라인까지 깊게 파이고 이 부분을 슈미즈나 대비 색상의 천으로 장식했으며 후에 이것은 스터머커(stomacher)로 변화되었다. 소매는 타이트하거나 깔때기 모양으로 넓은 것도 있다. 스커트는 길고 풍성하며 뒷부분에 트레인(train)을 달거나 뒷부분을 길게 땅에 끌리게 디자인했다〈그림 153, 155-b〉.

슈미즈(Chemise) 로마네스크 시대의 속옷 쉥즈(chainse)와 같은 것으로, 고운 리넨으로 만들어졌으며 목둘레와 소맷부리에 금실이나 색실로 자수를 하거나 레이스로 장식했다. 영국에서는 셔트(shirt)라고 불렀다.

브레(Braies), 쇼오스(Chausses) 영국에서는 바지를 브레 대신 브리치즈(breeches)로 양말을 쇼오스 대신 호즈(hose)라고 했다.

14세기 고딕 시대에 와서 남자들의 상의가 짧아짐에 따라 브레가 점점 위로 올라가면서 길이가 짧아지고, 브레와 함께 입은 쇼오스는 점점 길어져 힙까지 올라가게 되었다. 따라서 종래의 바지 형태이던 브레는 속옷으로 바뀌고 쇼오스가 대신 바지로 되어 푸르푸앵과 아래위 한 벌의 남자 옷이 되었다. 쇼오스는 이 당시 문장의 표시가 유행했던 것과 관계가 있는 것처럼 양쪽 다리의 색깔을 달리하는 것(parti-

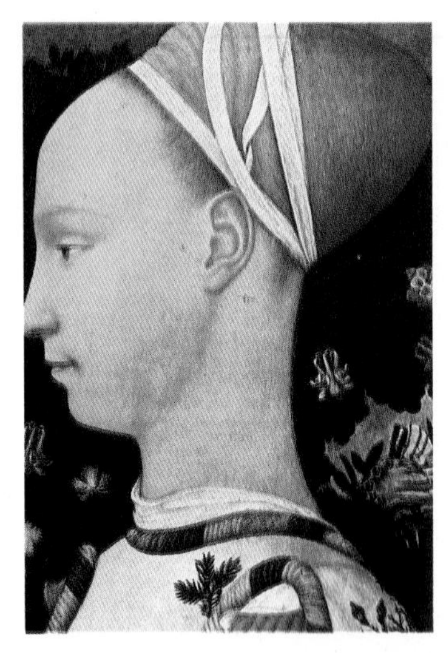

그림 155-a. Gothic 시대 여자들의 머리장식

color)이 많았다. 브레의 다른 명칭으로는 브라코(bracco)가 있고 쇼오스는 호즈(hose), 삭스(socks), 스타킹 등으로 불렀다〈그림 143, 148, 153〉.

망토(Manteau) 망토는 대형의 직사각형이나 원형, 반원형, 3/4원형(270도 원형), 타원형 등으로 좋은 질의 울이나 씰크로 만들었다. 앞이나 오른쪽 옆을 브로치로 여밀 때는 호화로운 보석을 이용했다. 결혼한 남성은 처가의 문장을 망토에 나타내기도 했는데, 망토 전체에 문양을 넣거나 가장자리에 자수 트리밍을 대기도 했다. 망토는 거창한 씰루엣의 우플랑드가 유행하면서 자취를 감추었다〈그림 154〉.

(2) 머리장식

남자는 머리의 중앙을 갈라 컬해서 어깨까지 늘어뜨렸고 그 위에 관을 쓰기도 했다. 모자는 중세 초기나 로마네스크 시대의 것이 그대로 내려온 것도 있었고 시대감각에 맞게 새로운 형으로 변화된 것도 많아서, 복잡한 고딕 문화의 한 단면을 보여준다. 전자는 칼로트(calotte), 토크(toque), 프리지안 보닛(phrygian bonnet)이고, 후자는 샤프롱(chaperon), 샤포(chapeau) 등이다.

여자의 머리 형태와 장식은 고딕 시대에서 본격적인 발달을 보게 되었다. 젊은 여자는 머리를 느슨히 늘어뜨리고, 기혼 부인은 대개 머리를 전부 위로 올리고 밴드나 끈으로 묶거나〈그림 155-a〉 또는 머리카락을 머리 중앙에서 나누어 땋아 양 귀를 덮어 정돈했다. 여기에 토크형의 관을 쓰기도 하고, 머리 전체나 양 옆의 땋은 머리

그림 155-b. Gothic 시대 여자들의 머리장식

에다 금·은·견사와 보석으로 장식한 그물망(net)을 덮어쓰기도 했다.

고딕 시대 여자의 모자로서 가장 특징적인 것은 에냉(hennin)〈그림 155-a·b〉이다. 이것은 에냉 부인이 고안해 낸 스타일로 고딕 건축의 뾰족함을 가장 잘 살리고 있는데, 딱딱한 천으로 원추형의 모자를 만들고 그 위에 원형의 베일을 덮어 옷자락까지 늘어뜨렸다. 이 에냉은 고딕 시대 말기에 크게 유행했으나 불편함으로 인해 곧 사라지고 말았다.

여자는 교회에 그냥 들어가는 것이 금지되어 있어서 꼭 베일을 썼는데, 베일 위에는 관을 썼다.

(3) 신 발

고딕의 신발은 고딕 건축물의 뾰족한 감각이 그대로 반영되어 발달한 것이다. 신발의 앞은 뾰족하게 연장하여 발끝에서 25~30cm 정도 긴 것도 있었으며 그 끝을 끈으로 발목에 고정시키기도 했다〈그림 156〉. 또한 끝은 뱀의 꼬리, 물고기 꼬리 등의 기발한 형이 유행했는데, 이는 발달된 세공 기술을 최대로 발휘한 것이었다. 크래코즈(crakows)라는 이 신은 발목을 끈으로 묶는 간단한 슬리퍼형과 하프 부츠(half-

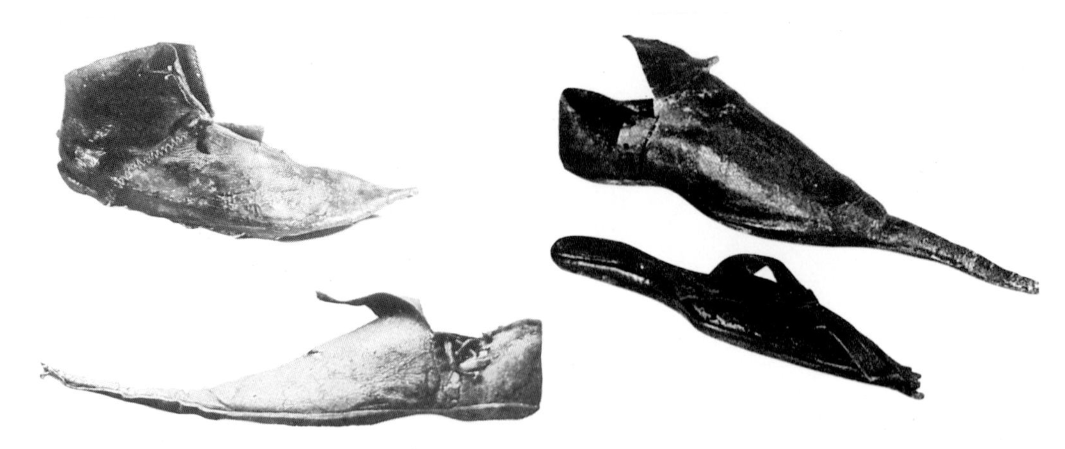

그림 156. Gothic 시대의 신발

boots), 앵클 부츠(ankle-boots)형이 있는데 종아리를 덮도록 접어 커프스를 댄 것도 있다. 이런 신이 전유럽 궁중에서 유행했는데 프랑스에서는 이것을 풀레느(poulaine)라고 불렀다.

이 시대에는 복장보다도 신발을 더 중요시하여 제작 과정에서 세심한 주의를 기울였으며 재료는 부드러운 가죽, 펠트, 벨벳, 브로케이드, 두꺼운 씰크 등이 이용되었다. 비오는 날에는 바닥에 코르크가 붙은 가죽 신발이나 또는 타원형의 나무로 만든 패튼(patten)이라는 것을 신었다.

(4) 장신구

중세 중기에서 시작하여 이 시기에도 남녀 모두가 보석의 사용이 행운과 승리를 가져온다고 믿어서 장신구에 보석장식이 유행했다〈그림 157〉.

이 시대의 공예품도 보석장식과 조각으로 정교한 작품이 많았다〈그림 158〉.

14세기에는 베니스에서 유리거울이 발명되었고 남녀 모두 유리거울을 장신구로 이용했으며 여성들은 작은 거울을 핸드백에 넣고 다녔다.

핸드백 장식에도 이 시대의 건축양식인 고딕 스타일이 조각된 것이 많이 보인다.

 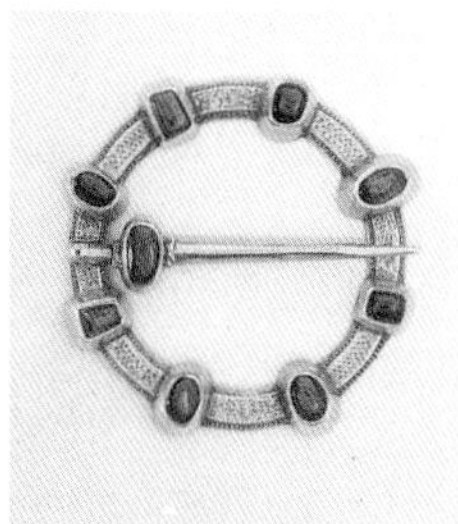  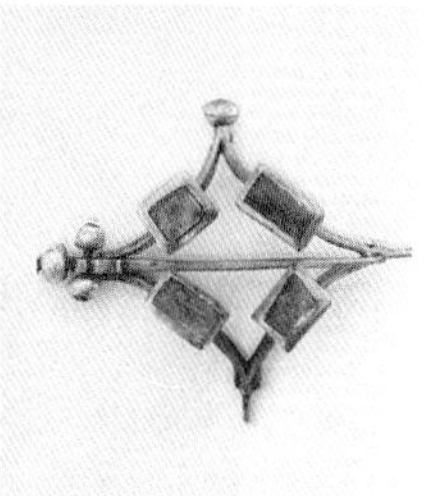

그림 157. Gothic 시대의 장신구

그림 158. Gothic 시대의 공예품(성 유물상자)

요 약

중세 말기인 13, 14세기는 근세 시대로 넘어가는 과도기로 급변하는 시대에 적응하기 위해 이동성과 활동성을 생활 전반에 걸쳐 추구했다.

이 시기의 복식형태 역시 사회변화와 예술양식이 반영되어 합리적이고 기능적이며 화려하고 다양한 스타일이 연출되었으며, 고딕(Gothic) 예술양식이 복식에도 영향을 미쳐 흐르는 듯한 의상의 씰루엣과 뾰족한 형태의 구두, 모자, 장신구 등이 보인다.

이 시기에는 남녀 복식의 차이가 뚜렷해지고 꼬뜨(cotte), 쉬르코(surcot), 로브(robe), 푸르푸앵(pourpoint) 등과 같이 복식의 종류가 많아졌으며 복식의 형태에도 씰루엣의 변화가 커졌다.

또한 십자군 전쟁의 실패로 인한 종교에 대한 회의로 기독교적인 관념에서 벗어나 인간적인 본능에 전념하려는 욕구에서 자신의 치장에 관심을 갖게 된다. 십자군 전쟁시 기사의 표시로 시작되었던 문장(heraldry)은 복식에서 자수의 발달을 가져왔으며 단추, 액세서리, 손수건 등이 본격적으로 애호되기 시작했다.

제 3 부

근 세 복 식

제 11 장

르네상스 시대의 복식

1. 사회·문화적 배경

서양복식사를 통해, 르네상스(Renaissance) 시대부터 프랑스 혁명에 이르기까지의 사회적 배경은 인간생활의 풍성한 개화기를 생각하게 한다. 당시의 정치, 경제, 문화, 예술, 종교 등 생활에 관한 많은 문제가 어우러져 복식문화를 자극하고, 복식은 일반인들이 가장 많은 관심을 집중시키는 대상으로서 하나의 모습을 형성했다.

그것이 한정된 민족의 어떤 짧은 시기를 통해 있었던 특정한 복식관의 소산에 지나지 않았다 하더라도, 그 다양한 변천상에서 인간의 유기적인 생활의 일면을 엿볼 수 있을 것이다. 세계 모드(mode)의 발생, 귀족복에서 시민복으로의 역점(力點)의 이행, 수공업에서 공장제공업으로의 발전 등 현대복을 결정짓는 많은 조건들이 주로 근세로의 발전 과정 중에 나타난 것임을 생각할 때, 이 시기의 복식의 변천 과정을 살펴보는 것은 매우 의의있는 일이다.

1453년 오스만 투르크(Osman Turk)에 의해 비잔틴 제국이 함락되자 예술가·학자들이 서유럽으로 망명해 와 1,000여 년을 지속해 온 유럽의 문화권이 본격적으로 서유럽으로 이양되기 시작했다. 이것이 직접적인 계기가 되어 르네상스 운동이 이탈리아를 선두로 하여 점차 유럽 전지역으로 확대되어 갔다.

르네상스는 서유럽이 근대화하는 계기가 되는 역사상 획기적 의의를 갖는다. 우선 유럽은 중세적인 조직에서 근대적 조직으로 이행해 가는 과정에 있어 명백히 국가체계가 확립된 하나의 사회로 존재하고 있었으며 이때 강력하고 야심적인 군주들의 출현으로 절대왕정의 기반을 닦고 있었다.

경제적 측면에서 볼 때 근대화는 더욱 두드러진다. 비잔틴 제국의 몰락으로 지중해 무역은 대양 무역으로 전개되면서 프랑스와 네덜란드가 그 중심지로 활약하게 되었다.

교역의 확장에 따라 상품의 수요가 크게 늘어 생산방법도 가내수공업에서 도매상 체제로, 다시 공장제수공업 체제로 확대되었다. 이러한 경향은 직물산업에서 특히 현저하여, 16세기가 되면 선진국에서는 이미 자본가와 임금노동자에 의한 자본주의의 싹이 트기 시작했다. 여기에서 직물생산과 시장을 소유한 부르주아 상인들은, 지방 영주들을 장악하기 위한 경제적 힘이 필요했던 왕과 결탁하면서 사회적 신분을 갖게 되었다. 즉, 재산에 의해 새로운 귀족으로 등장할 수 있었는데, 이러한 사회구조는 이후 16~18세기에 이르기까지 유럽의 복식문화를 왕실과 재산을 가진 귀족

중심으로 발달하게 만들었다. 또한 패션의 중심지가 유럽 왕계(王系)의 변천과 함께 경제적으로 부강한 국가들로 이동하는 현상을 보이는 것도 이러한 이유에서이다.

15세기 말에는 직물 산업과 은행업의 선진국인 이탈리아가, 16세기에는 절대왕정을 일찍 확립하고 아메리카의 발견으로 막대한 금·은을 수중에 넣은 스페인이 중심적 존재로 군림했다.

그러나 프랑스는 이러한 이동과는 상관없이 계속 독자적이며 종합적인 패션의 중심지로 존재하여 17~18세기에는 유럽 복식문화를 대표하는 지위를 차지할 수 있었다. 프랑스는 자국의 영토에서 직물산업이 발달했고 내륙무역의 중계지로 다종다양한 문물이 유입되었으며 예술감각이 뛰어났기 때문에, 그들의 의상과 장신구는 서유럽 귀족들의 관심과 동경의 대상이 될 수 있었던 것이다.

아름다운 의상을 외국에 전달하는 방법으로는 인쇄술이 아직 발달하지 못했으므로 주로 유행하는 복식을 인형에 입혀 각지로 보냈다. 이후 이 인형들은 17~18세기까지 서유럽의 패션 보급에 중요한 역할을 하게 된다.

유행의 전달에 있어 부(富)는 복식의 대중성을 가져왔다. 즉, 부유한 시민들은 귀족보다는 약간 늦으나 이전까지는 귀족에게만 한정되었던 새로운 모드를 즐길 수 있었다. 그러나 귀족계급과 유사한 정도의 사치를 막기 위해 사치금지령(奢侈禁止令, sumptuary laws)이 수차례에 걸쳐 내려졌는데 이는 고딕 시대로부터 계속 행해지던 것으로, 금·은·보석의 사용은 궁정과 교회에만 국한되어 있었고 붉은 보라색·금색·고급 털·벨벳·행잉 슬리브(hanging sleeve) 등의 사용을 금했으나 실효를 거두지 못했다.

르네상스 시대의 복식을 이해하기 위해서는, 이 시대의 현저한 직물산업의 발달을 염두에 두어야 한다. 직물산업은 생산체제뿐 아니라 기술도 크게 개선되었는데, 기계가 개량되고 염색가공술의 과학적 진보가 이루어지면서 새로운 상품이 계속 개발되었다. 더욱 질이 높아진 브로케이드나 고급 모직 등이 동방에서 전래되었고, 단색의 벨벳이나 두 가지 색 이상의 문양직, 털 길이에 차이를 두어 광택과 무늬 효과를 살린 것, 자수를 놓은 것 등 직물의 종류가 매우 다양해졌는데, 이들의 호화스러운 색상과 광택, 부드러운 감촉은 귀족들의 미적 감각을 더욱 고조시켰다.

또한 중세 말기에 유행했던 동물의 털이 상류층에서 애용되었고, 특히 이중층의 털은 그 길이와 색 차이로 인한 장식효과가 가장 진기한 품목으로 취급되었다. 이밖에 여러 가지 색깔의 스트라이프 체크(stripe check), 편직물(knit) 등이 개발되었고, 직조기술 외에 금·은·색실을 사용한 자수 방법이 연구되어 널리 애용되었으며, 다양한 종류의 레이스가 개발되어 르네상스 복식의 특징적인 모습을 보여주었다.

그림 159. D. Bramante, The Tempietto(1502년)

그림 160. Renaissance 시대의 건축 내부

16세기에는 스페인을 선두로 각국이 식민지를 개척하게 되자, 다른 나라로부터 진기한 물품들이 쏟아져 들어오기 시작하여 이들이 곧 복식의 재료로 이용되었고, 특히 아시아에서 수입한 염료는 이들의 염료 개발에 큰 도움을 주었다.

이처럼 다양한 종류의 직물과 장식품이 르네상스라는 시대정신과 어우러져 종래에는 볼 수 없었던 화려하고 기이한 복식이 출현하게 되었으며 여기에는 종교적 색채가 배제되고 현실생활에 대한 정열과 풍부한 감정이 넘쳐 있었다.

십자군 전쟁이 실패로 끝나면서 교회는 더 이상 중세에서와 같이 절대적 존재로서 개인생활의 지침이 될 수는 없었다. 교회의 권위는 매우 약화되었고, 더욱이 중상주의(重商主義)가 발달함에 따라 세속적인 교회로 타락해 갔다. 따라서 14세기 말부터는 교회를 비판하는 기운이 일어나기 시작했고, 16세기에는 루터(Martin Luther, 1483~1546년)와 캘빈(John Calvin, 1509~1564년)에 의해 종교개혁으로까지 발전하였다.

이러한 과정을 겪는 동안 그 당시의 사람들은 감히 신을 부정하지는 않았지만, 신 중심의 생활에서 벗어나 인간중심적인 사고를 중시하게 되었다. 그 결과 이 시대의 예술활동은 인간을 위한 인간중심의 순수한 미의식의 회복을 추구한다는 창조적 목표를 가지고 그리스·로마의 예술양식을 모방하여 그대로 재현하려 했다〈그림 159, 160〉. 또한 고딕에서 성행했던 종교적 감각의 문양과 문장이 사라지고, 천연의 꽃과 잎을 그대로 묘사하여 규칙적으로 배열하는 자연적 문양이 직물, 공예품, 장신구에 사용되었다.

그림 161. Catherine de Medici

그림 162. Renaissance 시대의 남녀의상(1581~1582년)

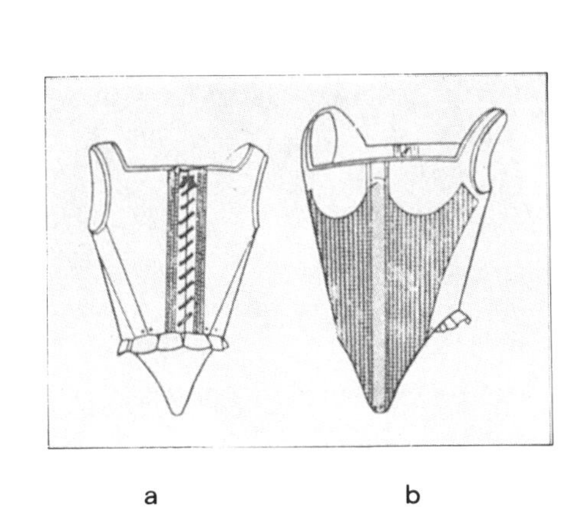

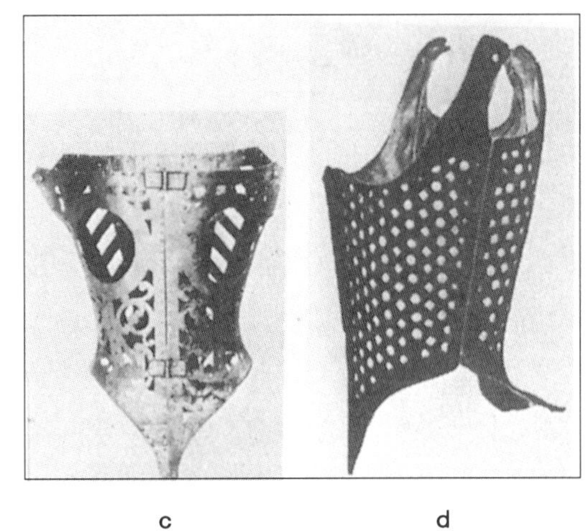

a b c d

그림 163. basquine : a · b, corps-piqué : c · d

복식에 있어서는 고전의 모방이 전면적으로 행해질 수는 없었다. 즉, 중세복식의 복잡한 기교를 이미 경험한 르네상스인들이 그리스·로마의 단순한 형으로 다시 돌아갈 수는 없었던 것으로 단지 디자인에 영향을 주었는데, 세기 말에 유행한 남자 상의의 정교한 주름이나 여자 스커트의 주름은 이를 나타낸 것 같다.

그러나 그리스와 로마 의상의 본질인 인체의 아름다움을 살리고자 하는 노력은 르네상스 복식의 표면정신이 되어 인체미의 강조와 더불어 인체의 인위적인 과장에까지 이르게 되었다. 고딕 시대에는 몸의 곡선을 자연스럽게 나타내기 위해 몸에 편안하게 잘 맞는 의상을 착용했으나, 르네상스 시대에 들어와서, 남자들은 남성미를

그림 164. 독일의 군복에서 시작된 slash

그림 165. slash사이로 puff시킨 chemise

강조하기 위해 어깨와 소매, 가슴을 과도하게 부풀리고 여자들은 여성미를 선정적으로 나타내기 위해 목둘레선을 가슴 깊이 파고 허리를 가늘게 조였다. 허리를 더 가늘어 보이게 하기 위해 소매와 스커트를 부풀렸는데 이는 러프 칼라(ruff collar)와 리듬의 조화를 이루기도 했다.

씰루엣의 과장은 16세기에 더욱 심해져 전성기 르네상스 양식(high Renaissance style)을 이루게 된다〈그림 162〉. 코르 피케(corps-piqué)나 스터머커(stomacher) 등의 몸통을 졸라매는 콜셋〈그림 163〉과 스커트를 부풀리기 위한 파딩게일(farthingale) 등 인체미를 강조하는 인공물이 사용되어, 높은 러프 칼라와 함께 기이한 외관을 보였다. 또한 남자들은 패드와 주름을 사용하여 체형을 과도하게 부풀림으로써 다리 부분을 제외하고는 인체의 선이 드러나지 않게 했다.

이와 같이 절대왕권의 기반이 확립되어 가고 경제적으로 융성해지자 귀족들과 부르주아 상인들은 그들의 권력과 재산을 과시하고자 하는 욕구를 의상의 양감(量感) 및 외양의 화려함에서 찾으려 했다. 따라서 르네상스 시대의 의상은 과장된 씰루엣뿐 아니라 화려한 장식으로 복식 그 자체가 하나의 예술품이었다.

외형의 엄격한 위엄과 전체적인 조화미는 르네상스 복식의 특징으로, 구교국(舊敎國)인 스페인의 패션에서는 종교적 색채가 더해져 피부의 노출을 허용하지 않았으며 장식성을 배제하고 단색성(單色性)의 품위를 높여 주었다.

그림 166. 독일 의상의 소매모양(1563년)

씰루엣의 변화는 고딕 시대 이래로 진전되어 오던 재단법의 발달을 더욱 촉진시켜, 중세적인 튜닉 스타일 재단이 이 시기에 와서는 상의와 하의의 투피스 식으로 완전히 분리되었고 세부적인 재단도 더욱 기교화되어 갔다.

르네상스 시대의 사람들은 새롭고 독창적인 것을 매우 좋아했는데 이러한 기질을 복식에서도 그대로 읽을 수 있다. 예를 들면 십자군 전쟁 때 군복의 칼자국이었던 슬래쉬(slash)〈그림 164〉가 장식요소의 하나가 되어 일대 성행을 이루었고, 소매 하나에 있어서도 무수한 슬래쉬와 여러 층의 주름, 행잉 슬리브 등 기이한 외관의 다종다양한 모양들이 유행한 것을 보더라도 잘 알 수 있다. 특히 슬래쉬는 찢어진 틈 사이로 다양한 색상의 천이나 흰 슈미즈가 보이게 했고〈그림 165, 166〉 가장자리에 보석을 달아 움직일 때마다 펄럭거려 그 호화로움이 장관을 이루었을 것이다. 그 사치와 낭비가 너무 심해 여러 차례에 걸쳐 슬래쉬 금지령을 내렸음에도 불구하고 계속 유행된 것으로 보아 르네상스인의 화려한 복식관을 짐작할 수 있다.

또한 16세기 중엽부터 나타나기 시작한 특이한 러프 칼라(ruff collar)와 앞이 트인 로브(robe)는 그 시대 왕실의 패션 리더(fashion leader)들에 의해 급속히 유행되면서 메디치 칼라(Medici collar), 엘리자베스 칼라(Elizabeth collar) 등 화려하고 장엄하기까지 한 독특한 모양으로 발전하여 르네상스 전성기의 복식을 특징짓는 요소가 되었다.

이처럼 르네상스 시대의 복식은 한 형태가 급속도로 유행되었다가 사라지기도 하고, 다른 시대에 비해 매우 다양하고 개성적인 여러 형태가 공존하는 등, 중세에서 근대로 넘어가는 과도기의 복식으로서의 성격을 갖고 있었다.

2. 복식의 개요

일부 복식학자들은 르네상스 시대의 복식을 15세기 르네상스 초기양식과 16세기 르네상스 후기양식으로 나누기도 했으나, 본저(本著)에서는 14세기까지를 고딕 양식에 포함시키고 르네상스 시대의 복식은 15세기부터 16세기 말까지의 양식을 한 단원에 다루었다. 그 이유는 장식의 가감(加減)이 있었을 뿐 초기와 후기 복식의 기본 성향은 변함이 없다고 생각하기 때문이다. 또한 15세기부터는 프랑스가 패션의 중심지가 되므로 프랑스 복식을 중심으로 연구하기로 한다.

14세기까지의 신본주의(神本主義) 사상을 바탕으로 한 고딕 양식은 인간의 인체미를 변형시키지 않고 자연스럽게 인체의 곡선을 의복으로 표현함으로써 입체적인 씰루엣을 보여 주었다. 물론 같은 시대에 비잔틴에서는 인체의 곡선미를 전혀 나타내지 않고 의상의 표면 장식에 치중했기 때문에 입체적인 씰루엣보다는 평면적인 씰루엣을 구성했다. 이러한 종교적인 분위기를 가진 복식성향은 르네상스 시대로 접어들면서 인간중심으로 변화된다. 즉, 인간성의 재생을 목적으로 하는 르네상스 복식의 특징은 관능적인 아름다움에 치중하여 인간의 인체미를 변형시켜 가면서까지 과장된 씰루엣을 형성한 데에 있다.

여자들은 허리를 가늘게 조이고 스커트 부피를 크게 늘려 과장된 아워글라스 씰루엣(hourglass silhouette)을 이루었는데, 소매에 부풀리는 패드를 넣음으로써 이 씰루엣을 더욱 강조할 수 있었다. 남자들은 우람한 남성미를 나타내기 위해 어깨와 가슴에 패드를 넣어 크게 부풀리고 팽창미를 더욱 강조하기 위해 허리는 가늘게 조였으며, 곳에 따라 바지에도 패드를 넣어 부피감을 주었다.

무엇보다도 르네상스 시대의 커다란 특징은 슬래쉬와 러프 칼라에 있다. 슬래쉬는 찢어진 군복에서 착상된 디자인 모티프로 남녀 공동으로 애용했는데, 특히 남자복 소매와 상의에는 무수한 슬래쉬가 다양한 형태로 디자인되었다. 또한 러프 칼라가 갖는 우아한 선과 규칙적으로 배열된 주름의 리듬은 의상 전체의 씰루엣과 리듬의 조화를 잘 이루어 르네상스 시대의 의상을 더욱 아름답게 했다.

씰루엣의 변화뿐 아니라 자수와 보석의 과다한 장식도 르네상스 복식의 주된 특징으로 비잔틴에서 유래한 호화로운 직물과 자수, 보석의 사용이 직물산업의 발달로 인해 이 시기에 와서 더욱 빛을 내게 된 것이다.

3. 여자의 의복

14세기부터 나타난 우플랑드는 고딕 시대의 의상으로 15세기부터 그 형태가 변화되기 시작했다. 상체가 더욱 타이트해졌으며, 옷의 길이가 너무 길어서 땅에 끌리던 것이 땅에 살짝 닿는 정도의 길이로 짧아지게 되었다. 이러한 변화는 르네상스 시대 여자복식의 대표적 의상인 로브(robe, gown) 스타일로 바뀌는 과정을 보여 주는 것이다.

16세기에 들어오자 당시 사람들은 가는 허리, 부풀린 스커트와 소매 등의 인위적인 강조에서 새로운 복식미와 모드의 본질을 발견하게 된다. 새로운 이들 요소는 근대 여자복식의 개념을 결정하는 데 큰 역할을 했다. 즉, 르네상스 시대의 복식은 우아하고 품위있는 씰루엣을 바탕으로 했고, 17세기 바로크 시대에는 남성적인 약동감으로, 18세기 로코코 시대에는 가벼운 율동감이 넘치는 여성적인 자태로 전개되었으며, 19세기에 이르러서는 로맨틱(romantic)하고 환상적인 양상으로 변화를 거듭했다. 이들은 모두 르네상스풍의 새로운 조형미가 시대감각에 맞게 변화한 것이다.

르네상스 시대의 여자들은 로인클로스나 언더팬티(under-panty)는 입지 않았다. 맨살 위에 리넨으로 만든 슈미즈를 입고, 그 위에 가슴과 허리를 조이는 콜셋과 스커트를 부풀리는 페티코트(petticoat)를 입고 마지막으로 소매를 부풀리고 목선을 가슴 깊이 내려 판 데콜테 로브(décolleté robe)를 입었다.

우플랑드(Houppelande) 우플랑드는 중세의 고딕 양식을 대표하는 의상으로 15세기에 로브가 출현할 때까지 씰루엣을 변화시키면서 애용되었다. 이 옷은 헐렁한 몸체와 넓은 소매통, 그리고 소맷부리가 깔때기처럼 넓어지는 것을 특징으로 한다. 가슴 밑에 장식적인 넓은 벨트를 하여 드레스 주름을 풍성하게 잡았고, 길이가 길어 앞자락은 들어올렸으나 뒤는 항상 길게 늘어뜨렸다. 옷감은 화려한 무늬를 넣어 짠 씰크나 울을 사용했고 소맷부리와 칼라는 모피(fur)로 장식하기도 했다.

15세기에 이르러 우플랑드는 기괴하던 소매모양이 정리되고 길이도 짧아져 평상복화되면서 로브(robe)로 변했다〈그림 167〉.

로브(Robe) 고딕 시대를 대표하던 꼬뜨와 우플랑드가 변형되어 나타난 의상으로, 가운(gown) 또는 드레스(dress)라는 명칭을 가지고 있다〈그림 153, 167〉. 얼른 보기에 원피스 드레스 같지만 구성상 투피스로 되어 있다. 상체는 몸에 꼭 끼고 소매통이 좁은 것이 우플랑드의 원래 형태에서 변화된 점이다. 초기에는 스커트 폭이 여전히 넓고 길었지만 16세기로 접어들면서 목선이 많이 내려가고 스커트의 길이는 약간 짧아져 마루에 끌릴 정도가 되었고, 원추형이나 원통형으로 형태를 만들기 위해 속에 페티코트 스커트를 입기 시작했다.

16세기 중엽부터 원형의 러프 칼라나 부채형의 메디치 칼라, 퀸 엘리자베스 칼라(queen Elizabeth collar) 등이 목선에 달리면서 이 시대의 로브를 특징지운다. 드레스는 부풀린 소매와 장식소매, 역삼각형의 앞장식판 스터머커, 슬래쉬(slash) 등도 로브를 특징짓는 요소들이다.

그 중에서도 특히 주목되는 것은 슬래쉬로서 이것은 군복에 생긴 칼자국이 기본 모티프로, 군사들이 그들 의복의 꼭 끼는 부분을 조금씩 찢음으로써 시작된 것 같다. 이것이 일반인들의 복장에 크게 유행했는데, 여자복의 경우 특히 소매에 많이 사용되었다. 그 모양은 처음에 사선, 직선, 십자 등으로 단순하던 것이 둥근 모양, 별모양, 잎사귀 모양, 꽃모양 등 좀더 복잡한 여러 가지 형태로 변했다. 슬래쉬의 사이로는 화려한 속옷이 보이기도 하고 가장자리를 자수와 보석으로 장식하는 등, 매우 화려하고 사치스러워 마치 옷 여기저기에 꽃이 핀 듯한 인상을 준다. 이 슬래쉬는 당시 유럽에서 열병과 같이 유행되었고, 사치와 낭비로 인해 금지령이 내리기도 했으나 유행은 계속되었다.

르네상스 시대의 소매 모양은 여러 종류가 있었는데 그 중에도 양의 다리(leg of mutton) 모양이 많이 애용되었다. 이것은 어깨부터 팔꿈치까지 고래수염이나 헝겊조각 등으로 만든 패드를 넣어 부풀리고 팔꿈치부터 손목의 진동까지는 팔에 꼭 끼게 만든 디자인이다〈그림 162, 177〉.

소매의 디자인이 복잡해지자 구성과 착용에도 불편이 생기게 되어 1540년경부터는 소매를 분리시켜 따로 재단하고 구성하여 스터머커와 같은 바탕의 천과 짝을 맞추어 입었다. 짝을 맞추면서 새로운 변화와 뉘앙스를 갖게 되어 드레스 한 개에 여러 종류의 소매를 준비해 두었다. 따로 구성된 소매는 어깨의 진동에서 드레스의 몸체와 끈으로 결합시켰는데, 이때 결합된 부분이 보이지 않게 하기 위해 디자인된 것이 어깨날개, 즉 에폴렛(épaulette : 佛, wing : 英)이다〈그림 173〉. 이것은 위 진동선을 따라 둥글게 패드를 넣어 만든 것으로, 슬래쉬와 자수, 보석 등으로 장식했다.

에폴렛과 함께 행잉 슬리브가 장식적인 목적으로 달리기도 했다. 이것은 중세 때 코타르디에 달렸던 장식소매인 티핏(tippet)과 거의 같으나 그것보다 더욱 화려하게 장식한 것으로, 끝이 막혀서 손수건이나 돈지갑 등 소지품을 넣는 기능적인 역할도 했다.

그림 167. 초기 Renaissance 시대의 남녀복식(15세기)

이렇게 한 벌의 로브를 만드는 데는 막대한 경비와 노력, 기술 등을 필요로 했을 것이며, 세탁과 손질에도 숙련과 인내가 필요했을 것으로 본다. 로브의 옷감은 값비싼 두꺼운 씰크와, 금실로 무늬를 만들어 짠 브로케이드, 벨벳 등이 사용되었고, 여기에다 갖가지 보석을 장식하여 그 무게가 상당했을 것으로 추측된다.

◆ **스터머커(Stomacher)** 프랑스에서는 피에스 데 스토마(piece de stoma)라고 불렀고 영국에서는 스터머커라고 불렀다. 이것은 코르피케나 바스킨 위에 가슴과 아랫배에 걸쳐 역삼각형으로 붙인 가슴받이장식(胸依)을 말하며 두꺼운 리넨이나 카튼에 풀을 먹여 밖으로 둥글게 입체감을 내면서 평평하게 만들어졌는데 바스크로 단단하게 패드를 넣어 형을 유지하게 했다. 겉은 화려한 씰크나 금실을 넣어 짠 비단을 주로 사용했다. 이 스터머커는 로브 중에서 가장 눈에 띄기 때문에 르네상스 시대의 귀족들은 서로 경쟁적으로 진귀한 보석과 화려한 자수로 장식을 했다. 예를 들어 독일의 브란덴부르크 왕녀인 엘리자베스의 스터머커에는 44개의 진주와 14개씩의 다이아몬드와 루비가 화려하게 장식되어 있어서 마치 보물진열판과도 같았다. 이렇게 화려한 장식을 목적으로 한 스터머커는 코르피케(corps-piqué)에 붙여 입거나 로브에다 가는 끈으로 연결해 입었다고 생각된다.

스터머커의 목둘레선 부분은 직선으로 되어 있어서 착용하면 데콜테로 스퀘어 네크라인(square neckline)이 된다. 넓고 깊게 판 대담한 이 데콜테는 초기에 많은 비난을 받았기 때문에 앞 가슴선 끝에 슈미즈의 프릴이나 러플 장식을 달아 유방을 가

그림 168. Renaissance 시대의 복식을 착용한 한 가족

리도록 했다. 이 슈미즈의 러플은 스페인의 영향을 받아 가슴선에서 점점 올라와 목까지 닿았는데, 따로 가슴과 목만을 가리는 가슴가리개인 파틀렛(partlet)도 생겼다〈그림 169〉. 1530년경부터 슈미즈의 러플은 커지기 시작하여 목 주위를 아름답게 장식했다.

프랑스에서는 영국과 독일에 비교하여 데콜테의 전통이 강하므로 오랫동안 파틀렛이 남아 있었던 것으로 보인다. 가슴과 목을 가린 파틀렛은 그물망이나 얇고 투명한 리넨의 레이스에다 작은 진주와 보석, 반짝이는 황금 스팽글(spangle) 등을 달아 장식했기 때문에 데콜테로 파인 가슴을 더욱 아름답게 보이게 했다. 투명해서 선정적인 파틀렛은 데콜테 네크라인에서 하이네크라인으로 옮겨가는 과정을 보여 주며, 육감적인 데콜테의 멋을 동시에 나타내려는 의도를 갖고 있었던 것 같다. 르네상스 시대 의상의 특징을 가장 두드러지게 나타내는 러프 칼라는 슈미즈의 목둘레선에 잡은 작은 러플이나 파틀렛이 발전하여 생긴 것으로 파틀렛은 러프 칼라가 생기면서 자취를 감추게 된다.

◆ **러프(Ruff)** 러프(ruff : 英)는 프레즈(fraise : 佛)로도 불리우며 목에 다는 장식 칼라(collar)를 뜻하는데, 16세기 르네상스 시대의 의상을 어느 것보다도 명확하게 특징지워 주는 요소 중의 하나이다〈그림 168〉. 이 러프는 러플(ruffle)로도 표현되는데 러플은 물결치는 듯한 주름 칼라를 말하며, 러프는 16세기 르네상스 전성기에 풀을 먹여 정교하게 S자로 주름잡은 높고 둥근 칼라를 말한다. 러프는 데콜테 디자인으로

그림 169. 망사와 진주로 만든 partlet(1550년)

그림 170. Renaissance 초기의 chemise

목선이 많이 파인 앞가슴을 얇은 리넨의 슈미즈〈그림 170, 171〉로 가리면서 목선에서 주름을 잡기 시작한 러플〈그림 172〉이 발전한 것인데, 구성과 손질에 고도의 기술을 요하는 정교한 것으로 바뀌어 갔다. 1560년이 되자 드레스의 데콜테는 가려지고 칼라를 따로 만들어 붙이는 러프〈그림 174〉가 유행했다. 러프의 크기는 스커트의 크기와 비례하여 확대되었는데, 러프의 주름과 스커트의 주름은 서로 리드미컬한 조화를 이루어 드레스를 더욱 돋보이게 했다〈그림 168, 174, 175, 176〉.

러프가 가지는 우아한 선과 규칙적인 주름의 리듬이나 섬세한 뉘앙스는 르네상스 사람들이 갖는 미적 감각을 그대로 반영한 것이라 하겠다. 르네상스 시대의 사람들은 이 참신한 디자인을 다투어 받아들였고, 따라서 러프는 모양과 장식에 기교를 더하면서 놀랄 정도로 신속하게 보급되었다. 초기의 러프는 작은 형태의 것이었으나 〈그림 173, 174〉 1560년대에는 러프 가장자리에 레이스 장식이 붙어 화려하고 정교한 형태로 발달되어 갔다. 1580년대는 러프의 전성시대로, 당시의 로브에는 거창한 주름장식이 두세 겹으로 되어 있어 퍽 인상적이다〈그림 177〉. 헨리 3세가 착용한 러프는 20~35cm의 폭과 7m 길이의 레이스로 만들었다고 한다. 일반 평민은 작은 것을, 귀족은 주름이 깊고 큰 러프를 사용했는데 의식(儀式)때는 더 거창한 것을 사용했다고 한다.

대형의 러프를 만드는 데는 섬세한 감각과 숙련된 기술과 인내가 필요하여, 이것을 잘 만드는 다년간의 경험있는 전문가들은 많은 보수와 좋은 대우를 받았다고 한다. 주름을 만드는 방법은 먼저 뼈나 나무로 된 틀잡이와 둥근 막대를 덥혀서 풀먹

그림 171. Renaissance 초기의 자수된 chemise

그림 172. Charles 5세의 부인이 된 Portugal의 Isabella 공주(1535년)

그림 173. pad와 slash로 장식된 épaulette

그림 174. 원형의 ruff collar(16세기말)

인 얇은 리넨이나 카튼, 씰크 등의 천에 대고 S자형이 되도록 주름을 하나씩 접어나간다. 그러나 이러한 종류의 틀잡이와 막대로는 작은 러프밖에 만들 수 없어서,

그림 175. 바퀴모양의 거대한 ruff (1585~1590년)

그림 176. queen Elizabeth 1세

1573년경부터는 철제 스틱이 고안되었다. 이때부터 웬만한 대형의 것도 쉽게 주름을 잡을 수 있게 되었다. 틀이 잡히면 러프를 틀에서 빼놓고, 말려서 형이 고정될 때까지 기다렸다가 둥근 상자에 넣어 보관한다. 풀을 많이 먹여도 형태가 흐트러지기 쉽기 때문에, S자형 주름을 서로 맞붙여 꿰매거나, 또는 주름의 아래쪽을 금·은실 또는 씰크실로 꿰매고 고래수염이나 철사로 받침대를 만들어 러프 밑에 받쳤다. 또는 은과 구리로 틀을 만들어 옷에 고정시키고 러프를 그 위에 얹어 놓기도 했다. 스페인의 귀부인은 황금과 은으로 받침대 틀을 만들어 사용하기도 했는데, 이 받침대 가장자리에는 금·은실로 태슬을 만들어 매달았기 때문에 러프는 더욱 화려한 모습을 보였다.

러프는 고리로 여미거나 끈으로 맸다. 대형의 러프는 밑에 패드를 대고 패드를 슈미즈에다 끈으로 고정시켰다. 이 러프는 만들기도 힘들고 착용·세탁이 힘들어 많은 인력을 필요로 했다. 러프의 색은 풀(starch) 색깔에 따라 흰색, 붉은색, 푸른색, 보라색, 녹색 등 여러 가지가 있으나 흰색과 노란색이 일반적으로 많이 쓰였다.

러프는 1580년에 가장 큰 사이즈의 것이 등장하면서 최성황기를 이루었으나, 그로부터 얼마 안 되어 곧 어깨를 덮는 간소한 형식으로 변화된다. 어깨를 덮는 부채형의 러프 칼라는 프랑스 앙리 2세의 왕비 캐서린 드 메디치(Catherine de Medici)가 그녀의 본국 이탈리아에서 가지고 온 것으로 전해진다. 캐서린 드 메디치가 늘 애용

그림 177. Queen Elizabeth I 세

그림 178. Henry 8세의 첫 번째 부인 Catherine de Aragon

했던 이 칼라를 메디치 칼라(Medici collar)〈그림 161〉라고 하는데, 종전의 둥근 칼라의 앞을 트고 옆으로 부채모양을 이룬 러프 칼라를 말한다. 데콜테를 좋아한 프랑스인의 복식에는 부채꼴의 메디치 칼라가 잘 어울렸다. 이 부채형의 러프 칼라와 스터머커를 드레스에 달았을 때 목둘레선은 필연적으로 데콜테가 되어 차 바퀴와 같은 둥근 러프 칼라를 다는 것이 불가능하게 되므로 대신 메디치 칼라를 달게 된 것이다. 깊게 스퀘어로 파진 목둘레선의 어깨로부터 부채꼴로 세운 메디치 칼라의 모양은 위엄있는 둥근 러프에 비해 미적인 유연성과 기능성을 함께 소유하고 있는 것 같다. 영국에서도 메디치 칼라를 좋아했으나, 스페인에서는 하이 네크라인 드레스를 좋아했기 때문에 둥근 러프만 애용했다.

초기 르네상스 시대의 여자복식은 헨리 8세의 여섯 부인들의 복식을 통해 잘 살펴볼 수 있다〈그림 178, 179, 180, 181, 182, 183〉. 르네상스 말기에는 헨리 8세의 딸, 엘리자베스 1세 여왕(queen Elizabeth I)이 당시 가장 강력한 지도자로서 패션계에서도 가장 앞장서 가는 패션 리더였다. 그녀는 종전의 둥근 러프와 부채모양의 메디치 칼라를 합한 것과 같은 타원형의 부채모양을 한 거창한 러프 칼라를 애용했다. 후에 이 러프는 그녀의 이름을 붙여 퀸 엘리자베스 칼라(queen Elizabeth collar)라고 불린다〈p. 161〉. 메디치 칼라나 퀸 엘리자베스 칼라는 1620년경까지 유행했다.

그림 179. Henry 8세의 두 번째 부인
Anne Boleyne

그림 180. Henry 8세의 세 번째
부인 Jane Symour

그림 181. Henry 8세의 네 번째 부인
Anne of Cleves

그림 182. Henry 8세의 다섯 번째 부인
Catherine Howard

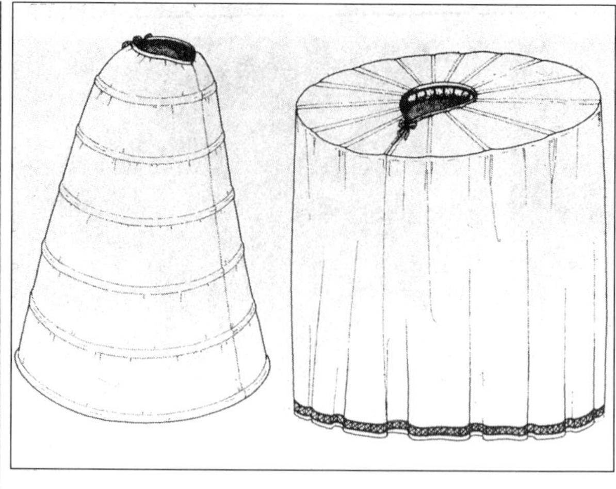

a b

그림 184. Vertugadin과 haussecul

◀ 그림 183. Henry 8세의 여섯 번째 부인 Catherine Parr

콜셋(Corset) 몸을 가늘게 조이는 기구를 일반적으로 콜셋이라 부르고 있다. 르네상스 시대 당시에는 콜셋이라고 부르지 않고 바스킨(basquine), 코르피케(corps-piqué)라고 불렀으며, 콜셋은 후에 붙여진 이름이다.

◆ **바스킨(Basquine)** 바스킨은 콜셋의 일종으로 불어 명칭이고 영어로는 웨이스트 코트(waistcoat)나 웨일본드 바디스(whaleboned bodice)라 한다. 로마네스크 시대에 몸의 곡선을 내기 위해 입었던 코르사주와 같은 목적으로 입혀졌지만 르네상스에서는 허리를 인위적으로 조이는 정도가 코르사주와 비교되지 않을 정도로 심했다. 바스킨은 앞이나 옆, 또는 뒤가 트인 조끼 형식으로, 허리뿐만 아니라 가슴과 배까지 조이는 역할을 했다. 바스킨은 풀먹인 리넨 천을 두 겹으로 재단하고 그 사이에 바스크(basque)를 넣어 딱딱하게 부풀려서 그 형태를 만들었다〈그림 163-a · b〉. 바스크란 나무뿌리나 고래수염, 금속, 상아 등을 재료로 하여 만든 얇은 패드로 이를 리넨 두 겹 사이에 넣어 패드의 역할을 하면서 모양을 유지하도록 촘촘하게 누볐다. 바스킨의 밑 부분에는 끈이 달려 있어서 스커트를 부풀리는 속치마와 연결시킬 수 있게 디자인했다.

◆ **코르피케(Corps-piqué)** 몸을 조이는 콜셋의 일종으로 종래의 바스킨보다 더 강하게 몸을 조일 수 있도록 재료와 구성법이 한층 발달된 것이다. 코르피케는 1577년에 나타나 다음 세기까지 계속된다. 형태는 바스킨과 별 차이가 없으나 두 겹 이상의 리넨을 겹쳐서 누벼 바스크의 딱딱함을 보강한 것이 특징이다. 앞 중앙 아래로 뾰죽

한 부분은 나무나 금속 등의 바스크로 딱딱하게 만들었다. 오프닝은 앞이나 뒤의 중앙에 있으며 끈으로 조여 맸다. 앞이 트인 드레스가 유행하자 코르피케의 앞면 장식이 중요해져서 아름다운 천으로 만들었다.

이와는 별도로 허리를 원하는 만큼 가늘게 조일 수 있도록 얇은 철제로 코르피케를 디자인한 것도 있다〈그림 163-c·d〉. 이것은 전·후·좌·우의 네 조각으로 되어 있는데, 앞의 가운데와 양 옆에 장식이 붙어 있고 뒤중심에서 고리(hook & eye)나 죔나사(bolt)로 맞채워졌다. 앞·뒤 두 장의 철편(鐵片)으로 된 것도 있는데, 이것은 한쪽 옆에 장식이 있고 다른 편 옆쪽에서 고리로 잠그거나 볼트(bolt)로 조이게 되어 있다. 이런 철판에는 작은 구멍이 전체적으로 나타나도록 디자인한 것도 보인다.

버팀대 스커트 버팀대는 두 가지의 형태로 원추형과 원통형에 따라 명칭이 다르다〈그림 184〉.

◆ **베르튀가댕(Vertugadin)** 베르튀가댕은 스커트를 부풀리기 위한 원추형의 버팀대로 영국에서는 파팅게일(farthingale)이라고 했다〈그림 184-a, 185〉. 르네상스 시대의 로브는 스커트를 원추형이나 원통형으로 부풀린 씰루엣을 가진 것이 중세 때의 드레스와 또 하나의 다른 점이다. 중세 말기 이후 스커트를 넓히는 연구는 프랑스와 독일에서 시도되었고, 그 결과 플랙스(flax)나 리드(reed), 울을 재료로 한 펠트(felt : 섬유나 직물을 열과 수분으로 압축해서 만든 옷감)로 속치마를 만들어 버팀대로 사용했다.

그러나 인위적으로 마음껏 넓히고자 하는 시도는 15세기 후반에 스페인의 귀족의 상〈그림 185〉에서 실현되었다. 허리를 조이고 힙을 크게 부풀린 이 씰루엣은 귀족풍의 위엄·박력·아름다움을 과시하는 데에 퍽 효과가 있었다. 스페인의 궁정예법에 따르는 전아한 모드는 부강해지는 정치와 경제에 힘입어 큰 물결을 타고 유럽의 다른 나라의 궁정으로 빠르게 옮겨졌으며, 각자 그 나라의 민족적인 것으로 각색되어 특징있는 모습을 나타냈다. 유럽의 영국, 스페인, 이탈리아, 프랑스, 독일 등 각 나라에서 개성있는 드레스를 선보였는데 스커트는 모두 버팀대를 입어 부풀린 것이 동일하다. 버팀대에 따라 겉 스커트의 씰루엣은 조금씩 달라졌다.

베르튀가댕은 스페인어의 verdugo에서 유래된 말로 '가지가 잘 휘어지는 녹색의 어린 나무'를 의미한다. 원래 베르튀가댕은 어린 나무를 뼈대로 하여 틀로 만들어진 것이기 때문에 이런 이름이 붙여진 것 같다. 스페인에서는 이것을 verdugado라고 칭하고 이것이 프랑스에 전해져 verdugale, vertugale, vertugade, verdugadin 등의 이름으로 쓰이다가 결국 베르튀가댕(vertugadin)이 일반적인 명칭이 되었다. 당시의 문

그림 185. Spain : Isabella Clara Eugenia (1584년)

그림 186. 원통형의 skirt 버팀대를 착용한 style

헌에는 이상과 같은 많은 명칭이 두루 섞여 기록되어 있다. 한편 영국에서도 이 명칭이 처음 들어왔을 때에는 verdingal, fardyngale, verthingale 등으로 쓰이다가 드디어 파딩게일(farthingale)로 명명되었다.

베르튀가댕이나 파딩게일은 등나무나 종려나무의 줄기, 고래수염, 또는 쇠줄 등으로 둥글게 크기가 다른 틀을 만들어 리넨이나 카튼 밴드로 감아서, 풀먹인 리넨 속치마에 꿰맨 것이다. 이때 작은 사이즈의 틀은 위에, 큰 틀은 속치마 아랫단 쪽에 배치하여 벨 모양의 버팀대를 만들었다. 속치마는 리넨 외에 얇은 울이나 씰크 등을 사용했고 때로는 안감도 댔다. 색상은 흰색이 보통인데 붉은색, 회색, 노란색 등 여러 가지 색을 이용하기도 했다.

16세기 후엽에 이르러 베르튀가댕은 더욱 팽창된 오스퀴(haussecul)로 변한다.

◆ **오스퀴(Haussecul)** 16세기 후엽에 나타난 스커트를 부풀리기 위한 버팀대로, 베르튀가댕과 씰루엣이 약간 틀리다. 즉, 베르튀가댕은 벨 모양을 이루는 데 비해, 오스퀴는 자동차 바퀴를 여러 개 쌓아놓은 것과 같은 원통형의 씰루엣을 이룬다〈그림 184-b, 186〉. 그러므로 영국에서는 윌 파딩게일(wheel farthingale)이라고 한다. 오스퀴를 사용하면 스커트를 가는 허리에서 직각으로 크게 벌릴 수 있으므로 당당한 박력과 위엄을 느끼게 하여, 당시 르네상스 시대의 귀부인들은 급격한 축소와 확대의

형태미를 마음껏 즐길 수 있었다. 오스퀴는 자동차 바퀴와 같은 틀을 7~8개 같은 크기로 만들어 속치마에 꿰맸는데, 이때 앞은 뒤보다 약간 내려 붙였다〈그림 186〉.

스페인에서는 벨 모양인 베르튀가댕을 그대로 사용하면서 품위있는 안정감을 잃지 않았고 다른 나라에서도 원추형인 이 베르튀가댕을 오스퀴와 병행하여 같이 사용했다. 그러나 오스퀴가 그 구성법이나 착용 후 활동하는 데에 훨씬 편리했기 때문에 특히 승마를 즐기는 프랑스 귀부인들에게는 크게 애호되었다. 프랑스 앙리 2세의 왕비 캐서린(Catherine)의 주위에는 항상 40~50명의 아름다운 여성들이 오스퀴를 받친 화려한 의상을 입고 함께 승마를 즐겼다고 한다. 또한 프랑스에서 오스퀴는 서민에게까지 많이 보급되어 애용되었다.

영국에서는 엘리자베스 1세 여왕 시대인 1580년대에 가장 많이 유행했다. 엘리자베스 1세 여왕은 이 거창한 윌 파딩게일을 사용함으로써 작은 체격이지만 당당한 위력을 보일 수 있었다. 영국의 윌 파딩게일은 프랑스 것보다 더 많은 뼈대 재료를 사용하고 여러 가지 색상으로 다채롭게 만들었다. 크기도 거창해서 허리에서 수평으로 120cm까지 퍼지는 것이 많았고, 이를 덮어씌우는 스커트의 겉감은 6~8마의 옷감을 필요로 했다고 한다. 이 거창하고 호화로운 윌 파딩게일이 영국에서는 궁정복과 의례복으로 애용되었다. 버팀대가 완성되면 이 위에 아름다운 속치마와 페티코트 스커트를 2~3개 겹쳐 입고 그 위에 로브를 입었다.

슈미즈(Chemise) 르네상스인들은 로브 속에 리넨이나 씰크로 만든 슈미즈를 입었다〈그림 170, 171, 172〉. 슈미즈는 좁은 튜닉형의 원피스 드레스로 속옷을 말하는데, 언더튜닉이나 셔트로 표현하는 학자들도 있다. 슈미즈의 목둘레선에 댄 프릴이나 러플이 로브의 네크라인 밖으로 보이게 하다가 차차 목 근처로 올라가면서 앞가슴을 가리는 파틀렛을 형성했다. 소매는 좁고 길었으며 손목 둘레를 러플로 만들어 로브의 소매 밖으로 보이게 했다〈그림 178, 180, 181, 182, 183〉.

코트(Coat) 중세 당시에 꼬뜨(cotte)나 코타르디(cotehardie) 위에 입었던 우플랑드와 쉬르코가 르네상스로 접어들면서 변형된 것으로, 남녀공용이었다〈그림 187, 201〉. 추울 때나 정식 모임에 나갈 때는 로브 위에 가무라(gamura)를 입었다. 이 코트는 프런트 오프닝(front opening) 형식으로 상체는 넉넉히 맞고 허리부터 스커트 부분은 풍성한 씰루엣을 이룬다〈그림 182, 183〉. 코트의 소매는 종류가 적은 것으로 보아 로브의 성격을 형성할 만큼 중요한 역할을 하지는 못한 듯하다. 짧은 퍼프(puff) 소매, 패드를 넣지 않고 소매 끝으로 갈수록 넓은 깔때기모양의 소매 등이 많이 애용되었고 슬리브레스(sleeveless)도 많이 보인다.

앞의 오프닝에는 목선에서 허리까지 또는 목선에서 스커트 단까지 가는 리본 등이 달리기도 했는데, 앞트임의 절반 내지 전부를 열어 놓아 속의 로브를 자랑하기도 했다. 앞이 트인 형식은 동방에서 들여온 것으로, 남자복에서는 14세기경부터 푸르푸앵에서 그 영향을 볼 수 있음에 비해 여자복에서는 100여 년 후인 15세기부터 외투에 나타나기 시작했다. 동방에서 14세기에 들여온 단추도 남자복에서는 일반적으로 편리하게 사용되었으나, 여자복에서는 체형을 조여야 하는 필요성으로 끈이나 고리가 대신 사용되다가 19세기에 이르러 상·하가 떨어진 투피스식의 의상이 유행되면서 상의에 단추가 이용되었다. 앞여밈도 앞트임이 일반화될 때까지는 남자복에 준하여 오른쪽이 밖으로 오게 했다.

코트로 쓰인 옷감은 쌔틴, 태피터(taffeta), 서지(serge), 벨벳, 금·은실을 넣어 짠 브로케이드 등으로 화려한 재료와 다채로운 색상을 사용했다. 겨울에는 모피를 안에 대기도 했다.

언더니커즈(Under-knickers) 부피가 풍성한 형태의 속바지로서 프랑스의 캐서린 드 메디치가 처음 입기 시작하여 상당한 유행을 만들었다. 상류계급의 사람들은 금실을 넣어 짠 화려한 씰크로 만들고 일반인들은 리넨이나 얇은 울로 만들었다. 언더팬티(under-panty)를 입지 않는 이들 풍속에서는 언더니커즈가 누구에게나 필수적이었을 것이다.

4. 남자의 의복

프랑스에서는 르네상스 시대를 맞아 이탈리아로부터 우수한 예술과 공예기술자들을 초청하여 참신한 분위기를 궁중 안에 만들기 시작했다. 경제력의 확립과 중앙집권에 의해 권력을 증강한 왕은 자신의 위세를 화려하고 위엄있는 복장으로 나타내려 했고, 귀족들은 이를 추종했다. 따라서 화려한 직물의 본산지인 이탈리아로부터 사치스러운 직물을 많이 수입했다. 그러나 복식의 형태에 있어서는 이탈리아의 영향보다는 스페인의 영향을 많이 받았는데, 이는 여자복식의 경우와 같다.

15세기 남자들의 기본적인 복식은 슈미즈〈**그림 191**〉를 속에 입고 그 위에 상의로는 부피가 큰 푸르푸앵과 하의로는 쇼오스(chausses)를 입었다. 푸르푸앵은 고딕 시대부터 애용되어 오다가 16세기에 와서 가장 크게 빛을 보게 되었다. 16세기 남자복

◀ 그림 187.
영국의 Henry 8세

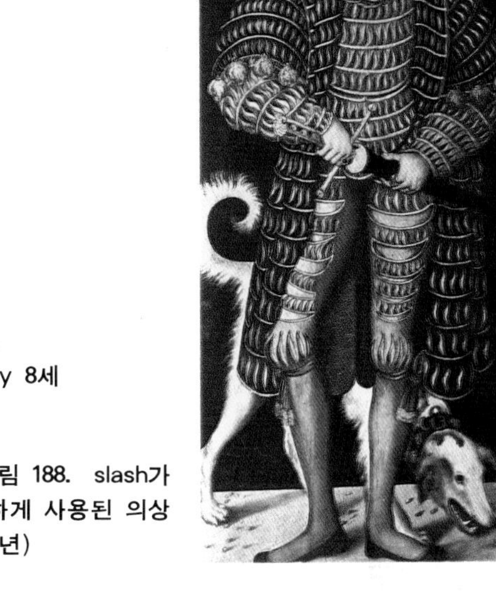

▶ 그림 188. slash가 과도하게 사용된 의상 (1530년)

식의 가장 큰 변화는 15세기에 풍성했던 푸르푸앵이 몸에 꼭 맞는 형태를 기본으로 하고 패드, 퍼프, 슬래쉬 등을 이용하여 박력과 화려함을 나타내게 되었다는 점이다.

패드는 원래 병사들의 갑옷 속에 신체보호의 목적으로 상의의 앞면에만 넣기 시작한 것이 일반 시민에게 옮겨져 육체의 곡선을 과장하는 취향으로 발전한 것이다. 르네상스인들은 자유자재로 신체의 형태를 변형시키는 즐거움을 갖고, 상의뿐만 아니라 하의에까지 패드를 넣어 남성적인 위세를 양감으로 표시하려 했다〈그림 187, 198〉. 특히 어깨와 가슴을 대조적으로 더 커 보이게 하려고 허리를 가늘게 조이기도 했다. 이렇게 곡선적인 의상이 성행하게 됨에 따라 제작과정에서 고도의 기술과 숙련이 요구되어 그 발달이 현저해졌다.

슬래쉬는 여자의복에서 설명한 바와 같이 르네상스의 특징적 장식으로 특히 남자복식에서 더 많이 이용되었다. 슬래쉬 사이로 울긋불긋한 천을 보이게 하고 가장자리에는 보석을 달았는데, 햇빛을 받아 호화찬란하게 빛나는 슬래쉬는 르네상스인들의 사치스럽고 기이한 것을 좋아하는 기질을 매우 만족시켰을 것이다. 슬래쉬가 너무 열광적으로 사용되어 슬래쉬 금지령이 몇 차례에 걸쳐 행해졌으나 실효를 거두지 못했다〈그림 187, 188, 189, 190, 192〉.

푸르푸앵의 칼라도 이 시대의 의상을 특징짓는 요소 중의 하나가 된다. 여자들이 로브에 달았던 러프를 남자들도 푸르푸앵에 달아 더욱 돋보이게 했다. 초기엔 슈미

그림 189. Robert Dudley, slash, ruff collar(1560년)

그림 190. 잎사귀 모양으로 slash된 pourpoint

그림 191. 자수를 놓은 chemise

그림 192. Tyrol의 Ferdiand (1542년)

그림 193. Renaissance 시대의 남자복식

그림 194. lace 장식의 ruff collar

즈의 목둘레선을 주름잡은 작은 러플 칼라였는데〈그림 189, 192〉, 이 작은 러플이 점점 커지면서 여러 가지 형태로 발전했고〈그림 193〉 1580년대에는 어깨를 거의 가릴 정도의 큰 사이즈로 변했다〈그림 194〉. 러프는 사이즈가 커지면서 두세 겹으로까지 강조되어 의상에서 중요한 자리를 차지했다. 이 러프는 여자들이 결혼할 때 남편에게 결혼 선물로 줄 만큼 값지고 귀중한 것으로 귀족들은 구성과 관리에 많은 인력과 기술이 필요한 이것에 많은 비용을 소모했다.

푸르푸앵(Pourpoint)

프랑스에서는 푸르푸앵이라 불렀고 영국에서는 더블릿(doublet)이라고 명칭을 붙였는데, 이는 르네상스 시대에 남자들이 입은 대표적인 상의이다. 푸르푸앵은 중세 시대 동안에 병사들이 갑옷 속에 입었던 지퐁(gipon)이 발달·변형된 재킷(jacket)으로, 패드를 넣어 부피를 크게 함으로써 남성미를 과시할 수 있었다〈그림 189, 190, 195〉.

16세기 초에는 목둘레선을 원형이나 사각형으로 깊게 파서 속에 입은 슈미즈〈그림 191〉의 러플이 보였으나, 후기로 가면서 스페인의 영향을 받아 목둘레가 점점 높아졌다. 화려한 자수를 한 슈미즈의 러플이 점점 커지면서 정교한 S자 주름으로 만들어진 러프로 변했으며 이 칼라는 따로 만들어 붙였다〈그림 193〉. 둥근 형의 이 장식 러프의 부착으로 네크라인은 턱밑까지 높아지고〈그림 189, 190〉 그 모양도 점차 프런트 오프닝 형식으로 되어 장식적인 단추를 달게 되었다〈그림 195〉. 이 앞트임 형식의 카

그림 195. Robert Dudley

그림 196. Henry 2세(1550년)

프탄 스타일(caftan style)과 단추 사용은 서유럽 본래의 것이 아니고 십자군의 원정으로 동방, 특히 터키에서 그 디자인을 본따온 것 같다.

앞트임이 된 푸르푸앵은 상체가 꼭 맞는 것이 유행하자 앞을 단단하게 여밀 필요가 있게 되었다〈그림 195〉. 오래 전부터 의상이나 신발을 여밀 때는 끈을 사용하거나 금속제 고리를 사용해 왔으나 이제 새로운 수단으로서 단추를 애용하게 되었다. 단추는 상체를 조이는 데 퍽 효과적이었고, 그 중 화려한 보석 단추는 장식적인 아름다움도 더해 주었다. 또한 단추를 채우지 않고 열어 놓았을 때는 아름다운 슈미즈를 보일 수 있는 즐거움도 가질 수 있었기 때문에 많은 사람들에게 신속히 보급되었다. 이때부터 오른쪽에다 단추를 다는 것이 남자복 구성상 요긴한 것이 되었고 더욱 예술적인 세련성을 띠면서 발전해 갔다. 단추의 재료로는 다이아몬드, 루비, 진주, 금, 은, 놋, 철, 뿔, 뼈, 유리, 헝겊 등 각양각종을 사용했다. 단추는 필요 이상으로 많이 달아서 장식 효과를 나타냈는데, 독일황제 막시밀리안(Maximillian)이 1550년경에 사용한 검은 벨벳 푸르푸앵에는 가장 좋은 스페인제 황금 단추가 큰 것 29개, 작은 것 54개가 달려 있다.

푸르푸앵의 소매는 어깨와 함께 패드를 넣어 부풀려 남성미를 과장했고, 갖가지 모양의 슬래쉬를 만들어 흰 슈미즈나 안감과 대조되는 색을 슬래쉬 사이로 보이게 했다〈그림 188〉. 소매가 복잡해지자 구성과 착용이 불편해져, 여자의 로브처럼 소매를 따로 구성하여 상체의 진동에서 끈이나 단추로 결합시켰다. 이때 결합시킨 부분을 미화하기 위해서 다른 천으로 작은 날개처럼 만들어 소매산을 가린 것을 에폴렛(épaulette)이라고 하며〈그림 189, 195〉, 소매산에다 천을 길게 늘인 것처럼 장식소매가 길게 달린 것을 행잉 슬리브(hanging sleeve)라고 하는데 이 장식소매는 끝이 막히기도 하여 지갑이나 손수건을 보관하는 포켓의 역할을 했다〈그림 197-b〉.

푸르푸앵은 16세기 후엽에 와서 어깨와 소매 등을 패드로 더욱 크게 늘리고, 허리는 V자로 가늘게 조였으며 허리선에는 여러 가지 모양의 페플럼(peplum)을 달았다〈그림 189, 192, 195〉. 또 캔버스(canvas : 두껍게 짠 면)나 리넨으로 안단(interlining)을 대어 겉감의 형태를 세워주었고, 패드를 앞 중앙에 넣어 가슴부터 배가 밖으로 둥글게 돌출되어 곡선을 이루게 했는데 이 모양을 피스카드벨리(peascod-belly)라고 한다〈그림 189, 190, 195, 198〉. 이때 사용된 패드의 재료는 양털, 말털, 카튼, 리넨, 씰크 등이었고, 푸르푸앵의 옷감 재료는 씰크로서 벨벳이나 태피터, 쌔틴을 사용했으며 중류 이하의 남자들은 가죽이나 울 등을 사용했다. 이와 같이 기교적으로 정리된 남자들의 의상은 복잡하고 화려할수록 남이 범할 수 없는 위엄과 권세를 나타낸다고 여겨졌고, 여기에서 르네상스 시대의 남성미의 개념이 정해졌다.

오 드 쇼오스(Haut de Chausses) 양말이 변형되어 르네상스 시대에 와서 바지의 형태를 이룬 것을, 프랑스에서는 쇼오스(chausses)라 했고, 영국에서는 호즈(hose)라고 했다. 쇼오스는 반바지와 양말의 형태로 나누어지는데, 양자를 프랑스에서는 오 드 쇼오스와 바 드 쇼오스(bas de chausses)라 했고, 영국에서는 브리치즈(breeches)와 호즈(hoses)라 했다. 이 변화는 이미 고딕 시대 후반부터 생겼지만 일반화된 것은 푸르푸앵의 슬래쉬 장식이 많아지기 시작한 르네상스 16세기부터이다. 오 드 쇼오스는 처음에는 힙 부분을 보기좋게 감싸는 날씬한 것으로 별 장식 없이 슬래쉬만 약간 들어 있었을 뿐이었는데〈그림 197-a〉 16세기로 들어서면서 슬래쉬가 많아짐과 함께 부피도 늘어나기 시작했다〈그림 190〉. 오 드 쇼오스는 푸르푸앵과 함께, 뚫려있는 구멍으로 끈을 꿰어 연결했다. 이때 귀족들은 비싼 씰크끈을 사용했고 일반인은 투박한 리넨이나 울 끈을 사용했다.

1515년 후부터 길이가 길어지고 슬래쉬 수도 훨씬 늘어났으며〈그림 190〉 또한 패드를 넣어 씰루엣을 크게 부풀리게 됐다〈그림 195〉. 이처럼 극도로 부풀린 형식이 귀족들 사이에서 성행하자 곧 모든 계급이 따르게 되어, 이를 금지하는 사치금지령을 내리기까지 했으나 별 효과를 거두지 못했다. 부풀림은 나라에 따라 그 정도와 모양

a

b

c

그림 197. Renaissance 시대의 남자복식, trousse, canions, vénétians(1581년)

이 다양했다. 프랑스나 영국, 스페인에서는 패드를 넣어 크게 부풀리고 이탈리아에서는 길게 약간만 부풀렸으며, 독일에서는 패드를 넣지 않고 헐렁하게 부풀린 스타일로 만들었다〈그림 197〉. 오 드 쇼오스는 화려한 직물을 주로 이용했는데, 바지에 사용된 비싼 직물은 막대한 재산이었다고 한다.

오 드 쇼오스의 앞 가운데는 역삼각형의 천으로 주머니 모양의 앞트임덮개를 만들어 핀이나 끈으로 고정시켰다. 이것을 브라게트(braguette：佛) 또는 카드피스(codpiece：英)라고 하는데, 이 시대보다 약 3,500년 전에 크리트의 남자들이 착용한 로인클로스 중에서 성기보호를 목적으로 디자인했던 앞가리개(frontal sheath)와 같은 것으로 볼 수 있다. 초기엔 단순한 앞트임덮개로 디자인되었던 것이 점차 사이즈가 커졌으며, 오 드 쇼오스가 슬래쉬와 패드 등으로 장식화됨에 따라 함께 발전했다〈그림 187, 190, 192, 196, 198, 199〉.

샤를(Charles) 9세(1560~1574년) 때에는 사이즈의 팽창과 함께 슬래쉬와 패드, 자수, 보석장식 등으로 화려해져 눈에 띄게 되었으므로, 교회에서는 이를 지나치게 선정적이라 하여 극구 비난했다. 그러나 이것은 인간의 육체적인 욕망을 나타내는 상징인 양 1580년까지 계속 유행했다. 성기보호를 목적으로 유행했다고 말하는 학자도

그림 198. Charles 5세의 의상, codpiece (1530년)

그림 199. manteau를 두른 남자 의상

있고, 남성우위를 과시하기 위한 수단이었다고 말하는 학자들도 있다.

이 브라게트는 앙리(Henry) 3세 때에 오 드 쇼오스가 패드로 극히 과장되면서 점차 사라졌다. 즉, 오 드 쇼오스의 부피에 의해 눈에 띄지 않게 되어, 또는 지나친 뉘앙스가 앙리 3세의 취미와 맞지 않아 급속히 없어졌다고 말하는 학자들도 있다. 그 후 포켓이 시계보관용으로 오 드 쇼오스에 달리게 되었다.

오 드 쇼오스는 그 길이와 부피에 따라 여러 가지 명칭이 붙는다〈그림 197〉.

◆ **트루스(Trousse)** 둥근 호박처럼 패드를 넣어 크게 부풀린 반바지 형태로, 길이는 넓적다리 중간까지 온다〈그림 190, 192, 195, 196, 197－a · b, 199〉. 긴 헝겊 밴드를 늘어놓은 것과 같은 형태로서, 움직임에 따라 밴드 사이로 산뜻한 색깔이 보이기 때문에 아름다운 율동감을 나타낸다. 트루스의 착용은 그 유행이 스페인에서 시작된 것 같으며, 패드를 많이 넣어 크게 부풀린 형은 일부 귀족들이 착용하고 일반인들은 적당한 부풀림의 입기 쉬운 트루스를 착용했다. 트루스 속에는 긴 양말을 신었다.

◆ **캐니언즈(Canions)** 1580년대에 네덜란드에서 시작된 기능적인 반바지이다. 길이는 트루스보다 길어 무릎까지 내려오게 입었고, 씰루엣은 양파모양의 트루스와는 달리 넓적다리의 곡선을 따라 꼭 맞게 내려오는 날씬한 스타일이다. 캐니언즈도 트루스처럼 양말을 속에 받쳐 신었다〈그림 188, 197－b, 198〉.

◆ **베네샹(Vénétians)** 이탈리아의 베니스에서 전래된 반바지로 패드없이 약간만 부풀린 스타일과 크게 부풀린 스타일이 있다. 캐니언즈처럼 양말을 속에 신고 그 위에 입었다〈그림 197－c〉.

◆ **그레그(Grégues)** 캐니언즈처럼 넓적다리에 꼭 맞는 날씬한 반바지이다. 길이는 베네샹처럼 무릎 밑에까지 내려오는데, 양 옆선에 광택있는 쌔틴이나 벨벳의 긴 밴드로 트리밍을 댔다. 그레그는 이와 같은 트리밍으로 인해 다른 반바지보다 화려하여 푸르푸앵과 함께 야회복으로 애용되었다.

바 드 쇼오스(Bas de Chausses) 종아리에 신는 긴 양말로, 반바지에 받쳐 신는 것을 말한다. 위에서 양말 대님으로 매거나 오 드 쇼오스에 꿰매기도 했다. 르네상스 시대 당시의 남자의상 중에 가장 구성이 간단하고 변화가 적은 종목이다. 재료는 밝은 색상의 울이나 씰크를 주로 사용했다. 손으로 짜는 편직물(編織物)도 사용되었는데, 1589년에는 영국에서 편성기계(編成機械)가 발명되어 아름다운 무늬를 넣어 짠 편물 양말(knit stocking)이 환영을 받았다. 중세 이후 고딕 시대에는 양말의 양쪽 색깔을 서로 달리하여 신었는데 앙리 3세 때부터 그런 유행은 사라졌다. 추울 때에는 2～3켤레의 양말을 껴신었다.

자케트(Jaquette) 푸르푸앵 위에 방한용으로 덧입는 의상으로 코트보다 짧은 상의를 뜻하며 영어로는 재킷(jacket)이라 한다. 자케트는 푸르푸앵과 달리 패드를 넣지 않았기 때문에 딱딱한 느낌이 없다. 짧은 소매나 긴 소매가 달리고, 털로 된 숄 칼라(shawl collar)가 달리거나 또는 칼라 없이 V자나 U자 네크라인으로 된 것도 있다〈그림 187, 192, 197－b, 198〉.

코트(Coat) 푸르푸앵 위에 입는 길이가 긴 상의로 짧은 소매나 긴 소매가 달리고 모피 칼라가 달리기도 했다〈그림 188〉.

코트는 남녀공용으로 여자들도 착용했다〈그림 201〉.

망토(Manteau) 의식용인 모임에는 푸르푸앵 위에 망토를 필수적으로 입었다〈그림 196, 199〉. 원형이나 반원형으로, 때로는 칼라가 달린 것도 있다. 앙리 3세 때부터 칼라의 크기는 작아졌는데, 대개 칼라는 모피로 장식했기 때문에 아름다운 겉옷과 함께 화려한 느낌을 준다. 초기에는 발목이나 무릎까지 오는 긴 형태의 것이었으나, 반바지 오 드 쇼오스의 부피가 커짐에 따라 긴 망토가 불편해지자 힙을 가리는 길이나 허리까지 오는 짧은 형태〈그림 196, 199〉로 바뀌었다. 망토에는 소매가

그림 200. Renaissance 시대의 남자 머리 스타일과 모자

그림 201. Robe 위에 입은 coat

달리지 않았고, 소매가 달린 것은 자케트로 분류된다. 망토의 재료는 주로 벨벳을 사용했다. 푸르푸앵 위에 망토를 입은 모습은 그 부피가 커져서 더욱 남성다운 위세를 보여 준다.

5. 기타 복식

(1) 머리장식

중세 말기 이래로 여성적인 취향의 우세는 남장(男裝)에도 영향을 주었다. 르네상스 초기에는 남자의 의상이나 몸짓이 여자의 모습과 비슷해져, 근엄한 수염이 사라지고 머리칼은 부드럽게 어깨까지 늘어뜨리게 되었다.

르네상스 중기의 남자의 머리모양과 장식은 여자의 것에 비해 극히 간단하고 특별한 것이 없다. 강조된 상의와 함께 대체로 머리는 짧아져 강한 남자의 인상을 느끼게 한다〈그림 200〉.

남자의 모자는 둥글고 높은 크라운(crown)을 가진 얇은 토크(toque)〈그림 193〉, 반원의 칼로트(calotte), 얇은 보닛, 샤프롱 등이 계속 쓰여지다가, 그 후 르네상스 최

그림 202. Mary 1세(1544년)

그림 203. Renaissance 시대의 ruff와 머리장식

그림 204. Renaissance 시대의 머리장식(1536년)

그림 205. Renaissance 시대의 머리장식

성기(最盛期)에 이르러서는 바레트(barrette)가 가장 일반적으로 사용되었다. 바레트는 이탈리아의 비레타(biretta)에서 유래된 것인데, 원형의 천을 끈으로 조여 캡(cap) 모양을 만들어서 머리 위에 얹어 쓴 간단한 모자이다〈그림 192, 195, 199, 200〉. 재료는 울, 벨벳, 쌔틴, 태피터, 울이나 씰크의 펠트 등이고 부드러운 씰크 안감을 댔으며 장식으로는 보석 박힌 메달과 브로치, 리본, 새털 등을 붙였다. 사용된 색은 주로 검은색이었으나 후에는 화려한 색도 많아져서 붉은색이나 분홍색이 쓰였으며, 또한 여름용으로는 밀짚모자도 있었다.

르네상스 시대 동안 여자들의 머리모양과 머리장식은 급격히 변화했다. 초기에는 첨두형의 고딕풍을 연상시키는 에냉(hennin)〈그림 155-a · b〉 모자가 유행하여 높이가 1m까지 되는 등 전성을 이루었으나 차츰 사라져서 16세기에 이르러서는 아주 없어지고, 이때부터는 앞이마를 드러내 놓고 머리에 꼭 맞는 모자를 썼다〈그림 201〉. 그리고 발조(balzo : 둥근 모양의 토크)가 나타났는데 이 모자〈그림 202, 203〉는 머리

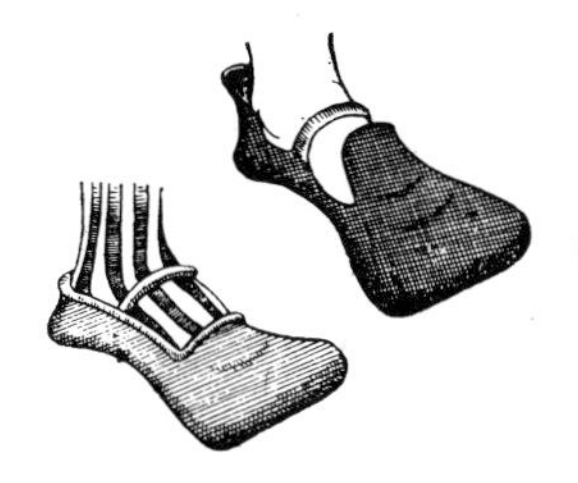

그림 206. Renaissance 시대의 신발

전체를 감싸고 목을 강조하여 목이 가늘게 보였다. 영국에서는 튜더(Tudor) 양식의 창문을 닮은 형태의 베일과, 얼굴을 각지게 하고 뺨을 덮는 게이블드 헤드드레스(gabled headdress)〈그림 204〉가 성행했다.

또한 보석이나 진주로 장식된 보닛, 섬세한 레이스가 달린 리넨이나 벨벳의 후드 등 남자보다 값비싼 모자를 썼으며 이마 위가 수평으로 되어 있고 뒤쪽이 드리워진 것이 특징인 바볼레(bavolet)나 깃털 장식이 달린 토크도 있었다. 이것들은 쌔틴, 벨벳 등의 광택있는 천이 많이 사용되었다.

베일은 로마 시대 이후 중세에 이르기까지 종교적 의미를 가지고 애용된 것으로 청순하고 순결한 느낌을 주었으나, 16세기에 와서는 종교적이라기보다 오히려 장식적인 것으로서 중요한 위치를 차지했으며 그 색채나 장식에도 많은 변화가 있었다. 모자를 쓰지 않고 양 옆머리를 컬하고 나머지 머리를 간단하게 뒤로 모아서 장식하기도 했다〈그림 205〉.

(2) 신 발

15세기 중엽까지 전성을 이루었던 고딕풍의 날카롭고 뾰족한 발끝을 가진 구두는 1490년경에 들어서면서부터 르네상스풍의 둥그스름한 모양으로 변화하게 된다. 이 새로운 형의 구두는 그때까지와는 반대로 발끝이 넓적하게 변하여 오리모양의 진기한 형태가 된다〈그림 206〉. 이것은 점점 넓고 거대해져 1540년경에는 각국에서 제조 금지령이 내려지고, 영국에서는 폭 15cm 이상의 구두는 엄격하게 금지되었다.

여자의 신발도 남자의 것과 별 차이는 없었으나, 전체의 씰루엣이 그다지 중요하지 않았으므로 많이 커지지는 않았고 남자의 것보다 장식이나 모양이 아름다웠다. 구두는 가죽이나 벨벳, 씰크, 브로케이드 등의 천으로 만들고 바닥에는 가죽을 한 겹 대었는데, 색상은 선명하고 눈에 띄는 다채로운 것을 사용했다. 외출시에는 구두를 보호하기 위해 패튼(patten)이라는 나막신을 신었는데 이것은 전 세기에도 사용되었던 것으로 이 시대에 한층 더 성행했다.

◀ 그림 207. Elizabeth 1세가 새겨진 pendant (1570~1580년)

▶ 그림 208. Renaissance 시대의 금과 에나멜로 만들어진 pendant(1550~1560년)

16세기 후반에는 쇼핀(chopines)이라는 높은 신발이 이탈리아로부터 소개되었다. 높이는 5~30cm 정도로 여러 가지가 있었는데 귀부인들 사이에서 매우 유행했다. 이것은 슬리퍼식으로, 앞꿈치에만 가죽이나 벨벳이 사용되었고 굽은 실패 모양인데 뒤는 네모나고 앞은 좁았으며 나무로 섬세하게 만들어 진주, 보석 등으로 장식했다. 쇼핀은 실내에서 주로 장식용으로 사용했는데, 어떤 것은 지나치게 높아서 걸을 때에 보조자가 필요했다〈그림 206〉.

나막신이나 쇼핀의 뒷굽 모양에서 하이힐로 곧 발전될 것이 엿보이지만, 실제로 1600년경까지는 볼 수 없고 17세기 초에 이르러서야 비로소 굽달린 신발이 일반인에게 본격적으로 나타난다.

(3) 장신구

르네상스 시대에는 남자나 여자나 모두 자신의 외모에 매우 신경을 썼으나, 위생 관념이 없어서 세수를 하거나 목욕을 하는 습관이 거의 없었다. 목욕탕의 설비도 극히 나빴고 의복을 세탁하는 일도 드물었으므로 남녀 모두 몸이 매우 불결하고 악취가 몹시 났다고 한다.

16세기 이후부터 프랑스에서 세탁하는 방법이 생기기 시작했으나 보통 사람에게는 아직 일반화되지 않았기 때문에, 신체와 의복에서 풍기는 냄새를 제거하기 위해 강한 향수(香水)를 과도하게 사용했다. 1504년 이탈리아의 향수 제조업자 루네가 파리에서 최초의 향수점을 개점함으로써, 향수는 사람들의 체취나 거리의 악취를 방지하는 데 있어 주요한 역할을 했다. 그들은 장갑, 신발, 목걸이, 브로치, 반지 등에 모

그림 209. Renaissance 시대의 장식 공예품

그림 210. Renaissance 시대의 목걸이와 buckle

두 향수를 뿌리고 다녔으며, 야회(夜會) 때는 남자들도 분을 바르는 등 몸치장을 했다.

손수건은 중요한 장식품 중의 하나로서, 얇은 씰크로 만들어 레이스나 컷 워크(cut work)로 가장자리를 장식하고 수를 아름답게 놓았다. 장식용 손수건은 남의 눈에 띄게들고 다녔으며, 실용적인 손수건은 푸르푸앵의 소매에 넣고 다녔다.

벨벳으로 만든 아름다운 장갑은 남녀 모두에게 필수적인 것으로 구혼(求婚)과 결투의 표시였으며 호화롭게 장식된 부채도 많이 사용되었다. 남자들도 값비싼 보석이나 진주 등을 매우 좋아하여 한꺼번에 여러 개를 사용하기도 했으며 여자와 마찬가지로 목걸이, 귀고리, 반지, 팔찌 등을 애용했다〈그림 207, 208, 210〉. 이 밖에도 아름답게 수놓아진 장식적인 주머니를 지갑 대신 가지고 다니기도 했고 성격책 겉장〈그림 209〉을 아름답게 장식하여 허리띠에 달고 다니기도 했으며, 손을 따뜻하게 하기 위해 만든 머프(muff)도 착용했다.

1540년경에는 가면(mask)이 나타났다. 초기에는 연극배우가 직업적으로만 사용했으나 곧 빠르게 퍼져서 남녀간에 모두 유행되었다. 이것은 안색이 변하거나 화장이 지워지는 것을 방지하기 위해, 또는 공적인 장소에서 자기의 존재를 감추기 위해 쓰였으므로 특정한 신분의 사람에게나 이용되었다. 처음에는 승마할 때 썬글라스(sunglass)처럼 눈을 가리는 목적으로 쓰였으며, 눈에서부터 약간 아래까지 덮는 짧은 마스크에서부터 검은색 벨벳으로 만든 전면 마스크까지 있었는데 상류층에만 허용되었다.

요 약

중세의 고딕 시대가 지나고 르네상스(Renaissance) 시대를 맞이하면서 중세의 신본주의 사상이 인간을 중심으로 하는 인본주의적 사고로 전환되어 남녀 의상의 씰루엣에는 많은 변화가 있었다.

르네상스 복식의 특징은 인체미를 변형시켜 과장된 모습을 표현하면서까지 관능적인 아름다움을 표현하는 데 치중한 것으로 남성들의 복식에서는 상체의 볼륨의 변화를 중심으로 한 흐름을 발견할 수 있고, 여성들의 복식에서는 스커트 볼륨의 증감(增減)과 함께 그 씰루엣의 변화를 지적할 수 있다.

남녀 복식의 형태는 이때부터 그 차이가 뚜렷해졌으며 남성들은 남성미를 나타내기 위해 어깨와 가슴 등에 패드를 넣어 부풀렸는데, 남성들의 상의인 푸르푸앵(pourpoint)의 커다란 볼륨과 하의인 오 드 쇼오스(haut de chausses)의 타이트한 약동감의 대비, 바지에 부착된 카드피스(cod-piece)는 남성들의 에로티시즘(eroticism)적 표현이다. 또한 여성복식에서는 가느다란 허리, 꼭 맞는 상의와 아래로 뻗치는 스커트가 더욱 에로틱한 면을 강조했다.

이 시대의 특징적인 요소들은 러프(ruff), 스터머커(stomacher), 슬래쉬(slash), 퍼프(puff), 패드(pad), 보석(jewelry), 카드피스, 피스카드 벨리(peascod-belly), 그리고 스커트 버팀대 등이 있다. 그 중에도 러프 칼라는 볼륨감 있는 전체의 복식 씰루엣과 조화를 이루어 르네상스 복식의 아름다움을 뚜렷하게 특징짓는 가장 큰 요소 중의 하나이다.

또한 화려한 직물의 산지인 이탈리아와 스페인은 이 시기에 패션의 주도국이었으므로 복식에는 호화로운 직물들이 많이 사용되었다.

제 12 장

바로크 시대의 복식

1. 사회 · 문화적 배경

르네상스의 전성기에 복식문화를 주도하던 스페인풍의 귀족적 풍모(風貌)는 1588년 무적함대의 대패(大敗)로 스페인이 해상권을 잃은 후에도 계속되어 유럽 각국을 지배했다.

17세기 바로크(Baroque) 시대에 들어와 유럽의 정세는 크게 변화했다. 먼저 독일 지방의 종교분쟁으로 시작된 30년 전쟁(1618~1648년)이 정치적인 이해관계가 얽혀 국제전쟁으로 확대되자, 유럽 전역은 이 전쟁에 휘말려 들어가게 되었다. 종래의 인위적이고 호화로운 복장은 움직이기 불편하고 그 비용도 엄청나 격렬한 전쟁을 수행하는 데는 맞지 않았다. 더욱이 이 시기에는 유럽 각국이 해외시장을 개척하는 데 총력을 기울이고 있었으므로, 외교나 원거리 무역 등, 활동의 범위가 매우 넓어져 좀더 실용적이고 활동적인 복장을 요구하게 되었다. 이러한 때에 마침 번성중에 있던 네덜란드의 과장없고 기능적인 복장은 사람들에게 모방심을 불러일으키기에 충분했을 것이다.

네덜란드는 스페인 모직물 상공업자들이 스페인의 무리한 과세(課稅) 요구로부터 벗어나기 위해 네덜란드 땅으로 이주해 와서 독립을 선언하고 공화연방국가(共和聯邦國家)를 세운 것이다. 또한 남부의 플랑드르(Flanders) 지방으로부터 모직공업자들이 신앙의 자유를 찾아 북쪽으로 많이 이주해 왔기 때문에 신흥 상공업국가로 크게 발전했다. 이곳은 직조와 염색 등, 일체의 모직물 생산체제가 갖추어져 있었기 때문에 생산과 매매 그리고 수출의 본거지가 되었다. 네덜란드는 비록 작은 나라였으나 유럽의 해상활동을 독점했고, 아시아로도 진출하여 인도에 동인도회사를 설립하고 영국과 패권을 다투는 등 경제강국으로 유럽 세계에 부상했다.

따라서 네덜란드 복식이 유럽 세계의 패션을 지배하지 않을 수 없었는데, 네덜란드의 복식은 종래의 르네상스풍의 복식과는 그 성격이 상반된 것이었다. 그 이유는 네덜란드의 정치적 체제가 공화연방제였기 때문에 복식문화의 주체가 가문에 의한 귀족 계층이 아니라 자유로운 시민이었고, 또한 프로테스탄트(신교) 사상이 생활지침이 되었으므로 이제까지의 귀족적 낭비와는 달리 절약을 미덕으로 삼았기 때문이다. 따라서 그들의 복장은 귀족풍보다는 시민풍으로서, 호화로움보다는 합리성과 실용성을 위주로하여 입고 활동하는 데 보다 편한 새로운 경향을 지니고 있었다. 사회의 전선(前線)에서 일하는 남자의 복식에는 이러한 시민적 기질이 확립되었으나, 여자복식에서는 이러한 경향이 일시적 유행으로 나타났을 뿐 17세기 후반부로 들어가면서 다시 비합리적이고 비실용적인 불편한 형태로 변했다.

네덜란드의 실질적 취향은 1600년경부터 조금씩 나타나기 시작하더니 1630~1640년대의 남녀복식은 검소한 네덜란드풍의 복식이 되었다. 즉, 직물이나 장식이 현저하게 단순화되었고 전체적인 씰루엣이 여유있는 형으로 변했다. 이와 같이 실질적인 네덜란드풍 복식이 우세하기는 했지만, 화려한 스페인풍의 복식이 전부 사라져 버리지는 않았고 스페인 본국과 정치적으로 스페인의 세력하에 속해 있던 나라에서는 여전히 스페인 스타일이 지속되었다. 또한 예의와 사교의 중심지로 보수적인 생각이 지배적인 궁정, 법정, 성직 등에서는 의연히 스페인 모드가 유지되어 17세기 중엽까지 계속되었다.

네덜란드의 번영이 한창일 때, 영국에서도 해상권의 장악과 모직물공업의 눈부신 발전으로 인해 활력이 불어넣어지고 있었다. 정치적으로 왕권과 시민적 자유와의 투쟁이 진행되고 있었는데, 시민계급이 스스로를 해방시키려는 투쟁은 17세기 중엽 청교도 혁명으로 나타났다. 이것은 중산시민층을 중심으로 하는 넓은 국민층의 지지를 배경으로 하여, 준엄한 청교도주의를 실현하면서 봉건귀족이나 상층 시민의 지배를 타파하고 자유주의와 민주주의에의 길을 텄다. 크롬웰(O. Cromwell)에 의해 공화정이 실시되자 경제력은 더욱 강해졌고, 항해조례(航海條例)를 발표하여 네덜란드로부터 해상권을 장악하게 되었다. 크롬웰의 공화정 시대에는 청교도풍의 검소한 복식이 성행하여 유럽 대륙에까지 영향을 주었으나, 왕정복고(王政復古) 이후에는 다시 이전의 사치스러운 복식으로 돌아갔다.

그러나 17세기 중엽을 지나면서부터는 유럽의 정치적 권력의 중심이 프랑스 궁정에서 확립되었다. 여기에다 광대한 국토, 우세한 국민, 국제적 상업도시의 발전 등 많은 호조건(好條件)으로 인해 프랑스는 급속도로 발달하게 되었고, 이윽고 영국과 함께 세계 상업무대에서 다투게 되었다. 복식문화상으로도 양국이 결정적인 역할을 하게 되나, 모든 조건이 유리하며 정치·경제적으로 스스로 지배체제를 갖출 수 있었던 프랑스가 우위를 차지하게 되었다.

복식문화의 발달은 근본적으로 경제상황에 의해 결정되는 것으로 특히 복식의 재료를 생산하는 직물공업과는 밀접한 관계를 맺고 있다. 직물공업의 상승에 따라서 복식발달이 촉진되기도 하고 반대로 복식문화가 경제면에 반작용하여 많은 자극을 주기도 한다. 프랑스의 경우, 이와 같은 경제적 배경이 풍요로운 복식문화의 원동력이 되었음은 물론이고, 호화로운 궁정생활로 귀족문화가 번성할 수 있었는데 여기에는 복식에 대해 높은 안목을 지니고 항상 날카로운 비판을 내리는 귀부인들의 영향력도 크게 작용했다. 즉 경제적, 지리적인 여건의 혜택과 함께 프랑스인의 풍부한 창조성과 세련된 감각은 다른 모든 유럽인을 매료시킬 정도의 복식을 만들어 낼 수 있었다고 보며, 더욱이 프랑스의 모드를 받아들이는 풍토가 주위의 여러 나라에 오래전부터 준비되어 있었던 사실 등은 17세기 프랑스 복식문화가 세계적으로 전파될 수 있었던 요인들이었다. 이렇게 하여 프랑스의 모드는 세계의 모드로서의 국제적 성격을 지니고 각국으로 전파되었으며, 이러한 경향은 그 후에도 더욱 심화되어갔다.

프랑스 패션의 보급에는 두 가지 매체(媒體)가 큰 공헌을 했다. '판도라'라 불리운 인형과 잡지이다. 이전부터 프랑스에서는 런던을 비롯한 큰 도시로 모드 인형(fashion doll)을 보냈는데, 17세기 후엽부터 본격적으로 매달 가장 최신의 의상을 차려입은 실물 크기의 인형을 큰 도시로 보냈다.

모드 잡지는 인쇄기술의 발달로 인형보다 쉬운 방법으로 사용되었다. 프랑스에서의 최초의 정기간행물은 주간지 「가제트(Gazette)」나, 복식에 직접 관계된 것으로는 「메르퀴르 갈랑(Mercure Galant)」을 들 수 있다. 이는 1672년에 발행된 것으로, 1728년에 「메르퀴르 드 프랑스(Mercure de France)」로 개명되었다. 복식에 관해서는 특히 프랑스 상류사회와 사교상의 복장과 최신의 유행을 구체적으로 묘사했고 때로는 신기한 복식에 대한 혹평까지 썼다. 「메르퀴르 드 프랑스」는 1792년까지 발행되었는데 전부 문학적 표현으로, 그림이 없었기 때문에 모드 잡지의 새로운 발전을 기대할 수는 없었다.

한편 당시 복장을 비롯한 시대상을 세밀하게 그림으로 표현하는 유행화(流行畵)가 아브라함 호제(Abrahm Hozé)에 의해 시도되었고 베랭(Berin)이 이를 발전시켰다. 유행화는 의상의 각 부분과 머리장식 및 장신구의 세밀한 부분까지 표현했고, 상세한 설명까지 곁들여 놓았기 때문에 복식연구에 매우 좋은 자료가 되고 있다.

모드가 민족적인 한계를 넘어 국제화로 진전할 가능성이 보이기 시작한 것은 이미 15세기 말엽의 일로 그것이 16세기 후반이 되면서 세계의 현저한 진전과 더불어 어느 정도 구체화된 것이다. 이 경향은 더욱 진전되어 1630년경 유럽에서 네덜란드 복장이 유행되고 있던 시기에는 국제적인 것의 가치를 인정하는 경향이 보이기 시작했는데, 특히 상류층에서는 나라와 지방, 계급 등의 구별을 조소하는 경향까지 낳게 되었다. 그러나 일부에서는 각국 모드의 성행에 대한 강한 반발로 국민적 습속(習俗)에 애착을 갖고자 하는 경향이 보이기도 했다.

17세기 중엽 이후 프랑스 왕권의 절대화는 복식문화에 결정적인 역할을 했다. 절대왕제 사상이 프랑스를 중심으로 강화되어 왔는데, 이러한 체제 아래에서는 국왕이 절대적인 존재이며 국가는 이를 지지하는 것이 법령화되었다. 이러한 사고방식은 놀

그림 211. Baroque 양식의 건축, Melk 수도원(1701년)

랄 만한 논리성을 가지고 프랑스 국민에게, 그리고 전 유럽에 걸쳐 철저히 시행되었다. 그 결과 왕좌(王座)를 기점으로 하여 모든 사회생활이 이루어지게 되고, 따라서 복식문화의 동향도 여기에서 결정되었다. 즉, 복식에 관한 전반적인 문제에 대해 프랑스 궁정은 지배권을 갖게 된 것이다. 모든 국민, 모든 계층의 사람들은 궁정에서 유행하는 의상과 장신구의 모양과 종류뿐 아니라 궁정생활의 습성과 생활하는 방식까지 그대로 따랐다.

프랑스 궁정의 세습 귀족들은 그들의 권세를 과시하기 위해 외형적 미화에 치중하여 그들의 의상과 장신구 및 공예품, 가구 등 생활공간을 필요 이상으로 꾸미려 했다. 이러한 취향 가운데에서 당시 이탈리아에서 성행하고 있던 바로크 양식이 본격적인 발달을 보게 되었다. 태양왕(太陽王)이라 불리우던 당시 프랑스의 왕 루이 14세(Louis XIV, 1643~1715년)는 사치의 예찬자로서 우아한 예절의 준수를 좋아했고 미술이나 그 밖의 예술에 관심이 많아 예술가들의 창작활동에 후원을 아끼지 않았으므로, 장식미술 등의 생활예술에 있어서 바로크 양식이 크게 발달할 수 있었다.

재상(宰相) 콜베르(J. Colbert)의 탁월한 중상주의(重商主義) 정책이 성공적으로 추진됨에 따라 태양왕의 황금시대는 더욱 눈부시게 펼쳐졌다. 파리 교외에 건립된 베르사유(Versailles) 궁전은 이러한 시대양상을 그대로 나타내는 바로크의 대표적 건축물이다. 베르사유궁의 설계는 왕권을 중심으로 그려진 원(圓)처럼 궁정을 중심으로 직선상·곡선상·지그재그(zigzag)상의 길, 나무들, 바위, 분수대, 풀밭, 들판, 숲 등이 엄격한 질서를 유지하며 방사상(放射狀)으로 배열되어 있었다. 이런 짜임속에서 이곳은 당시 유럽 문화의 온상이 되었다. 그러나 베르사유 궁전의 일부는 후에

그림 212. Baroque 시대의 건물 내부

그림 213. Bernini, 성녀 테레사의 법열 (1645~1652년)

로코코(Rococo) 스타일로 개조되기도 했다.

바로크(Baroque)는 스페인어의 바루카(barrucca)에서 연유한 것으로 '일그러진 진주'를 뜻한다. 이것은 그리스와 로마의 고전적 건축양식만을 건축물에 적용해야 한다고 주장하던 사람들이 사용한 단어이다. 그들은 고전시대 건축의 엄격한 규칙을 무시하는 것은 예술적 안목의 상실로 간주했기 때문이다. 이러한 의미에서 느껴지는 바와 같이 바로크 양식은 조화와 균형이 파괴된 데서 오는 부조화나 황당무계함 등을 본질적 특색으로 갖고 있다. 엄격하고 품위있는 외양으로 이지적인 감각을 지닌 르네상스 양식에 비해 바로크 양식은 열정적이고 감각적인 기풍을 자아낸다〈그림 211, 212, 213, 214〉.

바로크 양식은 다채로운 색상을 사용하여 표현하는 데에 역점을 두었다. 그리고 직선보다는 완만한 곡선을 더 많이 사용했으며 벽면을 입체감을 내어 장식했고 원주(圓柱)를 나선형으로 만들어 지주(支柱)로서보다는 장식에 치중된 느낌을 주었다. 그리고 교회당 장식에서는 천사나 천동(天童) 등을 바른 위치에 두지 않고 거꾸로 배치하여 공중에서 마음대로 날고 있는 것처럼 나타내기도 했다. 또한 자재의 선택이 자유로워 극적인 효과를 노릴 수 있었고, 정교하게 도금된 것을 장식에 많이 사용함으로써 화려함을 더해 주었다.

바로크형의 교회당 장식은 프랑스에서는 특히 궁전이나 저택 장식에 사용되었는데 누각, 정자, 분수대, 발코니, 그리고 화단에까지 이러한 형으로 단장했다. 궁전 벽

그림 214. Baroque 시대의 탁자(1680년)

▶ 그림 215. 프랑스 Louis 14세의 manteau(1743년)

면은 브로케이드나 벨벳 등으로 장식하고 여러 가지 색의 태슬을 단 커튼을 늘어뜨리기도 했으며 거울을 호화로운 장식틀에 넣어 걸기도 했다. 또 벽에는 상아, 대리석, 모조대리석 등을 사용했으며 문이나 의자, 가구 등에는 진주, 은상감(銀象嵌), 악어가죽 등을 이용하는 등 전체적인 통일감이나 조화없이 호화롭기만 한 실내장식이 성행했다〈그림 214〉.

이러한 바로크풍은 종교의 지배를 벗어나 그 당시의 활기띤 시대사조에 부응하는 계몽주의자들의 영향으로 현세에서의 안락함의 추구를 인생의 목적으로 여기게 되자 더욱 호화로워졌다.

그리고 점차 17세기 후엽으로 갈수록 더욱더 형식과 사치를 중요시하게 되어, 겉치장에만 열중하게 되는 천박한 양상이 초래되었다. 복식에는 특히 이 특징이 잘 나타났다. 르네상스 복식이 항상 전체의 조화를 깨뜨리지 않았던 것에 비해, 바로크 복식에서는 각 부분의 장식들이 전체적인 조화의 효과에는 관계없이 다만 장식 그 자체를 위해 나열된 것에 지나지 않았다. 고도의 미적 원리나 가치를 구한 것이 아니고 단지 호화로움만을 목적으로 한 것이다. 거창한 가발이나 화려한 레이스, 넘쳐나는 두프 다발 등을 남자복에까지 과도하게 사용한 모습 등은 모두 이러한 심리를 반영한 것이다.

프랑스 모드에 있어 바로크풍의 장식들은 사치금지령을 계기로 오히려 새로운 풍조로서 창안되고 성행된 것이다. 풍부한 창조성과 우미함을 추구하는 프랑스의 국민성은 항상 새롭고 화려한 복식을 요구했고, 이러한 요구를 만족시키기 위해서는 보다 질이 좋은 외국산 제품들을 다량 수입해야 했으므로 국고 손실이 컸다. 따라서 왕권이 신장됨에 따라 절대군주와 그 재상들은 경제정책상 외국제품의 수입을 금지하는 조치를 취하게 되었다. 즉, 루이 13세 집권당시인 1625년, 1633년, 1634년, 1639년의 네 차례에 걸쳐 화려한 브로케이드나 레이스, 벨벳, 새틴 등의 직물과 장식품 등의 수입을 금하는 사치금지령(sumptuary laws)이 내려졌다. 이로 인해 지나치게 화려하던 바로크풍의 복장이 다소 누그러지게 되었다.

루이 14세〈그림 215〉가 왕이 되자 루이 13세 때로부터의 재정적 혼란을 수습하고 계속되는 전쟁의 경비를 충당하기 위해서는 국고의 낭비를 다시 강력하게 막아야 할 필요가 있었으므로, 1644년 다시 화려한 자수나 브로케이드에 대한 금지령을 내리게 되었다. 그 결과 직물은 단순한 씰크만 사용하게 되었는데 프랑스인의 미적감각은 여기에 만족할 수 없었다. 그들은 여러 가지 천으로 만드는 루프(loop)에 착안하여 독창적인 루프 장식을 발달시켰다. 루프 장식이 갖는 부드러움과 화려함은 빠른 속도로 모든 계층의 사람들에게 유행되었다. 사람들은 대량으로 생산되는 색색의 비단 루프로 다발 장식과 둥근 장식, 장미 장식 등 여러 가지 모양을 만들어 의상의 여기저기에 다는 것을 좋아했다. 1656년, 1660년에 이탈리아 레이스의 수입금지령 및 자수와 금·은실의 사용금지령이 또 다시 내려졌다.

마자랭의 뒤를 이은 콜베르는 보다 적극적인 정책으로 직물생산을 발달시켰다. 그 중에서도 고블랭직(Gobelin織 : 네덜란드의 고블랭 형제에 의해 창안된 것으로 태피스트리의 주종을 이루는데 당대 최고의 호화로운 직물로 취급됨)과 같은 아름다운 직물의 생산을 장려하기 위해 왕립제작소를 건설했는데, 이곳에서는 직물뿐 아니라 가구와 금·은세공에 이르기까지 궁정생활에 필요한 모든 물품을 제작했다. 고블랭직의 생산은 프랑스에서 가장 번창했으나 이내 다른 나라에서도 생산되어 각국의 군주는 프랑스제 이상의 것을 만들려고 경쟁했다.

프랑스의 직물공업은 사치한 생활에 따라 눈에 띄게 발달했다. 견직물이 리용을 중심으로 번창했고 모직물도 콜베르의 정책에 의해 생산과 기술이 함께 향상되었다. 무거운 씰크, 브로케이드, 울과 씰크의 교직도 개발되었다. 또한 비치는 얇은 씰크인 모슬린 드 수아(mousseline de soie)가 나타나 카튼으로 만든 의상 위에 이것을 겹쳐입는 우아한 모습도 유행했다.

르네상스 복식에서부터 애호되었던 레이스는 원래 동방에서 들어온 것으로 이탈리아의 베네치아가 그 생산의 중심지였다. 루이 14세는 1664년에 베네치아에서 레이

그림 216. 17세기의 남녀복식

스 기술자를 초청하여 프랑스의 조잡했던 레이스를 이탈리아의 우수한 레이스처럼 생산했다. 그때까지 이탈리아 레이스의 사용금지를 여러 번 겪은 사람들은 이제 프랑스의 레이스를 마음껏 즐길 수 있게 된 것이다. 그러나 이처럼 생산과 기술이 다 같이 향상된 루프와 태슬의 남용은 마치 색색의 꽃이 의상에 가득 피어 있는 듯한 형상이 되었다.

한편 중세로부터 보급되기 시작한 프랑스 자수는 수요가 높아짐에 따라 기교와 색조에도 더욱 멋을 발휘하게 되었다. 호화로운 의상취향은 자수의 발달을 더욱 촉진했고, 사치금지에도 불구하고 왕 스스로가 수놓은 의상을 즐겨 착용했다. 왕은 여러 명의 자수사(刺繡師)를 데리고 늘 자신의 취향에 맞게 수를 놓게 했는데 복잡한 문양의 하나하나를 떠올리듯이 수놓아 때로는 바탕이 되는 직물이 거의 파묻힐 정도로 된 것도 적지 않았다.

염색기술에 있어서도 비약적인 발전이 있었다. 다양한 색의 염료의 개발은 물론, 인도에서 날염술(捺染術)이 전래된 것을 계기로 날염 기술이 진전되었으나 주로 귀족풍의 의상에만 사용되었다.

2. 복식의 개요

엄밀히 말하자면 17세기 전반부는 르네상스 스타일과 네덜란드의 시민복장이 교체된 시기이며, 바로크풍의 취향은 루이 14세가 왕으로 즉위한 중엽부터 성행했다. 그러나 이러한 교체된 패션의 성격은 착용자가 속한 신분과 나라에 따라 다양하여 구분하기 어려우므로 가장 성행한 바로크 양식으로 이 시대를 특징지우려 한다.

화려한 직물의 산지인 이탈리아와 스페인 궁정을 중심으로 발달했던 르네상스 시대의 복식은 이 시기에 와서는 프랑스와 영국으로 패션의 중심지를 옮겨가게 되었다. 역시 패션의 중심은 그 당시의 국력에 따라 좌우되기 때문이다. 프랑스에서는, 루이 13세와 어머니인 마리 드 메디치(Marie de Medici), 그의 아내인 안네(Anne de Medici) 왕비, 그리고 루이 14세가 그 당시의 패션 리더로서 17세기의 의상을 화려하게 발전시켰다.

이 시기의 복식에 관한 연구는 대부분 반다이크(D. Vandyke) 및 할스(F. Hals), 렘브란트(H. Rembrandt), 루벤스(P. Rubens) 등 그 당시의 화가들이 그린 초상화, 또는 그 외 예술가들의 작품인 조각, 동전, 메달, 또는 현존하는 당시의 의상 등에 의해 진행되었다〈그림 216〉.

17세기에 들어와서 프랑스는 각종 화려한 직물을 생산했는데 의상이 너무 화려해지자 국고의 손실을 막기 위해 여러 차례 복식금지령을 만들어 레이스 수입금지와 보석의 사용을 억제했다. 레이스와 보석 대신 루프 장식이 유행하다가, 프랑스에서 레이스 직조기가 발명된 이후 다시 레이스 장식이 크게 유행했다. 바로크 의상의 특징인 루프와 레이스 장식 남용은 남성의 복장에서는 경박한 느낌을 주었으나, 여성의 복장에서는 과대장식이 오히려 화려하고 여성스러움을 주어 의상을 돋보이게 했다. 르네상스가 보석장식의 시대였다면 바로크는 루프와 태슬(tassel)의 시대라고 말할 수 있다.

바로크 취향은 확실히 여자의 복식을 매력적으로 돋보이게 했으나 실상 남자복식에 더 많이 적용되었기 때문에 남성들의 옷차림은 마치 여성복을 입은 것과 같은 양상을 띠었다.

영국의 의상은 크롬웰 시대를 맞아 수수한 양상을 띠었으나 왕정복고 후 프랑스의 영향을 받아 다시 화려해졌다. 스페인은 초기에는 독자적인 형태를 유지하다가, 후기에 프랑스의 영향으로 보석장식은 사라지고 다른 나라에서와 같이 루프와 태슬, 버튼 등이 장식으로 나타났다.

그림 217. Baroque 시대의 남녀의상

3. 여자의 의복

17세기에 들어와 사회적으로 활동적인 남자들에 비해 여자들은 가정에서 집안일과 약간의 독서로 만족해하면서 의상에만 관심을 두고 있었다. 그래서 17세기 초에 남자들은 비활동적인 의상을 과감하게 벗어버리고 활동에 편리한 의상을 택했으나, 여자들은 1620년대 중엽까지 활동에 불편한 귀족풍의 스페인 스타일을 고수하고 있었다. 이것은 스페인 문화가 아직 기울지 않았었고 루이 13세가 스페인의 필립 3세의 딸을 왕비로 맞아들였기 때문인 것으로 추측된다. 그리하여 종전대로 활동의 부자유함을 참아내며, 호화로운 직물과 자수로 치장한 의상을 지상의 미(美)로 간주하였다.

여장(女裝)이 남장(男裝)처럼 입기 편한 방향으로 변하기 시작한 것은 1625년경으로, 프랑스의 재상 리슐리외(Richelieu)의 경제정책에 의해 스페인과 이탈리아에서

그림 218. 초기 Baroque 시대의 whisk collar와 cuffs

그림 219. stomacher와 sleeve가 부드러워진 Baroque 초기의 복식

의 사치한 직물수입을 금지하는 사치금지령이 전기(轉機)가 된 것으로 생각된다. 그녀들은 이제까지의 호화스럽던 사치를 단념하고 대신 안락한 의상 속에서 신체의 해방감을 즐겼다.

루이 14세가 즉위하기 전, 루이 13세가 통치하던 17세기 전반부의 가장 커다란 변화는 스커트 속에서 힙을 크게 부풀리던 버팀대가 축소된 것이다. 버팀대는 부피와 함께 길이도 짧아져 16세기보다 기능적인 형태로 변했다. 소매의 부풀림도 줄어들고 상체도 딱딱한 패드나 바스크를 넣어 형태를 만들거나 금속제 콜쎗으로 조이던 것이 활동하기 조금 편하도록 뾰족한 스터머커가 약간 부드러운 씰루엣으로 변했다〈그림 217, 219〉. 씰루엣뿐만 아니라 색과 장식에도 영향을 주어 화려한 색상보다는 검정색과 흰색으로, 과대 장식보다는 간소한 장식의 경향으로 바뀌어 갔다. 이렇게 자유스런 형태로 바뀌게 된 결과에는 네덜란드의 영향이 컸는데, 당시 프랑스 궁정의 세력은 약해진 반면에 네덜란드가 재정적으로나 정치적으로 어느 나라보다 부유하고 우세했기 때문이다.

그러나 네덜란드의 영향에 의한 간소한 복식은 17세기 전반부의 유행으로 끝나고, 루이 14세 즉위 이후 다시 허리를 조이고 스커트를 크게 부풀리는 거창한 씰루엣이 등장하여 요란한 취향이 그 전보다 더욱 강조되었다〈그림 220〉.

그림 220. stomacher가 다시 뾰족해진 Baroque 시대의 robe(1655년)

그림 221. 부드러운 형태의 robe (1633-1635년)

로브(Robe) 17세기 바로크 시대의 드레스는 르네상스 시대처럼 상의와 스커트의 투피스식으로 구성되었으나 착용에 의해 완전한 원피스 드레스 형태가 되면서 가운 또는 로브로 불리웠다.

◆ **바디스(Bodice)** 초기에는 바디스(bust & midriff)에 르네상스 양식이 그대로 남아 있어서 단단하게 고래수염으로 받치거나 금속제 콜셋으로 조였으며 또는 금속, 상아, 나무 등으로 만든 장식적인 바스크를 만들어 스터머커 밑에 받쳤다. 바디스의 앞 부분에는 삼각형으로 만든 가슴장식인 스터머커가 넓고 더 길게 내려갔으므로 허리선이 크게 확장되었다. 이때 스터머커의 끝은 둥근 것과 뾰족한 것으로 나타났다〈그림 217, 219, 220〉. 17세기의 스터머커는 얇고 화려한 직물에다 수를 놓은 것이 많이 사용되었고 영국에서는 앞가슴을 끈으로 지그재그가 되게 묶은 스터머커가 유행하기도 했다.

1630년대가 되자 네덜란드의 영향을 받아 스터머커는 딱딱한 금속제 콜셋이나 고래뼈의 사용이 없어지고 대신 부드럽고 타이트하지 않은 형태로 변했다〈그림 221〉. 스터머커의 끝도 뾰죽하지 않고 둥글게 변했으며 허리선에 여러 조각으로 나누어진 짧은 페플럼(peplum)이 달림으로써, 활동하기에 편할 뿐 아니라 자유스러운 분위기

그림 222. Baroque 초기의 collar와 머리장식

그림 223. Baroque 초기의 collar와 머리장식

그림 224. Baroque 시대의 collar와 머리장식

그림 225. Baroque 시대의 collar와 머리장식

그림 226. Baroque 시대의 collar와 머리장식

그림 227. Baroque 시대의 collar와 머리장식

그림 228. Baroque 시대의 collar와 머리장식

로 바뀌었다. 그러나 루이 14세가 즉위하고 난 후부터 다시 바디스는 타이트해지고 스터머커도 길고 뾰죽한 형태로 바뀌게 되었다〈그림 220〉. 이때 스터머커를 끈으로 연결하고 진주나 단추, 족제비털, 또는 루프 다발이나 레이스로 장식했다.

그림 229. Baroque 시대 초기의 여자복식

그림 230. Baroque 시대 2/4분기의 기능적인 여자복식

◆ **네크라인(Neckline), 칼라(Collar)** 17세기 초기부터 1630년경까지는 16세기에 유행했던 러프 칼라가 다른 형태의 칼라와 함께 그대로 유행했다〈그림 222, 223〉. 즉, 부드러운 소재를 이용해 주름잡은 칼라를 한 겹 내지 두·세 겹 겹쳐 달거나, 퀸 엘리자베스 칼라와 메디치 칼라 또는 위스크 칼라를 함께 착용하거나〈그림 225〉, 목선을 넓게 파고 네크라인을 따라 레이스로 장식한 형태〈그림 220, 221〉 등이 함께 유행했다.

1630년부터는 머리 뒤로 뻗친 위스크 칼라(whisk collar)〈그림 218, 225〉와 주름없이 어깨를 내려덮는 플랫 칼라(flat collar)〈그림 226, 227, 228, 235, 249〉가 유행했다. 플랫 칼라는 폴링 칼라(falling collar) 또는 폴링 밴드(falling band)라고도 하는데, 케이프처럼 어깨를 내려덮는 넓은 레이스 칼라(lace collar)와 작은 크기의 쑤티앵 칼라(soutien collar)를 말한다. 폴링 밴드는 화가 반다이크(Vandyke)의 그림에서 많이 보여지기 때문에 반다이크 칼라(Vandyke collar)라고도 한다〈그림 226, 227, 228, 235, 249〉. 이때 영국의 청교도인들도 수수한 리넨 천으로 만든 넓은 폴링 칼라를 착용하기 시작했다〈그림 239, 248, 252〉.

1650년부터 목둘레선을 많이 판 데콜테(décolleté) 현상이 다시 생기면서, 속에 입은 슈미즈의 주름이 목 밑에까지 오게 하거나 많이 파진 네크라인에 레이스나 프릴을 달기도 했다. 또한 앞가슴가리개인 파틀렛으로 노출된 가슴을 가리다가 이를 버리고 드디어 유두(乳頭)가 보일 정도로 대담하게 유방을 노출시킴으로써 사회로부터 심한 비방을 듣기도 했다.

1660~1670년대부터 큰 사이즈의 폴링 밴드가 사라지고 스퀘어 네크라인이나 바토 네크라인(bateau neckline : 완만한 곡선의 배모양)에다 좁은 베니션 레이스(Venetian lace)를 한두 겹으로 주름잡아 달아서 풍만한 유방의 아름다움을 강조했다.

◆ **슬리브(Sleeve)** 초기에는 르네상스의 취향이 아직 섞여져서 나타난다. 즉, 작은 퍼프와 슬래쉬〈그림 219〉, 숄더 윙(shoulder wing)〈그림 219, 229〉이 있는 레그 오브 머튼 슬리브(leg of mutton sleeve)〈그림 230, 235〉, 행잉 슬리브(hanging sleeve)〈그림 229, 230〉 등이 계속 나타났다. 그러나 한때 빳빳하게 넣었던 패드를 빼버리고 크게 부풀리지도 않았을 때는 소매를 따로 재단할 필요가 없어 에폴렛(épaulet, shoulder wing)은 거의 볼 수 없었다.

전체적인 소매를 리본으로 오므리면서 슬래쉬와 페인드(paned : 긴 헝겊 조각으로 이어 만든)된 사이로 속에 입은 흰 슈미즈가 보이게 했다. 소매 끝에는 슈미즈의 소매에 달린 레이스가 한두 겹 또는 여러 층으로 주름져 나타났다. 이 소매의 러플진 레이스는 플랫 칼라의 레이스와 조화를 이루었다. 이렇게 17세기의 소매모양은 16세기의 것보다 경쾌하고 가벼우며 리드미컬한 아름다움을 지녔다.

◆ **스커트(Skirt)** 초기(1/4분기)에는 스페인의 비활동적이고 귀족적인 원추형의 스커트가 그대로 유행했다〈그림 229〉. 1625년부터 2/4분기 동안에는 스커트를 크게 부풀렸던 베르튀가댕(vertugadin)이 없어지면서, 전체적인 씰루엣이 거창하지 않고 활동적인 형태로 변했다〈그림 230〉. 이러한 기능적인 스커트 형태의 유행은 네덜란드의 영향에 의한 것으로 생각된다. 그러나 이러한 경향은 20여 년 동안만 계속되었고, 17세기 중엽부터 3/4분기 동안에는 다시 페티코트를 받쳐서 부피를 늘린 비기능적인 형태로 입었다. 일부 지역에서는 힙의 양 옆으로 퍼지는 파니에(panier : 18세기에 다시 나타남)를 사용하여 거창한 씰루엣을 이루기도 했다〈그림 220, 231〉.

스커트 버팀대를 이용하지 않은 드레스는 속치마인 페티코트를 두 개 또는 세 개씩 겹쳐 입었는데, 이들은 모두 드레스의 색상보다 더 화려한 것이 사용되었다. 세 개의 페티코트 위에 입은 드레스는 끌어 올리기에 편하도록 약간 얇고 부드러운 직물로 만들었으며 산뜻한 색으로 안을 받쳤다〈그림 232〉. 보행시에는 드레스의 스커트 자락을 끌어올려서 스커트와 대비되는 색의 화려한 직물로 만든 페티코트가 보이게 했다. 그러나 한 손으로 스커트 자락을 끌어올리는 것이 불편하므로 여러 가지

그림 231. Baroque 시대 후반부에 다시 부풀려진 여자복식

그림 232. polonaise시킨 Baroque 시대 후반부의 여자복식

새로운 디자인이 시도되었다. 즉, 앞을 Λ형으로 열어 놓거나 또는 스커트 앞의 갈라진 자락을 뒤집어 양 옆에서 브로치나 리본으로 고정하기도 하며, 또 걷어올려서 뒤로 모아 묶기도 하고, 뒤로 모아서 뒤 허리선에 집어 넣어 버슬(bustle)의 효과를 내는 등, 새로운 형의 스커트가 개발되었다〈그림 232〉.

스커트의 안감에도 금·은실 등으로 아름다운 수를 놓아, 스커트를 뒤집어서 뒤로 묶었을 때 화려한 안감이 보이게 했다. 스커트 앞자락을 옆이나 뒤로 묶기 때문에 앞에 보여지는 페티코트는 중요한 강조점이 되므로 태슬이나 프린즈(fringe), 브레이드(braid), 루프 등으로 층층이 장식하기도 했다. 이때 나온 버슬 스타일(Bustle Style)은 그 후 다른 벨형의 스타일과 함께 250년 간 패션에서 사라지지 않았는데, 특히 19세기 말에는 유럽의 모든 여성들이 버슬 스타일을 즐겼다.

이 시기의 아이들의 복식은 성인들의 복식 형태를 그대로 모방하여 착용했다〈그림 217, 220, 231, 234, 235, 247〉.

콜쎗(Corset) 17세기에도 여자들은 맨살 위에 레이스가 달린 리넨 슈미즈를 입고 그 위에 몸의 곡선을 아름답게 나타내기 위해 콜쎗을 착용했다. 콜쎗은 시대에 따라, 국가에 따라, 부르는 이름이 모두 다르다. 콜쎗이라는 명칭은 18세기 이

그림 233. Baroque 시대의 남녀복식

후에 영국에서 붙여진 이름이고, 프랑스에서 불리워진 이름을 다시 한 번 정리해 보면, 중세 시대에는 코르사주(corsage), 르네상스 시대에는 바스킨(basquine) 또는 코르피케(corps-piqué)라고 불렀다.

17세기에 와서는 형태가 약간 변하면서 명칭도 함께 변화되어 코르발레네(corps-baleiné)라고 했다. 17세기 전반기에는, 네덜란드의 영향으로 힙의 부풀림이 감소되고 허리선이 올라가게 되자, 16세기부터 사용해 오던 코르피케도 길이가 짧아지면서 앞 가운데 끝이 뾰죽하던 것이 좀 둥글어졌다. 이윽고 허리를 너무 조이지 않는 헐렁한 로브를 입게 되자, 코르피케는 사용하지 않고 로브의 바디스에다 고래수염으로 패드를 넣어 조금 빳빳하게 만들었다. 이로써 로브는 종래의 코르피케의 역할도 동시에 담당했다. 그러나 17세기 후반기에는 궁중세력이 강화되면서 다시 귀족풍이 유행하게 되어, 네덜란드풍은 사라지고 허리를 조임으로써 콜셋이 다시 필요해졌다. 이때 다시 생긴 콜셋의 명칭을 프랑스에서는 코르발레네라고 했고 영국에서는 스테이즈(stays)라고 했다.

코르발레네는 고래수염을 캔버스(canvas : cotton, linen으로 두껍고 촘촘하게 짠 직물)라는 빳빳한 천 사이에 넣어 만든 것이다. 코르발레네가 바스킨과 틀린 점은, 바디스에 프린세스 라인(princess line)처럼 소매로부터 앞 중앙을 향해 사선으로 자르고 촘촘하게 바느질을 한 것이다. 이것은 허리를 가늘어 보이게 하는 합리적인 방법으로 디자인된 것이며, 후에 가는 허리가 모드의 초점이 되면서 더욱 세련된 모양으로 변하고 여기에 짧은 소매나 긴 소매가 달린 것도 있다. 코르발레네의 겉감으로

그림 234. Baroque 시대의 복식

그림 235. Baroque 시대의 아동복

는 수를 놓은 무늬없는 씰크나 또는 화려한 무늬의 브로케이드 등을 사용했다. 착용할 때는 허리선 둘레에 달린 페플럼을 앞 중앙에 달린 것만 겉으로 내어놓고 나머지는 스커트의 허리 속으로 집어넣는다. 그리고 스커트에 달린 훅에다 코르발레네에 달린 끈을 꿰어 연결시키고 앞 중앙에 달린 페플럼은 스커트 위로 늘어지게 함으로써 상·하가 연결된 원피스 드레스처럼 보이게 했다.

4. 남자의 의복

16세기의 남자복식은 패드, 퍼프, 슬래쉬를 사용한 복잡한 구성과 과장으로 부피가 큰 씰루엣을 이루었다. 이렇게 기교적인 차림은 그 당시 범할 수 없는 남성들의 위엄과 귀족풍의 분위기를 나타내려는 것이었다. 16세기를 지배했던 이러한 사고방식은, 17세기로 들어오면서 네덜란드의 시민문화의 영향으로 실생활에 맞는 기능적인 의상을 좋아하는 경향으로 바뀌게 되었다. 이것은 리슐리외가 행했던 경제 정책에 의한 사치금지령과 오랫동안의 전쟁으로 인해 실용적이고 간편한 의상이 요구되고 있을 때, 그 당시 호황을 누렸던 네덜란드의 실용적인 의상이 좋은 본보기로 쉽게 받아들여졌기 때문이다.

처음 10년 간은 16세기 말의 르네상스 스타일이 약간 변화되어 몸에 편안하게 맞는 형태〈그림 236〉로 서서히 옮겨지다가, 1620년 이후에는 상당히 여유있고 편안한

◀ 그림 236. Baroque 시대의 pourpoint과 trousse(1617년)

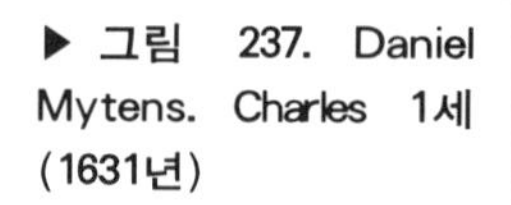

▶ 그림 237. Daniel Mytens. Charles 1세 (1631년)

의상〈그림 237, 238〉으로 바뀌게 되었다. 즉, 패드가 없어져서 피스카드 벨리(peascod-belly : 앞으로 돌출된 배)도 사라지고 약간의 슬래쉬와 퍼프만 남게 됨으로써, 보다 실용적인 의상으로 정리되어 갔다.

1630년경에는 네덜란드의 시민복이 각지로 보급되었는데 각국마다 자기 나라의 독특한 의상과 함께 이것을 잘 소화시키고 있었다. 이러한 네덜란드 스타일의 전면적인 지배는 유럽에 있어서의 시민복 확립에 큰 역할을 했다는 점에서 복식사상 의의가 깊다고 하겠다.

이처럼 간편해진 푸르푸앵과 넉넉한 반바지는 17세기 전반부를 대표한다〈그림 238〉.

그 후 1650년경에 프랑스의 루이 14세가 즉위하자 다시 왕정이 강화되어 귀족풍의 복장이 궁정을 지배하면서 독특한 바로크 양식이 유행한다. 그러나 귀족풍의 복장은 이미 뿌리가 내린 시민복을 밀어내지는 못하고 함께 융합되어 성행했다. 이때 생긴 새로운 남성의 귀족적 시민복인 쥐스토코르(justaucorps)〈그림 241〉는 바로크의 성격을 잘 나타내는 것으로, 반바지 퀼로트(culotte)와 함께 17세기 바로크 시대의 후반을 대표하는 복식이 되었다.

푸르푸앵(Pourpoint) 17세기 전반에 푸르푸앵은 네덜란드 시민복의 영향을 받아 패드와 퍼프, 슬래쉬가 적어지고 보다 간편한 옷차림으로 변해 갔다. 남성들의

◀ 그림 238. Holland의 백작 Henry Rich(1640년)

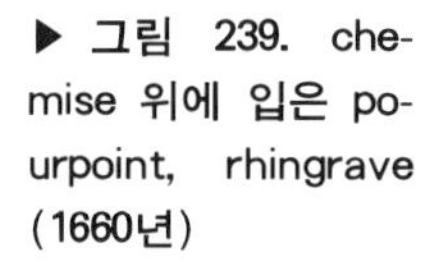

▶ 그림 239. chemise 위에 입은 pourpoint, rhingrave (1660년)

경우 특히 사회활동이 여자들보다 많았기 때문에 여자복식보다 더욱 급속히 영향을 받은 것이다. 칼라는 거창한 러프와 메디치 칼라가 간편한 위스크와 폴링 칼라로 바뀐다. 위스크는 주름이 잡히지 않은 화려한 반원형의 레이스를 머리 뒤로 뻗치게 단 것으로, 전체적으로 메디치 칼라와 비슷하나 크기가 작고 기교적인 S자 주름이 없는 것이 다르다〈그림 236, 240〉.

폴링 칼라는 하이 네크라인에 레이스가 어깨까지 내려앉은 칼라를 말한다〈그림 238, 245, 249〉. 이들은 러프나 메디치 칼라보다 구성이나 착용, 보관 등이 훨씬 간편하고 기능적이었다. 주름을 정교하게 잡는 패션은 17세기에 와서 사라지고 대신 주름없는 레이스를 사용하게 되었는데, 사치금지령이 여러 번 내려진 때문에 무늬없는 리넨 천이나 수수한 레이스가 많았다.

숄더 윙(shoulder wing, épaulette)은 패드없이 납작한 형태로 변했고 로우 웨이스트라인 위치에 V자로 내려온 허리선에는 페플럼이 앞 뒤 4~6장으로 짧은 스커트처럼 달리게 되었다〈그림 236, 237〉.

이렇게 행동하기에 편리한 형태로 바뀐 푸르푸앵은 허리선이 제위치로 올라가고 4~6조각이던 페플럼이 앞뒤로 더 많이 갈라지면서 활동에 편리함을 주었다. 이때 페플럼이 길어서 힙을 덮는 것도 있었고, 페플럼과 허리선이 없이 푸르푸앵의 길이가 길어서 힙을 덮기도 했다. 앞여밈은 목에서 허리선까지 단추가 촘촘히 달렸는데 이것은 장식적인 목적과 함께 기능적인 역할을 했다.

◀ 그림 240. 전반부 Baroque 시대의 whisk collar와 기능적으로 바뀐 Pourpoint, trousse

▶ 그림 241. veste와 justaucorps

17세기 후반에는 푸르푸앵의 길이와 소매 부분에 큰 변화가 생겼다. 길이는 눈에 띄게 짧아져 허리 위로 올라갔기 때문에 그 밑에는 슈미즈와 루프 장식이 보였다〈그림 233, 239, 246〉. 이렇게 짧아진 볼레로 스타일(bolero style)을 일부 학자들은 로쉐(rochet)로 구별하기도 한다. 이러한 여성적인 취향을 궁정의 남성들은 즐겁게 받아들인 것 같다. 소매는 점점 짧아져서 반소매 길이가 되었고, 긴 슬래쉬가 있어 그 사이로 하얀 슈미즈가 보였다. 푸르푸앵의 칼라는 종전과 같이 작게 세운 스탠드 칼라(stand collar)인데, 그 위로 커다란 레이스의 폴링 칼라를 덧붙이고 앞이 눈에 잘 띄게 하기 위해 앞에서 박스 플리츠(box pleats : 맞접는 상자주름)로 여미기도 했다〈그림 239, 251〉.

17세기 말기인 1680년경에는 푸르푸앵이 아주 짧아져서 소매달린 짧은 조끼의 형태로 변한다. 이때 유행하기 시작한 새로운 스타일의 폭이 좁은 코트인 쥐스토코르(justaucorps)〈그림 241, 247〉가 나오자 푸르푸앵은 그 속에 입혀지면서 종적을 감추게 된다.

이렇게 삼 세기에 걸쳐 애용되었던 푸르푸앵은 17세기 초기에는 반바지인 오 드 쇼오스와 함께 상·하복이 되었고, 중기에는 치마바지인 랭그라브(rhingrave)와 한 세트가 되었다. 이때 사용한 화려한 폴링 칼라는 부채모양의 위스크〈그림 240〉와 스카프 모양의 크라바트(cravatte)와 함께 바로크 양식의 특징적인 요소가 된다.

쥐스토코르(Justaucorps) 17세기 중엽부터 루이 14세 즉위로 다시 생기기 시작한 귀족풍에 대항하는 의미에서 1670년경부터 널리 유행된 상의이다〈그림 241〉. 1660년경 푸르푸앵이 작아지면서 그 위에 입는 코트의 성격을 띠었으나, 푸르푸앵의 유행이 사라지면서 푸르푸앵 대신 입었기 때문에 바지 위에 입는 상의의 성격으로 바뀐 것이다.

쥐스토코르는 몸에 꼭 맞는다는 의미로, 여기에서 이 옷의 형태를 추측할 수 있다. 쥐스토코르는 원래 중세 때 병사들이 입었던 실용적인 코트에 기원을 둔 것이다. 유행된 처음 10년 간은 직선적인 스트레이트 씰루엣(straight silhouette : H자형)에다 길이는 넓적다리 중간까지 오고, 일상복으로 베스트 위에 입혀졌다. 이때 헐렁한 씰루엣의 코트를 캐석(cassock)이라 하고, 이후의 몸에 꼭 끼는 것은 쥐스토코르로 보는 학자도 있다.

1670년경부터는 아랫단이 넓어지고 길이가 길어져 무릎까지 닿았다. 상류계급에 이 모드가 보급되자 몸통이 꼭 끼게 되면서 날씬한 S자형 씰루엣으로 변했다. 궁정의 귀족들이 착용하면서 옷감도 화려하고 질이 좋은 것을 사용했고 자수나 레이스, 단추 등으로 더욱 호화롭게 장식했다. 일반 시민복이 귀족복으로 승격됨에 따라 허리가 가늘어지는 새로운 요소가 도입되었다. 가는 허리는 남녀복장에 항상 품위와 우아함을 주는 것으로 생각했으므로 등과 양 옆 솔기를 들어가게 바느질하고 주름을 넣어서 허리를 점점 더 가늘게 조였고, 이에 따라 스커트의 단은 더욱 벌어졌다. 이 옷의 주름과 뒷단의 슬릿은 말을 탈 때도 착용할 수 있게 하기 위해 생긴 것으로 추측되는데, 구성이 힘들었기 때문에 모든 사회 계층으로 일반화되는 것은 불가능했다. 그러나 제작상 요구되는 기교는 재봉과 구성 기술을 발달시킴으로써 복식문화 발전에 공헌했다.

1690년대에는 쥐스토코르의 단(hem)에 캔버스 등으로 안을 받쳐 팽팽하게 만들었고〈그림 247〉 1700년경에는 말털 등을 사용하는 방법도 연구해 냈다. 앞트임에는 단추와 단춧구멍이 촘촘히 달렸고 금·은실을 넣어 만든 끈이 단춧구멍을 따라 짧은 수평 장식선으로 디자인되었는데, 앞뿐만 아니라 양 옆과 뒤에도 사용되었다〈그림 247〉. 이 끈장식이 상류층에서는 높은 지위와 경제적인 부를 상징하는 중요한 장식으로 간주되었다. 끈매듭으로 된 단춧구멍 장식은 원래 터키에서 군대나 관청의 계급표시로 사용된 데서 유래한 것 같다. 베네치아에서는 동방의 영향을 받아 일찍부터 이런 형식이 유행했는데 유럽에서는 사교복이나 귀족복인 쥐스토코르에 귀족계급의 표시로 처음 이용되었다.

쥐스토코르의 소매는 소매 끝단을 접어서 폭을 넓게 한 커프스가 있는 것이 특징이다〈그림 241〉. 이 상의가 유행할 때에는 긴 머리(물론 가발) 스타일이 함께 유행했고 따라서 강조점이 앞으로 옮겨오게 되자, 폴링 칼라는 사라지고 대신 편리하게 앞에서 손수건을 매는 형식의 크라바트(cravatte)가 등장하게 되었다〈그림 241〉. 이렇게 해서 생긴 크라바트는 1660년대부터 남자복장에 흰 칼라 대신 목장식으로 사용되었는데, 초기엔 30~40cm 폭에 길이가 75~100cm인 얇은 리넨이나 카튼 또는 씰크를 목에 한두 번 감고 앞에서 나비모양으로 매어 주었다. 1690년대에는 그 끝을 쥐스토코르의 목 근처 단춧구멍에 꿰어넣기도 했다. 요즘 신사복의 넥타이처럼 앞에서 매준 흰 리본의 크라바트는 쥐스토코르를 더욱 화려하게 꾸며 주면서 위용을 높여 주었다.

쥐스토코르의 옷감으로는 1670년대 초기에는 시민풍조가 남아 있어 색상이나 장식이 검소하고 수수한 울을 사용했는데, 귀족복으로 바뀌면서 화려한 색상의 벨벳이나 금·은실을 넣어 짠 씰크나, 무늬만 넣어 짠 씰크 등을 사용했다. 여기에 금·은실을 꼬아서 만든 단추, 끈장식이나 자수 등을 곁들여 대단히 화려한 의상이 되었다. 그러나 프랑스의 중상주의 정책으로 울의 질이 현저히 향상됨에 따라 비싼 씰크 대신에 무늬없는 울을 쓰게 하려는 법령이 1677년에 발표되었다.

이를 계기로 쥐스토코르는 이제까지의 화려한 모습에서 수수한 분위기로 바뀌게 되었다. 쥐스토코르는 착용시 보통 단추를 여미지 않고 풀어 놓아서 안에 단추를 촘촘히 끼운 베스트가 보였고, 아래에는 꼭 끼는 반바지에 양말과 무릎장식인 카농(cannons)을 한 벌로 착용하기도 했다.

쥐스토코르는 그 후 18세기로 이어지게 되고 19~20세기에 이르기까지 남자복식에 시민적 성격을 확립시키는 데 큰 역할을 했다. 이를 토대로 하여 수수하고 실용적인 의상으로서 현대 남자복인 양복(suit)의 확립을 본 것이다.

베스트(Veste) 조끼의 원조인 이 의상을 영국에서는 웨이스트코트(waistcoat, vest)라고 불렀다. 17세기 말엽에 생긴 베스트는 그 형태와 착용상의 특징으로 미루어 보아 푸르푸앵의 변형으로 푸르푸앵과 비슷하나 소매가 달리지 않은 것도 있다. 주로 실내에서 입는 간단한 상의인데, 외출할 때 이 위에 쥐스토코르를 입었다. 처음엔 몸통과 소매가 타이트하게 맞고 단은 플레어로 퍼지며 앞트임에는 작고 아름다운 단추가 촘촘하게 달렸었다. 이 위에 쥐스토코르를 입을 때는 쥐스토코르의 단추를 풀고 속에 단추가 잠겨진 베스트의 모습을 보이게 했다. 네크라인은 목둘레에 꼭 맞는 둥근 선으로 칼라가 달리지 않았다.

1690년대에 크라바트가 유행하자 베스트의 단추는 허리만 잠그고 위의 단추를 풀어 크라바트의 리본 다발 묶음이 내보이게 했다. 소매는 위에 입은 쥐스토코르보다 약간 좁고 소매 끝이 넓어서, 뒤집어 접었을 때 쥐스토코르 소매 위로 베스트의 커프스가 겉으로 나오게 했다〈그림 241〉.

가정에서 실내복으로 시작된 의상으로 실용을 목적으로 하면서도 쥐스토코르 속에 장식적인 목적으로 입었기 때문에 쥐스토코르의 색상과 조화되는 화려한 색을 사용했고 옷감도 금·은실을 섞어 짠 여러 가지 씰크에다 자수를 놓기도 했다. 그러나 의례복으로 사용할 때는 흰색의 베스트를 입었다. 베스트는 차차 소매가 없어지고 남자 신사복의 조끼(vest)로 변했다.

오 드 쇼오스(Haut de Chausses) 반바지 형태를 프랑스에서는 오 드 쇼오스라고 했다. 16세기의 오 드 쇼오스는 패드와 슬래쉬를 넣어 부풀리거나, 긴 헝겊 조각으로 부풀려 호박모양의 씰루엣을 형성한 것이 특징이었다. 17세기에 들어서면서 실용을 추구하는 네덜란드의 영향으로 패드와 슬래쉬는 현저히 줄어들고 단지 넉넉한 반바지의 형태를 이루게 되었다. 1630년대와 1640년대에 오 드 쇼오스는 다리에 꼭 맞는 스타일, 풍성한 스타일 등 여러 형태가 같이 병행하면서 유행했다〈그림 242〉. 길이는 무릎에서 15~20cm 아래까지 내려와 바지형태가 되고 그 끝은 리본으로 맸다.

1650년경부터 루이 14세의 바로크풍 취향으로 오 드 쇼오스의 색상이 화려해지고 옆선이 트리밍과 단추 등으로 정교하게 꾸며지기 시작했다. 또한 루프 다발을 만들어 과대하게 장식하는 현상을 빚게 되었다. 오 드 쇼오스는 형태가 조금씩 변함에 따라 트루스(trousse), 판탈롱(pantalon), 퀼로트(culotte), 랭그라브(rhingrave) 등의 여러 가지 명칭으로 바뀌었다.

◆ **트루스(Trousse)** 둥근 호박처럼 패드를 넣어 부풀린 반바지로 화려한 색상의 고운 울이나 씰크를 직물로 사용했다. 길이는 넓적다리에서 무릎이나 무릎 아래까지 오는 여러 가지 형태가 있다〈그림 240, 243〉. 프랑스의 모든 궁정에는 소년 시종(少年侍從)들이 있었는데 그들은 모두 가문좋은 집안의 자제들이었다. 그들은 훌륭한 신사가 되기 위해 우선 4년 동안 소년 시종 예비신사로 일하면서 신체적·지적(知的) 교육을 받았다. 교육을 받는 동안 그들의 의상은 당시의 최신의 패션을 그대로 따랐다는 것을 문헌과 박물관의 그림을 통해 알 수 있다. 17세기에 소년 예비신사의 책임자 아브라함 보스가 리슐리외에게 보낸 그림이 베르사유 박물관에 보관되어 있다. 그 그림에서 소년 예비신사들이 단정한 무릎 길이의 트루스를 입고 있는 것이 보인다. 이것은 후에 남자들의 신사복 바지 트라우저스(trousers)의 모체가 되었다.

그림 242. 17세기 바지, trousses의 변화

◆ **판탈롱(Pantalon)** 17세기 초에 심을 없애고 헐렁하게 입은 칠부 길이의 바지이다. 자루모양으로 불룩하며 풍성하고 종아리까지 오거나 발목까지 길게 오는 것도 있었다. 다리 부분을 느슨하게 늘어뜨리거나 부츠 안으로 집어넣어 입었다. 영국에서는 팬털룬즈(pantaloons)라고 했다〈그림 244, 245〉.

◆ **퀼로트(Culotte)** 오 드 쇼오스의 폭이 좁아져서 타이트하게 맞는 간편한 형태의 바지를 퀼로트라 한다〈그림 288〉. 프랑스에서는 퀼로트가 유행하면서 그 동안 15세기 말부터 17세기 초에 걸쳐 사용했던 오 드 쇼오스라는 명칭은 없어진다. 중세 이후 이때까지는 푸르푸앵에 달린 끈을 바지허리의 구멍에 꿰어서 연결해 왔는데, 푸르푸앵이 짧아지자 끈으로 연결하지 못하고 벨트로 바지를 허리에 고정시켰다.

1680년경 이후엔 퀼로트의 상부가 활동하기 편할 만큼 풍성해지고 무릎 밑에서부터는 꼭 맞게 되었다. 밑에는 무릎 장식인 카농을 입었고, 위에 입은 푸르푸앵이 작아졌기 때문에 그 위에 코트로서 쥐스토코르를 덧입었다.

◆ **랭그라브(Rhingrave)** 랭그라브는 긴 길이와 무릎 길이 등 다양한 형태의 스커트 바지이다. 17세기 중엽에 프랑스에서는 이제까지의 의상과는 전혀 다른 스타일의 짧은 스커트가 남자들 사이에 유행했다. 이것이 바로 랭그라브로 영국에서는 페티코트 브리치즈라 했다. 이 짧은 스커트는 원래 네덜란드의 농부들이 입던 옷인데, 네덜란

그림 243. Baroque Style의 짧고 긴 trousses와 venetian

그림 244. pantalon

드의 검소한 복식이 프로테스탄트 신자들에게 유행되면서 종교와는 관계없이 새로운 모드로서 유럽 각국으로 보급되어 신사들 간에 유행하게 된 것이다〈그림 239, 246, 253〉.

초기에는 긴 천을 하체에 둘러입는 방법으로 궁정에서만 입혀졌으나, 차차 간편한 스커트형, 즉 양쪽으로 갈라진 넓은 바지(divided skirt) 형태로 바뀌어 일반인들에게도 보급되었다. 여성복과 같은 이 스커트는 속에 폭이 좁은 바지 퀼로트를 받쳐 입기도 했다. 위에는 길이가 짧은 푸르푸앵(pourpoint)을 입었는데, 이때 푸르푸앵과 랭그라브 사이에는 슈미즈 자락이 색색의 루프 다발 묶음과 함께 보이도록 착용했다. 랭그라브에 사용된 옷감은 주로 리넨과 카튼, 울이었으며 고급의 것은 씰크로 만들기도 했다.

망토(Manteau) 망토는 두르개의 일종이며 맨틀이나 케이프로도 표현된다. 17세기의 망토는 르네상스 시대의 망토와 별 차이가 없다. 원형의 천 가운데에 머리가 들어갈 네크라인을 내고 앞 가운데를 갈라서 오프닝을 만들었으며 칼라를 달기도 했다. 길이는 주로 무릎까지 오는 것이 많았으나 일정하지는 않았다.

귀족들은 화려한 씰크로 안을 대고 가장자리에는 모피(fur)로 장식한 호화로운 것을 입었다. 왕들의 의식용 망토는 길이가 땅에 길게 끌리며 붉은 벨벳에 보석을 수

그림 245. 기사풍의 남자복식(17세기 중반부)

그림 246. 루이 14세가 입은 rhingrave(1663년)

놓고 흰 털로 장식한 것으로, 화려하고 사치스러운 위용을 보였다. 망토의 색상은 나라마다 다른데 특히 스페인과 크롬웰의 공화정 시대의 영국은 대체로 검은색을 많이 사용했다〈그림 239, 245, 246, 253〉.

청교도인들의 의상(1649～1660년) 17세기의 후반기로 접어들면서 루이 14세의 왕권 확장으로 네덜란드의 시민적인 수수한 경향이 없어지고, 대신 궁정을 중심으로 한 화려한 의상이 다시 유행했다. 즉, 바로크의 독특한 미술양식이 의상에 반영되어, 곡선적인 취향과 화려한 레이스나 루프 장식이 성행한 것이다. 그러나 이때 화려한 의상과는 거리가 먼 검소한 복장을 계속 유지한 종교적 단체인들이 있었는데, 그들이 바로 영국의 청교도인(puritan)들이다. 이들은 네덜란드인의 의상을 바탕으로 이것을 더욱 검소하게 발전시킴으로써, 17세기 후반의 화려한 바로크 의상과 대조를 이루었다〈그림 239, 248, 252〉.

그들의 의상은 검은 보라색이나 검은 갈색 또는 어두운 회색이 주를 이루었다. 여기에 화려한 레이스 칼라 대신 무늬없는 흰 리넨으로 폴링 밴드 형의 칼라를 달아 전체적으로 침침한 의상 분위기를 산뜻하게 살려 줌으로써, 청교도 의상을 개성있는 것으로 유지시켰다.

청교도인들의 의상은 허리선이 뾰죽하지 않고 다소 앞으로 휘어지게 디자인되었으며 여기에 약간의 주름을 넣어 활동하기에 편하도록 디자인했다. 네크라인은 가슴

그림 247. Baroque 후반부의 어린이 복식, James Stuart와 누이동생(1695년)

그림 248. 청교도인들의 남녀복식(17세기)

을 깊이 파지 않고 목까지 올라와 꼭 끼는 것이 특징이다. 소매는 모양 자체도 화려하지 않고 다만 적당한 넓이로 잘 맞게 하고, 손목까지 오는 길이에 화려한 레이스 대신 단순한 리넨으로 커프스를 달았다. 한편 노동자 계급에서는 소매길이를 짧게 하여 활동하는 데 간편하도록 했다.

스커트 위에는 흰 리넨으로 긴 에이프런(apron)을 둘러입어 흰색 리넨 칼라나 커프스와 조화를 이루었다〈그림 234〉. 이 흰 에이프런은 장식적인 목적뿐만 아니라 옷이 더러워지면 쉽게 에이프런만 세탁할 수 있어 기능적인 면도 함께 만족시킬 수 있었던 것 같다.

남자들도 여자들의 의상과 같은 색상의 푸르푸앵에다 풍성하고 무릎 밑까지 오는 판탈롱이나 무릎 아래까지 오는 퀼로트를 입었다. 또한 울로 만든 호즈(hose)를 착용하고, 그 위에 푸르푸앵을 덮는 길이의 망토를 둘렀다〈그림 239〉.

머리에는 항상 크라운이 높고 챙이 달린 펠트 모자를 쓰고 다녔다.

이 청교도인들의 복식은 그 후 세계 각국의 청교도인들과 비청교도인들 모두에게 영향을 주었고, 복식을 통해 실용성과 검소함을 추구한 이념은 특히 미국 건국에 큰 기여를 했다.

그림 249. Baroque 전반기의 남자들의 머리장식과 collar

5. 기타 복식

(1) 머리장식

바로크 시대 남자의 머리모양은 가장 여성스럽고 풍성한 모양으로 나타난다〈그림 249, 250〉.

초기의 머리모양은 넥웨어(neckwear)의 모양이나 높이에 의해 많은 영향을 받았다. 목 뒤쪽이 높고 빳빳하게 뻗친 위스크 칼라(whisk collar)가 한동안 유행했으므로, 당시의 신사들은 머리를 짧게 다듬어야만 했고 모자는 별로 사용하지 않았다〈그림 236〉. 그 후 어깨에 내려앉는 플랫 칼라가 유행하게 되자 다시 머리를 어깨까지 늘어뜨리게 되었고, 멋을 내는 신사들은 머리를 정돈하는 방법에 있어서 여러 가지 기교를 부리게 되었다〈그림 250－b〉.

후기에는 가늘게 땋은 머리에 리본을 달고 아래로 내려뜨린 것, 컬된 머리를 빗질해서 간추린 것 등 머리카락의 풍성함을 자랑하는 여러 가지 모양이 나타났다.

또한 루이 13세 시대에 프랑스 상류사회나 궁정의 풍속 가운데에서 가발이 등장했는데, 이것은 젊은 왕의 대머리를 감추기 위해 사용하기 시작하여 상류사회에 유행하게 된 것이다〈그림 251〉. 가발은 17세기 후반에 이르러 화려한 의상과 조화되어 매우 중후하고 거창한 형태로 변화했다. 머리카락은 각종의 분(粉)을 뿌려 갈색이나 연두색, 회색을 띤 흰색 등으로 착색했고, 이를 포마드(pomade)로 고정시켰으며 향수를 뿌렸다. 그러나 무겁고 단단한 가발을 늘 붙이고 있는 것은 매우 견디기 힘든

a

b

그림 250. 17세기의 남자의 머리모양

일이었으므로 실내에서는 가발 대신 리넨이나 울로 된 캡(cap)을 덮어쓰는 풍습이 생겼으며, 외출할 때는 상아나 은으로 장식된 빗을 갖고 다니며 공적 장소에서 머리를 빗는 것을 멋으로 여겼다.

17세기 초기에는 챙이 좁고 크라운이 높은 빳빳한 형태의 모자가 사용되었으나 〈그림 233, 244, 252〉, 후반에 이르러 가발이 성행하면서부터는 크라운의 꼭대기가 평평하고 낮아졌으며 챙은 넓어졌다. 또한 풍성한 머리형이 유행함에 따라 모자의 넓은 챙은 삼각형으로 휘어졌다〈그림 245〉.

여성들에게 있어서 머리형은 칼라 둘레의 영향을 받으며 변화했다.

17세기 초에 대형 러프나 부채형으로 세운 위스크 칼라가 유행할 때에는 머리 속에 가발을 넣고 포마드로 굳혀서 높이 빗어올린 후에 보석과 진주로 장식된 아름다운 핀을 꽂았다. 높은 머리는 대체로 귀족적인 분위기를 나타내는데, 이에 따라 여자들은 몸가짐에 있어서도 머리가 흩어지지 않도록 조심스럽게 움직여야만 했다.

그 후 시민풍의 플랫 칼라의 등장으로 높은 머리는 없어지고 자연스럽게 컬을 해서 어깨 위로 늘어뜨려 풍성한 의상과 잘 조화시켰다〈그림 235〉. 컬을 한 머리를 더욱 풍부하게 보이도록 머리 위에 리본을 장식하기도 하고 새털은 달기도 했다.

루이 14세 시대에 들어와서 유행한 귀족적인 의상에 따라 머리형도 기교적으로 변하여 퐁탕주(fontange)라는 우아하고 기교적인 머리형이 나타났다. 이것은 딱딱한 리넨이나 레이스를 주름잡아 철사로 층층이 세운 형으로 탑처럼 60cm쯤 높이 올려

그림 251. 17세기의 가발

그림 252. 청교도인의 collar와 모자

져 부채를 편 것같이 보였다〈그림 232, 247〉.

1650년대에는 금·은·철사와 빗을 사용하여 양 옆으로 머리를 불룩하게 하거나, 타래머리를 사용하여 컬된 머리가 숱이 많아 보이게 하는 머리형이 나타났다. 머리 위에는 커다랗게 리본을 매기도 하고 양쪽에 태슬처럼 가지런히 달기도 했는데, 이 머리형은 주로 스페인에서 유행했다〈그림 253〉.

1670년대에는 컬이 잘 된 머리로 전체를 화려하고 커다랗게 부풀린 참신한 머리형이 유행했는데, 이것은 '꽃밭', 또는 '양배추형' 등의 이름으로 불리었다. 귀부인들은 의상만큼 머리형을 중요시하여 전용 미용사를 두었다.

(2) 신 발

신발은 일반적으로 의상과 밀접한 관계를 가지고 변화하는 것으로, 스페인풍의 짧은 바지 오 드 쇼오스가 유행하던 17세기에는 무릎 위까지 오는 부츠가 남자들에게 애용되었다. 다리가 날씬하게 보이는 부츠를 선택했던 신사들은 바지가 길어짐에 따라 짧은 부츠를 신게 되었다. 여기에는 여러 가지 형태가 있었고, 신사들은 목이 크게 벌어진 부츠에다 루프나 레이스로 나비나 장미 모양을 만들어 달아 아름답게 장식했다〈그림 233, 237, 244, 245〉.

재료는 대체로 부드러운 가죽으로서, 황색, 회갈색, 자색, 백색 등 대체로 밝은 색을 사용했다. 이런 구두는 모든 계층의 남자들에게 애용되었는데, 귀족과 일반인과

그림 253. Baroque Style의 머리장식과 신발

의 차이는 신발의 재질과 장식, 그리고 밑바닥의 색으로 구별되었다〈그림 254〉.

1660년대에는 통이 넓은 부츠가 기사(騎士)들 사이에서만 착용되었고, 대신 일반인들에게는 루이 14세형이라는 실용적인 슈즈가 보급되었다. 이 슈즈는 앞끝이 사각(四角)이 지고 비교적 가늘며 뒷굽이 우미한 곡선을 가진 것으로서 그 후 널리 유행하게 되었는데, 재료는 대부분 부드러운 가죽이나 새틴, 브로케이드 등이 이용되었다.

17세기 중엽에는 옥스퍼드(oxford)라고 하는 일반 실용화가 유행했는데, 이것은 옥스퍼드 대학에서 많이 애용됨으로써 이러한 명칭이 붙게 되었으며 1680년대에는 거창했던 구두장식이 쇠퇴하고 기능적인 버클로 대용되었다.

여자의 신발은 의상의 변화에 비해 별로 눈에 띄지 않았으나, 처음으로 여자의 발이 스커트 단의 밑으로 나와 눈에 띄게 되었다. 전 세기에 비해 17세기의 귀부인들은 작은 발을 좋아하여, 리넨으로 된 테이프로 발을 조여 작은 구두에 억지로 밀어 넣어 신었다.

신발의 형태는 남자의 신발과 형태상 큰 차이는 없었으나 뒤꿈치 부분과 장식이 약간 여성적인 특징을 보였다. 앞끝이 적당히 뾰족하고 섬세한 곡선의 하이 힐은 7~8cm 정도로 높았으며 발등 부분은 끈 또는 버클로 조절하게 되어 있었다.

비가 오거나 길이 나쁠 때에는 패튼(patten)이라는 일종의 오버 슈즈(over shoes)인 나막신을 신었다.

◀ 그림 254. Baroque Style의 신발

▶ 그림 255. Baroque 시대의 장갑(1650년)

그림 256. 금과 에나멜로 만들어진 pendant(1627년)

그림 257. 다이아몬드와 에나멜로 장식된 locket(1610년)

그림 258. necklace와 pendant

(3) 장신구

바로크 시대의 장갑은 중요한 장식품으로 대개 부드러운 가죽으로 만들었으며, 장식용은 씰크에 보석자수나 리본 등으로 장식을 한 값비싼 것으로 항상 향수를 뿌렸다〈그림 219, 230, 255〉. 손수건도 중요한 장신구의 하나로, 레이스로 장식하고 될 수 있는 대로 남의 눈에 띄게 사용했다〈그림 220, 231〉.

17세기 초에는 남자들도 귀고리, 반지, 팔찌, 목걸이 등 여러 가지 장신구〈그림 256, 257, 258〉를 사용했으나, 17세기 말에 장신구를 많이 사용하지 않는 경향이 유행하자 귀족들도 별로 쓰지 않게 되었다. 남자들은 오른쪽 어깨에서 왼팔 밑으로 지나는 띠인 볼드릭(baldric)을 착용하고 여기에 칼을 찼는데 볼드릭은 씰크나 벨벳으로 만들고 정교하게 수를 놓았다〈그림 245, 247, 253〉.

여자들은 화려한 의상과 함께 진한 화장을 하여 납으로 만든 인형처럼 보였다고 하며, 몸냄새를 감추기 위해 강한 향수를 많이 사용했다.

17세기 후반에는 얼굴에 패치(patch)를 붙이는 것이 유행했는데, 이 패치는 태피터, 벨벳 헝겊을 둥근 모양, 별모양, 초생달 모양으로 오려서 풀로 붙이는 장식품이었다. 패치는 흰 피부를 더욱 돋보이게 하고 얼굴에 광택을 더해 주기 위해 사용된 것 같은데, 잘 떨어졌기 때문에 항상 헝겊과 풀을 상자에 넣어가지고 다니며 필요할 때마다 다시 붙였다.

또한 청교도인들이 입은 흰 에이프런을 장식품처럼 의상 위에 착용했고, 양산과 부채를 드는 것이 유행하기도 했다.

요 약

'일그러진 진주'라는 그 의미처럼 바로크(Baroque) 시대의 의상 분위기는 기묘하고 이상한 이미지를 주면서 생동감을 나타낸다. 르네상스 양식이 조화를 중요시하며 고전적인 데 비해, 바로크 양식은 약동적이고 화려한 것이 특징이다.

르네상스 시대에는 의상에 보석과 자수를 중점적으로 사용한 데 비해, 바로크 시대에는 태슬(tassel)과 루프(loop), 자수(embroidery), 레이스 등으로 화려하게 장식함으로써 바로크의 독특한 취향을 나타냈다.

바로크 시대에는 프랑스와 영국이 유럽 패션의 중심이 되었으며, 프랑스의 마리 드 메디치(Marie de Medici)와 루이14세는 당시의 패션 리더로 그들의 복장은 17세기 복식을 대표한다.

프랑스는 루프, 태슬, 자수 등의 남용으로 그들의 복식이 지나치게 화려해지는 유행을 막기 위해 여러 차례 사치금지령을 시행했다. 그러나 사치금지령은 효력을 발휘하지 못했으며, 과다한 장식의 사용으로 남성복식은 다소 경박한 느낌을 주었고 여성들의 복식은 화려함이 더욱 강조되었다.

위스크 칼라(whisk collar)나 폴링 칼라(falling collar) 등 다양한 형태의 칼라들은 다른 시기의 복식과 이 시기의 복식을 구분짓는 중요한 복식요소가 되었다.

복식에 나타난 지나친 장식과열은 인간 자체의 아름다움을 표현하기보다 의상을 위한 장식으로 그쳐버린 듯한 느낌이 든다.

제13장

로코코 시대의 복식

그림 259. Rococo Style의 건축

그림 260. Rococo Style의 실내장식

1. 사회 · 문화적 배경

18세기 초에 프랑스는 루이 14세의 후광으로 여전히 이전 시대의 호화로움을 그대로 간직하고 있었다. 프랑스는 세기의 문화를 대표하면서 유럽 전역에서 이전보다 더욱 독보적인 존재로 군림하고 있었다. 각국은 프랑스 문화를 추종하는 것을 자랑으로 여겼으며 예술도 패션도 사교예절도 모두 프랑스식 일색으로 되었다. 대부분의 원서(原書)가 프랑스어로 인쇄되었으며, 파리는 세계의 문화도시로서 복식문화 전파에 지대한 역할을 했다.

그러나 이때 이미 프랑스는 정치적으로는 유럽 대륙에서 힘을 잃어가기 시작했다. 절대왕제의 딱딱한 틀이 부드러워짐과 함께 귀족사회는 서서히 몰락해 가고 문화양식에도 변모가 보이기 시작했다. 프랑스 사회는 이제까지의 형식적이고 엄격한 규칙을 버리고 감성적이며 쾌락을 추구하는 방향으로 나아가게 되는데, 인간에게 내재하고 있던 이러한 감정이 새로운 예술 양식을 형성하는 데 절대적인 요소가 되었다. 프랑스인들의 이러한 정신의 구체적인 발현은 주위의 가장 가까운 복식과 실내장식 등에 반영되었으며 이것들은 그들의 생활감정을 크게 만족시켰다.

전 시대까지 번성하던 바로크 복식은 왕실과 귀족계급의 기풍을 과시하는 듯이, 호화롭고 형식을 중히 여기며 내용의 공백을 치장으로 채우려는 천박한 시대사조의 영향을 받아, 장식을 과도하게 사용하여 화려함의 극치를 이루었다.

이런 압박에 싫증이 났을 때 인간 내면감정의 욕구가 눈을 뜨고 쾌락적인 생의 욕구가 모든 생활영역에 나타나게 되었다. 인간적이라는 것과 병행하여 생활은 자유로워지고 도덕은 퇴폐적으로 흘렀다. 루이 14세 이후에는 정부(情婦)를 두는 그늘진 행위가 표면화되었고 자랑으로까지 여기게 되어 파리 상류사회에서 유행했다. 여자들은 국왕의 정부가 되는 것을 지상의 동경으로 알게 되어 요염한 화장과 호사스러운 의상으로 국왕과 귀족들의 환심을 사고자 했다.

이와 같은 사회풍조에서 형성된 복식감각이 서유럽 모드를 크게 지배하게 되어, 의상미의 개념은 이미 이전과 같이 권력표시를 위한 호화로움도 아니고 정연한 규칙도 아니었다. 대신 환상적이고 정겨움이 넘치는 모양이 지상미의 요소가 되어 남녀복식을 특징지웠다. 이 경향은 18세기 중엽부터 특히 현저해지며 장식에까지 특유한 분위기와 매혹이 넘쳐흘렀다.

복식뿐만 아니라 18세기 미술은 17세기의 딱딱한 뼈대나 틀이 벗겨지고 모든 예술 양식에서 유동적이며, 굵은 직선은 간드러지게 휘어져 섬세하기 그지 없는 형태로 표현되었다. 이렇게 하여 이른바 로코코 양식의 발전을 보게 된 것이다.

로코코의 어원은 프랑스어로 로카유(rocaille)와 코키유(coquille)인데, 이는 '정원의 장식으로 사용된 조개껍데기나 작은 돌의 곡선'을 의미한다. 이 곡선의 감각은 잔잔히 흐르는 듯, 경쾌히 춤추는 듯한 선감각으로서 우아하고 여성적인 것이며, 귀족적이고 반자연적이며 인공적이고 실내적인 특색을 지닌다. 즉, 리드미컬한 곡선이 주제를 이루며 밝고 화려하고 세련된 귀족취미를 바탕으로 하였다. 따라서 로코코는 외형상의 양식이기보다는 장식의 성격을 개념화한 것이다〈**그림 259, 260, 261, 262**〉.

로코코의 예술양식은 먼저 프랑스의 살롱을 중심으로 하여 번져나가 각지에서 제각기 독자적인 양식으로 발전했다. 살롱은 16세기 중엽에 몇 개의 살롱 문호가 개방되고 나서부터 부유한 시민들의 쾌적한 사교장으로서 번영하고 있었는데, 이곳에서는 남녀가 정치, 경제, 사회, 철학, 문학, 도덕, 풍속, 생활감정, 예술 등 여러 가지 화제를 중심으로 즐겁게 토론했다. 프랑스인들은 이전 시대인 바로크 왕실의 장려함과 권력의 압박, 에티켓의 거북스러움 등으로 인해 숨막힘을 느꼈으므로 자연히 살롱의 안락함과 편안함을 찾아 모이게 된 것이다. 형식적인 허세없이 부드럽고 섬세한 분위기를 즐겼던 살롱 문화는 장식미술에 로코코 양식을 나타나게 했다. 즉 꽃, 리본, 레이스, 루프, 꽃바구니 등의 유연한 모티프가 기묘하게 어우러져 모든 생활공간에

그림 261. Rococo 시대의 공예품 '사랑의 신전'(1750년)

그림 262. 중국예술의 영향을 받은 Chinoiserie Style의 coffee-pot

표현되었다. 또한 중국예술의 영향을 받은 신와즈리 양식(Chinoiserie Style)이 공예품, 직물, 복식 등에 고급취향으로 나타났다〈그림 261, 262, 263〉.

18세기의 복식사에서는 빼놓을 수 없는 두 인물이 있다. 즉, 루이 15세의 애인인 마담 퐁파두르(Madame de Pompadour, 1721~1764년)〈그림 264, 269, p. 233〉와 루이 16세의 왕비 마리 앙투아네트(Marie Antoinette, 1755~1793년)〈그림 265, 270, 276〉이다. 이들은 18세기의 패션 리더로서 그들의 복식은 곧 프랑스 사교계에 유행이 되었고, 이는 다시 유럽 전역으로 파급되었다.

퐁파두르 부인은 부르주아 출신으로서 그녀의 부상(浮上)은 부르주아 귀부인들의 동조를 가져왔고 따라서 최신 모드를 즐기는 부류가 더욱 넓어지게 되었다. 그녀는 매우 지성적이었고, 또한 예술 전반에 걸쳐 뛰어난 안목을 가지고 있어 의상뿐 아니라 베르사유 궁전의 실내장식에도 그녀의 취향이 작용했다〈그림 259, 260〉. 그녀의 다양한 예술적 취미는 프랑스 문예를 진흥시키는 데 큰 힘이 되었는데, 극단이나 소극장의 건립뿐 아니라 당대의 화가(畫家)인 부셰(F. Boucher), 와토(J. A. Watteau) 등은 모두 퐁파두르 부인의 후원을 받았다. 그녀는 가구나 도자기, 은기, 의상, 보석, 그림, 책, 술 등 많은 수집품을 갖고 있어, 그녀가 죽은 후 유품을 정리하는 데 1년이나 걸렸다고 한다. 당시의 기록에 "우아한 부인은 당대의 모든 미술에 영향을 끼쳤다"고 써 있듯이, 그녀의 이러한 수집열은 각종 미술품의 생산을 촉구하는 결과를 낳았을 것이다.

이처럼 퐁파두르 부인의 영향력이 다방면으로 확대되자 당연히 그녀의 취향이 당

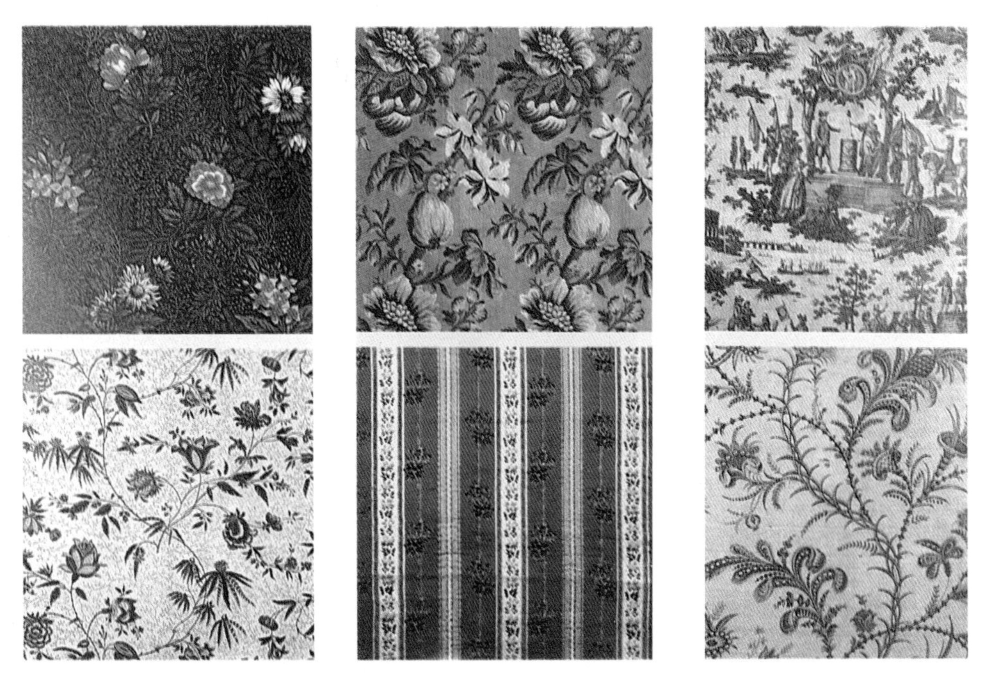

그림 263. 영국과 프랑스의 다양한 직물문양(18세기 후반)

시의 예술과 의상 양식의 모범이 되었다. 그녀는 가볍고 날아갈 것 같은 옷감을 즐겨 썼고 프릴이나 러플 등의 주름장식, 레이스, 리본, 꽃 등을 장식요소로 사용하여 여성다움을 의상에 최대한으로 표현했다. 퐁파두르의 각 의상들은 곧 패션 뉴스가 되었고 그녀의 넓은 스퀘어 네크라인은 깊게 파진 데콜테와 겨루면서 인기를 끌었다. 또한 이제까지 표면장식을 하지 않았던 로브의 앞자락은 러플과 리본으로 장식되었고 가슴 부위는 리본 장식으로 꾸며진 에셸(échelle) 스터머커로 디자인되었다. 그녀의 언더스커트(페티코트 스커트)도 레이스, 러플, 리본 등으로 화려하게 장식되어 당시의 의상을 오버드레스와 언더스커트(overdress & underskirt)의 앙상블로 표현하게 되었다〈그림 264, 265, 267, 269, 270, p. 233〉.

마리 앙투아네트는 허영과 사치의 표본으로, 20년 동안 베르사유라는 개인무대 위에서 자기 도취에 빠져 로코코(Rococo) 양식의 여왕 역할을 화려하게 해냈다. 즉위한 지 석 달도 안되어 그녀는 벌써 의상계의 패션 리더가 되어 의상과 머리형의 모델로 부상했고, 그녀의 스타일은 모든 살롱(salon)과 궁정에서 모방되었다. 그녀는 사상 최초의 황실 디자이너로서 로즈 베르댕(Rose Berdin)을 두어 로코코의 복식문화를 더욱 화려하게 꾸미는 데 공헌했다.

그녀의 머리는 헤어드레서(hairdresser)인 레옹아르에 의해 창조되었다. 그녀의 허영을 만족시켜 주는 각종의 기괴한 머리모양이 탄생되어 18세기 후엽의 머리 스타일은 역사상 가장 거대한 것으로 특징지워졌다.

그림 264. madame de Pompadour가 입은 robe à la francaise(1755년)

그림 265. Marie Antoinette가 입은 robe à la française

이제 여자복식은 복식사상 그 유례를 찾아볼 수 없을 정도의 사치스럽고 화려한 경향을 띠게 되었다. 마리 앙투아네트의 경박스러웠던 인생관은 역사적 관점에서 볼 때 그녀 자신의 성품 탓도 있겠지만 그녀가 살았던 시대의 결과이기도 하다. 로코코 시대정신에 휩쓸려 들어감으로써, 마리 앙투아네트는 18세기를 대표하는 전형적인 인물이 된 것이다. 그녀는 18세기의 사회 풍속과 인생관을 자신의 삶 속에서 선명하고 명확하게 표현했다〈그림 265〉.

한편 장식미술 분야에 세련된 예술성이 나타날 수 있었던 것은, 당시의 경제적 생활양식의 변화에 힘입은 바 크다고 보겠다. 근대 세계의 경제를 변용시킨 제2의 대변혁으로 농업혁명이 시작되었는데, 주된 것은 소수 농민에 의해 다량의 곡물을 생산하기 위한 기술개량이었다. 또한 농업혁명의 결과로 생긴 유휴노동력(遊休勞動力)으로 산업혁명의 시초가 이루어지고 있었다. 그리고 전 세기부터 추진되어 오던 중상주의 정책이 해외무역의 발전과 함께 이 시대에 더욱 가속화되었다.

경제의 발전은 대외적 안정에 힘입어 그들의 생활양식에 변모를 가져오고, 복식문화에 관심이 집중될 수 있었다. 세련된 감각이 무엇보다도 중요시되었으며 따라서 의상과 옷맵시, 화장, 머리형, 몸짓 등에 대해 더욱 정성을 들이게 되어 노인은 젊게 보이려고 장미색으로 볼을 칠했고 젊은이는 현명하게 보이도록 노인과 같은 하얀 머리를 만들고자 흰 가루를 뿌리는 유행 등도 생겨났다. 남녀 모두 공들여 화장하고 정성들여 의상을 차려입어 자신을 마치 살아 있는 예술품으로 만들어 놓는 것을 즐겼다. 로코코의 특징인 모형(模型) 정원이나 배를 머리에 인 듯한 머리 장식은 이러한 심리를 반영하는 것으로 볼 수 있다.

그들은 학문을 익히는 것보다 의상을 어떻게 멋지게 입을 수 있느냐가 더 중요했으며, 이것은 문화적으로 수준이 높은 인간만이 해내는 것으로 생각했다. 즉, 의상을 실제로 입는 것보다 의상의 예술성에 가치를 두었고 이것이 개인의 문화척도가 된다고 믿었던 것이다. 그러므로 새로운 머리형이나 의상을 착용했을 때는 반드시 초상화를 그렸는데, 의상의 표현방식에 최대의 중점을 두어 그것이 잘 그려졌을 때만 그림으로서도 가치가 있다고 여겼다. 옷감의 느낌, 주름의 음영(陰影), 프릴 장식의 부드러움 등이 얼마나 훌륭하게 묘사되었는가가 평가적 요소들이었다. 이전까지의 초상화에는 어느 정도의 허세가 들어갔으나, 로코코 화풍에서는 이러한 경향이 배제되었기 때문에 복식연구에 매우 좋은 자료가 될 수 있다.

또 18세기 복식이 그토록 화려할 수 있었던 데에는 당대의 직물공업을 주로 한 산업발전의 힘이 컸다. 16세기 이래 발전해 오던 자본주의 생산체제는 18세기 중엽에 이르러 최고 단계에 도달했다. 영국의 면방적 부문에서 시작된 지방적인 수공업 또는 가내공업은 기계화된 공장제공업으로 발전하여 후에 이른바 산업혁명을 초래했다. 영국은 과학에 흥미를 가지고 있는 많은 계층과 풍부한 자본과 노동력이라는 호조건이 원동력이 되어 여러 가지 발명에 성공했다. 유럽 대륙에서도 기계화는 영국보다 다소 급속히 진행되고 있었으나, 증기력을 동력으로 하는 완전 기계화된 직조기는 영국에서 발명되어 실제화한 것이다. 이것이 19세기에 유럽 각지 및 미국으로 파급되었다.

영국에서의 산업혁명은 18세기의 가장 획기적 현상 중의 하나로 근대복식의 발전에 가장 크게 공헌했다. 이것은 일련의 기계발명으로부터 시작되었다.

루프와 리본 직기는 17세기에 발명된 이래 1765년경 사실상 자동화되었다. 리본 생산은 양과 질이 함께 향상되어 귀족뿐 아니라 일반 민중에게까지 성행하게 된다. 17세기의 비교적 균일한 크기와 모양의 루프 장식에 비해, 로코코 의상에는 넘칠 정도의 리본이 다종다양한 모습으로 목둘레와 가슴, 스커트 등에 나타나면서 화려하고 감각적인 뉘앙스와 변화를 더해 주었다. 또 레이스 직조방법이 개량되어 섬세한 것도 비교적 용이하게 생산되었다. 레이스는 복식에서 침구에 이르기까지 풍부하게 나타나고 특히 속옷에서는 꼭 필요한 장식이었다. 양말 편성기도 이때에 한층 더 개량되어 두 켤레의 양말이 동시에 만들어지는 식으로 능률화되었다. 더욱이 편성기의 개량은 바지에 직접적인 진보를 가져왔다. 이것은 근대복식에 있어 매우 주목되는 사실이라 하겠다.

직조를 위한 기계공업에 있어서는 울(wool)보다 카튼(cotton) 쪽이 더욱 발전했다. 각종의 우수한 모직과 견직, 마직 등이 생산되고 있었지만 그 중에서도 싸고 튼튼한 면직(綿織)이 풍부하게 생산된 것은 대중의 의생활에 큰 기여를 했다. 특히 영국의 산업혁명은 면직에서부터 시작된 것으로 생산량은 종래의 수백 배로 증대하고 해외 각지로 시장을 확보하게 되었는데, 이러한 경제적 향상으로 인해 당연히 영국의 복식문화가 우세해질 수밖에 없었다. 주로 카튼과 울을 이용한 검소한 영국의 복식형태는 서유럽 복식에 시민풍으로의 방향을 제시했다. 산업혁명이 진행됨에 따라 사람들은 시민복에서 새로운 미의 개념과 현대 모드의 성격을 찾아냈다.

색조도 전 시대에 비해 상당히 세련되었다. 18세기 초 뉴턴(Issac Newton)이 빛의 3원색을 알아내고 다시 마이어(Johann Tobias Mayor)가 이를 혼합하는 원칙을 세워, 인간의 눈으로 감지할 수 있는 91가지의 명암(明暗)과 9,381가지의 색상(色相)을 얻었다. 이러한 과학적 색채감각으로 인해 직물에 있어 색채의 조화는 상당히 세련될 수 있었다. 많이 애용된 색은 레몬색이나 황토색 등 노란색 계통을 비롯하여 녹색이나 핑크색 등이 있다.

프랑스의 견직물은 17세기 이래 리용을 중심으로 생산되었다. 문양에는 시대의 취향이 반영되어 섬세함이 넘치며 금·은실을 섞은 호화로운 자수보다 씰크실 장식으로 된 부드러운 것이 많아진 것도 특징이다. 태피터(taffeta), 다마스크(damask), 브로케이드(brocade) 등의 아름다움은 말할 것도 없고 색조의 조화에도 신경을 써, 은근한 느낌을 주는 푸른색, 장미색, 녹색 등은 부드러운 뉘앙스가 넘치며 배색(配色)이 매우 세련되었다. 루이 15세 시대의 짙은 붉은색에서 갈색에 이르기까지 붉은색 계통의 색상 및 푸른색은 유명하며, 루이 16세 때에는 갈색에 보라색이 섞인 색이 유행했다. 프랑스는 이렇게 하여 직물 모드의 중심지로서도 번성했다.

18세기에는 모드의 전달 방법에도 변화가 온다. 인쇄기술의 발달로 인해 잡지가 대량 출판됨으로써 17세기의 사람 크기의 인형은 제2차적인 전달 방식이 되었다. 잡지에는 전 세기의 「메르퀴르 갈랑」이 1728년에 「메르퀴르 드 프랑스(Mercure de France)」로 개명되어 1792년까지 발행되었다. 이어서 1778년 이래 「갈르리 데 모드(Galerie des Modes)」가 연간(年刊)으로 나왔는데, 그림은 와토(Antoine Watteau, 1684~1721년)가 그렸다. 여기에는 의상의 형태·재료·입는 방식, 자수의 도안, 또는 예의와 문화 전반에 관해 세밀히 기록되어 있어 당시의 복식문화 발전에 공헌한 바가 크며 후에 복식사 자료로서 중요한 자리를 차지한다.

모드지와 함께 의상실과 기성복도 눈에 띄게 등장했다. 자기 집에 재봉사를 두고 있는 사람들은 극히 소수이고 대개는 좋은 의상실을 골라 주문에 의한 방법으로 맞춰 입었다. 또 여행자에게 단 하루 만에 필요한 의상을 갖추어 주는 의상실도 나타나기 시작했다. 기성복점은 1770년경에 의상실을 하던 달티가롱(Daltigaron)에 의해 창시되었는데, 이는 근대 복식문화를 결정짓는 또 하나의 중요한 요소가 되었다.

로코코풍은 프랑스 혁명에 이르기까지 복식 전반을 지배하는데, 18세기 중엽부터 약간 다른 경향을 보이게 된다. 고대식의 간소한 아름다움이 로코코 양식에 융합되기 시작한.것이다. 굽이치는 곡선과 소용돌이 대신 품위있는 직선을 좋아하게 되며, 자유분방한 움직임에서 어떤 일정한 틀에 들어가려는 표현이 나타나기 시작했다. 이것은 극도의 쾌락에 지쳐 미와 지성이 숨쉬는 고전풍으로 관심을 갖기 시작한 때문으로 생각된다.

그러나 이러한 경향이 복식에 현저해지는 것은 프랑스 혁명 이후이다. 그때까지 수십 년 간은 쾌락적인 부드러운 양식과 간소한 고전풍이 부분적으로 혼합되어 나타났다.

혁명 후의 혼란스러운 분위기로 인해, 프랑스의 모드는 성행할 장소를 바꾸어 한때 영국으로 그 무대가 옮겨졌다. 마침 영국은 산업혁명의 결과 직물 생산기술의 발전도상에 놓여 있었으므로 세계문화의 중심이 된 것은 당연한 경향이다. 영국 복식의 양식은 그 민족성과 유력한 시민의 힘, 그리고 군복의 영향과 직물의 재료와 양식이 혼합되어 일반적으로 남자다운 견고함과 검소함이 우세를 보였다. 그래서 여자 복식에도 남자 옷의 영향이 다분히 나타나며, 특히 남자복은 이를 기회로 세계 패션의 지배력을 갖게 된다.

2. 복식의 개요

18세기 로코코 시대는 세 시기로 구분이 된다. 로코코 초기로는 루이 15세의 섭정시대(攝政時代, la Régence, 1715~1725년), 중기로서는 루이 15세의 친정시대(親政時代, 1723~1774년), 그리고 말기로서 루이 16세(1774~1792년) 시대로 구분한다. 로코코 양식으로 가장 화려한 시기는 중기인 루이 15세의 친정기와 루이 16세 시대의 초기이다.

18세기 초, 루이 15세의 섭정기인 레장스(Régence) 이전에는 장엄하고 호화로운 바로크 양식의 의상 스타일이 그대로 계속되었으나 차츰 그 성격이 약화되어 갔다.

레장스 동안에는 루이 14세의 사망과 함께 바로크 양식이 그 긴장감을 차츰 잃기 시작하면서 우아하고 섬세한 아름다움으로 세련되어 갔다.

루이 15세의 섭정 오를레앙(Orléans)공은 정치에는 유능했지만 사생활은 방탕하여, 베르사유 궁전에서 집무하지 않았으며 형식주의를 배척하고 살롱(salon)을 중심으로 사교생활을 했다. 따라서 주위의 귀족들도 종래의 틀에 박힌 규칙적인 궁정생활에서 벗어나 인간적 정취가 풍기는 살롱에 모여들어 방종하고 풍류적인 생활을 즐겼다.

이러한 정신상태는 자연히 복식과 실내장식을 자극했다. 바로크의 의식적(儀式的)인 의상은 자취를 감추게 되고 환상과 우아함의 구상화(具象畫)로서 여성적인 취향이 뚜렷이 나타나기 시작했다. 섬세한 여성적인 곡선과 넘칠듯한 장식의 요소들, 리본이나 레이스, 프릴 등은 로코코 양식의 본질적인 요소이다. 또한 이는 여성복에 있어서 아름다운 낭만풍의 새로운 모드를 형성했다. 데콜타즈와 가는 허리, 풍만한 힙과 화려한 머리장식 등은 여장미(女裝美)의 개념을 지배하며, 이 개념을 토대로 하여 당시 여성복은 한결같이 정취 넘치는 우아함을 추구했다.

이 경향은 남성복장에도 영향을 주어 남성복도 여성적인 우아함을 띠게 되었다. 허리를 조이는 경향은 남자 의복에도 적용되어 쥐스토코르는 허리가 들어가고 밑단이 퍼지는 씰루엣으로 변했다. 당시 남자들의 기본 복장은 상의(上衣)로 베스트와 쥐스토코르를 입고 하의(下衣)로 넓적다리에 꼭 끼는 바지 퀼로트를 입어 한 세트의 옷차림을 연출했다. 쥐스토코르는 궁중에서 입게 되면서 아비 아 라 프랑세즈(habit à la francaise)라는 명칭으로 바뀌었다.

영국에서는 18세기 중엽부터 산업혁명기를 맞아 남자들의 복식에서는 허리가 들어간 더블릿(doublet) 대신 실용적인 의상으로 프락(frock : 英, frac : 佛)이라는 상의가 등장했다. 프락은 전유럽에 유행이 되었고 프랑스 상류사회에서는 프락 아비에(frac habillé)라는 이름으로 19세기까지 공용복이 되었다. 이로써 프락, 질레(gilet), 퀼로트가 한 벌의 복장으로 신사복의 원조를 이루었다.

루이 15세 시대가 무르익어 가면서 여자복식에 있어서는 씰루엣과 색상, 무늬가 한층 로코코 성격을 짙게 띠게 되었다. 여성들은 그들의 상체를 다시 콜셋으로 조이고 페티코트를 사용하여 스커트 폭을 넓혔다. 색상도 진한 색보다는 엷은 색을, 직물은 두꺼운 것보다 얇은 것을 좋아하여 날아갈 듯이 보였고, 무늬 또한 큰 것보다는 잔잔한 것으로 하여 그들 의상에 여성적인 분위기를 더욱 강조했다.

그들은 자기 자신을 하나의 예술 작품으로 표현하기 위해 의상 자체의 아름다움을 추구한 나머지, 건강을 해칠 정도로 허리를 조이고 스커트 폭을 넓혔으며 생활에 불편한 환상적인 대형 머리장식까지 창출해 냈다.

프랑스에서 여성복이 로코코의 극치를 이루고 있을 때 영국에서는 자본주의 사회가 성장하고 있었다. 자본가계급의 부인들은 사회운동과 함께 거추장스러운 의상을 간단한 형태로 바꾸는 복장개혁을 시작했다. 이 복장개혁이 18세기 후반부에는 프랑스에도 옮겨와 단순화 경향이 나타나게 되었다. 프랑스에 깊게 뿌리박고 있던 우미하고 화려한 로코코 스타일과 영국에서 시작된 간소한 고전주의(古典主義)가 융합되어, 의상의 씰루엣의 곡선은 서서히 직선으로 변하게 되었다. 이것은 당시 무르익었던 지나친 쾌락과 방종에서 오는 하나의 반향이라 하겠다. 영국풍의 르댕고트와 함께 드레스의 길이가 짧아지고 부피가 약간 축소된 여러 가지 형태의 의상이 유행했다.

1780년경부터는 거대했던 스커트 버팀대 파니에(panier)가 작은 사이즈로 궁정에만 남게 되어 로코코의 마지막 풍조를 장식했다. 일반 사회에서는 파니에가 점차 축소됨에 따라 로브의 주름이 힙으로 옮겨지면서 버슬 스타일(Bustle Style)이 출현했다.

3. 여자의 의복

로코코 시대 전반(1724~1750년)에는 의상 한 벌에 레이스, 꽃, 깃털, 리본 등의 모든 장식요소가 사용되었다.

1750~1770년에는 로코코의 취향이 짙어져 더욱 환상적인 분위기로 바뀌었다. 즉, 팔과 목을 드러내고 소매에는 팔꿈치부터 층층으로 풍부한 주름 레이스를 붙이고 가슴을 강조하여 데콜테로 팠으며, 허리를 콜셋으로 조여 가냘픈 여성미를 나타내면서 힙은 파니에로 크게 부풀렸다.

이렇게 파니에를 사용하여 허리 양쪽으로 솟아오른 씰루엣의 로브 아 라 프랑세즈(robe à la francaise)는 힙을 부풀리기 위해 스커트 자락을 위로 커튼처럼 걷어올린 폴로네즈(polonaise)의 버슬 씰루엣으로 점차 변해 갔다.

18세기의 기본 여자 복식은 로브, 슈미즈, 외투 등으로 이루어진다.

로브(Robe) 로코코 시대의 대표적인 여자의상은 로브이다. 로브의 의미를 가지는 복식은 옛날부터 널리 사용되어 왔으나, 일반적으로 여자의 드레스를 가운(gown) 또는 로브라고 부르게 된 것은 14세기경이다. 로브는 고딕 말기부터 르네상스를 거쳐서 18세기 로코코 시대에는 복식사상 가장 아름답게 표현되었다. 이때는

그림 266. Rococo 시대의 robe à la française (1759년)

그림 267. Rococo 시대의 robe à la française

각종 호화로운 로브들이 만들어져, 콜셋과 파니에를 입은 후에 언더스커트를 걸치고 그 위에 언더 드레스(under dress)와 이들 로브를 착용했다.

로브의 형태와 구성은 17세기와 근본적인 차이는 없으나 18세기 중엽부터 유행하기 시작한 스커트 버팀대인 파니에 두블(panier double)로 인해 구성법은 한층 복잡해졌다. 당시 로브의 구성법과 씰루엣, 세부장식, 입는 방법 등은 현재 각 박물관에 현존하고 있는 유품들을 통해 충분히 알 수 있다. 18세기 로브의 전형적인 모습은 가슴 깊이 판 데콜테와 크게 부풀린 스커트에서 찾을 수 있다.

당시의 네크라인은 유두가 보일 정도로 가슴 깊게 파인 U나 ㅂ 형태로 어깨를 드러내지 않은 것이 특징이다. 또한 가는 허리와 대조되도록 스커트는 옆으로 많이 부풀렸으며 뒤로부터 긴 트레인이 달리기도 하여, 드레스 하나를 만드는 데 많은 옷감과 노동력이 요구되었다.

로브의 가장 큰 특징은 소매끝에 다는 3~4겹의 층을 이루는 레이스 러플, 앙가장트(engageantes)〈그림 264, 265, 266, 267〉에 있다. 이 앙가장트는 소매를 더욱 우아하고 여성적인 분위기로 만들어 주는 데 가장 큰 역할을 하면서 팔발라(falbala : 헝겊이나 레이스를 주름잡아 만든 트리밍)와 함께 18세기의 로브에서 가장 큰 장식적인 요소를 이룬다. 팔발라는 스터머커(stomacher)와 스커트의 A형 트임의 가장자리, 그

그림 268. robe à la volante(1731년)

리고 페티코트 드레스(=under dress)에 중점적으로 사용되었다〈그림 265, 266, 267〉.

앙가장트와 팔발라〈그림 265, 267〉를 중심으로 장식된 곡선이 로브의 스커트 단까지 연결되고, 이것이 무한한 파동이 되어 꽃에서 꽃, 리본에서 리본, 곡선에서 곡선으로 연결되면서 여성스러운 우아함을 표출했다.

로브의 가슴을 장식하는 스터머커도 중요한 장식요소 중의 하나이다. 크기가 다른 리본을 스터머커 위에 크기 순으로 배열한 것, 같은 크기의 리본으로 스터머커를 전부 메운 것, 커다란 리본을 가슴에 하나만 단 것 등 여러 가지가 있어 마치 한 폭의 꽃과 같았다〈그림 266, 267, 269〉.

뒤의 주름이 풍성한 와토 가운(Watteau gown)은 18세기의 대표적인 로브이다. 와토 가운은 그 형태에 따라 다시 앞까지 풍성한 로브 볼랑(robe volante)과 앞은 꼭 맞고 스커트가 더욱 넓어진 로브 아 라 프랑세즈로(robe à la française) 나누어진다.

◆ **로브 볼랑(Robe Volante)** 이 로브는 루이 14세 때 몽테스판 부인이 임신중에 입었던 넓은 실내복이 당시의 느슨한 생활감각에 맞아 유행하게 된 것이다. 또한 고대극 중에서 아드리엔느(Adrienne) 역할을 맡았던 배우가 입고 등장했기 때문에 그 이름을 따서 아드리엔느 가운(Adrienne gown)으로 불리기도 했다〈그림 268〉.

이 옷의 특징은 와토 주름(Watteau pleats)이라고 하는 풍성한 주름이다. 화가인 와토가 이 옷을 입은 부인을 즐겨 그린 데서 로브 와토(robe watteau)라고도 하고,

그림 269. Madame de Pompadour가 입은 robe à la française(1756년)

그림 270. robe à la française

영국에서는 와토 가운이라고도 했다. 와토 주름이 사용된 로브는 길이가 마루에 닿을 정도로 길어 걸을 때마다 뒤가 율동적으로 아름답게 너울거렸다. 여기에 볼랑(volante : 너울거리다) 또는 바탕(battante : 나부끼다)의 표현이 붙어 로브 볼랑 또는 로브 바탕(robe battante)으로도 불리워진 것이다.

이 로브는 처음에는 정장으로는 사용되지 못하고 산책복이나 방문복으로 애용되었으며 단정치 못한 네글리제(négligé : 실내복) 같다는 평을 받았다. 그러나 뒤 목둘레와 양 어깨로부터 생겨난 주름이 스커트 자락을 넓고 너울거리게 하여 그 모습이 매우 여성적인 아름다움을 주는 것으로, 널리 환영받게 되었다. 로브 볼랑의 앞목은 넓게 팠으며, 나이든 사람이나 점잖은 층에서는 목에 얇고 섬세하게 짠 씰크나 울, 카튼 스카프(scarf)를 둘렀다.

◆ **로브 아 라 프랑세즈(Robe à la Française)** 로브 볼랑의 변형으로서, 파니에 두블이 애용됨에 따라 그 형이 좀더 복잡해진 것이다. 파니에 두블을 속에 입어 상체는 꼭 끼고 스커트는 양 옆으로 벌어지며 뒤에는 와토 주름을 넣어 풍성하게 했다. 대개 가슴은 V자형으로 벌어지고 스커트는 Λ형으로 벌어져 그 속으로 언더스커트가 보였다. 언더스커트는 위에 입은 로브와 같은 직물로 만들고 같은 장식을 했다〈그림 264, 265, 269, 270〉. 로브 아 라 프랑세즈의 또 하나의 특징은 리본으로 화려하게 장

그림 271. robe à la Polonaise(1776년)

그림 272. robe à la circassienne(18세기)

식된 에셸 스터머커(échelle stomacher)에 있다.

로브 아 라 프랑세즈는 루이 15세의 애인인 퐁파두르 부인에 의해 가장 발전되어 그녀가 착용한 이 로브는 로코코 최성기 의상을 대표한다〈그림 264, 265, 269〉. 특히 꽃, 레이스, 리본, 조화, 꽃모양의 루프, 퀼팅(quilting), 트리밍, 플라운스(flounce), 진주 등을 목둘레나 스커트 가장자리에 달았는데 그 우아함과 화려함은 의상 자체를 완전한 하나의 예술품으로 만들었다〈그림 270, p. 233〉. 이 의상예술품은 그 사치스러움으로 인해 로코코 여자의상 중에서 가장 대표적인 것으로 루이 15·16세 통치기간중 궁정의 공복(公服), 극장출입용 의상, 무도복 등으로 사용되었다.

이상과 같이 화려한 로브 아 라 프랑세즈는 1774년을 정점으로 하여 프랑스 혁명 이전까지 궁중에서 사용되었으나 70년대 후반부터는 좀더 간소한 로브들이 등장했다. 즉, 스커트의 부풀림이 소극적으로 되고 로브의 스커트를 당겨올려 부풀림으로써 조금 간편해짐과 동시에 변화를 줄 수 있었다. 그중 가장 먼저 나타난 것이 로브 아 라 폴로네즈이다.

◆ **로브 아 라 폴로네즈(Robe à la Polonaise)** 폴로네즈는 1770년경 폴란드의 민족복에서 힌트를 얻은 것으로, 1776년에서 1787년까지 성행했다. 로코코 말기의 대표적인 로브로서 로코코 양식의 특성을 잘 나타내 준다〈그림 270, 271〉.

그림 273. robe à la caraco(18세기)

그림 274. robe à la l'anglaise(1785년)

폴로네즈는 오버스커트를 여러 개의 드레이프로 부풀려서 양 옆과 힙 쪽에 놓이게 한 것이다. 오버스커트는 밑바닥에 바느질된 틀(ring)을 통해 꿴 코드를 커튼처럼 잡아당겨 옷자락을 원하는 높이로 조절할 수 있도록 만들어졌다. 가는 링에 꿴 코드의 끝은 태슬 또는 로제트(rosette)로 장식되었다. 소매는 자보 슬리브(jabot sleeve)로서 팔꿈치까지 꼭 끼고 그 끝은 러플로 장식했다. 폴로네즈는 거대했던 로브 아 라 프랑세즈보다 스커트의 통도 좁아지고 길이도 약간 짧아져서 활동하기에 훨씬 간편했고, 커튼을 드리운 것 같은 주름의 멋은 여성들의 모습을 우아하게 만들었다.

◆ **로브 아 라 시르카시엔느(Robe à la Circassienne)** 로브 아 라 폴로네즈의 변형으로 길이가 짧아서 다리가 보이는 것이 특징이다. 이 의상에서 유럽 역사상 처음으로 여자복식 중에 다리가 보였다〈그림 272〉.

◆ **로브 아 라 카라코(Robe à la Caraco)** 피에로(pierrot)라 불리운 카라코 가운은 원래 영국식 재킷으로서 부인용 승마복에서 유래했다. 루이 16세 말기 영국의 모드가 우세할 때 나타났던 투피스형 로브의 일종이며 여러 가지 형이 있다. 허리까지 오는 상의가 붙거나 허리선에 페플럼이 여러 장 늘어져 붙은 것 등이 있는데, 마치 힙을 부풀린 롱 스커트에 재킷을 걸친 것과 같은 드레스형을 이룬다. 목선은 깊게 파이고

그림 275. Madame de Barry가 입은 robe à la levite(1782년)

그림 276. Marie Antoinette 왕비와 공주가 입은 chemise à la reine(1785년)

얇은 카튼으로 만든 피슈(fichu) 칼라가 달리도록 디자인되었다. 이것은 1790년대 중엽까지 유행했다〈그림 273〉.

◆ **로브 아 랑글레즈(Robe à L'anglaise)** 새로운 모드의 또 다른 모습은 영국 스타일의 날씬한 로브 아 랑글레즈에서 찾을 수 있다. 로브 아 랑글레즈는 1778년경부터 나타났는데, 몸에 꼭 끼는 바디스로 가슴을 강조했고 스커트는 길고 폭이 넓으며, 목둘레에는 부드럽고 넉넉한 피슈를 둘렀다. 소매는 길고 가는 모양에서부터 부드럽고 풍성한 팔꿈치 길이의 퍼프 슬리브까지 다양했다. 이 가운은 파니에 없이 착용할 수 있고 간편하면서도 풍성했으므로 프랑스 혁명 이후에도 애용되었다〈그림 274〉.

◆ **로브 아 라 레비트(Robe à la Lévite)** 영국의 라이딩 코트(riding coat)의 영향을 받은 것으로, 마리 앙투아네트가 임신했을 때 입었던 임신복이 일반인들에게 유행된 드레스이다. 깊게 파인 네크라인에는 작은 러플로 장식한 숄 칼라(shawl collar)가 달렸고, 힙 뒤에 주름이 잡히면서 앞보다 길이가 약간 길어졌다. 스커트는 앞이 넓게 벌어져 속의 페티코트가 보이도록 했다〈그림 275〉.

◆ **슈미즈 아 라 렌느(Chemise à la Reine)** 이 로브는 1781년부터 매우 인기있던 스타일로 마리 앙투아네트가 처음으로 입었다. 목선은 깊이 데콜테되었으며 그 주위에는 러플로 메디치 칼라처럼 세워 달았다(full standing ruffle collar). 소매모양은 18세기

그림 277. redingote gown(1745년)

그림 278. 왕비와 공주가 입은 mantua(1740년)

말에 유행한 다른 드레스와는 달리 풍성한 것으로 가운데를 한 번 매 주었기 때문에 귀여운 분위기를 더해 주었다. 스커트는 개더(gather)를 잡아 풍성하고 허리에는 새쉬 벨트(sash belt : 천을 주름지게 접어맨 허리띠)를 맸으며 스커트 단에는 플라운스를 장식했다. 이 의상은 주로 얇은 씰크나 울로 만들었다〈그림 276〉.

◆ **르댕고트 가운(Redingote Gown)** 이제까지의 여성적인 분위기의 로브와는 대조적으로, 남성적 디자인인 르댕고트 가운이 1787년경에 소개되었다. 이 의상은 영국의 남자복에서 유래된 것으로 지금까지 여자의상에 끼쳤던 남성적 스타일의 영향은 여성의 승마복에만 제한되어 왔으나, 이제 영국의 르댕고트는 오버드레스 또는 코트의 역할을 하게 되면서 중요한 위치를 차지하게 되었고, 19세기 초의 제정기(帝政期)의 것은 날씬한 외투로서 오늘날 여자 코트의 시조가 된다.

르댕고트는 앞단추는 더블(double)이며 넓은 라펠(lapel)이 있고 허리를 가늘게 강조한 코트 드레스이다. 속에는 하얀 얇은 천으로 만든 란제리 칼라(lingerie collar)와 러플 커프스가 있는 슈미즈를 입었다. 르댕고트는 실용적인 것을 목적으로 했기 때문에 씰크보다 주로 울로 만들었다〈그림 277〉.

◆ **만투아(Mantua)** 1750년경에 영국에서 시작된 로브로서 허리선에서 스커트 단까지 직각으로 퍼지고 앞뒤가 납작한 씰루엣을 이루고 있다〈그림 278〉. 바디스는 타이

그림 279. Rococo 시대의 bustle dress

트하고 페플럼이 달려서 타이트한 재킷을 스커트 위에 걸친 것과 같은 특이한 형태이다.

◆ **버슬 드레스(Bustle Dress)** 1785년경에 드레스를 폴로네즈시키고 힙을 부풀린 버슬 스타일의 드레스가 나타났다〈그림 279〉.

외투(Outer Wrap)

◆ **플리스(Pelisse)** 로브 위에 입는 방한복 외투로 망토처럼 생겼다. 앞에 오프닝이 있고 끈이나 단추로 위쪽만 여미게 했고 안 전체나 또는 가장자리에만 모피를 댔다. 크기는 작은 것에서부터 마루를 끄는 거대한 것까지 다양하다〈그림 280〉.

◆ **펠레린(Pêlerine)** 후드가 달린 망토 스타일로, 힙을 덮거나 마루까지 닿는 크기의 두르개이다. 플리스처럼 안 전체나 가장자리만 모피로 장식했으며 앞목에서 리본으로 맸고, 팔을 뺄 수 있는 슬릿이 양쪽에 있는 것도 있다〈그림 281〉.

슈미즈(Chemise)

18세기의 사람들은 17세기의 사람들처럼 맨살 위에 먼저 속옷 슈미즈를 입었는데, 방종한 생활과 에로틱함의 추구는 속옷에 대한 많은 관심과 사치로 나타났다. 즉, 슈미즈의 목둘레선과 소맷부리, 단 등에 화려한 고급 레이

그림 280. 외투, pellisse(1740년)

그림 281. pelerine, 영국풍의 모자와 muff(1787년)

스나 프릴을 장식했는데, 화려한 슈미즈가 로브 밑으로 살짝 보여 착용자를 더욱 매혹적으로 보이게 했다. 당시 사람들의 환상과 예술성 및 진보된 기술은 허리를 조이는 것과 힙을 늘리는 변화의 가능성을 최대한으로 발휘했다고 볼 수 있다.

콜셋(Corset) 슈미즈 위에는 허리를 가늘게 하고 가슴을 부풀려서 아름답게 다듬기 위해서 콜셋을 착용했다. 가는 허리의 연약한 여성다움이 로코코의 낭만을 효과적으로 발휘한다는 것을 알고 여자들은 가는 허리를 만들기 위해 어렸을 때부터 어떤 고통도 참아냈다. 허리를 가늘게 하는 유행은 18세기 말에, 고전의상에 대한 동경으로 그리스의 키톤(chiton)풍이 다시 유행할 때까지 계속되었다.

프랑스에서는 가는 허리에 대한 동경으로 콜쎗의 구성법에 상당한 연구와 진보가 있었다. 즉, 콜쎗의 버팀대인 코르발레네(corps-baleiné)를 사용하면서 곡선과 직선의 고래수염을 이용하여 배와 등을 판판하게 하고 유방을 더욱 풍만해 보이게 하는 방법을 창안했는데, 그 기술의 비법은 18세기 중엽에 가장 많이 발달되었다〈그림 282, 283〉.

코르발레네에다 고래수염으로 채운 넓적한 바스크를 집어넣는 것 외에 발레네 드 드레사주(baleine de dressage)를 첨가시켰다. 이것은 유방의 선과 같은 모양의 곡선으로 고래수염을 가슴 부분에 지면과 수평 방향으로 삽입시켜 곡선을 다듬고 등에

그림 282. Rococo 시대의 corset

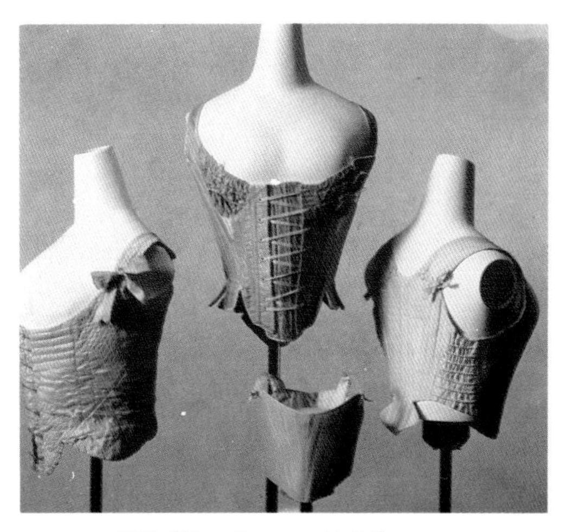
그림 283. Rococo 시대의 corset

는 지면과 수직 방향으로 직선 고래수염을 집어넣어 판판하게 다듬은 것이다. 코르발레네처럼 버팀대인 바스크와 고래수염, 헝겊 등의 이음선의 방향은 모두 허리를 가늘어 보이게 하기 위해 앞 중앙을 향해 V자처럼 선을 만들며 구성되었다. 그리고 고래수염을 전체적으로 집어넣고 3~4mm 간격으로 중앙을 향해 대각선 방향으로 꿰맸기 때문에, 늘어나지 않고 몸을 조이는 데 효과적이었다. 그러나 고래뼈와 고래수염 등을 넣어 촘촘하게 바느질한 것은 허리를 가늘게 하는 데는 퍽 효과적이었으나 입고 활동하기에 불편하여 그 정도를 줄여 편안하게 입을 수 있는 것도 고안되었다.

콜셋의 오프닝은 영국의 영향을 받아 앞 중심보다는 뒤에 위치하는 것이 많아서 대개 남의 손을 빌려 허리를 조였다. 겉은 장식적인 앞가슴가리개, 피에스 드 스토마(pièce de stoma)를 따로 만들어 대거나 또는 코르발레네 자체의 겉을 씰크 천으로 만들고 자수로 화려하게 장식하기도 했다.

이로써 콜셋은 16세기 이래 금속 콜셋으로부터 차차 개량되어 18세기 후엽에 이르러서는 허리를 가늘어 보이게 하는 효과와 입어서 편안함을 겸할 수 있는 구성기술에까지 도달했다. 그러나 착용했을 때의 외관은 근세를 통해 커다란 변화가 없고, 앞 중앙이 삼각형으로 내려와 가는 허리를 강조하는 것은 시종 변함이 없었다.

파니에(Panier) 콜셋으로 허리를 조인 위에 파니에라 부르는 스커트 버팀대를 슈미즈 위에 입음으로써 속옷차림이 끝난다. 파니에는 새로운 것이 아니고, 르네상스 시대의 스페인 모드에 그 기원을 두고 있는 베르튀가댕(vertugadin)이 여자 복식에 혁신을 가져온 이래 로코코에서는 몇 번의 모양을 바꾸면서 씰루엣의 변화

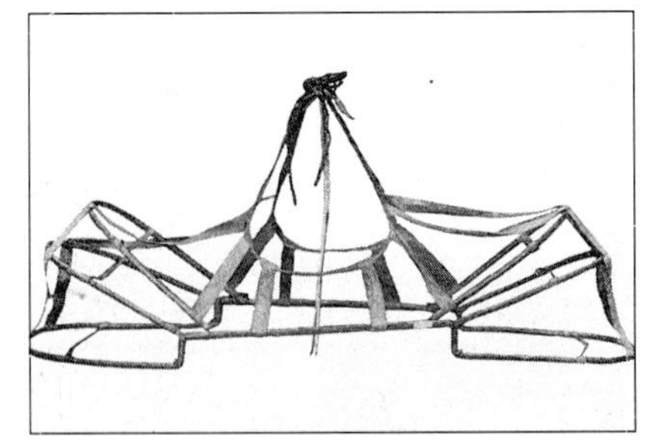

그림 285. panier double

◀ 그림 284. Rococo 시대의 panier와 petticoat

를 가져온 것이다.

도입 초기에는 벨 모양이었다. 골조(骨組)는 철사나 등나무틀이 사용되었으나 얼마 안 있어 탄력과 견고성이 있는 고래수염을 사용하게 되고 그것이 3줄, 4줄, 혹은 8줄로 스커트 단에는 더욱 넓게 붙여졌다. 즉, 카튼, 울, 씰크 등의 천에다 좁은 테이프를 박아 그 사이에 고래수염을 넣어 완성시킨 것이다. 처음에는 깔때기모양으로 철사, 등나무, 고래수염의 테로써 허리에서 스커트 단까지 테이프로 연결되어 만들어졌다〈그림 284〉.

그 후에 원통형의 파니에가 만들어졌는데, 점점 그 크기가 커져서 1740년경부터는 스커트 도련이 타원형이 되어 앞뒤보다 좌우 양 옆이 넓게 퍼진 모양이 되었다. 그것이 1750년에는 대형 원통형의 파니에로 유행했는데, 이는 될수록 스커트 면적을 크게 하여 여기에 살롱 벽에 장식한 것과 비슷한 리본, 레이스, 조화(造花)로 가득 장식했다. 이것은 18세기의 건축 내부 조형에서 나타난 장식성이 복식에서도 그대로 반영되고 있음을 말해 준다. 이렇게 파니에가 커지면 커질수록 몸통은 콜쎗으로 더욱 졸라매어 상·하의 씰루엣이 극단적으로 표현되었다.

1750년경 대형의 원통형 후프가 유행했으나 이것과 병행하여 좀더 편리한 형의 사이드 후프(side hoop), 즉 파니에 두블(panier double)이 만들어졌다. 이것은 양 옆만을 부풀릴 목적으로 파니에를 좌우로 두 개 만들어서 붙인 것인데, 착용시에는 허리에서 매게 되어 있다. 이 파니에 두블의 크기도 귀부인들의 경쟁으로 인해 굉장히 커져서, 출입구를 지날 때는 옆으로 걸어야 했고 남자는 한 발 앞이나 뒤에서 걷지 않으면 안되었다고 한다. 이렇게 터무니없이 확대된 파니에는 수많은 화제(話題)를 남긴 것은 물론이고 풍자(諷刺)의 대상이 되기도 했다〈그림 285, 286〉.

1770년에는 옆으로 확대된 파니에 두블의 불편을 해소하기 위해 양 옆 파니에의 골조를 접을 수 있게 한 형식도 나타났다〈그림 285〉. 이 파니에의 골조는 얇고 둥근

그림 286. F. Boucher : Madame Bergeret 부인(1746년)

그림 287. Rococo 시대의 남자 복식

철사로 만들어졌고, 좁은 헝겊 테이프에 의해 서로 연결되어 허리에서도 테이프로 매어졌다. 이 타원형의 파니에 두블은 궁중의 공복(le grand habit)에도 사용되었고 하층계급인 하녀들의 드레스에도 사용되는 등 모든 계층의 사람들에게 유행되었다.

이런 로코코 의상의 특징은 1780년경부터 무너지기 시작하여, 프랑스가 심각한 혁명의 기운 가운데 좀더 실제적인 생활을 추구하게 되자 파니에 두블도 그 부풀린 정도가 축소되어 갔다. 1785년경에는 부풀림이 뒤로만 집중되는 퀴 드 크랭(cul de crin)이 나왔는데, 이는 18세기 파니에 시대의 마지막 스타일로 소위 버슬 스타일(bustle style)을 형성했으며 이것은 프랑스 혁명 이전까지 지속되었다.

4. 남자의 의복

바로크 시대인 1670년쯤에 쥐스토코르라는 실용적인 의상이 확립되고 나서, 남자 복식은 기능적인 의상으로서 발전할 뿐이었고 기본형에는 이제 큰 변화를 볼 수 없었다. 쥐스토코르, 베스트, 퀼로트가 한 세트로 되는 형식이 로코코 시대에도 그대로 지속되었고 오늘에 이르기까지 그 흔적을 남기고 있다. 쥐스토코르는 재킷의 전신(前身)으로 아직 코트의 성격을 많이 띠고 있다.

섭정시대(1715~1725년)의 복식은 종전과 큰 차이가 없으나 절대왕제에 따르는

그림 288. justaucorps(18세기 전반부)

그림 289. flare진 justaucorps(18세기 전반부)

위엄이나 장중함, 박력 등은 약화되고 전체의 조화나 우아한 장식에 관심이 많았던 것 같다. 이 당시의 남성복의 뉘앙스는 화가 와토의 여성적 분위기에 영향을 받아 주름과 플레어(flare)형이 여자복식뿐만이 아니라 남자복식에도 많이 나타났다.

코트(Coat) 18세기 남자들의 상의(coat)는 여러 계층에서 모두 입혀졌는데 지역과 사용된 소재 등에 따라 그 명칭을 달리하고 있다.

◆ **쥐스토코르(Justaucorps)** 18세기 로코코 시대의 남자들의 긴 상의로 여러 개의 단추와 단춧구멍이 디자인되었으며 자수장식이 많은 것과 없는 것이 있다. 기본적인 모양은 17세기의 것과 별다른 점이 보이지 않으나, 시대의 취향을 반영하여 허리는 여성복처럼 약간 들어가고 힙으로부터 단까지는 밖으로 자연스럽게 퍼져나가는 씰루엣을 특징으로 한다〈그림 268, 288, 289〉.

또한 양옆에는 깊은 세로 주름이 여러 개 들어 있어서 기능과 장식의 역할을 겸했다. 힙 부풀림은 차츰 정도가 커졌는데 얇은 패드를 힙 근처의 안감과 겉감 사이에 삽입한 것 같기도 하다. 특히 루이 15세 전반기 때의 것은 허리에서 단까지의 선이 아름다운 곡선을 내고 있어서 이 시대의 여자복식의 아름다움과 보조를 맞추었다. 단을 펼치기 위해서는 고래수염이나 말꼬리털, 또는 아교풀이나 고무 등으로 뻣

그림 290. 앞자락이 사선으로 잘린 habit à la française (18세기 후반부)

그림 291. 수수하고 실용적인 frac, gilet, chemise

빳빳하게 처리한 리넨이나 종이 등을 단 끝에 집어넣었다.

앞의 오프닝에는 값진 단추를 달아 그 당시 사치스러운 공예기술을 자랑했다. 단추의 디자인도 다양하여 칠보나 금·은, 또는 소설이나 드라마의 장면을 유리에 세공하기도 했다. 단추의 크기는 약 1~2cm의 작은 것으로부터 6~7cm의 큰 것도 있었다. 이때는 단추만이 의상의 사치를 나타낼 수 있는 요소였기 때문에 매우 값진 것을 사용했는데 단추의 값이 의상 값보다 고가(高價)이기도 했다. 금·은실을 꼬아서 단춧구멍 가장자리를 장식했던 17세기의 몰(mol)은 18세기 중기에는 없어져 남자의상의 장식성이 전반기보다 감소된 셈이다. 몰 대신 단춧구멍을 금실로 곱게 아플리케(applique)하여 단춧구멍을 견고하게 하면서 강조해 주었다〈그림 301, 302〉. 쥐스토코르 안에 입은 아름다운 베스트를 보이기 위해 단추는 끼우지 않고 열어 놓거나 또는 허리에만 한 개 또는 두 개의 단추를 끼웠고 따라서 허리가 더 가늘어 보이면서 허리에서 단으로 퍼지는 곡선은 더욱 아름답게 강조되었다.

소매는 비교적 좁고 길었으며 소매끝으로 슈미즈 소매의 레이스가 보이게 입었다. 좁은 소매끝에 달린 넓은 커프스는 이 시대의 유행이었는데 이것은 쥐스토코르를 특징짓는 요소이기도 했다. 이 커프스는 바꿔 달 수도 있도록 디자인되었기 때문에 여러 개를 준비해 놓고 골라 달았다고 한다. 또 커프스에도 쥐스토코르의 앞면이나 아랫단에 놓은 자수와 매치시켜 수를 놓기도 했다〈그림 268, 288, 289, 301, 302〉.

이와 같은 전면의 화려한 자수, 곡선적인 씰루엣은 17세기의 쥐스토코르에다 여성적인 유연함과 은은한 분위기를 더한 것이었다. 쥐스토코르는 가는 허리와 힙의 부풀림이라는 요소로 전아하고 귀족적인 분위기를 만들어 한동안 소시민적 속화(俗化)를 피하게 한 원인이 되었다〈그림 268, 288, 289〉. 곡선적인 씰루엣의 우아함은 로코코의 우아한 살롱 문화 안에서 더욱 세련되어져 18세기 중엽쯤에는 정점에 달했던 것으로 추론된다.

그러나 쥐스토코르는 18세기 후반부터 일반인들에게 수수한 형태로 입혀지면서 실용적인 옷감이 사용되었다.

◆ **아비 아 라 프랑세즈(Habit à la Française)** 17세기에 남자들이 입었던 쥐스토코르가 18세기로 넘어오면서 화려한 장식성이 강화되었으며, 유럽 여러 나라에서 공식복으로 착용되었고 그 명칭도 아비 아 라 프랑세즈로 바뀌었다〈그림 287, 290, 296〉.

의상미의 개념은 항상 같을 수 없으며, 어떤 취향이 정점에 도달하면 얼마 지나지 않아 그 개념은 변하기 마련이다. 18세기 중엽부터 남자복식에 있어서는 곡선적인 취향을 버리고 기능성과 직선적 취향을 추구하는 새로운 모드가 나타나기 시작했다. 먼저 적용된 것은 코트의 앞 단이 허리부터 단에 걸쳐 조금씩 사선으로 잘려 나감으로써 플레어(flare)진 풍성함이 감소된 것이다.

이와 같은 직선적인 경향은 로코코에 대한 반동으로 고전양식이 남자복에 단편적으로 나타난 것으로 그것은 당시 세계적으로 활약하고 있던 영국 군인의 복식에서 영향을 받은 것이라고 생각된다.

아비 아 라 프랑세즈는 주로 여러 가지 색상의 고급 씰크로 만들어졌으며 금·은·씰크 실로 자수된 것, 보석으로 장식한 것 등도 있어 남자의상 중에 가장 화려한 것이었다.

◆ **프락(Frac)** 영국에서 일반시민들 사이에 수수한 의상으로 입혀지기 시작한 실용적인 형태의 상의인 프락(frock)과 같은 의상으로, 사치하고 불편한 프랑스의 아비 아 라 프랑세즈에 대한 반동적인 취향에서 1770년경부터 기능적인 상의로 유행하기 시작했다〈그림 291〉.

프락은 아비 아 라 프랑세즈와 형태가 비슷한데, 앞의 오프닝에서 허리로부터 단까지 사선으로 잘리어 앞이 많이 열리므로 활동하기에 편하고 뒷단에 슬릿이 있으며 단이 플레어로 넓게 펼쳐지지 않는다. 즉, 너무 몸에 끼지 않게 하고 불필요한 여유분이나 장식 등을 없앰으로써 활동하기에 편리한 의상의 형태로 바뀐 것이다.

그림 292. frac, vest, culotte, chemise

그림 293. redingote à la lévite(1783년)

칼라로는 턴 다운 칼라(turn-down collar)가 많이 보이며 활동하기 편한 정도의 넓이에다 손목까지 오는 길이의 소매가 달렸다〈그림 291, 292, 299〉.

프락은 사치하고 비실용적인 씰크나 벨벳 대신 견고하고 손질하기 쉬운 카튼과 울을 사용했고 색도 밝은 색보다 때가 타지 않는 어두운 색을 이용함으로써 실용성을 고려했다.

프락은 영국 군인들이 쥐스토코르의 앞 옷자락을 뒤의 옷자락과 함께 잡아매어 입기 시작한 데서 시작된 듯하다. 잡아매어 입던 옷이 잘려 나가고, 이렇게 잘린 형태의 의상이 영국의 시민들에게 유행되었고 1780년경에는 프랑스의 루이 16세가 복장의 간소화를 위해 아비 아 라 프랑세즈 대신 영국의 프락을 궁중의 공식복장으로 사용하게 하여 명칭도 프락 아비에(frac habillé)라고 바꿨다. 이렇게 영국 군대의 결단성있는 실용화는 온 유럽 일반 시민복과 귀족복에까지 아이디어를 주고 영향을 끼쳤다.

◆ **르댕고트(Redingote)** 1725년경에 영국에서 프랑스로 전래되어 유행한 코트이다. 원래는 영국의 승마용 라이딩 코트(riding coat)가 프랑스로 도입되어 여행용으로 애용되던 중 명칭이 변화되어 르댕고트가 되면서 일상복으로 입게 된 것이다〈그림

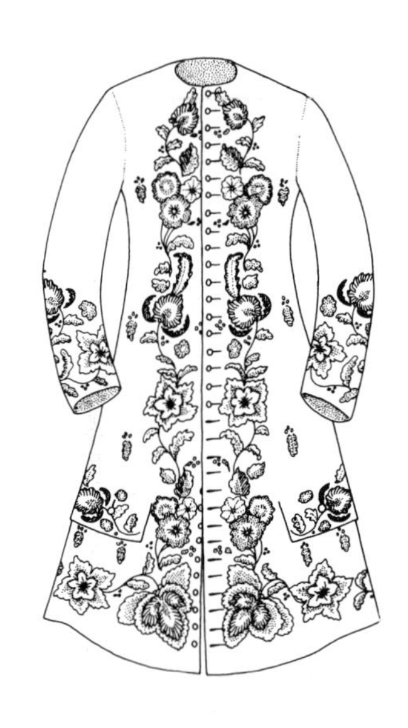
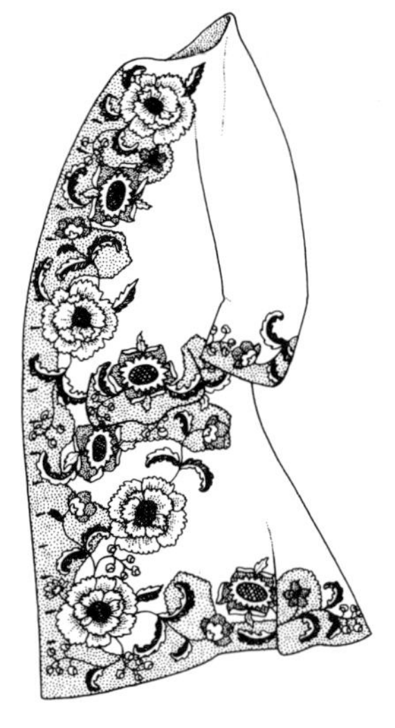

그림 294. veste(1760년대)

295〉. 길이는 쥐스토코르나 프락과 같거나 약간 길며, 앞단에는 단추가 달리고 뒤 중앙에는 슬릿을 넣어 활동을 편하게 했다. 힙에 주름은 없으나 헴(hem) 둘레가 비교적 넓고 허리선이 들어갔다. 소맷부리는 좁거나 또는 넓적하게 밖으로 접혀서 커프스 모양을 이루고 단추로 채우게 되어 있다. 칼라가 2~3층으로 구성되어 있는 것이 특징인데 안쪽의 칼라만을 세워 앞 중앙에서 여미어 추위를 막았다.

처음에 유행되었을 때는 그다지 멋스러운 외관이 아니었는데, 프랑스인의 감각에 의해 세련되게 각색되어 루이 16세 시대에는 모양도 재료도 한층 품위를 갖추어 궁중에서 아비 아 라 프랑세즈 대신으로 착용하게 되었다.

한편 1780년대에는 영국풍의 여러 가지 르댕고트가 유행했다. 그 중에서도 르댕고트 아라 레비트(redingote à la lévite)는 매우 특징적인 것으로, 앞면이 더블 브레스티드(double breasted, double buttons)되고 칼라는 어깨를 내려덮듯이 넓게 달려 있다〈그림 293〉. 르댕고트는 널리 보급됨에 따라 각 부분이 세련되어지면서 아비 르댕고트(habit redingote)로 불리며 19세기까지 예복으로서 착용된다.

조끼(Vest)

◆ **베스트(Veste)** 17세기 바로크 시대에 상의로 착용했던 푸르푸앵이 쥐스토코르 속에 입혀지면서 실내복으로 변한 것을 베스트(veste : 佛, vest : 英)라고 하며, 외출할 때에는 이 위에 아비 아 라 프랑세즈나 쥐스토코르, 또는 프락을 착용했다〈그림 294〉. 아비 아 라 프랑세즈나 쥐스토코르, 또는 프락은 앞의 단추를 잠그지 않고 열어 놓아 속에 입은 베스트를 보이게 했으므로 베스트는 장식적인 성격을 띠면서 자수

그림 295. 사선으로 잘리고 짧아진 veste와 redingote

그림 296. 사선으로 잘린 habit à la française, veste, culotte, chemise

로 공들여 아름답게 꾸며졌다. 특히 앞 중앙과 포켓 근처에는 바탕색과 대조적인 색으로 섬세한 꽃모양의 수를 놓았다〈그림 268, 287, 288, 290, 292, 294, 295, 296〉.

길이는 초기에는 쥐스토코르나 프락보다 약간 짧게 넓적다리까지 왔다. 네크라인은 둥근 것이 많고 후에 작은 스탠딩 칼라가 붙은 것도 보이며, 앞여밈에는 작고 아름다운 단추가 달렸다. 18세기 후반에 들어서면서 아비 아 라 프랑세즈의 앞 끝이 허리에서 단에 걸쳐 사선으로 잘리자 베스트도 여기에 맞추어 허리 아래부터 단까지 사선으로 잘리고 길이도 짧아졌다〈그림 290, 295, 296〉. 소매는 18세기 전반부에는 긴 소매가 많았으나 후반부에는 소매없는 스타일도 많이 디자인되었고 오늘날의 베스트로 변한 것이다. 긴 소매가 달릴 때는 커프스가 달려서 겉에 입은 쥐스토코르나 프락의 커프스와 함께 밖으로 접었다〈그림 287, 289〉.

베스트에 사용된 옷감은 위에 입은 아비 아 라 프랑세즈와 잘 조화되는 고급의 씰크나 울이 쓰였으며, 베스트는 사치를 좋아하는 프랑스의 신사들이 의상의 화려함을 전시할 수 있는 수단이었으므로 수십 벌을 준비했기 때문에 상업상 귀중한 품목의 하나가 되었다. 베스트는 18세기 후반에 실용적인 질레(gilet)가 등장하면서 실내에서만 입는 사치품으로 남는다.

그림 297. culotte

◆ **질레(Gilet)** 질레는 루이 16세 때 많은 영국 복식의 도입과 함께 새로 유행되기 시작한 베스트(vest) 스타일의 의상이다. 프랑스에서 시작된 베스트가 사치하고 장식적인 것에 비해 질레는 검소하고 실질적인 시민풍을 특징으로 한다〈그림 291, 299〉. 질레는 소매가 없고 길이는 허리 근처까지 짧게 오며 허리 위 양쪽에 포켓이 달렸다. 칼라는 라운드나 숄 칼라가 많다. 질레는 주로 수수한 천으로 만들었는데 앞판만 아름다운 천을 사용하기도 하고 뒤판은 저렴하고 실용적인 천을 사용했기 때문에 저렴한 가격으로 살 수 있어 서민으로부터 귀족에까지 널리 보급되었다. 질레는 조끼로 채용되어 이후 스리 피스 쑤트(three-piece suit)를 이루는 정장복의 한 가지 아이템으로 중요한 역할을 담당하게 되었다.

바지(Breeches)

◆ **퀼로트(Culotte)** 퀼로트는 무릎 밑까지 오는 통 좁은 바지를 말한다. 18세기의 퀼로트는 다른 어느 시기보다 몸에 타이트하게 맞는 씰루엣을 보였다〈그림 296, 297, 299, 300〉. 여성들이 로브의 네크라인을 가슴 깊이 파서 아름다운 유방을 보이며 관능적인 분위기를 연출했듯이, 남성들은 넓적다리의 곡선이 그대로 보여질 정도로 바지를 타이트하게 착용함으로써 그들의 육감적인 남성미를 과시하려 했다. 로마의 교

그림 298. Hogarth : Graham가(家) 어린이들(1742년)

그림 299. frac, gilet, culotte로 된 home wear

황은 그의 권력으로 이 타이트한 바지의 유행을 막으려 했으나 실효를 거두지 못했다.

바지가 몸에 타이트하게 맞으면서 편하게 입기 위한 방법으로 그들은 바이어스 재단(옷감을 사선방향으로 놓고 재단함으로써 올실의 늘어남이 큼)을 고안해 냈다. 구성법의 발전으로는 사선재단 이외에, 뒤판의 힙 부분을 앞판보다 길게 하고 오프닝을 앞 중앙에서 단추로 여미던 것을 영국의 영향을 받아 단추덮개인 르퐁(le pont)을 디자인해 냈다. 르퐁은 앞의 오프닝을 가리고 허리 근처 한쪽 옆에서 2~3개의 단추로 채워지므로 훨씬 기능적이며 모양도 한층 세련되었다.

또 가죽을 재료로 사용함으로써 더욱 타이트하고 탄력있는 퀼로트가 상류사회에서 유행했는데, 특히 어린 양의 가죽으로 만든 눈처럼 하얀색의 바지는 퍽 인기가 좋았다. 옷감 재료로는 가죽 외에 흰색의 새틴도 많이 애용되었다. 초기엔 무릎 위에 오던 짧은 길이가 1730년경부터 무릎 밑에까지 내려왔고 좁은 밴드와 단추로 꼭 맞게 채워졌다. 허리 부분에는 벨트가 붙어 있지 않은 것도 있고, 1792년경부터는 어깨 끈이 달린 것도 디자인되었다.

◆ **호즈(Hose)** 남자의 경우 퀼로트와 함께 다리의 곡선을 보이게 되므로 양말은 중요한 복식 종목이 되었다. 귀족들은 비단에 금·은·씰크실 등으로 수놓아신 양말을 애용했다. 회색과 갈색 계통의 품위있는 것도 많았는데 일상용으로는 흰색을 많이 사용했다〈그림 299〉. 루이 15세 당시 스페인으로부터 씰크 양말업의 지배권을 차지한

그림 300. veste, redingote, culotte

그림 301. cravatte, chemise, justaucorps, culotte

후 프랑스제 양말이 전유럽의 인기를 얻으며 보급되었다. 양말의 신축성을 높이는 편성기가 1785년에 개량되자 프랑스제 양말은 더욱 환영받으며 수요가 커졌다. 겨울철에는 씰크 양말을 여러 개 겹쳐 신거나 가죽이나 울 밴드로 붕대처럼 다리를 감싸기도 했다.

18세기 후반에는 일상용으로 색깔있는 양말이 많이 사용되었고, 특히 퀼로트에는 흰색 바탕에 파란 줄무늬 양말을 신는 것이 유행했다. 18세기 전반에는 양말을 퀼로트 위로 올려 가는 밴드로 맸는데〈그림 288, 297〉, 후반부에는 양말 위로 퀼로트 단이 내려오게 하여 양말대님을 대신했던 것 같다〈그림 290, 292, 296, 299〉.

외투(Outer Wrap)

◆ **플리스(Pelisse)** 여자들이 사용한 것과 같은 외투로 마루에 끌릴 정도의 대형 플리스를 남자들도 착용했다. 모피로 안을 대거나 가장자리에만 모피 트리밍(fur trimming)을 하여 방한용으로 사용했다. 크고 화려한 이 외투는 귀족들의 권위와 사치성을 과시하기에 적당한 의상이었다.

◆ **펠레린(Pèlerine)** 망토 스타일의 방한용 외투인데, 커다란 플랫 칼라가 케이프 처

그림 302. Rococo 전반부 남자들의 가발

럼 달리고 팔을 내어 놓는 슬릿이 양쪽에 있다. 크기는 작은 것부터 큰 것까지 다양하다. 겉감은 플리스처럼 씰크, 울, 또는 모피가 사용되었고, 안은 전체를 모피로 대거나 가장자리만 모피 트리밍을 했다.

슈미즈(Chemise) 18세기의 속옷 슈미즈는 사치스럽게 가슴과 소매끝, 목둘레선 등에 레이스로 장식을 많이 하여 어느 세기보다도 화려했다고 한다. 방종하고 향락적인 생활과 인간적인 즐거움은 속옷에 관심을 갖게 한 것으로 생각된다. 이 시대에는 어느 나라에서나 프랑스제와 이탈리아제 레이스가 가장 인기였으며 슈미즈의 옷감은 리넨이나 카튼이었다〈그림 301〉.

크라바트(Cravatte) 흰 모슬린이나 레이스로 칼라 대신 목을 두르는 목 장식을 크라바트라고 하는데, 이것은 1660년대부터 시작되었다. 모든 것이 섬세해지는 경향이 있는 섭정시대부터 대형 크라바트는 없어지고 소형 크라바트가 유행했다. 또한 레이스로 주름을 잡아 목을 장식하는 사보(jabot)가 새로운 모드로 소개되었으며 크라바트와 함께 유행하게 된다. 머리에 맨 검은 리본과 매치하여 검은 씰크를 목에 묶고 다이아몬드 브로치(diamond brooch)를 달기도 했다. 크라바트는 그 후에 신사복에 반드시 동반되는 넥타이의 근원이 된다〈그림 295, 296, 298, 300, 301, 302〉.

그림 303. Rococo 후반부의 남자 머리모양과 모자

5. 기타 복식

(1) 머리장식

로코코 시대 전반부에서는 바로크 시대처럼 궁정에서 커다란 가발을 사용하게 했다〈그림 302〉.

한편 중국을 통해 전 유럽에 전파되어 군인들의 머리형이 되었던 단정하고 편리한 땋은 머리가 일반인들에게 보급되었다. 이 머리는 피그테일(pigtail, 辮髮)〈그림 303〉이라고 하며 퉁구스족이나 만주인에게서 시작되었으며, 17세기 초에 퉁구스의 여진족이 중국 대영토 정복에 성공했을 때 그들 고유의 풍속인 피그테일을 강요한 것은 유명한 일화이다. 17~18세기에 걸쳐 중국은 찬란한 예술품으로 온 유럽을 경탄시키고 매혹시켰다. 마침 서유럽 세력이 정치적으로도 아시아에까지 미쳐 있었으므로 그들은 중국풍을 적극적으로 수용했고 생활문화에 적용시키려 했다.

18세기 후반부에 들어와 남성 패션의 가장 중요한 변화는 가발에 있다. 바로크 시대의 신사들이 대형의 가발을 사용했던 것에 비해 로코코 시대 후반에는 경쾌하고 우아한 모습으로 머리모양을 꾸몄다.

머리의 높이를 낮게 하고 뒤에서 한 묶음으로 리본을 매거나, 이 외에 옆머리를 짧게 잘라 비둘기 날개형이나 컬로 다듬고 뒷머리는 크라포(crapaud)라 부르는 검은 태피터 주머니에 넣어 그 위끝을 끈으로 조이고 나비 묶음을 한 머리형도 있었다〈그림 303〉. 이것은 1700년 이전부터 서민들이 사용했던 것으로, 1730년대에 들어와 크라포 부분이 커지면서 품위를 더하여 신사들 사이에서도 유행하게 되었다. 재미있는 것은 땋은 머리나 주머니 가발, 리본을 그대로 앞으로 돌려 크라바트의 리본으로 묶어 다이아몬드 핀으로 고정시키는 형식이다.

가발이 다시 나타난 것은 1730년경이다. 까만 리본이 달린 타이 위그(tie wig), 머리에 뿌린 밀가루가 떨어지는 것을 받아 담는 백(bag)이 달린 백 위그(bag wig), 피

그림 304. Rococo 시대의
pompadour hair style
(18세기 전반부)

▶ 그림 305. Rococo 시대의
여자 머리 장식(18세기 후반부)

그테일에 매듭이 지어지는 피그테일 위그(pigtail wig) 등 많은 종류가 있었다〈그림 303〉. 이전처럼 복잡하지는 않았으나 종류가 다양해지고 신분과 용도에 따라 여러 가지로 구분되었다.

가발은 루이 14세가 태양왕으로 군림했던 17세기에 가장 발달했고, 머릿가루는 살롱에서의 에티켓으로 남자·여자·어린이 모두가 갖가지 색의 밀가루를 과도하게 뿌렸다. 가장 많이 사용된 색은 흰색이었으며, 로코코 시대의 방종함과 절도없음은 이 같은 머릿가루의 사용량에서도 잘 나타나서 마침내는 한 해에 200만 파운드의 밀가루를 필요로 할 정도가 되었다.

1780년경이 되자 머릿가루 사용자는 국민의 식량을 낭비하는 적이라는 낙인이 찍혀, 프랑스 혁명을 거치는 동안 귀족들도 자기 머리를 기르게 되었고 목사(牧師)나 학자 등의 극히 일부 사람만 19세기 초까지 가발을 사용했다.

모자는 실용성보다는 주로 장식용으로 쓰였는데, 그 중 대표적인 것으로는 트리코른(tricorne : 삼각모)〈그림 288, 291, 292, 303〉과 콕트 햇(cocked hat : 산형모)이 있다. 트리코른은 테를 말아 올려 삼각형의 형태를 만든 모자로 17세기 말에 나타난 이후 18세기 초까지 가발에 가장 적당한 모자로 애용되었으나, 루이 15세 때는 낮은 크라운이 부착되어 가발의 단순한 장식품으로 변형되었다.

가발의 유행으로 인해 모자는 점점 축소되어 샤포 드 브라(chapeau de bras)라 하

그림 306. Savoy의 Maria Theresa

▶ 그림 307. Rococo 시대의 hair style

여 귀족들이 겨드랑이에 끼고 다녔다. 콕트 햇은 군인들이 주로 사용했고 일반 남성들은 챙이 평평하고 크라운이 낮은 언콕트 햇(uncocked hat)과 깃털로 장식한 베레(béret)모를 즐겨 착용했다.

18세기의 여자들의 머리모양은 가장 흥미를 집중시키는 스타일을 연출했다. 18세기 초까지는 바로크 시대에 유행했던 퐁탕주(fontange)형이 전성을 이루었으나, 루이 14세가 사망한 후 퐁파두르(pompadour)형이라는 낮은 머리형이 유행하게 되었다 〈그림 304〉. 이 형은 머리카락을 부풀리지 않고 뒤로 빗어넘긴 우아하고 깔끔한 머리형으로, 때로는 머리 위에 조화나 리본, 레이스 캡, 깃털 등의 섬세한 장식을 사용하기도 했다. 퐁파두르형은 대형의 파니에와 조화를 이루면서 18세기 중엽까지 애호되었다.

1760년경이 되어 여자 머리형에 변화가 나타나 점차 높아지고 거대해져 갔으며 그 위에 장식이 높이 쌓여졌다. 이 시대의 취향은 머리형을 예술적이고 환상적인 것의 극치로 이르게 하여, 로코코의 여성이라 불리우던 마리 앙투아네트 시대에는 높이와 장식 기교에 있어서 가능성의 극한점까지 도달했다〈그림 305, 306, 307〉. 마리 앙투아네트의 머리는 헤어 디자이너 레오나드 오티에에 의해 고안되었고, 황실 의상 디자이너 로즈 베르댕도 머리형 고안의 제일인자였다.

모든 계급의 여자들은 여왕의 머리모양을 모방했는데, 그 크기와 복잡함은 상상하

◀ 그림 308. Rococo 시대의 구두

▶ 그림 309. Rococo 시대의 구두

기 힘들 정도여서 지나치게 거대한 머리의 높이나 장식과용은 당시 여자들의 병적인 자기과시를 말해 준다. 머리를 높게 하기 위해 캡 위그(cap wig), 말털 쿠션, 철사받침 등의 패드를 머리 위에 얹고 자기 머리로 패드를 덮어 역사상 가장 거대한 머리형을 연출했다. 이 건축적인 머리형을 준비하는 데는 오랜 시간이 걸렸기 때문에 귀부인들은 약 10일 간, 중류계급의 여인들은 3개월 정도까지 빗지 않고 그대로 두었으므로 악취를 풍기게 되었고 머리 긁는 도구로 황금이나 상아로 만든 가늘고 긴 빗을 항상 사용할 수밖에 없었다.

머리장식의 재료와 명칭은 무한하여 이제까지 사용해 왔던 장식 외에 나무판, 인형, 태양, 달, 별, 심지어는 실물의 과일까지 사용하여 그 배치와 모양에 따라 '아름다운 화원', '사랑의 끈', '여왕' 등으로 이름을 붙였다. 또한 최근에 일어난 사건을 머리장식으로서 표현하기도 했는데, 예컨대 미국 독립전쟁중 승리의 소식이 들리면 '자유'라는 제목의 머리형이 등장하기도 했다. 그 외 유리로 만든 '돛단배', '마차', '병사', '전쟁터' 등의 이름이 붙은 거창한 머리장식까지 나타나 사람들을 놀라게 했고 그 불편한 거동과 외관은 풍자가들의 좋은 소재가 되었다〈그림 305, 306, 307〉.

당시의 미용사는 대개 남자들이었는데 예술가로서의 긍지를 갖고 있었으며, 그 중 르그로는 유명하여 1765년 여성의 개성을 살리기 위한 미용기술을 발표하고 파리에 학원을 세워 가르쳤으며 헤어 스타일에 관한 저술도 했다.

머리형이 복잡할 때는 모자가 그리 중요시되지 않는다. 흰 리넨이나 씰크의 작은 캡이 생겨 한동안 유행했고, 부드럽고 값비싼 보닛은 대개 공공장소에서 많이 쓰였다. 또한 폭넓은 챙을 가진 샤포라는 약식 모자가 1780년대에 유행했는데 이것은 영국의 영향을 받은 것으로 대개 씰크나 밀짚으로 만들었고 높은 머리 위에 사용했다. 같은 때에 리넨이나 씰크를 주름잡아 포장마차처럼 만든 보닛형의 모자인 칼레쉬(calèche)도 유행했다. 1786년경에는 샤포와 보닛 두 가지를 겸하여 쓴 것도 생겨 깃털, 리본, 꽃 등의 장식을 하고 베일로 덮기도 했다.

그림 310. Rococo 시대의 장신구

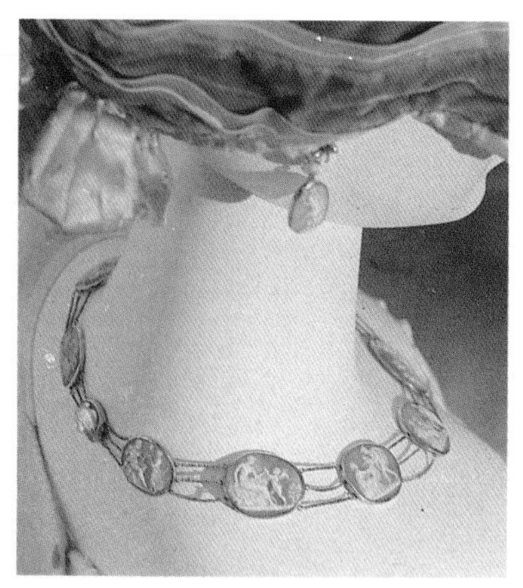

그림 311. Rococo 시대의 목걸이

1795년경부터는 혁명기를 거친 복장의 간소화로 대형 스타일은 사라지고 약간 높은 머리 스타일만 궁중의 공식석상에서 쓰게 되었으며 일반인의 머리형이나 모자는 작아졌다.

(2) 신 발

당시의 제화공(shoe maker)은 미용사와 같이 예술가로서 높이 인정되었다. 18세기 초기까지는 앞이 네모지고 넓은 구두가 유행했는데, 점차로 앞 끝이 뾰족하고 길어졌다. 굽이 매우 높아서 걷기가 불편했는데, 18세기 중엽 후에야 비로소 굽이 낮아지기 시작하면서 앞 부분이 둥글어지다가 1790년대에는 뒷굽이 없는 평평한 형이 유행하게 되었다. 그러나 이는 혁명의상에 따르는 일시적인 현상일 뿐이었다. 굽이 낮아지기 전의 구두는 일반적으로 발등에 끈과 버클이 달렸고 이 버클 모양은 둥근 모양, 네모난 모양 등이 있었는데 은이나 금, 동, 철로 만들었다〈그림 308, 309〉.

또한 1730년대에는 발모양에 맞추어 만들어진 편한 슈즈가 나타났다. 18세기 후기의 남자의 신발로 펌프스(pumps)라는 가벼운 무용화가 유행했는데, 특징은 굽이 아주 낮거나 없으며 부드러운 가죽이나 천으로 만들었고 버클에는 다이아몬드나 그 밖의 보석, 진주로 장식했으며 일반용은 버클 대신에 끈을 달았다.

주로 사용된 색상은 18세기 중엽부터 검정, 갈색 등의 어두운 색 계통이 일반적으로 많아지게 되고, 붉은색의 굽과 밑창은 프랑스 궁정용으로 영국과 미국에 보급되어 1800년까지 유행했다.

귀부인들은 될 수 있는 대로 자기 발보다 작은 구두를 신었는데, 여러 가지 색의 헝겊과 가죽으로 만들고 금, 은, 보석으로 장식하여 하나의 예술품과 같이 만들었다.

그림 312. Rococo 시대의 반지

그림 313. Rococo 시대의 부채

이때 구두 뒤꿈치의 우아한 곡선과 높이의 조화는 구두의 가치를 결정했다. 18세기 후반이 되어 스커트가 어느 정도 짧아지게 되자 구두의 장식에 관심이 짙어져 버클과 뒤축을 더욱 아름답게 디자인했다.

당시의 귀부인들은 외출이 드물었으므로 구두는 대개 천으로 만들었고, 실내에서는 역시 천에 자수를 놓아 만든 슬리퍼식이 애호되었다. 때때로 외출할 때에는 흙의 더러움을 피하기 위해 나막신이 사용되었는데 이것은 밑에 금속의 징을 붙인 것도 있어 보행할 때 매우 시끄러웠으므로 교회에 들어갈 때는 벗도록 요구되었다고 한다.

이 외에 흙, 먼지, 진흙으로부터 구두를 보호하기 위해 구두덮개가 있었으며, 검고 부드러운 가죽으로 된 목이 긴 구두도 남자들이 사용했다.

양말은 초기에는 아름다운 색의 씰크로 만든 것이 귀부인들에게 애호되었고 1720년대에 와서는 흰색 바탕에 금·은실과 색실로 자수한 것을 가장 귀하게 여겼다. 일반용으로는 흰색의 카튼 양말과 여러 가지 색의 털실로 자수한 것을 많이 사용했다. 양말은 무릎 밑까지 오는 것이 많았는데, 1780년대에 와서는 의상의 간소화 경향으로 인해 씰크로 만든 양말은 한때 없어지게 되었다.

(3) 장신구

남자의 액세서리 중에 우리 나라의 토시에 해당되는 머프(muff)가 유행했는데 머프를 허리 벨트에 달고 다니거나 손에 들고 다녔다. 그 외에도 레이스로 트리밍된 손수건과 담뱃갑, 볼드릭(baldric : 오른쪽 어깨와 왼쪽 허리에 걸친 장식띠), 회중시계 등이 중요한 장신구였다.

여자들은 17세기와 마찬가지로 두껍게 화장을 했는데, 백발의 유행에 맞추어 얼굴을 매우 희게 강조했다.

에이프런도 매우 패셔너블(fashionable)하고 우아한 장식품으로서 지속되어 모자와 맞추어 사용하기도 했다. 마리 앙투아네트가 전원생활을 했던 1780년대에는 간소한 의상의 영향으로 흰색이 유행했다.

가면(假面)사용도 18세기 후반까지 계속되었으며, 검은 벨벳 등의 천 조각과 종이 조각 등을 여러 가지 모양으로 손톱 크기만큼 잘라 붙이는 뷰티 스팟(beauty spot)이 혁명기까지 유행했는데 귀부인들은 여기에 다이아몬드를 박기도 했다.

장신구로는 인물의 초상화를 칠보로 장식한 펜던트〈그림 310〉, 목걸이〈그림 311〉와 반지〈그림 312〉 등이 정교하게 만들어졌다.

그 외에도 지팡이나 파라솔(parasol), 핸드백(handbag), 손수건, 안경, 그리고 애완동물을 넣고 다녔다는 토시 등이 여자들의 기호품이었다. 씰크 헝겊에 낭만적인 전원의 풍경을 그린 부채〈그림 307, 313〉는 얼굴의 표정을 감추고 공기를 순환시키기 위한 필수품으로서 귀부인들은 언제나 이것을 지니고 다녔다.

요 약

18세기는 무지개의 황홀한 빛깔에 비유되는 로코코 예술이 화려하게 꽃피던 시기로서, 정신적으로는 향락주의(享樂主義)가 만연하던 시기였다. 따라서 의상 디자인도 관능적이며 향락적인 사조의 지배를 받게 되어, 네크라인은 유방이 많이 노출되도록 깊게 내려갔고, 허리는 극도로 조였으며, 또한 스커트는 18세기까지의 복식사상 최대로 넓혀졌을 뿐 아니라, 머리장식도 사상 최고로 높아졌다.

16세기에는 보석을, 17세기에는 루프를 장식요소로 사용했다고 한다면, 18세기에는 레이스, 리본과 꽃을 장식요소로 사용했다고 말할 수 있다.

바로크 시대의 복장 분위기가 의식적이고 장중하다면, 로코코 시대의 분위기는 섬세하고 낭만적이며 우아한 분위기라고 할 수 있다.

그러나 지나친 사치와 귀족주의는 일반인들의 불만을 크게 키웠으며 드디어 프랑스 혁명으로 몰고 간 지름길의 역할을 했다.

아무리 화려하고 아름다운 로코코 시대의 의상일지라도 사회의 추세에 따라 심하게 변하는 것을 볼 때 사회가 의상에 미치는 영향이 지대하다는 것을 알 수 있다.

이 시대의 의상을 연구하면서, 아름다움에 대한 인간본능의 무한정한 가능성을 엿볼 수 있었으며 미적 감각의 세련됨을 살펴볼 수 있었다.

제 4 부

근 대 복 식

서양사에서 19세기는 근대사회가 형성되고 발전한 시기이며 서양의 복식문화가 근대화되고 시민 복식이 정착되어 가는 서곡으로서 대단히 흥미있는 시대이다. 이 시기의 특징은 격심한 변화에 있는데 이 변화를 추진해 나가는 원동력은 두 가지의 혁명, 즉 산업혁명과 민주주의를 추구하는 정치혁명으로, 이들은 지금도 계속되고 있다.

근대사회를 구성하는 자본주의 체제는 구체적으로 직물산업, 그 중에서도 면직공업을 기점으로 하여 발생했고, 한 걸음 더 나아가 증기기관의 활용은 석탄과 제철 등의 광업을 발전시켜 산업 전반의 근대화를 밀어 주었다. 따라서 자본주의가 최초로 일반인의 생활에 침투한 것이 복식 재료, 즉 복식 분야였던 것은 당연하다.

18세기 말 프랑스 혁명을 겪음으로써 평등이 자본주의의 구호가 되었다. 복식사에도 귀족과 시민의 구별이 사라지고 국가간의 고유성도 없어져 민족문화는 제각기 빠르게 그 양상을 바꾸어 갔다. 귀족적인 환상 대신에 자본주의가 민중을 사로잡아, 공장과 직장에서의 생산활동에 어울리는 기능성과 근대적인 의식을 만족시키는 다채로운 복식이 당시 사람들을 자극시켰다. 또한 19세기에는 남자복식에 비해 여자복식에 주목할 만한 변화가 일어났다.

이러한 시대적 상황을 배경으로 하여 스타일의 변천을 중심으로 할 때, 19세기의 복식은 크게 다섯 시기로 구분할 수 있다.

- 나폴레옹 1세 시대 : 1789~1815년, 엠파이어 스타일(Empire Style)
- 왕정복고 시대 : 1815년~1848년, 로맨틱 스타일(Romantic Style)
- 나폴레옹 3세 시대 : 1848~1870년 크리놀린 스타일(Crinolin Style)
- 세기말(I) : 1870~1890년, 버슬 스타일(Bustle Style)
- 세기말(II) : 1890~1910년, 아르 누보 스타일(Art Nouveau Style)

이중 혁명기의 복식은 시기적으로 18세기 말에 속하나 복식의 특징이 19세기 흐름의 시작이므로 나폴레옹 1세 시대에 편입시켰다.

제 14 장

나폴레옹 1세 시대의 복식

(엠파이어 스타일)

1. 사회 · 문화적 배경

1789년 프랑스 혁명 이후 1815년 나폴레옹(Napoleon) 1세의 제1제정까지 30년 간은 복식에 있어서 이제까지의 귀족풍이 무너지고 새로운 방향이 모색되었던 시기이다.

르네상스 이래 약 300년의 귀족문화를 구가하던 호화로운 복식은 혁명을 주도한 부르주아에 의해 일소되고, 그들의 이상적 사회에 잘 어울리는 매우 간소한 복식이 나타났다. 당시의 이상적 동경의 대상은 고대 그리스로서, 건축물에 고대 그리스의 원주가 다시 나타나고 복식에도 그리스의 키톤(chiton)풍이 다시 나타났다.

이 시기에는 프랑스뿐만 아니라 유럽 각국, 그리고 남미, 미국 등 세계 전역에 걸쳐 혁명이 일어나고 있었다. 즉, 귀족계급에 대해 시민계급이 자유를 찾기 위한 해방운동이었던 것이다. 이것의 직접적인 자극제는 프랑스 혁명과 나폴레옹의 유럽해방 전쟁이었다. 나폴레옹은 프랑스 혁명 이념을 유럽 전역에 전파하는 데 매우 공헌이 컸다.

이와 같이 프랑스가 정치적인 면에서 선구자적 역할을 하자, 그 복식도 자연히 유럽 전역에 지금까지보다 더 커다란 영향을 미치게 되었다. 따라서 프랑스 복식을 중심으로 살펴보는 것은 유럽 전체 복식의 흐름을 살피는 데 결정적인 역할을 한다고 생각한다.

이 시대는 다시 세 시기로 나눌 수 있다.

- **혁명(革命) 시대** : 1789～1795년
- **총재정부(總裁政府) 시대** : 1795～1799년
- **집정정부(執政政府) 시대와 제1제정(第一帝政) 시대** : 1799～1815년

(1) 혁명 시대(1789～1795년)

프랑스 혁명의 불이 타올랐을 때, 사람들은 모두 혁명을 추진할 용기를 가지고 있으면서도 불안과 동요의 나날을 보내지 않으면 안되었다.

그림 314. Empire 시대의 건물

정부측에 서서 혁명을 진행하려고 한 지롱드(Gironde)당은 몰락하고, 대신 민중의 거대한 힘을 배경으로 한 자코뱅(Jacobins)당이 패권을 잡게 되었다. 자코뱅당의 독재에 의한 공포정치(1793년~1795년) 속에서 사회 모든 면에 대혁명이 행해졌는데, 복식에서도 귀족풍을 근절시키려고 하는 시도가 있었고 그 성과가 곧 나타났다. 즉, 1789년 신분에 의한 복식규제법을 폐기하여 복식의 민주화가 법으로 보증되었다. 이것은 생활전반에 걸친 부르주아의 승리를 의미하는 것이었다.

로코코의 귀족사회는 권력과 재산, 그리고 미(美)와 우아함을 목적으로 했기 때문에 생활은 향락에 넘쳤으며 많은 특권을 누렸다. 이에 반해 자유와 평등을 기본으로 하는 시민사회는 권력을 벗어 버리고 인간의 자연적 감정에서 발생되는 순수한 것에서 생의 목적과 즐거움을 누리려 했기 때문에 장식된 화려함보다 자연적 모습을 중요시하게 되었다. 이때 최상의 이상적인 복식으로 등장한 것이 고대 그리스풍의 복식이었다. 고전풍에 대한 동경에서 르네상스 사조가 이탈리아를 무대로 발전하고 그 다음 서유럽 여러 나라로 파급되려 했으나 프랑스, 영국 등 강대국가에서는 이를 받아들이지 않았다.

인간성의 자각은 겨우 1780년경이 되어 문화전반에 고전의 동경이라는 모습으로 나타났는데, 미술에서는 이를 신고전주의(新古典主義, Neo-Classicism)라 했으며, 건

그림 315. 혁명기의 복식(1794년)

축물에도 그리스식 열주(列柱)와 돔(dome), 아치(arch) 등이 풍부히 사용되었다〈그림 314〉. 더욱이 복식은 지나친 쾌락과 방종에 대한 반동으로 고대풍에 눈을 돌리기 시작했다. 그러나 초기의 고전풍은 중국풍과 같이 그들의 이방적(異方的) 취미를 만족시켜 주는 하나의 요소밖에 되지 못했다. 그러다가 혁명을 기회로 그 본질이 진지하게 인식되면서 유행하게 되었다. 이런 복식 경향은 프랑스뿐만 아니라 프랑스의 혁명정신에 동조하던 유럽과 미국 사회에서도 절실히 환영을 받았다.

한편 복식의 신분차가 폐지된 후에도 프랑스에서는 여전히 옛날의 귀족의상으로 그들의 특권을 과시하려고 하는 사람들이 있었다. 이에 대해 민주적 사상에 고취되어 있던 민중은 고전복장의 유행에 박차를 더하게 되었다. 1792~1793년경 의상의 경향은 기존의 귀족풍과 새로운 고전풍이 남자복에서는 대립의 형으로, 여자복에서는 혼합의 형으로 나타났다. 특히 남자복에 나타난 신·구 양식의 대립은 귀족 중심의 온건파인 지롱드당과 시민계급의 강경파인 자코뱅당과의 격렬한 적대감 및 양당의 계급적 대립을 의미하는 것이었다. 또한 복장의 대립은 그 특징적 용어로도 나타나, 착용자의 신분자체를 가리키는 말로서 정치적 의미를 가지게 되었다. 예를 들어 쌩 퀼로트(Sans Culotte)라고 하는 것은 다리에 꼭 맞는 무릎 길이의 짧은 바지를 입은 구귀족들에 반해 헐렁한 긴 바지를 입은 사람들을 가리키는 말로서 민주사상을 가진 민중에 대한 호칭으로, 피억압자의 옹호자로서 혁명의 주도세력이 되었다.

복식의 새로운 경향은 보다 단순하고 합리적이며 건강한 모습으로 나타났다. 남자복에서는 주로 색상이나 직물로 나타났는데 이제까지 경시되어 온 검은색은 남자복

그림 316. 혁명기의 복식(1790년)

그림 317. 총재정부 시대의 복식(1795년)

식에 있어 야회복이나 예복과 공식복의 색으로 승격되어 새로운 권위를 갖고 나폴레옹 시대에 이르기까지 유행했다.

여자복에 있어서는 형태가 근본적으로 변화되었다. 근세 초기 이래 귀족의상의 주요소이던 가는 허리, 부풀린 스커트, 높은 머리형 등은 유행에서 사라지고, 하이 웨이스트라인(high waistline)과 규칙적인 주름에 의해 전체적으로 길고 날씬한 씰루엣으로 변화했다〈그림 315, 316〉. 물론 이것은 고대복에 그 이상(理想)을 두고 있는 것이지만 똑같이 모방하지는 않고 단지 내면적 동기, 즉 자연스러움의 미를 살리고자 하는 욕구로서 나타난 것이다. 이 욕구는 생활의 변화에서 요구되는 간소함에 적용되면서 이후의 특징적인 모드를 탄생시켰다.

혁명기의 민중들은 복식에 그들의 자유분방한 이상과 함께 현대적인 다양한 취미를 반영하려 했다. 즉, 자유의 상징으로 부각된 흰색·푸른색·붉은색을 좋아하여 복식에도 이를 이용했다. 그들의 의상 색조는 전체적으로 조화를 이루지 못하여 각각 분리되어 나타나기도 하고 형태에 있어서도 균형이 무시되는 등, 그들의 불안정한 심리가 그대로 나타났다. 이 경향이 프랑스 국민의 섬세함과 우아함을 바탕으로 한 전통적인 취향을 현저하게 저하시켰다고도 볼 수 있으나, 복식문화의 일반화 과정에서 나타나는 과도기적 현상이라는 점으로 볼 때에는 다소의 의의를 부여할 수도 있다. 더욱이 여러 가지 기발한 착상들은 마치 자유로운 세계의 즐거움과 흥분된 기분을 전달하는 것 같았다. 동시에 이것은 새로운 사회에 있어서의 모드의 성격을 암시하는 것이기도 했다.

(2) 총재정부 시대(1795～1799년)

혁명에 의해 귀족의상은 폐지되고 복식상의 신분차도 확실히 없어지기는 했지만, 모드는 다시 부유층과 신흥 부르주아를 대상으로 유행하여 화려함과 사치를 나타내기 시작했다〈그림 317〉.

이제까지의 자코뱅당의 총수 로베스피에르(Maximilien Robespierre, 1758～1795년)가 '테르미도르의 반동(Réaction Thermidorienne, 1775년 9월)'으로 그의 시대를 끝맺게 됨으로써 부르주아의 시대가 왔다. 공포의 압박에서 해방되고 나자 사람들은 고갈되어 있던 것을 구하는 것처럼 쾌락에 젖기 시작해 생활은 다시 호화로워졌다. 더구나 국가의 재산은 소수의 부르주아에게 편중되고 광범위한 근로대중은 아직 이러한 생활에서 제외되어 있었다. 극도의 향락에 대한 몰두와 사회환경의 불균형은 생활의 모든 면에 여러 가지 양상으로 나타났다. 특히 복식은 가장 손쉬운 감정의 표현 대상으로서의 특징을 가지고 있기 때문에, 남녀 모두에게 기이한 형태와 사치가 남용되기 시작한 것이다.

이때 마침 나폴레옹이 지휘하는 프랑스군이 유럽 각지의 전쟁에서 승리하고 있었기 때문에, 프랑스는 다시 유럽 최대의 강국이 되었다. 따라서 프랑스의 부르주아 상류층을 중심으로 한 생활양식과 사회문화는 모든 나라에 대해 이상할 정도의 위력을 가지기 시작했다.

부르주아는 공포정치의 그늘에서 움츠리고 있던 생활의 멋을 발휘하기 시작했는데, 그것은 고대복을 기조로 하고 있었다. 그러나 간소함을 특징으로 한 고대복에의 취향은 먼저 시민성이 풍부한 영국에서 독자적 패션으로서 성행하고 있었다. 산업혁명에 의한 면직물 생산의 증대와 저렴한 가격 등이 복식에 있어서의 신분의 차이를 없애 주면서 더욱 이 취향을 자극한 것이다. 이것이 프랑스의 부르주아 사회에서도 열광적으로 환영받으면서 그들의 복식문화상의 우위적 위치에 힘입어 여전히 프랑스는 패션의 중심이 되었다.

그림 318. 얇은 옷감으로 만든 chemise gown과 Incroyable 의상

(3) 집정 시대와 제1제정 시대(1799~1815년)

1799년부터 1815년까지의 유럽 역사는 프랑스의 역사라 할 수 있으며, 또한 이 때가 바로 나폴레옹의 영웅적 생애가 펼쳐진 시기에 해당되므로 나폴레옹 시대라 하기도 한다.

나폴레옹 보나파르트(Napoleon Bonaparte, 1769~1821년)의 독재는 1804년까지는 집정정부의 형태로 강력히 진행되었다. 나폴레옹은 부르주아와 상류층과 교묘히 제휴하여 자신의 판도를 넓혀 나갔다. 상공업은 정부의 보호 아래 번성하고 공업가·은행가·대상인 등은 나폴레옹과의 상호원조에 의해 재산과 권력을 더해 갔다. 이는 상대적으로 민중의 희생 속에 일어난 것으로 총재정부 이래의 사회적 불균형은 더욱 조장되었다. 생활과 문화는 나폴레옹과 소수의 부르주아를 중심으로 발전하여 영화와 쾌락이 넘치는 양식이 형성되어 갔다.

복식에서는 이전부터 추진되어 오던 고대풍이 대체로 정비되었고, 여기에 화려한 취향이 색조와 장식에 의해 첨가되었다.

대외적으로 프랑스 영토는 현저하게 확대되어 유럽 최강국으로서의 지위를 굳혔다. 1804년 5월 나폴레옹은 황제의 자리에 올랐고 이후 프랑스 제정의 화려하고 호화로운 생활이 전개되었다. 나폴레옹 제정 아래 궁정생활은 극도의 호화판이었으며 유럽의 전통있는 다른 궁정들을 훨씬 능가하고 있었다. 귀국한 망명귀족들과 재산으로 새로운 명예를 얻은 신흥귀족들은 모든 면에서 편의가 주어져 새로운 상류층을 형성하고 있었다. 그들의 재력은 마침 현저하게 상승하고 있던 국가경제에 의해 보증되었다.

프랑스에서는 이 시기에 산업혁명이 시작되고 있었다. 프랑스의 산업혁명은 영국의 경우처럼 면방직과 모직의 섬유공업에서 비롯되었는데 그 발전하는 정도가 놀랄 만했다. 견직물에서도 주목할 만한 발명이 있었으니 자카드(jacquard : 무늬를 입체적으로 넣어 짠 직물) 직물의 식소법이 고안된 것이다. 이를 계기로 견직물의 제조가 기계생산화되었다. 더구나 이탈리아가 나폴레옹의 강력한 지배하에 있을 때에는 이탈리아 국내의 모든 생사(生絲)가 프랑스에 수송되는 등 견직물공업은 여러 가지 방법으로 발전되어 갔다.

직물공업을 배경으로 하는 경제력의 상승은 귀족적 취향의 부활과 함께 복식에 호화로움을 가져왔다. 여자의상의 경우, 집정 시대에 대체로 완성을 보았다고 생각되는 고대풍 직선형의 외관에다 소매를 부풀리고 가슴을 깊이 파며 스커트 폭을 넓히는 등의 귀족풍의 씰루엣이 다시 조금씩 나타나기 시작했다. 직물은 놀랄 정도로 얇고 부드러운 감촉의 모슬린이 영국 또는 프랑스에서 공급되었고, 여기에 섬세하고 기품있는 자수장식이 더해졌다. 또 태피터, 새틴 등 고급 견직물과 캐시미어 등의 모직물도 많이 사용되었다. 현존하고 있는 이 시대의 유품에는 흰색의 견직물이나 여기에 자수한 것 등이 압도적으로 많다.

이처럼 호화로운 직물로 몸의 곡선을 드러내는 씰루엣이 프랑스의 상징적 의상으로 각국에서 성행했는데 이를 엠파이어 스타일(Empire Style)이라 한다. 엠파이어 스타일은 이와 같이 18세기 후반부터 나타나기 시작한 고대복의 경향이 프랑스의 번영과 함께 독특한 양식으로 완성된 것이다.

엠파이어 스타일의 의상은 목둘레선이 많이 파이고 허리선이 하이 웨이스트에 위치하며 짧게 부풀려진 소매와 좁고 긴 스커트의 형태를 갖고 있다. 전체적으로 연약한 분위기를 나타내는데 이는 고대 그리스의 키톤에서 디자인을 빌려온 것이다. 고전주의 성향은 복식뿐 아니라 당시 회화와 건축양식에서도 두드러진다. 1830년경까지 유럽과 미국의 건축은 대체로 고전적 모델에 의거한 것이어서 그리스의 건물 기둥, 또는 고대 로마의 코린트식 건물 기둥이나 돔, 아치 등이 기본을 이루고 있었다 〈**그림 314**〉. 이들의 그 전체적 외관은 의복의 씰루엣과 매우 흡사했다.

제국이 더욱 번성해 감에 따라 복식에는 장식적 요소가 더욱 강화되어 나타난다. 16세기의 러프 칼라(ruff collar)나 퍼프 슬리브(puff sleeve) 등이 다시 부활되고 있었

그림 319. chemise gown 위에 입은 spencer

는데, 이러한 경향은 나폴레옹의 승리에도 불구하고 왕정복고를 예견하는 것이었다.

나폴레옹 제국의 세력이 가장 고조된 1810~1811년경 프랑스의 직물산업계는 극심한 부진상태에 놓여 있었다. 영국에 의한 무역봉쇄의 결과 카튼의 공급이 부족해지고 따라서 가격이 상승되었으며, 또한 프랑스 직물 제품의 수출국으로서 중요한 나라들이 빈곤 상태에 빠지는 등 악조건이 겹치게 되었다. 이러한 경제적 사정과 함께 1812~1813년 전쟁의 패배로 나폴레옹의 세력은 급격히 약화되어 1815년 퇴위하기에 이르렀다. 이를 기회로 귀국한 망명귀족은 루이 18세를 왕으로 내세워 구체제(舊體制)로 복귀할 수 있었는데, 나폴레옹 제정의 붕괴는 유럽의 구귀족들에게 영광을 갖게 하여 재차 화려한 귀족문화가 꽃피기 시작했다.

이 당시의 패션 화가로는 카를 베르네(Carle Vernet, 1785~1835년)와, 오라스 베르네(Horace Vernet, 1789~1863년)로, 특히 오라스 베르네는 저명한 모드지 「주르날 데 담므 에 데 모드(Journal des Dames et des Modes)」의 편집인으로 복식문화의 발전에 큰 공헌을 했다.

2. 여자의 복식

(1) 혁명 시대(1789～1795년)

17세기 후반부에 영국에서 도입했던 르댕고트(redingote)가 프랑스의 로브(robe)와 합해지면서 18세기 전반부의 거창한 로브보다 간단해지고 훨씬 기능성을 띤 형태로 유행하던 중, 1789년 혁명기를 맞는다. 허리를 가늘게 조이고 스커트는 자연스럽게 부풀렸던 18세기 후반부의 우아하고 화려한 로코코풍의 복식은, 귀족문화의 마지막을 고하면서 혁명의 혼란기에도 한동안 그대로 유행했다.

한편 영국에서는 프랑스 혁명이 일어나기 20여 년 전인 1770년대부터 고대 그리스의 의상을 동경하는 풍조가 높아짐에 따라 새로운 취향의 복식이 나타났다. 즉, 얇고 부드러운 천으로 만든 그리스의 키톤(chiton)과 같은 스타일의 의상이 등장한 것이다. 옛 것을 바탕으로 한 이 새로운 드레스는 슈미즈 가운(chemise gown)으로 그다지 폭이 넓지 않은 긴 스커트, 하이 웨이스트라인, 그리고 짧은 소매 등의 간편한 스타일을 특징으로 한다〈그림 318, 319〉. 하이 웨이스트라인에 파니에를 받치지 않았기 때문에 전체적으로 날씬한 몸매의 미적 효과를 주면서 입고 활동하는 데 편해 기능적인 효과도 함께 발휘했다. 이러한 의상이 나타난 것은, 영국의 산업혁명으로 인한 직물기술의 현저한 진보가 얇은 옷감의 생산을 가능하게 했고 이것이 당시의 부자유스러운 파니에로부터 해방되려는 정신적 갈망과 합치되었기 때문이라고 생각된다.

(2) 총재정부 시대(1795～1799년)

프랑스에서 슈미즈 가운이 일반화된 것은 18세기 말인 총재정부 시대에 이르러서이다. 복식상의 혁신에 있어 여자의 경우는 남자의 복식처럼 정치성을 띠지 못하므로 시대적 사조의 반영도 남자복보다 훨씬 늦어진 것이다.

역사상 최고로 높이 올라갔던 로코코의 여자 머리장식과 모자도 허물어져 가는 귀족풍을 그대로 지탱하려는 듯이 한동안 그대로 유행했다. 컬한 머리를 화려하고 높게, 또는 간단하고 낮게 올려 쌓는 스타일 외에 자연스럽게 늘어뜨린 스타일도 함께 유행했다.

머리형이 단순화됨에 따라 모자에 관심이 많아져 다채로운 장식을 붙인 보닛

그림 320. Napoleon 1세의 왕비 Josephine의 대관식

(bornet)이 유행했다. 애국형 또는 시민형이라는 명칭 아래 실용적인 보닛이 쓰였는데 이것은 당시의 시대사조를 그대로 반영한 것이다. 부드러운 천으로 만든 캡(cap)형 또는 큰 리본으로 장식한 밀짚모자 등도 애용되었다.

신발은 의상보다 먼저 간소화되어 높고 화려한 구두의 굽은 당시의 정치적으로 불안정한 시대상에 어울리지 않아 없어지고 이를 대신하여 낮은 굽의 펌프스(pumps)가 유행했다. 궁정인의 표시로서 사용되고 있던 빨간 굽은, 혁명에 의해 복식상의 계급차가 소멸함과 함께 그 상징성을 상실했다.

총재정부 시대가 되면서 영국에서 직접 프랑스로 도입된 고대풍의 슈미즈 가운이 먼저 귀부인들 사이에 유행했다. 파리의 부인들은 그리스풍이라는 구실 아래 콜쎗과 파니에는 물론 속옷도 입지 않고 맨살 위에 슈미즈 가운을 입었기 때문에, 얇은 옷감을 통해 다리의 곡선이 보이기도 했다. 이 가운은 상체와 소매 부분에 얇은 카튼으로 안을 받치고 스커트 부분은 안감을 대지 않았다. 그 당시엔 슈미즈 가운이 속옷과 같은 인상을 주었으므로 '슈미즈 가운(chemise gown : 내의라는 뜻의 슈미즈와 같은 명칭으로 혼동하기 쉬움)'이라고 불렀다. 이 슈미즈 가운은 보통 짧은 소매가 달렸기 때문에 팔꿈치까지 오는 긴 장갑을 끼는 것이 유행했다. 총재정부 시대 초기에는 스커트의 뒷길이가 앞보다 약간 길어서 마루에 살짝 끌리면서 한 손으로 무릎이 보일 정도로 끌어 올리고 다니는 것이 유행했다.

그림 321. J. S. David, Madame Recamier

이 간소한 슈미즈 가운은 간단한 작은 숄을 걸침으로써 더욱 돋보였다. 슈미즈 가운에 두른 숄은 마치 그리스인들이 키톤(chiton) 위에 히마티온(himation)을 두른 것과 같은 우아함을 더해주었다. 이 슈미즈 가운과 숄에 사용된 옷감은 그때까지 수요가 많았던 씰크를 대신하여 무늬있는 얇은 카튼이나 리노(leno : 구멍이 있어 비치는 직물) 등이었다. 특히 슈미즈 가운은 흰색 바탕에 수를 놓은 것이 많았고, 숄에는 캐시미어도 사용되었다〈그림 322〉.

1798년경에는 스펜서(spencer)라고 하는 겉옷이 유행하기 시작했는데, 이것은 오프닝이 앞에 있고 길이는 허리에까지 오며 소매는 좁고 길어서 손등까지 오는 것으로 근대적인 감각을 풍긴다〈그림 319〉. 진한 색상을 주로 사용한 스펜서는 흰색의 슈미즈 가운과 함께 입을 때 색상대비의 아름다움을 주며 제1제정 시대까지 사랑을 받았다.

총재정부 시대 여자들의 대표적인 머리 스타일은 의복과 같이 고대풍이었다. 로마 황제 티투스(Titus)의 머리모양을 본딴 것으로 단발의 간단한 스타일과 남자 머리처럼 짧게 컬한 형도 유행했고 그리스의 머리형처럼 자연스럽게 컬되어 장식 밴드로 올려맨 것과 같은 옛모습이 유행했다.

모자로는 챙이 넓은 것이 많았는데 깃털과 리본으로 장식되었고 턱밑에서 끈으로 묶는 것 등 시민적인 것이 특징이다.

장신구도 고대풍이 명백하게 보이는 묵직한 느낌의 팔찌, 발찌, 반지 등이 유행했

그림 322. Madame Recamier(1805년)

그림 323. Napoleon의 두 번째 부인 Marie Louise 황후(1812년)

고 쌘들도 그리스인들이 신었던 것처럼 끈으로 묶어 올리는 스타일이 유행했다.

(3) 집정 시대와 제1제정 시대(1799~1815년)

총재정부 시대를 지나 집정에서 제1제정에 걸친 부르주아의 화려한 생활양식은 의상에도 반영되었다. 1796년에 나폴레옹 보나파르트와 결혼한 후 1804년에 프랑스 황비가 된 죠제핀(Josephine Beauharnais, 1763~1814년)은 이 당시의 패션 리더로 손꼽힌다. 그녀를 중심으로 창조되는 모드는 극히 단순한 씰루엣을 특징으로 하면서 옷감의 우아함, 현란함, 다채로운 자수장식 등에 의해 부르주아의 취향이 사치스럽게 나타났다. 직선형의 씰루엣을 특징으로 하는 소위 엠파이어 스타일은 제1제정 시대에 가장 널리 유행했기 때문에 엠파이어라는 명칭이 붙은 것인데 실제로는 이미 집정 시대에 고전적인 아름다움이 거의 완성되어 있었다〈그림 320〉.

집정 시대의 복식은 총재정부 시대의 것을 그대로 계승했는데, 부자연스러운 것이나 인공적인 것은 많이 정리되고 전체적으로 아름답게 통일되었다. 슈미즈 가운이라고 불리운 드레스는 이 시대에 와서 가슴을 더 넓게 파고 더욱 부드럽고 얇은 옷감

그림 324. Napoleon 황제의 누이가 입고 있는 Empire dress

그림 325. mameluke sleeve가 달린 Empire dress

을 사용함으로써 육체미를 그대로 나타내려는 경향을 띠었다〈그림 321, 322〉. 이러한 얇은 옷의 유행은 기계화된 생산 능력의 향상에 따른 현상으로 생각되며 동시에 자연적인 모습에 대한 그들의 동경(憧憬)이 직물공업의 기술적 발달을 촉진했다고도 할 수 있다. 얇은 옷감에 대한 선호는 겨울철에도 버릴 수 없게 되어 결국 폐병이 전국적으로 유행하기 시작했다. 1803년 겨울에는 얇은 카튼 머즐린으로 만든 슈미즈 가운을 입음으로써 매일 6만여 명의 인플루엔자 환자가 생겨 이를 머즐린 디지즈(muslin disease) 환자라고 했다. 이처럼 건강을 해치면서도 얇은 옷감으로 만든 의상 스타일의 아름다움을 버리지 않았던 것이다.

이 시대의 슈미즈 가운이 혁명기나 총재정부 시대와 다른 것은 허리선이 위로 더 올라가 유방 바로 아래에 머물렀고 짧은 소매에 퍼프가 생기거나 소매가 더욱 좁고 길어진 것이다. 나폴레옹 치세(治世)의 번영 속에서 화려한 색채를 구하고 있었으므로 담백한 의상 색상과 대비되는 다른 색상의 장식용 스커트를 뒤에 트레인(train)처럼 길게 달아 주었다〈그림 323, 324〉. 장식용 스커트는 몸판과 합쳐져 드레스를 두 개 입은 것과 같은 효과를 내기도 했다. 이 장식용 스커트는 여러 형태가 있는데 그 중에 무릎 근처까지 오는 튜닉형은 야회복으로 사용되었다.

집정 시대에도 캐시미어나 흰색 씰크에 금실로 수놓은 숄이 사용되었는데, 몸을 많이 가리는 큰 것보다 작은 것이 방한용 또는 장식용으로서 애용되었다. 귀족부인들은 아름다운 숄을 많이 준비해 두었는데, 나폴레옹의 황후 죠제핀은 약 300~400장의 숄을 소지했었다고 한다.

제1제정 시대의 복식은 집정 시대의 것보다 한층 화려하고 아름다우면서 우아함을 더했다. 사회가 안정을 되찾게 되자 프랑스인 특유의 전아한 취향이 복식문화에 되살아났다. 고대풍을 특징짓고 있던 직선적 씰루엣은 점점 단이 넓어지면서 궁정취향으로 옮겨가고 있었다. 짧은 퍼프 소매 외에 영국의 영향을 받았음인지 긴 소매도 많았다. 끌리는 트레인은 나폴레옹이 호화로운 대관식(戴冠式)을 거행한 1804년에 가장 유행했다. 황제와 황비를 중심으로 궁중 안 인물의 대관식용 의상은 상당한 비용이 들었고 복식의 형태에도 변화를 가져왔다〈그림 320〉.

역사적 행사는 항상 의상 패션을 전면적으로 또는 부분적으로 변화시켜 왔다. 나폴레옹의 대관식으로 인해, 단순한 형태의 슈미즈 가운〈그림 321, 322〉은 장식적인 로브의 성격으로 정리되어 갔다. 즉, 뒤에 끌리는 장식적인 트레인과 데콜테(décolleté)를 따라 달린 주름 칼라인 콜레트(collerette)와 넓어지는 스커트 폭 등은 단순한 슈미즈 가운을 로브(robe)로 변형시키는 요소가 되었다〈그림 323, 324〉. 그 요소들 중에서도 허리 뒤에 달거나 어깨에 단 화려한 트레인은 간단한 슈미즈 가운을 성장(盛粧)한 성격의 로브로 바꾸는 데 커다란 역할을 했다〈그림 323〉. 끌리는 트레인은 점점 길어져서 약 3m 가량이나 끌리게 했고, 특히 사교장에서는 약 8~9m나 끌리게 했다고 한다〈그림 323〉. 귀부인들은 끌리는 단을 몸에 휘감듯이 하여 한 팔에 걸어 올렸고 사교장에서 춤출 때에는 이 트레인을 남자 어깨에 걸쳐 놓기도 했다.

슈미즈 가운을 로브로 변형시킨 또 다른 요소인 콜레트는 풀을 먹인 모슬린이나 레이스를 곱게 주름잡아 데콜테 네크라인을 따라 한 두 단 또는 세 단을 겹쳐서 단 것으로, 르네상스 시대의 러프(ruff)와 메디치 칼라(Medici collar)를 합한 것과 같은 화려한 칼라의 일종이다. 이 칼라는 목이 많이 파진 데콜테 네크라인뿐만 아니라 하이 네크라인에도 적용되었으며, 대관식 이후 많은 의상에 이용되었다. 이러한 의상은 19세기 여자의상 패션에 있어 귀중한 자리를 차지했다〈그림 323, 335〉.

1808년경부터 나폴레옹 제정의 전성기를 맞이하여 1811년경까지 생활양식은 호화로움이 더해 갔다. 나폴레옹의 제2왕비 마리 루이즈(Marie Louise, 1791~1847년)〈그림 323〉는 죠제핀의 뒤를 이은 패션 리더로서 금·은실로 전면에 화려한 수를 놓은 의상을 입는 등, 그녀가 입은 의상은 모두 호화로웠다고 한다.

1808년부터 엠파이어 드레스는 씰루엣이 다소 변하여, 길이는 발목이 보일 정도로

그림 326. 혁명군의 복식, sans-culotte (1789~91년)

그림 327. Incroyable 복식

짧아지고 스커트 폭은 조금 넓어졌다. 소매는 단순한 의상형태에 변화를 준 주요 부분으로 다양한 취향으로 전개되었다〈그림 324〉. 짧고 퍼프된 소매, 긴 소매를 여러 층으로 묶어 준 매머루크(mameluke) 소매〈그림 325〉, 좁고 짧은 소매, 르댕고트 소매처럼 좁고 긴 소매, 짧은 소매 위에 얇게 비치는 천으로 긴 소매를 겹친 것 등 다양한 형태의 소매가 나타났다. 또한 스커트 아랫단이 넓어지면서 여러 층의 러플이나 레이스장식을 사용하여 더욱 화려한 모양새로 변했다.

이 시대에 애용된 외투로는 총재정부 시대부터 유행하기 시작한 스펜서(spencer)가 대표적인 것으로〈그림 319〉, 이 시대에 와서는 앞단 끝이 둥글려진 것도 보이며 안(lining)이나 가장자리를 모피로 장식하기도 하고 앞의 안감을 뒤집어 라펠 칼라(lapel collar) 형식을 취하기도 했다. 스펜서는 녹색이나 검정색 등 진한 색상의 벨벳, 모슬린, 캐시미어, 얇은 씰크, 레이스 등이 사용되었다. 스펜서는 로브와 함께 필수 종목으로 착용되다가, 1830년에 로브의 하이 웨이스트라인이 제 허리 위치로 내려옴에 따라 유행에서 사라졌다.

스펜서와 비슷하게 짙은 색 벨벳으로 만든 칸주(canezou)라는 외투가 스펜서와 같은 때에 유행했는데, 칸주는 스펜서보다 길어서 허리에 벨트를 매기도 했다.

몸 전체를 덮는 외투로는 플리스(pelisse)가 있다. 플리스는 솜으로 패드를 넣거나

그림 328. 귀족적인 복식과 Incroyable 복식 (1797년)

모피로 안을 댄 방한복으로서 중세 이래로 남자들에게 망토의 형식으로 입혀졌는데, 특히 18세기에는 대형의 것이 유행하다가 이 시대에 와서는 작은 것부터 큰 것까지 다양해졌다. 플리스는 전체적으로 날씬한 엠파이어 드레스의 씰루엣에 편리하게 이용되었는데, 제정 말기부터 드레스의 폭이 넓어지자 플리스의 앞트임에다 위에서부터 단까지 단추를 채우는 형식으로 바뀌고 플리스 로브라고 부르게 되었다. 플리스의 겉감은 캐시미어나 벨벳, 모슬린이나 씰크 능직(綾織)으로 짠 카튼 등이 쓰이고 안감으로는 밝은 색상의 씰크나 모피가 사용되었다.

르댕고트(redingote)는 플리스보다 완전한 방한용 외투로 18세기 말기부터 유행되어 왔다. 이것은 원래 영국의 남자용 르댕코트로부터 전래된 것으로 프랑스에서는 남자복식에 시민성을 띠면서 나타났다. 프랑스의 여성들은 처음에는 승마용 의상으로 사용하다가 로브로 변형시켜서 착용했다. 1810년경에 유행된 것은 앞 중앙이 단까지 터진 단순한 것으로 하이 웨이스트라인에 가는 띠를 매기도 했다. 전체적으로 품이 넉넉하고 길이는 발목까지 왔는데, 1813년경부터 드레스의 폭이 넓어지면서 르댕코트는 약간 짧아졌다.

속옷으로는 슈미즈(chemise)가 종전대로 사용되었다. 튜닉 스타일의 슈미즈는 무릎 길이로 소매는 팔꿈치까지 오며 목둘레는 스퀘어 네크라인에다 고운 리넨으로 콜레트를 달았다. 그러나 속옷은 의상과 장신구의 사치에 비해 그다지 관심을 두지 않았던 것 같다. 몸매를 그대로 나타내려는 엠파이어 스타일에 있어서 속옷은 필요하지 않았고 19세기 초까지도 전 세기와 마찬가지로 아직 위생관념이 부족했기 때문에, 속옷의 종류도 적었고 형태도 별로 다양하지 못했던 것 같다.

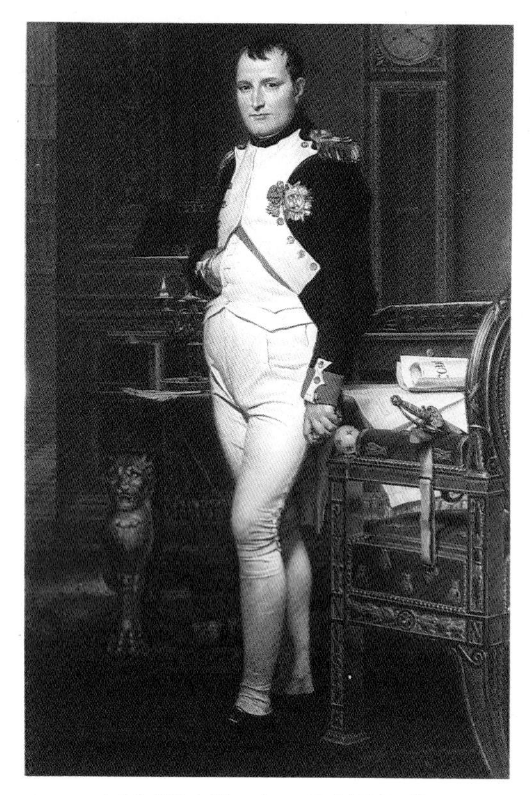

그림 329. Napoleon 1세(1812년)

그림 330. Napoleon 1세

3. 남자의 복식

프랑스 혁명은 남자의 복식에 있어서 가장 혁신적인 변화를 가져왔다. 종래의 귀족적 복식은 궁정에서만 모습을 달리하여 남아 있고 일반사회에서는 시민적이고 실용적인 복장이 주를 이루게 된 것이다.

궁정에서는 종전의 옷차림으로 부드러운 씰크로 만든 목 장식 자보(jabot)를 보이며 칼라를 높이 세운 상의 프락 아비에(frac habillé)와 짧은 조끼로서 베스트(veste), 그리고 꼭 끼는 바지 퀼로트(culotte)의 완전한 성장 차림이 여전히 계속되었다〈그림 315, 316, 329, 330〉. 이러한 귀족적인 복장은 옛 귀족 또는 상류 부르주아의 대표자인 지롱드파가 지니고 있던 부르주아들의 계급의식이 그대로 표현된 것이다.

이에 대해 민중을 배경으로 하는 자코뱅당은 실질적이고 간소한 복식을 즐겨 착용하였다. 옷감과 색상이 수수하여 귀족들의 옷차림과 쉽게 구별이 되기도 했지만, 무엇보다도 특징적인 것은 짧고 꼭 끼는 퀼로트가 길고 헐렁한 판탈롱(pantalon)〈그림 326〉으로 바뀐 것이다. 판탈롱은 영국에서는 팬털룬즈(pantaloons)라고 하며 자루

◀ 그림 331.
dégagé와 culotte(1806년)

▶ 그림 332. dégagé와 hussarde(1814년)

모양으로 헐렁한 칠부길이의 바지로 17세기 초부터 프랑스와 영국에서 이미 선을 보였으나, 별로 유행하지 않다가 프랑스 혁명군들이 귀족복인 퀼로트에 대항하는 의미와 기능적이고 실용적인 목적으로 착용하기 시작했다. 판탈롱은 퀼로트와는 그 형태가 너무나 달랐으므로 귀족들은 강한 충격을 받았다는 기록이 있다. 프랑스 혁명을 계기로 생긴 판탈롱은 귀족사회의 몰락과 민중의 승리를 의미하는 것으로, 남자 복식사에서 중요한 의의를 지닌다. 낡은 것을 고수하려는 귀족들의 남은 세력에 대항해 새로운 것을 지지하는 시민들의 열정은 계속 꺼지지 않았기 때문에, 쌩 퀼로트(Sans Culotte)〈그림 326〉들의 표상으로써 판탈롱은 사회의 구석구석으로 서서히 침투되어 갔다.

몸에 꼭 맞는 퀼로트의 씰루엣과 전혀 다른 이 판탈롱 위에는 카르마뇰(carmagnole) 〈그림 326〉이라고 하는 시민복인 상의를 입는 것이 보통이었다. 쌩 퀼로트들은 겨우 허리에 닿는 짧은 길이에 칼라는 뒤로 젖혀진 헐렁한 형태의 카르마뇰을 입거나 또는 넓은 칼라가 달린 르댕고트(redingote)형의 긴 상의를 입었는데, 목에는 여전히 크라바트를 두르고 혁명의 표시로 썼던 빨간 모자를 계속 착용했다〈그림 327〉. 왕정주의자인 뮈스카댕(muscadin)들은 머리부터 발끝까지 수수하게 차린 이러한 쌩 퀼로트 복장을 비난했다.

혁명기가 지나고 총재정부 시대가 되면서 혁명파의 실용적인 복장과 왕정주의파인 뮈스카댕의 복장이 정치성을 띠며 대립했다. 즉, 자코뱅당과 지롱드당의 정치적 대립은 두 가지 형의 복장으로 더욱 구체적으로 나타나게 되었다.

그림 333. Napoleon 1세 시대의 남자 머리모양

그림 334. Napoleon 1세 시대의 모자

그림 335. Napoleon 1세 시대의 여자 머리모양

자코뱅당을 지지하는 사람들은 혁명적인 의상으로 카르마뇰(carmagnole)에다 판탈롱을 계속 착용함으로써 시민복을 보급하고자 했다〈그림 326〉. 그러나 지롱드당을 지지하는 젊은층의 앵크르와야블(Incroyable)파는 이러한 자코뱅파의 간소한 차림을 조소하며 귀족풍의 괴상한 차림을 했는데, 이들의 복장 자체를 앵크르와야블이라 한다〈그림 327, 328〉. 즉, 불균형하게 크고 넓은 칼라를 젖혀 놓은 상의에 턱밑까지 높게 크라바트를 여러 번 감고 종아리까지 내려오는 퀼로트 바지에 끝이 뾰족한 슈즈나 부츠를 신었으며 양쪽으로 각이 진 모자나 원추형의 특이한 모자를 쓰고, 때로는 도수 높은 안경을 끼고 옛 귀족들이 사용하던 지팡이를 들고 다니는 등 기묘한 옷차림을 보였다.

이 앵크르와야블 복장은 이 당시 반대유행(Anti-Fashion)의 한 예가 된다.

그러나 나폴레옹〈그림 329, 330〉의 집정 시대에 들어오면서 상당히 우아한 분위기의 복장이 등장한다. 데가제(dégagé)라고 하는 상의는 몸에 꼭맞는 르댕고트의 일종으로, 적당한 크기의 칼라가 달리고 앞은 허리까지 넉넉하게 맞으며 더블 브레스티드(double breasted)나 싱글 브레스티드(single breasted)로 여며졌고 허리부터 무릎 밑 양 단까지 경사지게 잘렸으며 좁고 긴 소매가 달렸다〈그림 331, 332〉.

그림 336. Napoleon 1세 시대의 여자 머리장식

그림 337. Napoleon 1세 시대의 여자 머리장식

그림 338. Nopolean 1세 시대의 여자 신발 pumps

꼭 끼는 퀼로트〈그림 329〉는 후기에 위사르(hussarde)〈그림 332〉라는 바지로 대치되면서부터 자취를 감춘다. 위사르는 퀼로트와 판탈롱을 합한 것과 같은 바지로, 힙은 판탈롱처럼 헐렁하게 맞고 바짓단은 퀼로트처럼 무릎 밑에서 꼭 맞는 형태나 발목에 맞는 형태 등이 있다. 위사르에 데가제를 함께 입은 옷차림은 옛 것과 새것을 합한 것과 같은 보기 좋은 분위기를 연출했다.

이와 같이 종래의 귀족풍과 새로운 시민풍이 병행하면서 프랑스의 제1제정 말까지 계속된다. 제정 시대의 번성기에는 여자복식의 경우와 같이 금실로 자수를 놓는 등 화려한 장식이 더해져 프랑스의 영화(榮華)를 반영하는 것 같다.

당시의 외투로는 르댕고트 외에도 개릭(garrick)이 있었다. 개릭은 영국에서 전래된 것으로, 길이와 폭이 매우 길고 넓으며 거대한 것이었다. 더구나 어깨에 케이프가 한 겹 내지 여러 겹 달려 있어 매우 위풍당당해 보였다.

혁명기나 총재정부 시대의 남자의 머리모양은 이전과 별 차이가 없었다. 집정기부터 남자들은 거의 단발을 했다. 1806년 경에는 뒤는 한층 짧아져 목까지 왔고 앞머리는 얼굴의 반 정도까지 늘어뜨렸다〈그림 333〉.

대개 모자는 크라운이 높은 고대풍의 샤포(chapeau)〈그림 334〉가 유행했다. 그 중 드미바토(demibateau)형은 폭넓은 챙이 있어 양 옆을 치켜올려 아름나운 곡선을 만든 것이 특징이다. 모자 재료는 검은색이나 갈색, 회색 등의 펠트나 부드러운 울을 주로 사용했고 씰크도 많이 사용했다.

여자들의 머리는 컬(curl)을 하여 앞머리는 자연스럽게 늘어뜨리고 나머지 머리는 단정하게 올렸으며〈그림 335, 336〉 모자는 보닛(bonnet)〈그림 337〉, 햇(hat), 캡(cap) 형태가 많이 애용되었다.

신발은 긴 부츠와 단화인 펌프스〈그림 338〉가 함께 사용되었다.

제 15 장

왕정복고 시대의 복식

(로맨틱 스타일)

그림 339. Romantic Style의 건축물(1815~1818년)

1. 사회 · 문화적 배경

이 시기에는 전 시대의 귀족중심사회가 다시 재개되고 있었다. 나폴레옹 제국의 붕괴(1815년)에서 프랑스 7월 혁명(1830년)에 이르기까지 프랑스를 위시한 유럽 각국에서 반동세력이 증강한 시기이다.

전쟁과 혁명이 지나간 뒤 유럽의 군주들과 지배계급은 1789년 이전의 구체제로의 복귀를 희망했으며, 1814년 9월 오스트리아의 수도 빈(Vienna)에서 메테르니히 주재로 열린 유럽 정상회담에서 구체제로 복귀할 것을 결정했다. 귀족들과 성직자들은 계급제도를 다시 수립하고 특권을 부활시키며 사회를 혁명의 위험으로부터 안정시키려 했다. 오스트리아는 이러한 반동복고(反動復古) 세력의 주춧돌이 되었으며 러시아, 독일, 영국 등의 강대국들이 이를 뒷받침했다. 패전국인 프랑스는 구체제로 돌아가지 않을 수 없었다. 1824년 프랑스에서는 루이 18세가 몰락한 후 보수반동정권(保守反動政權)의 지지자 샤를(Charles) 10세가 계속 정권을 잡았다. 유럽 제국의 반동보수 경향은 자연 구귀족 중심의 사회가 되었고 따라서 생활 전반에 걸쳐 지난날의 기호와 양식이 소생하기 시작했다.

복식양식이 두드러지게 귀족풍이 된 것도 이때였다. 어깨를 드러내고 허리를 조이고 스커트를 넓히는 등 혁명 이전의 귀족을 연상케 하는 패션이 상류사회의 생활을 중심으로 이루어졌다.

한편 대혁명 이래 부와 지성 위에서 기반을 닦아 온 시민계급은 자본주의 산업체제 아래에서 그 지위를 더욱 신장시켰다. 이런 부르주아적 기반 위에 세워진 왕정체제하의 복식문화는 부활된 귀족풍의 풍부하고 화려한 장식으로 더욱 환상적으로 되어 낭만적(romantic) 양식의 경향을 띠게 되었다. 이러한 복식의 경향은 1830년 7월 혁명으로 루이 필립(Louis Philippe)이 왕이 되어서도 그 기본 정책이 변함없이 계속되었고, 복식도 사치를 더해 갔다. 유럽 전역은 이제 다시 예전의 귀족적 씰루엣으로 복고한 듯한 복식의 양상을 띠고 있었다.

문화 사조(思潮)는 자본주의 체제의 발전 속에서 크게 변화하고 있었다. 프랑스 자본주의는 주로 직물산업을 기반으로 한 것으로, 혁명이나 전쟁 등으로 인해 영국보다 다소 늦어졌다. 당시 주요한 직물기계의 발명으로는, 고운 면사를 만드는 자동방적기(1825년)와 벨벳 직조기계(1823년)를 들 수 있다. 염색공장은 기능화되었기 때문에 벨벳은 서너 가지 색을 동시에 날염할 수 있어 크게 환영받았다. 다채로운 색조와 다양한 뉘앙스를 풍기는 직물이 기계생산된 것은 복식의 외관을 변화시키는 데 매우 큰 영향을 주게 되었다.

그러나 산업의 발전은 점점 노동자와 자본주의의 대립이라는 사회적 문제를 야기시켰고, 여기에 편승하여 부르주아 정부의 편견적 정책은 불만을 가졌던 민중들이 다시 혁명을 진전시키도록 하는 요인이 되었다. 이와 같이 유럽 각국의 지배적 계급이던 부르주아 사회의 여러 문제점들은 당시의 시대사조를 오히려 낭만주의(浪漫主義, Romanticism)의 경향으로 유도했다.

문학, 연극, 미술, 복식 등은 비속한 실제 현실에 반해 점점 환상적으로, 시적(詩的)으로 기울어졌다. 증오하고 싶은 현재에 대해 보다 좋은 사회의 이상을 마음에 그리면서 그 모델을 근세 귀족주의 사회에서 구하려 했다. 미술에서는 낭만주의 경향 속에서 근세풍이 채택되어 신고전주의(Neo-Classicism)가 파생했고, 그 밖의 여러 동양적 요소도 가해졌다. 학술면에서는 아름다운 낭만주의 문학(Romantic literature)이 이 시대의 사조를 대표하여 성행하고 있었다. 중요한 사실은 낭만주의는 현실에서의 단순한 도피가 아니라 오히려 민중의 마음 속에 생생한 창조력을 유발시킨다는 데에 매우 의의가 큰 것이다.

의상은 이러한 시대사조의 좋은 표현대상이 되었고, 특히 여자복식은 곡선과 부드러운 주름으로 장식되어 환상적인 분위기를 주었다. 여기에 직물공업의 기술적 진보와 생활 수준의 향상은 로맨틱 스타일(Romantic Style)의 형성에 커다란 역할을 한 것이다.

그림 340. Empire풍이 남아 있는 초기 Romantic Style의 남녀복식(1818년)

2. 여자의 복식

루이 18세 가족의 파리 귀환은 혁명 이전의 부르봉 왕조시대의 귀족적 요소를 우선 의상 위에 펼치게 했다. 이와 함께 나폴레옹 패배의 틈을 타서 머리를 든 구귀족 세력은 힘들게 획득한 권력과 거기에 따르는 정신적 희열을 최대한으로 과시하려 했다. 그들은 과거에 봉건귀족이 누렸던 근세 사회에서의 부귀영화를 동경했고 그 당시의 복식문화를 되살리고 싶어 했다. 그들이 저마다 나타낸 특이한 의상 차림에 호화로운 르네상스(Renaissance) 양식과 로코코(Rococo) 양식이 나타나는 것으로 보아 아마 그들이 동경했던 옛날은 16세기 르네상스 시대와 18세기 로코코 시대였던 것 같다.

새로 유행한 귀족풍 의상은 네크라인을 옆으로 퍼지게 하여 어깨를 많이 드러내 놓고 소매의 윗부분을 부풀리고 허리는 가늘게 조였으며, 그 당시까지 직선의 씰루엣을 가졌던 고전적인 스커트를 다시 버팀대로 부풀린 형태였다. 여기에 16세기의 러프(ruff)와 비슷한 콜레트 칼라(collerette collar)를 달고 헝겊 주름이나 레이스 장식을 허리와 소매 그리고 스커트 단 등에 장식함으로써, 귀족적인 화려함과 환상적이고 로맨틱한 분위기를 표현했다. 이는 르네상스의 씰루엣과 매우 유사했는데, 이러한 신르네상스(Neo-Renaissance) 스타일을 로맨틱 스타일(Romantic Style)이라고

그림 341. Empire Style에서 허리선이 내려 오기 시작한 초기의 Romantic Style(1826년)

그림 342. skirt폭이 넓어지고 leg of mutton sleeve로 변한 Romantic Style (1831년)

부르기도 한다.

구귀족이 창조한 로맨틱 스타일로 인해, 그리스의 키톤을 동경의 대상으로 했던 엠파이어 드레스(Empire dress)는 새로운 의복과 함께 수년 간 버티다가 하이 웨이스트라인만을 남겨 놓고 1820년경부터는 자취를 감춰버리게 되었다. 로맨틱 스타일은 엠파이어 드레스로 부터 하이 웨이스트라는 디자인 요소를 물려받았으나〈그림 340〉, 1824년경부터는 그것마저 버리고 르네상스 때 생기기 시작한 뾰족한 허리선을 소유하면서 허리선의 위치를 점점 내리기 시작했다〈그림 341, 342〉. 왕정복고 초기엔 어깨선만 넓어지고 허리선이 높아서 균형이 잡히지 않았으나, 왕정복고 후기에 허리선이 제 위치로 내려오고 난 후엔 전체적인 균형이 잡히기 시작했으며 이 삼각형의 허리선은 허리를 더욱 가늘어 보이게 했기 때문에 로맨틱한 분위기가 짙어졌다. 이에 반해 스커트는 벨 모양으로 더욱 부풀려졌고 이 부풀림을 강조하기 위해 힙 패드(hip pad)를 스커트 속에 넣고 페티코트(petticoat)를 다시 입기 시작했다.

여자의 의상 중 가는 허리와 부풀린 스커트는 귀족적인 우아함과 호화로움을

그림 343. bertha collar와 pelerine으로 어깨를 장식하고 skirt를 다시 부풀리기 시작한 Romantic Style

그림 344. 꽃, 보리이삭, 진주장식의 머리장식, crepe dress(1827년)

가장 뚜렷하게 표현할 수 있는 주요소로서, 르네상스 이후부터 프랑스의 부르주아 혁명에 이르기까지 거의 300여 년의 긴 세월에 걸쳐 귀족들에게 사랑을 받아왔었다. 그것이 지금 이 시대의 취향에 맞추어 또 다시 모드로서 군림한 것이다. 이와 함께 허리를 가늘게 조이기 위한 콜셋이 다시 부활되었다. 콜셋은 신축성있게 짠 능직 카튼과 고래수염으로 만들었으며 효과적인 구성법은 영국에서 먼저 고안하여 전 유럽에 보급시켰다. 이때는 길이가 짧은 반(半) 콜셋(semi-corset)이 주로 사용되었다.

1830년대가 되면서 스커트 폭은 점점 넓어지고, 따라서 페티코트의 사용이 일반화되었다. 페티코트의 효과를 강조하기 위해 빳빳한 천으로 만들어 겹쳐 입기도 했다. 또한 여러 겹의 기교적인 주름장식을 몇 층으로 붙임으로써 스커트의 단이 더 넓어 보이게 했다. 이처럼 가는 허리와 단에서 넓어지는 스커트 곡선의 씰루엣이 강조되자 전체적인 균형을 잡기 위해 버사 칼라(bertha collar)를 달아서 어깨선을 점점 넓혀 주고〈**그림 343**, p. 297〉 소매 위쪽을 기교적으로 부풀려 주기 시작했다〈**그림 345, 346, 347**〉.

매머루크 슬리브(mameluke sleeve)〈**그림 340, 344**〉나 레그 오브 머튼 슬리브(leg of mutton sleeve)〈**그림 347**〉, 지고 슬리브(gigot sleeve)〈**그림 346**〉 또는 슬래쉬된 소매 등은 대표적인 것으로 모두 그들이 그리워하던 근세 르네상스 시대에서 디자인을 빌

그림 345. Romantic Style(1831년)

그림 346. dropped shoulder line에 달린 gigot sleeve(1836년)

려온 데 지나지 않았다. 유행된 매머루크 슬리브는 진동부터 손목까지를 여러 등분하여 끈으로 묶은 형태이며, 지고 슬리브는 소매 진동부터 팔꿈치에 걸쳐 크게 부풀리고 팔꿈치부터 소매끝까지는 팔에 꼭 맞는 소매로 1829년경에는 고래수염으로 심을 넣어 더욱 대형으로 부풀렸다. 그러나 1849년경부터 기이할 정도로 컸던 소매는 축소되기 시작했다.

소매의 부풀림과 함께 어깨가 크게 퍼지는 형도 르네상스에서 빌려온 또 다른 특징이다. 레이스나 고운 흰 리넨, 파도 문양이 든 모슬린(mousseline), 바둑판 문양이 든 고운 울, 수놓아진 오건디(organdy) 등으로 어깨장식 칼라인 펠레린(pelerine)을 만들어 달아 줌으로써 어깨를 더 넓게 강조했다〈**그림 343, 347**〉. 펠레린은 바로크(Baroque) 시대에 유행했던 폴링 칼라와 같은 어깨장식의 성격을 띤 넓은 칼라를 말한다. 또한 어깨를 일직선으로 드러낸 네크라인에 여러 층의 레이스를 장식한 버사 칼라(bertha collar)도 있었다〈**그림 343**〉. 이러한 어깨장식 칼라들은 1840년대 루이 필립 시대 말까지 계속된다.

넓은 어깨폭과 어깨선이 내려온 상태(dropped shoulder line)에 달린 부풀린 큰 소매〈**그림 349**〉, 약간 짧은 스커트 등은 전체 모습에 부자연스러움을 주는데, 그것은 이 시기의 의상미를 대표한다기보다는 오히려 크리놀린 스타일(Crinoline Style)을 형성하는 준비과정에서 나타난 현상이라고 추측된다.

그림 347. pelerine이 달린 Romantic Style (1836년)

외투로는 대형 소매의 모양을 유지할 수 있게 얇고 가벼운 숄을 어깨걸이처럼 걸쳤는데, 사용된 직물은 레이스, 모슬린, 크레이프 드 신(crepe de chine : 얇고 비치는 견직) 등으로 값비싼 것이었다. 르댕고트는 외투라기보다 로브로 사용된 경우가 많았는데, 한 겹 또는 두 겹의 펠레린이 붙고 목에는 콜레트 칼라를 단 형태도 많이 유행했다.

스펜서(spencer)는 엠파이어 스타일이 없어지고 특히 소매 부풀림이 커지자 착용이 불편해져 사라졌다. 대신 칸주(canezou)라는 소매없는 경쾌한 코트가 착용되었고 리노(leno)나 얇고 풀기있는 오건디, 모슬린 등의 고급 옷감이 사용되었다.

스커트는 점점 넓어지면서 앞 중앙이 Λ형으로 벌어지고 주름으로 장식한 아름다운 언더스커트를 내보이기도 했다.

생활 전반에 걸쳐 시민화로의 기치 아래 1830년대 여자복식에는 커다란 변화가 보인다. 즉 활동에 편리한 바지가 등장했는데, 중세 초기 이래 오랫동안 남자전용으로만 생각되어 왔던 바지가 처음으로 여자의 의상으로 적용되었고 이것은 스포츠의 영향 때문이었다. 이 당시 승마는 남자들 사이에 인기있는 스포츠로 유행되었고 이것이 여자들에게도 보급되면서 바지를 착용하게 했다. 1848년 2월 혁명이 지나고 나서 프랑스의 사회주의자로 유명한 쌩 시몽(Saint Simon)주의자들은 진보적인 운동의 하나로서 여성들의 바지착용을 제창하여 센세이션을 일으켰는데, 1830년대에 이미 등장한 여성들의 바지 차림은 여성해방운동의 한 실현으로 간주할 수도 있다.

그림 348. Romantic Style의 여자 머리장식

그림 349. Romantic Style의 여자 머리장식

그림 350. Romantic Style의 모자

그림 351. Romantic Style의 모자

그림 352. Romantic Style의 모자(1820~1830년)

그림 353. Romantic Style의 모자

왕정이 복고된 후 처음에는 의상과 같이 머리모양이나 장식은 엠파이어 스타일이 그대로 유지되었다. 즉 짧게 다듬은 머리와 조촐한 보닛(bonnet) 등이 주로 사용되었다. 그러나 1820년대 중엽부터 모자의 챙이 넓어지고 장식도 훨씬 화려해지면서 비스듬하게 또는 뒤로 젖혀 쓰는 등 보다 자유로운 모습이 연출되었다. 여기에 폭이 넓은 아름다운 색의 리본을 모자에 달아 허리까지 길게 늘어뜨리기도 하고 꽃, 깃털 등을 풍부하게 장식함으로써 여성다운 분위기를 표현했는데 이것은 18세기 로코코 스타일을 재생시킨 것으로 보인다〈그림 350, 351, 352, 353〉.

신발에서도 로맨틱 스타일이 그대로 나타났다. 왕정복고 시대 여자들의 신발은 뒤

그림 354. Romantic Style의 남자복식(1826년)

그림 355. Romantic Style의 남자복식(1836년)

축이 없는 슬리퍼형으로 새틴, 벨벳, 부드러운 가죽 등을 사용하여 발에 꼭 맞도록 만들었고 여기에 리본이나 자수, 보석 등의 장식으로 아름답게 꾸몄다. 그 중 에스카르팽(escarpin)은 외출용 또는 무용화로 사용되었고 화려한 브로케이드로 만들어졌다.

3. 남자의 복식

루이 18세에서 샤를 10세가 치세한 왕정 시대에는 프랑스 상류사회가 전아하고 근엄한 귀족풍으로 가득찼다. 여자들의 복장이 귀족풍을 되찾았듯이 남자복도 옛 귀족풍을 부활시켰다. 남자들의 기본 복장은 프락(frac, frock)이나 데가제(dégagé), 질레(gilet) 그리고 판탈롱(pantalon)으로 한 세트를 이룬다〈그림 354〉. 궁정복이나 야회복으로는 무릎까지 오는 브리치즈(breeches)를 판탈롱 대신 입었다.

프락은 전형적인 프랑스식 의복으로 몸통은 꼭 맞고 허리에서 목까지 라펠(lapel)

a b
그림 356. Romantic Style의 남자복식(1834년)

그림 357. Romantic Style의 남자복식(1820년)

이 뒤집혀져 칼라를 이루었고 속에는 질레가 보이도록 착용했다. 뒷자락은 힙 뒤만 가리면서 길이는 유행에 따라 변화되었다. 어깨와 가슴이 퍼진 데 비해 허리에서 판탈롱으로 내려오면서 뒷자락이 홀쭉해져 전체적으로 역삼각형의 씰루엣을 형성했다〈그림 354〉. 이러한 씰루엣이 당시 가장 세련된 옷차림으로 남자복장미를 대표했다. 이 당시 신사복의 색상은 아래위가 모두 검정색이나 진한 갈색이 많았으나 침착한 분위기의 질레는 비교적 화려한 색상으로 녹색·청색·갈색·흰색 등을 이용하여 대조적인 효과를 보였다.

질레는 형태보다 옷감과 단추의 변화가 요점이 되었는데, 1832년경에는 캐시미어의 모직물이 유행했고, 1844년경에는 붉은색과 금색 실로 수놓은 갈색의 윤이 나는 새틴이 유행했다.

질레의 칼라를 장식한 크라바트(cravatte)는 대체로 간소해졌으며 인도산 고운 모슬린에 풀을 먹여 산뜻한 미를 냈다. 특이한 것은 크라바트로 검은 씰크의 리본을 사용한 것인데 이것은 근대형 넥웨어(neckwear)의 원조가 된다.

또한 르댕고트〈그림 355〉도 몸통이 타이트하게 맞고 윗소매는 풍성하고 앞트임에는 목부터 단까지 단추가 달렸으며 스커트 부분이 넓어져 현대 코트의 모습을 역력히 보여 준다. 허리가 꼭 끼는 르댕고트〈그림 356-b〉와 함께 긴 망토도 유행했다〈그림 356-a〉.

왕정복고 말기인 루이 필립 시대에는 프락의 몸통이 꼭 맞고 앞이 허리부터 단까지 곡선으로 벌어졌다.

이 시대의 의상에 일어난 변화 중 가장 큰 것은 판탈롱에 있다. 바지의 끝단이 넓게 퍼진 벨형이나 좁아진 형이 있고, 바지 끝에 가죽끈이 달려서 신발에 꿰어 착용하기도 했다. 판탈롱의 옷감은 체크와 줄무늬의 울이 애호되었다〈그림 357〉.

남자들의 머리형도 복식에 따라 조금씩 변화하게 되었는데, 제정 시대에는 이미 긴 머리는 거의 보이지 않고 날씬한 복장에 조화되는 단발이 성행했다. 모자 종류도 크라운이 높은 것을 수로 사용했으며 챙이 좁아져 약간 위로 접힌 것이 많았다〈그림 354, 355, 357〉.

제 16 장

나폴레옹 3세 시대의 복식

(크리놀린 스타일)

그림 358. Paris의 Opera House의 외부(1816~1874년)

그림 359. Paris Opera House의 내부

1. 사회·문화적 배경

부르주와 왕정의 편견된 정책은 경제의 부조화를 초래하여 국민들의 생활을 위협했다. 1847년의 물가등귀는 프랑스뿐 아니라 유럽 대륙 전반에 자주 유혈폭동을 일으키는 원인이 되었고 민중의 불평은 반란으로까지 발전하여 2월 혁명(1848년 2월)이 일어나게 되었다. 혁명의 불안과 소요의 나날 뒤에, 민중의 요망과 노력에 의해 겨우 임시 공화제정부가 수립되었다. 이는 귀족적인 경향을 배제하고자 했던, 부르주아들이 지배한 정부였다. 임시정부는 그 정책을 통해, 서로 상반된 이익을 가지는 노동자와 농민, 소상인과 수공업자를 타협시키려 했다. 이로 인해 부르주아 공화파는 프랑스 국민에 대한 패권을 확립하게 되었다. 그러나 본질적으로 그 정부는 소수 부르주아를 위한 것으로, 파산한 소시민은 점차 프롤레타리아(prolétariat)에 편입되어 갔다. 그 결과 프랑스의 계급은 부르주아와 프롤레타리아와 농민으로 크게 분리되었는데, 인구의 다수를 차지한 것은 농민이었다.

1848년 12월 전농민의 지지에 의해 공화국의 대통령으로 루이 나폴레옹(Louis Napoleon : 나폴레옹 1세의 조카, 1808~1873년)이 선출되었고, 뒤이어 그는 1852년 2월에 황제가 되어 나폴레옹 3세라고 명명되었다. 이로써 제2제정이 탄생되었는데, 그는 능란한 수완가로 국내뿐 아니라 대외적으로도 프랑스의 지위를 강화시켰다. 그가 통치한 20년 간 프랑스는 다시 한 번 사회, 문화 발전의 절정기를 누릴 수 있었고 대체적으로 사회는 안정되어 가는 듯이 보였다. 그러나 그 내면은 계급간의 불균형으로 인해 매우 심각한 상태였다. 이전부터 생활에 궁색함이 전혀 없던 대 부르주아들은 더욱 특권을 누리면서 사치스러운 생활을 마음내키는 대로 즐기게 되었으며, 아름다운 의상을 입고 무도회나 야회에 참석하는 일 등은 상류사회에서 매일 있는 행사였다〈그림 358, 359〉.

그들은 과거 구귀족들의 영화를 재개하려 했고, 자연히 복장도 그들을 모방하는 방향으로 나아갔다. 그 결과 1세기 동안이나 보이지 않던 스커트 버팀대인 크리놀린(crinoline)이 다시 나타나 여자들 사이에서 급속히 유행하기 시작했는데, 이것으로 스커트를 최대한 부풀린 형태를 크리놀린 스타일(Crinoline Style)이라 한다. 이는 이제까지 무르익어 오던 로맨틱 스타일(Romantic Style)이 자본주의의 최성기를 맞이함으로써 가장 개화하여 그 위용과 화려함을 자랑하게 된 것이다.

르네상스(Renaissance) 이후 프랑스 혁명 전까지 계속되어 오던 이러한 과장된 씰루엣은 크리놀린을 최고점으로 또한 마지막으로 완성을 보게 되었는데, 크리놀린 시대를 기준으로 앞뒤 시기의 의상의 성격은 차이가 있다. 즉, 전자는 순수한 귀족 중심의 의상으로 의상 자체에는 그 시대 미술양식과 조화를 이루는 예술성이 넘쳐 있었으나, 후자의 의상은 순수한 예술미(藝術美) 대신 산업혁명으로 인한 물질문화의 표상의 성격으로 유행의 범주도 훨씬 확대되었다.

1848년 이후는 혁명과 반동(反動)의 시기로 서유럽의 많은 나라에 자본주의 확립과 발전을 가져온 시기였다. 특히 1850~1860년대에 있어 자본주의는 눈부시게 진전을 보여 프랑스의 산업혁명은 주로 이 시기에 행해졌다. 주요한 생산 부문의 모든 과정에서 기계화가 실현되어 생산량은 나날이 증대되어 갔다. 그 중 면·모·견직물 생산의 경우 양과 질이 다 같이 향상되어 다종다양한 직물을 공급하게 되었다. 이미 산업혁명이 진행되었던 영국에서는 1845~1870년에 세계 면제품 생산의 약 절반을 차지하는 정도가 되어 무역의 대규모 확장이 요구되었다. 더구나 영국의 부드러운 면제품이 대륙에 진출하여 견직물과 같이 또는 그 이상으로 애호되었는데, 이로 인해 의상의 민주화가 빨라질 수 있었음은 주목할 만하다.

특히 영국의 남자복식은 유럽 전체를 리드하게 되었다. 이전부터 남자복식이 여자복식에 비해 보다 기능적인 방향으로 진행되어 왔는데 그 실용적인 복식형태로 말미암아 남자복식에서는 영국 모드(mode)가 앞서가고 있었던 것이다. 이때를 계기로 남자복식은 근대적인 풍모를 완전히 갖추게 되면서 현대 남자복식의 원형이 된다.

한편 프랑스의 식민지 정책은 중국으로 향하고 있었다. 중국에 대한 침략전쟁에 의해 그 문물이 들어왔는데, 이는 문화면에 큰 영향을 주었다. 미술에서는 낭만주의의 한 경향으로 중국풍이 성행했고, 이것은 복식에도 적용되어 중국식의 땋은 머리

그림 360. Crinoline Style의 dress

모양이나 장식 등으로 나타나게 된다.

1860년대 후반으로 가면서 복식에 새로운 양상이 나타났다. 실상 유럽을 지배한 부르주아 문화는 자본주의 사회에서 개화하여 보수적 문화와 진보적 문화와의 대립 속에서 발전한 것이다. 부르주아 문화는 화려함과 함께 실용성을 그 기반으로 하고 있었는데 이 경향은 제2제정의 후반에 들어오자 뚜렷해진다. 즉, 문화의 모든 면에 실용적인 것이 적용되었는데, 이는 현대문화의 확립과 급속한 발전을 촉진시켰다.

이러한 시대조류에 따라 복식도 우아하고 화려한 것이 요구되면서도 본질적으로는 문명의 현저한 진보에 따르게 되어, 귀족풍의 불편한 아름다움은 1860년대 후반에 오면서 급속히 실용적인 경향으로 바뀌어 갔다. 즉, 로맨틱한 분위기의 크리놀린은 현저히 줄어들고 장식도 비교적 간소화되어 갔다. 그러나 이제까지 오랫 동안 지속되어 오던 귀족풍이 어느한 순간에 일소될 수는 없는 것으로, 옆의 부풀림은 뒤로 몰려 폴로네즈 스타일(Polonaise Style)과 버슬(Bustle Style)로 진행하게 되었다. 그 변화는 확실히 환상적인 아름다움에서 실용성의 추구로 옮아가게 된 것을 의미한다. 이것은 19세기 후반을 지배하던 사실주의(Realism) 사조의 영향이 외형적 표현으로 나타난 것이다.

이와 같이 사실주의는 자연과학의 발달과 철학적 합리주의 정신에 영향을 주면서 그 시대를 크게 지배하고 있었다.

한편 이 시대의 산업혁명, 즉 모든 자연과학의 진보의 배경이 된 기계와 기술의 눈부신 발달, 자본주의 제도의 현저한 발전이 복식에 가져온 구체적 변화를 주목하

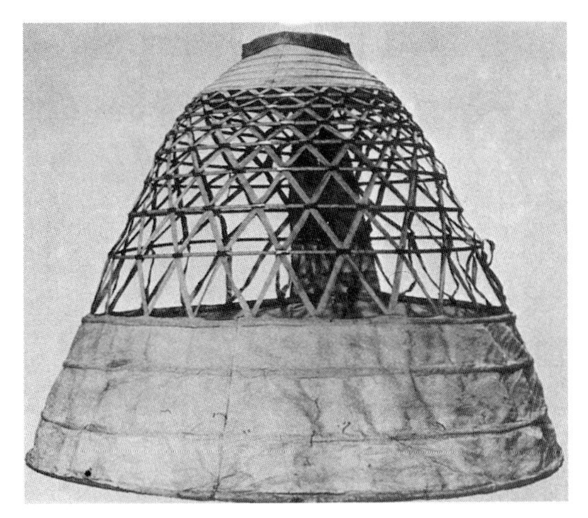

그림 361. crinoline petticoat(1859년)

▶ 그림 362. petticoat skirt(1857년)

지 않을 수 없다. 기계화에 대해서는 이미 가는 실을 사용한 섬세한 직물이 생산되고 있었다는 것을 앞에서 언급했다. 편물공업, 레이스 공업, 봉재 등은 대부분 기계화되었고 더욱이 증기 동력기관에 의해 자동화되고 있었다. 특히 복식사상 획기적 발전을 가져온 것은 1851년 미국의 싱어(Issac Merrit Singer, 1811~1875년)에 의한 재봉틀(sewing machine)의 발명이었다. 재봉틀은 복식의 봉제기술에 놀랄 만한 비약을 가져왔다. 그러나 그것은 주로 상류사회 사람들의 의상에만 사용되었다. 또한 1871년 미국에서 옷본(pattern)이 창안됨으로써 재봉틀과 함께 의복 봉제기술에 큰 진전을 보이기 시작했다. 그리고 구두의 기계봉제가 가능하게 된 것도 중요한 변화였다.

이 시기에 또 하나 주목되는 사실은 합성염료의 발명이다. 즉, 애닐린(anilin)과 앨리자린(alizarine), 네온 블루(neon blue), 그리고 메틸 오렌지(methyl orange)와 인디고 블루(indigo blue) 등 여러 가지 합성염료가 발명되어 직물염색 발달에 큰 변화를 마련해 주었다. 다채로운 색과 갖가지 무늬로 프린트된 직물이 대량생산됨에 따라 색상이 풍부한 복식의 대중화를 추진할 수 있었다.

그림 363. crinoline 버팀대

그림 364. Crinoline Style의 dress(1852년)

2. 여자의 복식

나폴레옹 3세 시대에는 18세기의 귀족적 분위기를 동경한 나머지 로코코 양식을 다시 부활시켰다. 이미 왕정복고 시대에 르네상스 양식에 대한 동경으로 로맨틱한 복식 분위기가 한창 무르익고 있었기 때문에, 그 위에 로코코 스타일을 펼치기는 어려운 일이 아니었다.

제2제정 당시의 프랑스 궁중은 전보다 더 문화적 독창력을 소유하고 있었고, 더구나 나폴레옹 3세의 여인 유제니(Eugénie, 1826~1920년)⟨p. 309⟩가 황후의 자리(1853~1871년)에 앉고부터 프랑스의 복식문화는 더욱 빛나기 시작했다. 이 당시 물론 유제니는 의상계의 패션 리더로서 지배력을 나타냈다. 유제니의 의상취미는 고상하고 우아하며 섬세하여 그 당시 로코코의 귀족생활을 동경하는 사람들로부터 감동과 함께 찬미를 받았다. 그녀가 입은 아름다운 의상은 항상 훌륭한 모드로서 곧 패션으로 옮겨졌으므로, 그녀의 우아한 복식 분위기는 곧 프랑스 복식의 분위기가 되었다. 그녀가 좋아한 색은 흰 베이지색(진주색), 파르스름한 사파이어색, 회색, 붉은 보라색, 산뜻한 노란색이며 야회복은 모두 흰색 계통의 부드럽고 여성적인 색조였다. 또한 직물공업과 염색기술의 발달에 의해 다양한 무늬와 환상적 색채의 아름다운 옷감이 생산되었기 때문에 유제니와 프랑스 여성의 우아한 의상 분위기를 더욱 빛내 줄 수 있었다.

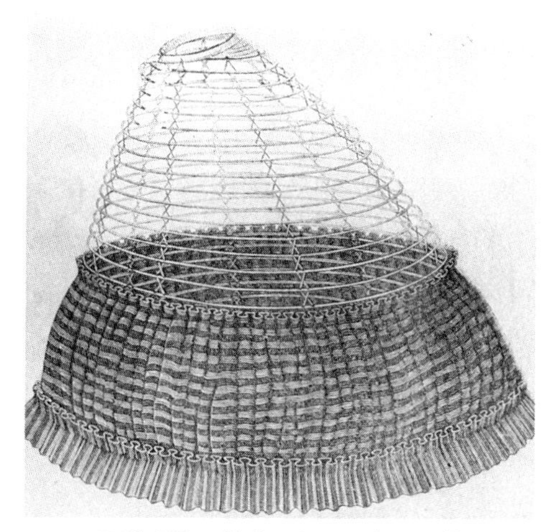

그림 365. 철제 crinoline(1863년)

▶ 그림 366. petticoat skirt(1865년)

그 당시 시민사회가 민주화되어 가고 있었음에도 불구하고, 상층 부르주아의 권세는 여전히 강했으며 그들의 화려한 생활태도는 복식생활에 그대로 반영되었다. 특히 여자복식에서는 야회나 무도회를 즐기는 그들의 호화로운 생활상이 잘 표현되었다. 그 중 가장 두드러진 변화는 허리를 가늘게 조이고 스커트의 폭을 한없이 늘리는 것이었다〈그림 360〉.

스커트의 씰루엣을 크게 벌어지게 하기 위해 이 시대에는 스커트 속에 크리놀린(crinoline)이라는 버팀대를 기구로 사용했다. 크리놀린은 1845년경부터 조심스럽게 나타나기 시작하여 1850년경부터는 크게 유행하기 시작했다. 크리놀린은 유제니 황후가 황후의 자리에 오르기 직전에 황태자의 탄생을 앞두고 변한 몸매를 감추기 위해 스커트 폭을 크게 확대하는 데 사용한 것으로, 영국 디자이너 워스(C. F. Worth)가 그녀를 위해 디자인한 것이다. 그 후 짧은 기간 안에 크리놀린은 최대로 확대되면서 오랫동안 귀족의 상징으로뿐만 아니라 일반인들에게까지 크게 유행했다.

크리놀린이란 명칭은 원래 라틴어로 '머리카락'이란 뜻의 크리니스(crinis)에서 유래한다. 로맨틱 스타일의 드레스가 유행했던 왕정복고 시대부터 스커트를 부풀리기 위해 말털을 넣어 만든 힙 패드를 사용했는데, 이 시대에 와서 스커트의 폭을 둥근 닭장처럼 크게 늘리게 되자 말털을 넣어 짠 천으로 페티코트를 만들어 입기 시작했다. 크리놀린은 리넨에다 말털을 넣어 짠 두껍고 잘 꺾어지지 않는 검정색·흰색·갈색 등의 빳빳한 천으로 만들어졌는데, 이것이 페티코트의 효과를 내자 페티코트 자체를 크리놀린이라 하게 되었다〈그림 361, 362, 363, 365, 366〉.

그림 367. ruffle 장식이 보이는 dress

그림 368. Crinoline Style의 dress

크리놀린의 모양은 연대에 따라 그 씰루엣이 변화된 것을 알 수 있다. 즉, 나폴레옹 3세 초기에는 밑단이 그리 많이 퍼지지 않는 벨 모양이었는데〈그림 370〉, 1850년대 후반기에는 닭장처럼 아래가 둥그렇게 최대로 퍼진 형태가 나왔고〈그림 361, 362, 363, 364, 367〉, 1860년대에는 앞은 납작하고 양 옆과 뒤가 둥그렇게 부푼 형태로 변화되었다〈그림 365, 366〉.

크리놀린 위에는 드레스를 입기 전에 페티코트를 입고 그 위에 페티코트 스커트를 한두 개 겹쳐 입었다. 페티코트에 사용된 직물은 리넨, 씰크, 울, 카튼 등 다양했다. 색상도 흰색은 비근대적이라고 생각하여 붉은색, 검정색, 노란색, 회색에 무늬가 있는 것 등 화려한 것을 즐기는 풍토에서 다양한 색상이 등장했다.

이 당시 거대한 크리놀린 밑에 밝은 색상의 페티코트가 화려하게 발달한 것은 궁정에서 시작된 것이 아니라 화류계 여성(prostitute)들이 선정적인 옷차림을 하기 시작함으로써 모든 계층의 여성들이 이를 모방하게 된 것이라고 한다. 이것은 여성의 모드에 있어 이제까지 모든 유행이 귀족을 중심으로 하층계급으로 흘러 내려오던 것과 달리 하층에서 상층으로 거슬러 올라가는 경향을 보여준 것이었다. 그 후 궁중의 귀부인들의 옷차림이 어느 정도 주도권을 잡고 있긴 했어도, 화류계 여성들이 모드의 리더로 패션계에 군림했고 그 모드는 서민층의 여자 노동자들에게 유행되면서 일반화되었다. 패션의 리더가 이러한 여성들이 될 수 있었던 것은 당시 프랑스 사회의 도덕이 매우 타락해 있었음을 말해 주는 것이다. 또한 이제 패션은 소수의 상류계급에 국한된 것이 아니라 대중에게서 시작되어 일반화되어 가는 경로로 변했다는

그림 369. ruffle petticoat skirt가 보이는 Crinoline dress(1859년)

그림 370. 수수한 모직의 Crinoline dress

것을 말해 주는 것 같다.

드레스의 길이가 약간 짧아지자 페티코트 스커트의 중요성이 커지고 관심이 많아져서 여러 가지 형태로 장식하게 되었다. 페티코트 스커트를 아름답게 장식하다 보니 그것을 내보이고 싶은 욕망에서인지 아니면 르네상스의 드레스 양식을 동경했기 때문인지, 드레스를 리본으로 들어올리고 속에 입은 화려한 페티코트 스커트를 보이기 시작했다〈그림 369〉. 그 후 페티코트 스커트는 속치마의 성격보다는 앞을 내보이는 겉치마의 성격을 더 많이 띠게 되었다〈그림 364〉.

드레스의 스커트를 부풀리는 방법은 지금까지 서술한 크리놀린과 페티코트 스커트 외에도, 겉에 입은 드레스의 단을 러플이나 태슬, 브레이드, 리본, 자수 등으로 장식해 주는 것이 있었다. 드레스의 스커트 폭을 넓혀 주기 위해 사용된 러플은 그 구성방법도 섬세하고 정교했다〈그림 371, 372〉. 이러한 정교한 장식의 유행은 역시, 16세기와 18세기의 귀족적인 분위기에 대한 동경과 함께 1850년 미국에서 재봉틀이 도입된 것에 크게 힘입었던 것으로 생각된다. 드레스의 스커트는 거대한 크리놀린과 페티코트, 페티코트 스커트로 아름다운 곡선을 이루며 19세기 여성들의 의상취미를 만족시켜 주었다〈그림 370, 373〉.

크리놀린과 페티코트 스커트의 확대와 함께 스커트의 폭도 1850년대 후반에 가장 넓게 퍼졌다〈그림 371, 372〉. 그 시대의 여성들은 넓은 스커트 폭을 구름처럼 나풀거

그림 371. dress 폭이 가장 넓게 퍼진 Crinoline dresses(1858년)

리게 한 아름다운 드레스의 분위기를 즐겼다. 그래서 가볍게 나풀거리는 여성의 옷차림과 함께 아름다운 여성을 구름에다 비유한 것처럼 이 당시의 스커트의 폭은 역사상 가장 넓은 것으로 기록된다〈그림 369, 371, 372〉. 1860년대 중반부터는 앞이 약간 납작해지고 힙의 양쪽과 뒤가 부풀려지기 시작했으며 스커트의 길이는 길어져서 마룻바닥을 끌게 되었다〈그림 373, 374〉.

1860년대 후반부에는 긴 드레스 자락을 들고 걷다 보니 드레스를 커튼(curtain)처럼 코드(cord)로 걷어올리는 폴로네즈 스타일(Polonaise Style)이 다시 부활하게 되었다. 폴로네즈 스타일은 18세기 말 파니에(panier)로 부풀렸던 스커트의 폭이 소멸되던 시기에 나타났던 것으로, 그때 나타난 폴로네즈 드레스〈그림 271, 272〉와 같은 씰루엣과 명칭을 가지고 19세기에도 크리놀린이 약화되는 과정에서 다시 등장한 것이다. 드레스의 주름을 뒤로 폴로네즈시킨 드레스는 자연히 버슬 스타일(Bustle Style)〈그림 375〉을 형성하게 되었다.

여자복식에 있어서 허리를 조이고 힙을 부풀리는 형태는 르네상스 시대부터 호화로운 귀족적 분위기를 주는 요소로 커다란 역할을 해 왔었다. 이 시기에도 다시 콜셋이 더욱 중요시되기 시작했다. 프랑스 혁명 당시 자연스러운 몸매를 나타냈던 슈미즈 가운은 콜셋이 불필요했으므로 그 사용이 없어졌었다. 왕정복고와 함께 로맨틱 스타일의 드레스 출현으로 콜셋이 다시 등장했고, 점차 허리를 더욱 조이게 되어 콜셋의 구성기술은 많은 발전을 거듭하게 되었다.

그림 372. 폭이 넓게 퍼진 Crinoline dress

영국에서는 가슴에서 허리와 배의 곡선을 아름답게 조이는 긴 콜쎗이 사용되었다. 콜쎗을 만드는 기술은 영국이 프랑스보다 훨씬 앞서 있었는데, 매우 편리하게 만든 영국제 콜쎗이 국제적인 시장을 통해 세계에 보급되었다. 그러나 프랑스에서는 스커트를 한없이 부풀리기 시작했기 때문에 배까지 조이는 영국제 긴 콜쎗은 필요 없게 되었고, 대신 허리를 더욱 강하게 조이는 새로운 스타일의 콜쎗이 필요하게 되었다. 그 결과 새로 등장한 것은 18세기 로코코 양식 의상에서 사용되었던 코르발레네(corps-baleiné)와 비슷한 것으로 매우 탄탄하게 만들어졌다. 즉, 앞 가운데에 고래뼈로 된 바스크(basque)를 댄 다음 전체적으로 고래수염을 넣고 촘촘히 박음질했기 때문에, 여자들은 콜쎗을 착용한 후 자유스럽게 활동할 수가 없었음은 물론 상반신을 앞으로 구부릴 수조차 없었다.

한편 1840년대부터는 신축성 있는 콜쎗의 구성법이 연구되어 여러 가지 참신한 형이 나왔다. 그 중에서도 1844년에 뒤물랭(Dumoulin) 여사에 의해 개발된 콜쎗은 딱딱한 바스크나 고래수염을 넣지 않고 몸의 곡선에 따라 재단한 헝겊을 조각조각 맞추어 바느질함으로써 몸에 꼭 맞는 형으로 만든 것이었다. 이 방법으로 만들어진 콜쎗은 부피와 무게가 크지 않고 입었을 때 주름 하나 없이 매끈하게 잘 맞았으며, 입고 활동하기에 불편하지 않아 1860년대까지 많은 여성들에게 사랑을 받으며 보급되었다. 처음엔 뒤 중앙을 가는 끈으로 맸는데, 1847년에 특수한 고리(clip)가 고안된 후부터는 앞 중앙을 고리로 고정시키고 뒤 중심을 끈으로 조정하는 것이 보편적

그림 373. petticoat dress가 보이는 Crinoline dresses(1864년)

그림 374. cord로 polonaise시킬 수 있는 Crinoline dress(1867년)

인 방법이 되었다.

뒤물랭 여사가 만든 이 콜쎗은 봉제기술사상 획기적인 것으로 주목될 뿐 아니라 그 창의성이 높이 평가되었다. 그녀의 공로로 인해 그 후 콜쎗 제작은 위생과 건강, 동작의 자유를 배려하게 되었고, 1850년대에는 대체적으로 딱딱한 고래뼈 사용이 적어졌다. 대신 코딩(cording : 끈을 넣고 바느질하는 것)과 퀼팅(quilting : 누빔질) 등으로 빳빳하게 풀기를 주었다〈그림 376〉.

허리를 가늘어 보이게 하기 위해 콜쎗을 사용하는 외에도 드레스의 허리선을 뾰족하게 각이 지게 하는 디자인을 사용했다. 르네상스 시대에는 상체의 앞 부분만을 장식적인 스터머커(stomacher)로 따로 만들었는데, 그 당시 스터머커의 허리선을 날카롭게 각이 져 내려오게 한 것은 허리가 더 가늘어 보이게 하는 착시현상(optical illusion)을 이용한 것이다.

드레스의 각진 허리선과 조화되게 자리잡은 데콜테(décolleté) 목둘레선은 여성들에게 우아함을 더해 주었다. 넓게 파인 데콜테 목둘레선은 레이스나 러플, 트리밍, 자수 등으로 장식했다.

로맨틱 스타일과는 다르게 어깨선이 과장되지 않았으며, 엠파이어 스타일의 영향을 받아서인지 짧은 소매형이 많이 보인다. 소매형은 드레스에 변화를 주는 중요한 부분으로, 이 시대에도 짧은 것〈그림 360, 367, 368, 369, 372〉 외에 가늘고 긴 것〈그림 371, 373, 374〉, 소매끝이 약간 넓은 것〈그림 370, 375〉, 등 다양하게 나타났다. 그 중에

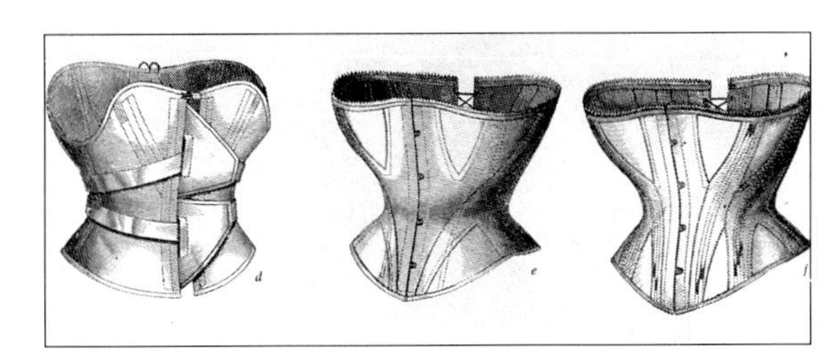

그림 376. Crinoline 시대의 corsets

◀ 그림 375. hip이 강조된 Bustle Style(1873년)

도 1850년경에는 파고드(pagode：佛, pagoda：英)라고 부르는 층진 주름의 소매가 짧거나 긴 형태로 유행했다.

또한 드레스의 오프닝이 끈 대신 단추로 채우는 형식이 많은 것도 이 당시의 특징이었다. 단추는 중세 말기 이후로 여자의상에도 조금씩 나타났는데, 이제까지는 귀부인의 의상에서 값비싼 단추가 장식적인 효과를 위해 사용되어 오다가 이 시기에 처음으로 기능적인 역할로 사용되기 시작했다. 19세기에 나타난 오프닝의 여밈을 보면 초기에는 끈으로 맸고, 중기에는 고리(hook & eye)로, 그리고 1860년대 이후부터는 단추로 여몄다. 단추를 여밈기구로 사용하게 된 것은 여성복의 구성기술사상 획기적인 것인데, 이것은 의상 씰루엣의 변화에 따라야 했기 때문으로 간주된다.

드레스에 사용된 옷감의 종류는 다양했다. 많은 옷감을 필요로 하는 이 당시의 유행은 직물생산을 촉진시켰고, 기계의 발달로 인해 다양한 무늬의 아름다운 직물이 풍부하게 생산되었다. 광선에 의해 색이 달리 보이는 태프터 · 브로케이드 외에 여러 가지 기하학적인 무늬와 자연적인 무늬, 전통적인 무늬가 있는 아름다운 씰크는 색상이나 무늬, 광택 등이 품위있고 호화로운 것으로 주로 리용에서 생산되어 전세계적으로 유행했다〈그림 377〉.

이밖에 그 당시 널리 애용된 얇은 직물로는 크레이프 드 신(crepe de chine), 그레나딘(grenadine), 모슬린(mousseline), 탈라탄(tarlatan), 오건디(organdy), 툴(tulle),

그림 377. 꽃 문양의 직물로 만들어진 Crinoline dress(1856년)

그림 378. 스커트 밑에 받쳐 입은 bloomers (1851년)

풀라드(foulard) 등이 있고, 그 밖에 모헤어(mohair)나 알파카(alpaka) 등의 헤어(hair) 섬유와 얇은 카튼, 리넨 등을 들 수 있다. 카튼 생산에도 현저한 발전이 있어 가볍고 얇고 질이 좋은 다양한 카튼이 사용되었는데, 특히 두꺼운 브로케이드 의상 위에 얇아서 비칠 정도의 부드러운 카튼이나 씰크를 겹쳐 입음으로써 구름과 같은 정취를 풍기게 했다.

한편 스커트 폭이 넓은 크리놀린 스타일의 화려한 유행과는 달리 한쪽에서는 바지(bloomers)에 관심이 깊어진 것이 주목된다. 프랑스의 사회주의자 쌩 시몽(Saint Simon)의 사상을 이어받은 쌩 시몽주의자들은, 1848년 2월 혁명 이후로 남녀평등 사상을 여자의 복식개혁으로부터 실현하려 하여 여자도 바지를 입어야 한다고 주장하기 시작했다. 처음에는 여자들이 우아한 드레스를 벗고 바지를 입는다는 것이 무척 힘들었으나 스포츠에 관심이 깊어짐과 동시에 여자의 바지착용 모습도 조금씩 나타나기 시작했다.

이때 미국의 아멜리아 블루머(Amelia J. Bloomer, 1818~1894년)〈그림 378〉가 1851년에 새로운 의상으로서 동방풍의 바지를 발표했다. 아라비아 사람들이 착용하던 풍성한 긴 바지를 활동하기에 편하도록 끝을 오므린 것으로, 블루머는 여권존중의 입장에서 이 바지를 디자인했다. 그러나 이 바지가 좋은 반응을 얻지 못하자 그녀는 영국으로 건너가서 이 모드를 런던에서 거창하게 발표했다. 이 발표는 블루머파와 반블루머(Anti-Bloomers)파의 집회가 열리는 등의 센세이션을 일으키면서 여자복식에

그림 379. Crinoline dress 위에 입은 redingote

그림 380. Crinoline dress 위에 입은 redingote (1864년)

큰 영향을 끼쳤다.

그 후 스커트를 완전히 벗어 버리지는 못했어도 스커트 밑에 드로어즈(drawers : 우리 나라의 고쟁이 처럼 가운데가 트인 옷)를 속옷처럼 입는 것이 널리 보급되었다. 또한 여자들 사이에도 승마와 그 외 스포츠가 성행함에 따라 드로어즈나 판탈롱의 중요성이 증대하고, 때마침 생시몽주의자와 블루머파들에 의해 여자의 바지착용이 지향되고 있었으므로, 크리놀린 속에 드로어즈나 판탈롱을 착용하는 것이 보편화될 수 있었다.

이 당시에 착용한 외투로는 스커트와 소매의 부풀림에 따라 르댕고트〈그림 379, 380〉보다는 어깨에 두르는 숄이 유행했다. 이때의 숄은 길고 좁은 것보다 사각형의 큰 것이 유행했는데, 가볍고 따뜻한 캐시미어 숄과 함께 광택이 나고 부드러운 크레이프 드 신에다 태슬 장식을 달고 자수를 놓은 것이 애용되었다.

그 외 어깨와 팔을 싸고 힙까지 내려오는 망토(manteau, mantlet, mantelet)도 병행하여 이용되었다〈그림 381〉. 망토는 1830년대에 이미 작은 형이 유행했었는데, 이 시대에 와서 스커트의 길이와 폭이 커짐에 따라 망토의 길이와 폭이 커졌고 이러한 형태로 20세기 초까지 유행했다.

1840년경에는 뷔르누(burnous)라는 아라비아식 외투가 유행했다. 이것은 후드가 달린 망토형 외투로서 태슬이 달리고 가장자리를 자수로 장식했는데, 루이 필립 시대에 프랑스와 알제리아의 전쟁중에 그 지방에서 도입되었다고 전해지고 있다〈그림 381〉.

그림 381. manteau와 burnous

그림 382. Crinoline 시대의 머리장식

이 시대 여자들의 머리형은 여성적이고 얌전하면서도 품위있는 것이 유행했다. 18세기 로코코 시대에는 여성적이고 화려한 의상과 함께 머리모양도 매우 과장되고 비합리적인 스타일이었는데, 이 시대에 이르러서는 크게 부풀린 크리놀린 스타일에 비해 간단한 형의 머리모양을 좋아했다. 머리 가운데에 가리마를 두고 컬된 머리를 양쪽으로 얌전하게 빗어넘기거나, 컬된 머리를 위에다 틀어 얹은 머리, 뒤를 높게 올리고 일부의 머리는 내려 놓는 스타일 등 간단한 것이 유행했다〈그림 382〉.

모자로는 카포트(capote)가 종전대로 많이 쓰이다가, 1860년대 초부터는 바볼레(bavolet)가 유행했다. 바볼레는 천으로 된 부드러운 머릿수건과 같은 것으로 턱밑에서 리본을 매는 모자였으며 이 밖에도 금·은실로 꼰 끈, 벨벳 리본, 새 깃털 등으로 머리를 장식하기도 했다〈그림 380, 381〉.

이 시대의 신발은 고무(rubber)의 이용과 제화기(製靴機)의 발명으로 구성기술의 발전을 가져왔다. 목짧은 부츠가 크리놀린 드레스와 함께 사용되었는데, 이것은 남자 신발처럼 직선적이고 단순하여 현대적인 감각이 느껴진다.

3. 남자의 복식

왕정복고 시대에 남자복식에서 볼 수 있었던 귀족적인 품위는 1848년 2월 혁명이래 이 시대에서는 찾아볼 수 없게 되었다. 그러나 부르주아가 정권을 잡고 세력을 얻게 되자, 그들은 자기 자신을 일반 시민들과 구별하기 위해 왕정복고 시대의 귀족

그림 383. frac, gilet, pantalon이 한 set로 된 Crinoline 시대의 남자복식(1870년대)

그림 384. check 무늬 바지의 유행에 대한 풍속도 (1870년대)

적인 분위기를 되찾으려 했다.

일반 시민사회에서는 시민적인 검소한 복장이 보급되었는데 기본적인 복식은 수수한 프락(frac), 질레(gilet), 판탈롱(pantalon)으로 이루어지는 한 세트의 복장이었다〈그림 383〉. 그러나 궁중의 귀족, 신사들은 프락에 다시 화려한 자수를 놓은 것으로 보아 이들이 왕정복고 시대의 귀족생활을 동경했다는 것을 알 수 있다.

프랑스의 부르주아들 사이에는 시대사조에 따라 복장의 시민화를 원하는 사람들도 있어 일반 시민들이 착용하던 판탈롱과 같은 바지를 입기도 했다. 판탈롱은 이 시기에 들어와 두드러지게 체크 무늬나 줄무늬가 많아졌다〈그림 384〉. 이는 다양한 색조의 변화와 함께 보다 경쾌한 느낌을 주는 것으로, 시민풍의 복장이 정착해 가고 있음을 보여 주는 것이다.

한편 일반 시민들 사이에는 프락 대신에 자케트와 베스통(veston)이라고 하는 실용적인 상의가 1849년경부터 유행하기 시작했다〈그림 385〉. 자케트는 종래의 프락과 르댕고트를 혼합한 형으로, 길이는 허리 아래까지 오며 앞단의 자락은 직각 또는 둥글게 굴려졌다〈그림 387－오른쪽〉. 베스통은 종래의 르댕고트를 자른 것처럼 길이는 역시 허리 아래까지 오며, 단은 직선이 되고 자케트보다 약간 작은 칼라가 달렸다〈그림 387－가운데〉. 이들은 모직물 생산의 발달에 따라 모두 울로 만들어졌으며 재봉틀의 출현으로 봉제기술이 발달되었음을 알 수 있다.

자케트와 판탈롱이 주로 어두운 색으로 만들어진 데 비해, 질레는 여전히 밝고 화

그림 385. 허리가 들어가지 않은 hip 길이의 frac(오른쪽), frac보다 길이가 짧고 작은 collar가 달린 veston(1854년)

려한 색으로 강한 대비를 이루었다〈그림 383〉.

슈미즈는 화려한 레이스가 달린 것과 함께 레이스가 없는 수수한 디자인에 앞은 단추로 여미게 된 것도 있었다.

종래에는 칼라를 턱밑까지 세우고 크라바트를 여러 번 감던 것을, 1850년경부터는 넓은 칼라에 풀을 먹이고 크라바트로 가느다란 밴드 모양의 넥타이를 매기 시작했다. 1860년경부터는 풀먹인 칼라의 폭이 좁아져 턱밑에서 꺾이고 그 위에 나비 넥타이를 맸다. 현재와 같이 접는 칼라의 형식은 이때 시작되었고, 이 당시에는 떼었다 붙였다 할 수 있는 유동성을 지녔었다. 커프스(cuffs)도 칼라처럼 풀을 먹이고 커프스 버튼을 달았다.

외투로는 르댕고트가 잘리어 베스통으로 입혀지다, 대신 짧고 경쾌한 스타일의 망토가 다시 유행했다. 망토는 더블 브레스티드(double breasted)가 많고 라펠 칼라(lapel collar)가 달렸으며 팔을 내놓을 수 있는 슬릿이 양쪽에 위치해 있었다.

이 시대 남자들 머리모양은 근대생활에 맞추어 간소화되었다. 신사들은 머리카락을 목 근처나 그 이상으로 짧게 하여 볼수염과 연결되도록 정리하는 것이 유행했는데, 볼수염은 국가에 충성을 맹세하는 남자의 표식으로 간주되었다〈그림 383, 385, 387〉.

모자는 신사복과 함께 반드시 착용해야 하는 것으로 여겨졌고, 시대에 따라 크라

그림 386. Crinoline Style 시대의 남자복식 frac, gilet, pantalon(1868년)

그림 387. Crinoline Style 시대의 남자복식 frac과 pantalon, veston, jaquette와 pantalon(1868년)

운의 높이와 챙의 폭이 변화했다〈그림 383, 384, 386, 387〉.

신발은 생활양식이 변하고 미국에서 재봉틀이 발명됨에 따라 간편하고 실용적인 구두가 세계적으로 보급되었다. 승마나 사냥을 위해서는 목이 긴 부츠가, 일상용으로는 목이 짧은 슈즈가, 사교용으로는 펌프스형이 유행했다. 스포츠의 성행과 동시에 기계에 의한 진보된 구성기술이나 고무 밑창 등의 새로운 재료의 사용은 특히 스포츠화를 개량하는 데 공헌했다.

제 17 장

19세기 말의 복식

(버슬 스타일, 아르 누보 스타일)

329

그림 388. Effel Tower(1889년)

1. 사회 · 문화적 배경

프랑스 제2제정의 붕괴와 더불어 복식문화사에서도 현대라는 새로운 시대의 막이 열렸다. 공화제가 확립되면서 산업의 진흥과 국외로의 세력확장 등이 이루어짐에 따라 정치와 경제, 문화면에서 계속 세계적으로 중요한 위치를 차지하게 되었다. 또 이제까지 선두를 달려 온 영국은 이 시기에 이르러 더욱 해외로 세력신장을 하고 있었다. 이와 함께 로마 합병으로 자유주의 국가로의 발전을 본 이탈리아와 강력한 군국주의 국가를 성취한 프로이센 등이 부각되었고, 또한 미국도 세계적인 강국으로 등장했다.

이렇게 해서 1870년대를 시작으로 제1차 세계대전에 이르기까지 이른바 제국주의 시대가 전개되었으며 현대사회의 기초는 주로 이 시기에 굳혀진 것이라고도 볼 수 있다. 현대사회의 자본주의는 독점적 단계로 접어들었으나, 오히려 전체적인 경제상황이나 문화면은 일종의 침체 현상을 보이기 시작했다.

19세기 말의 주목할 만한 변화로는 직물의 기술적 혁신을 들 수 있다. 자연과학에 관한 연구는 기술진보와 함께 직물사상 놀라운 비약을 가져왔다. 즉, 합성섬유와 합

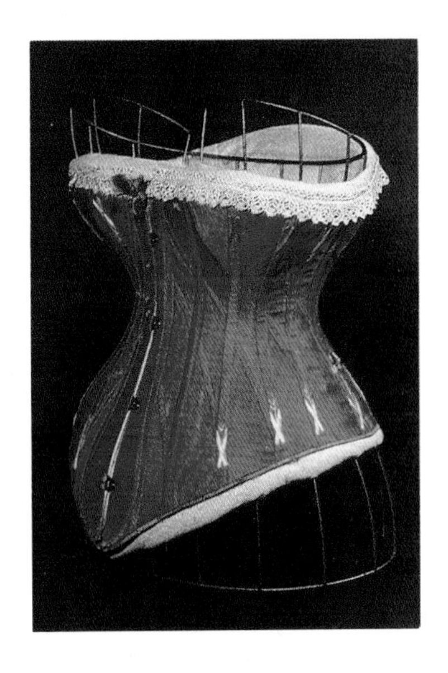

◀ 그림 389. corset(1879~1880년)

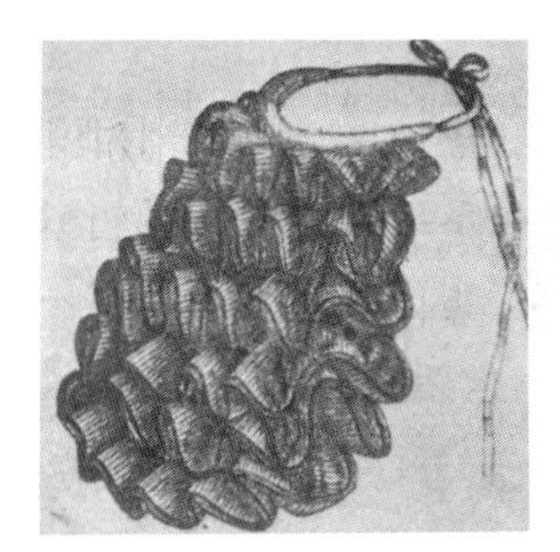

그림 390. hip bag(1870년대)

성염료의 발명이다. 샤르돈네(Chardonnet)에 의해 인조섬유가 발명되어 1889년 파리 박람회에서는 이 재료로 만든 의상이 선보였고, 1891년에는 크로스(Cross)와 베반(Bevan)에 의한 비스코스 레이온(viscose rayon)의 발명이 이루어졌다. 합성염료의 개발은 이전부터 진행되어 오던 것으로 이 시기에 색상과 실용성이 더욱 향상되었다. 합성섬유 및 합성염료의 발명은 현대 직물산업에 새로운 발전의 길을 열고 양과 질을 크게 향상시켰다.

산업의 발전과 함께 도시생활이 확대됨에 따라 일상생활의 형태도 다양해져, 복식에서도 점차 그 구분이 뚜렷해지게 되었다. 즉, 일상복, 외출복, 사교복, 운동복 등 착용 목적이나 상황에 따라 복식이 여러 종류로 나누어 지고 각각 그 용도에 맞도록 다양한 형으로 발전하게 되었다. 이것은 사회활동이 많은 남성복에서 더욱 뚜렷해진다.

이 시기에 있어 여성의 사회진출은 전체 복식문화에 큰 영향을 미치게 된다. 이제까지의 산업은 거의 여성의 노동력을 필요로 하지 않았는데, 차츰 그 규모를 확장함에 따라 여자의 노동력이 필요하게 되었다. 오랫동안 집안에 갇혀 있던 여성이 공장으로 진출함에 따라 여성문제는 사회의 중요한 문제로 대두되었다. 1870년대 이후 여자의상의 간소화, 또는 남장화(男裝化)라는 대담한 변혁은 여성의 생활환경의 변화에서 기인한 것이었다. 남자복과 같은 더블 칼라의 재킷과 스커트가 분리된 활동석인 투피스 수트가 나오게 된 것은 이러한 변화를 말해 준다. 그러나 그 복장은 여성의 남성화를 의미하는 것이 아니고 인간으로서의 여성의 위치를 강조하는 것이다. 즉, 실용적이고 간편한 양식을 취함으로써 보다 건강한 여성의 모습을 나타내려

그림 391. Crinoline Style에서 Bustle Style로 변해가는 dress(1867년)

그림 392. Crinoline Style 에서 변화된 Bustle Style(1888년)

한 것이다.

여성의 사회진출과 함께 여성의 지위향상을 위한 움직임이 활발해지고, 우선 복장으로써 그 첫 단계를 실행하려 했다. 즉, 여성복에 바지가 등장한 것이다. 1848년 프랑스 혁명 이래 사회주의자들인 쌩 시몽(Saint Simon)주의자나 미국의 블루머(Bloomer) 여사 등은 바지의 주창자로서 활약했다. 그러나 이에 동조할 만한 사회적 여론이 형성되지 않았기 때문에 여자의 바지착용은 사이클링(cycling)을 위한 스포츠 웨어 등 특수한 용도로만 채용되었고, 그 본격적인 실현은 20세기에 와서야 이루어 질 수 있었다. 어쨌든 이 시기에서는 시대의 변화에 따라 복식도 점차 기능적이고 활동적인 경향으로 나아갔다는 점이 주목된다.

부르주아 사회를 구가하던 화려한 크리놀린 스타일(Crinoline Style)은 1870년대에 들어서면서 새로운 양상을 나타냈다. 실상 유럽을 지배하던 자본주의 사회에서 개화된 부르주아 문화는 보수적 문화와 진보적 문화와의 대립 속에서 발전한 것이다. 그것은 화려함과 함께 실용성을 그 기반으로 하고 있었는데 제2제정 후반의 시대사조였던 사실주의(Realism)와 자연주의(Naturalism)의 팽배, 보불전쟁(France-Prussian War, 1870~1871년) 등의 영향으로 검소함과 기능성의 취향이 강해졌다. 즉, 화려한 분위기의 크리놀린 스타일은 현저히 줄어들고 장식도 비교적 간소화되어 갔다. 그러나 이제까지 오랫동안 지속되어 오던 귀족풍이 어느 한 순간에 일소될 수는 없는

그림 393. skirt 뒷부분이 길어지고 단이 장식되는 Bustle Style(1870년대)

그림 394. skirt 단 밑에 붙은 dust ruffle

그림 395. skirt 단에서 hip 쪽으로 강조점이 옮겨가는 Bustle Style

그림 396. hip이 강조되기 시작한 Bustle Style(1880년)

그림 397. Bustle Style(1880년대)

것으로 양 옆의 부풀림은 뒤로 몰려 폴로네즈 스타일(Polonaise Style)로 바뀌었고 폴로네즈 스타일은 버슬 스타일(Bustle Style)로 변화하게 되었다. 이 변화는 확실히 환상적인 아름다움에서 실용성을 추구하는 간편한 형태로 옮겨가게 된 것을 의미하고 있다. 이것은 19세기 후반을 지배하던 사실주의 및 자연주의 사조의 영향을 받은 것으로 볼 수 있다.

이어서 19세기 말에 나타난 예술양식 중의 하나인 아르 누보(Art Nouveau)는 이 당시 건축, 조각, 회화, 공예, 의상 등 조형예술분야에 커다란 영향을 미쳤다〈그림 388〉.

2. 여자의 복식

(1) 버슬 스타일(Bustle Style, 1870～1890년)

버슬 스타일 시대의 콜셋은 앞이 납작하고 힙을 부풀리기 위해 뒤가 짧은 형태가 창안되었다〈그림 389〉. 스커트에는 버슬(bustle, tournure)이라는 패드를 넣어 힙이 돌출되게 하기 위해 두 가지 형태의 버팀대가 사용되었다. 그 중의 하나는 버슬 패드

그림 398. hip이 직각으로 강조된 Bustle Style (1888년)

그림 399. Bustle Style의 afternoon dress (1886년)

그림 400. 직각으로 부풀린 Bustle Style(1888년)

그림 401. 직각으로 부풀린 Bustle Style(1887년)

〈그림 390〉를 만들어 속치마의 힙 부분에만 달아준 것이고, 또 하나는 강철사(強鐵絲)로 삼태기와 같은 틀을 만들어 속치마 위에 입는 것이다. 이러한 스커트 버팀

그림 402. Bustle이 약화된 말기의 Bustle dress(1888년)

그림 403. Bustle Style의 dress(1886년)

대를 착용했을 때는 힙이 거의 90°각도로 밖으로 돌출하여 쟁반(tea tray)을 올려 놓을 수 있을 정도의 버슬 씰루엣을 이룬다. 또는 화려하고 장식적인 트레인(train)을 뒤허리에 달아 힙을 강조하는 버슬 씰루엣을 구성하기도 했다.

버슬 씰루엣의 변화를 살펴보면 1860년대에는 크리놀린 스타일의 스커트 폭이 다소 줄었으며〈그림 392〉 1870년대 중반부에는 스커트의 단이나 트레인의 길이가 뒤로 길게 장식되었다〈그림 393〉. 버슬 스타일의 버슬 부분은 힙 드레이프(hip drape), 또는 힙백(hip bag)이라고도 하며 복잡한 주름과 과다한 러플, 레이스 등으로 장식되었다. 또한 드레스가 더러워지는 것을 막기 위해 페티코트 드레스에는 먼지 걸레인 더스트 러플(dust ruffle)을 달기도 했다〈그림 394〉.

스커트 단의 강조는 1880년대가 되면서 힙쪽으로 점차 옮겨지게 되어〈그림 395, 396, 397〉 1880년대 중반부에는 힙 부분이 거의 직각이 될 정도로 돌출되었고 리본 장식이나 주름으로 강조되었다〈그림 398, 399, 400, 401〉.

직각으로 돌출되었던 큰 버슬은 1888년이 되면서 그 크기가 갑자기 약화되고〈그림 402〉 1890년대가 되면 거의 사라져 버슬 스타일이 갑자기 새로운 아워글라스 씰루엣으로 변화하게 되었다〈그림 404〉.

1870년 이후의 여자 머리형은 한층 우아하게 단장되었다. 힙 뒤를 부풀리고 하이힐(high heel)을 신고 약간 앞으로 숙인 듯이 걷는 부인들의 모습은 참으로 인상적이

그림 404. Bustle Style에서 Art Nouveau Style로 변해가는 과정(1890년)

었는데, 머리형도 이와 균형을 이루듯이 차츰 높아져 갔다. 둥글게 감거나 땋은 머리를 높게 다듬어 머리 모습 전체가 갸름해 보이도록 했다. 1880년대의 모자는 머리형보다도 더욱 특징적이었다. 샤포의 챙과 크라운을 각자 개성대로 변형시켰고 때로는 동물과 식물을 모방한 기이한 장식을 하여 주목을 끌었다. 이와 같은 취향은 영국과 미국의 젊은 여성들이 샤포를 여성해방의 상징으로 썼기 때문이다〈그림 400〉.

여성생활에 스포츠 비즈니스가 들어오자 신발도 쾌적하고 실용적인 것의 수요가 높아졌다. 생활환경의 변화 및 기술발달에 따라 이제까지와는 다른 새로운 형의 구두가 나타난 것이다. 가장 널리 보급된 것은 짧은 부츠형이었는데 끈으로 매는 것과 단추를 단 것, 부츠에 고무를 댄 것 등 여러 가지 종류가 나왔다.

(2) 아르 누보 스타일(Art Nouveau Style, 1890~1910년)

아르 누보(Art Nouveau)란 아르(Art)와 누보(Nouveau, New)가 합쳐진 '새로운 예술'이란 뜻으로 기계생산품에 반대하여 손으로 만든 수공예품에 가치를 누자는 미술수공예운동(Art and Crafts Movement)을 배경으로 한다.

과학혁명 및 제2의 산업혁명이 진행되면서 생활 전반에 더욱 비약적인 향상이 이

그림 405. A. Gaudi, Church of the Holy Family

그림 406. A. Gaudi, Casa Mila(1900년)

룩되어 기계문명이 만개했지만, 한편 그러한 기계 문명이 발생시킨 사회적 갈등과 모순도 큰 것이어서 이에 대한 절대적 신뢰가 무너졌다. 또한 서구 선진국가들의 제국주의적 확장에 대해 우월감을 가지고 있던 젊은 예술가들과 지식인들이 제국주의가 지닌 많은 모순을 깨닫게 됨에 따라 환상에서 깨어나기 시작했다.

전쟁이나 별다른 외교적 마찰없이 진행된 산업 발달로 인한 물질적 풍요와 제국주의에 의한 영토확장은 외면적으로 서구사회를 평화롭고 살기 좋은 것으로 보이게 했지만 이러한 상황의 허구를 깨달은 사람들에게는 실증주의적 사고방식과 인류사회의 진보를 믿는 낙관주의에 대한 반항의식이 팽배하게 되었고, 동시에 문명이 한계에 이르렀다고 믿는 현세부정적 허무주의 경향에 영향을 받아 쾌락주의적 특성을 보인 유미주의(Aestheticism)와, 문명의 몰락에 대한 위기의식까지 반영하는 퇴폐주의(decadence)에 빠져들게 되었던 것이다.

아르 누보의 정신적 골격을 형성하는 상징주의는 대상을 향한 감정이나 이성에 의해서 나타나는 사실적 표현이 아닌 암시적인 표현을 위주로 하며, 당대의 사실주의, 실증주의에 대해서 반발하고 기존의 정치 · 사회 · 문화 · 예술의 체제를 거부하며 절대 자유를 추구하였다. 또한 산업화의 영향으로 야기된 종교와 도덕의 부패로부터 탈출하기 위해 외부에서 보여지는 물리적 현상이 아닌 내적인 표현을 중시함으로써 새로운 조형의 세계를 강조했다. 아르 누보는 풍요로운 영감의 원천인 자연을 대상으로 유기적 생명체들의 다양한 형상들의 기초가 되는 근본적이고 종합적인 구

그림 407. V. Horta, 저택의 계단 (1893년)

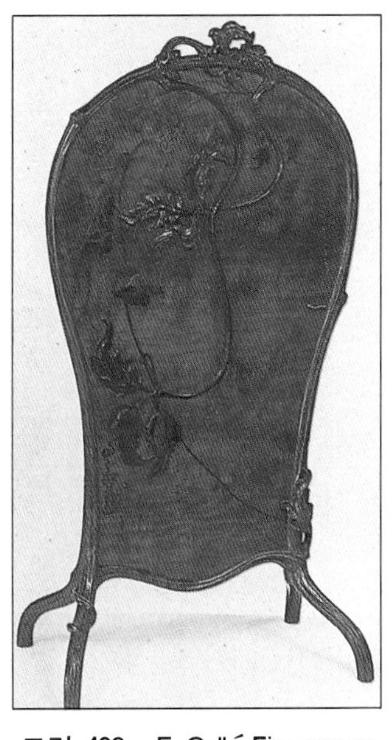

그림 408. E. Gallé, Fire screen (1900년)

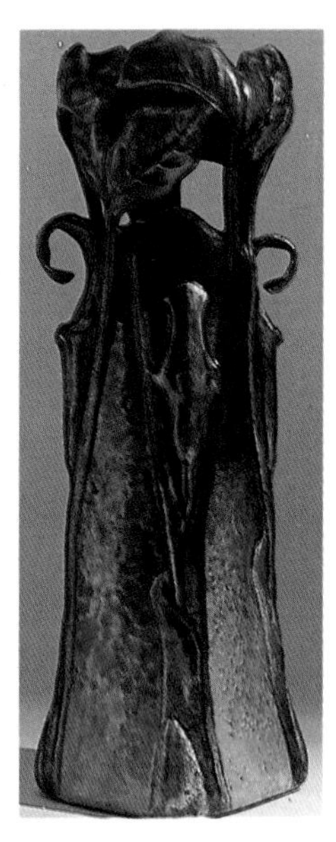

그림 409. 꽃병 (1905～1910년)

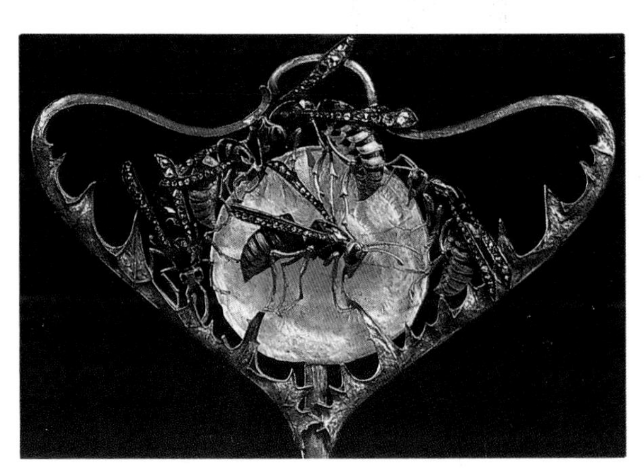

그림 410. Art Nouveau Style의 pin(1899～1900년)

그림 411. Art Nouveau Style의 pendant(1904～1905년)

조에 근거하여 자연의 가장 순수한 형태를 포착하기 위해 식물이나 동물들을 관찰하는 데 있어 다윈(Charles Darwin)의 진화론에 따르는 자연주의적 방법을 사용했다.

아르 누보 예술가들은 직선을 피하고 소용돌이치거나 서로 교차하는 곡선을 주로 사용했다. 그 이유는 그러한 곡선을 통해 자연 생물의 유동적 형태를 표현하고 사물의 본질이나 자연의 창조활동의 유기적 과정을 효과적으로 표출할 수 있었기 때문이다. 아르 누보의 곡선은 구불구불하고 물결치는 듯하며, 음악적으로 율동하는 듯하고, 타오르는 듯하고 섬세하며, 환기시키는 듯한 힘을 지닌 상징적인 선으로 표현

그림 412. Art Nouveau 시대의 꽃장식 패턴

그림 413. A. Mucha, poster(1896년)

되었는데 특히 이 특성은 주로 장식분야, 즉 교회〈그림 405〉, 공공건물, 아파트〈그림 406〉, 주택 등의 건축의 외형과 실내장식〈그림 407〉, 가구〈그림 408〉, 공예품〈그림 409〉, 장신구〈그림 410, 411〉, 벽지〈그림 412〉, 직물, 포스터〈그림 413〉, 책 표지 등 생활미술 전반에 걸쳐 나타났다.

아르 누보의 소재로는 꽃과 식물 그리고 여인이 대표적이며, 곤충이나 동물도 많이 이용되었다. 색채면에서는 인상주의(Impressionism)에 의해 형성된 부드러운 파스텔 색조가 주조를 이룬다.

아르 누보 영향기는 프랑스의 제3공화국 시대에 해당되며 영국에서 빅토리아 여왕 시대 말기와 에드워드 7세의 에드워디안(Edwardian) 왕조기(1901~1910)에 속한다. 아르 누보 영향기의 복식은 아르 누보 운동이 국제적으로 개화되면서 버슬의 거대한 부풀림이 사라지고 신체의 곡선을 자연스럽게 나타내 주기 시작한 1890년경부터 1910년경 아르 누보 예술운동이 종식되는 기간 동안에 유행했던 복식을 말한다.

아르 누보 양식의 복식 스타일은 1890년경부터 1900년경까지 나타난 아워글라스 스타일(Hourglass Style)과 1900년경부터 1910년경까지 나타난 S-커브 스타일(S-Curve Style)로 구분된다.

아르 누보 영향기 바로 이전 시대에 유행했던 버슬 스타일은 기계문명의 산물인 러플·리본·브레이드·레이스·꽃 등이 과도하게 사용되어 환상적이고 퇴폐적이기

그림 414. J. P. Worth, evening dress(1894년)

그림 415. J. P. Worth, ball gown(1894년)

그림 416. Art Nouveau Style의 dress(1894년)

그림 417. Art Nouveau Style의 dress(1896년)

그림 418. 소매의 부피가 적어진 Art Nouveau Style의 dress(1900년)

그림 419. J. Koucet, ball gown(1902년)

까지 했다. 그러나 1890년대로 들어서면서 아르 누보의 흘러내리는 듯한 곡선 감각이 모든 조형분야에 적용되기 시작하면서 환상적인 버슬 스타일은 무겁고 부담스럽게 느껴졌다. 또한 전세계적으로 붐을 일으키기 시작한 스포츠 애호열이 기능적인 형태의 복식을 요구하게 되었다. 따라서 매끈하게 흘러내리는 곡선 분위기로 바뀌게 되었다.

아워글래스 씰루엣(Hourglass Silhouette, 1890~1900년) 아르 누보 운동이 활짝 꽃피기 시작한 1890년대가 되면서 유행은 변화된 미의식에 부응하여 크게 부풀리려고 고심했던 버슬의 심한 곡선이 부드럽게 흘러내리는 스커트 형태로 바뀌면서 전체적으로 날씬한 씰루엣을 이루었다. 이러한 씰루엣을 만들기 위해서는 드레스를 신체의 선에 꼭 맞게 구성해야 하므로 바디스(bodice)의 곡선을 나타낼 수 있도록 버스트라인(bustline)을 타이트하게 재단했고 허리는 가늘게 조였다〈그림 414〉. 스커트를 힙에 꼭 맞게 하면서 스커트단 쪽이 플레어지며 퍼지도록〈그림 415〉 구성하기 위해 고어드(gored) 방법을 고안해 냈다.

1890년부터 스커트는 버슬이 갑자기 줄어들면서 장식도 없어지고 단순해지는 반면, 관심의 초점이 상체의 어깨와 소매로 옮겨지면서 어깨를 장식하고 소매를 여러

그림 420. lace와 ruffle로 장식된 Art Nouveau Style의 dress(1894년)

그림 421. 자수로 장식된 Art Nouveau Style의 dress(1900년)

그림 422. S-Curve Style의 dress(1900년)

그림 423. S-Curve Style의 dress(1901년)

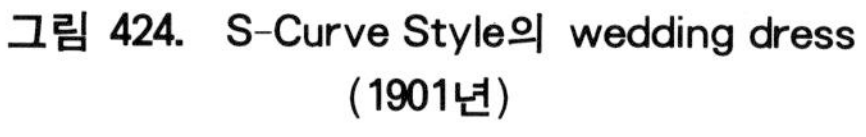

그림 424. S-Curve Style의 wedding dress (1901년)

그림 425. S-Curve Style의 dress (1901년)

형태로 부풀려 주기 시작했다〈그림 416〉. 그리하여 심한 곡선을 이룬 큰 소매와 가는 허리, 플레어로 퍼진 스커트 등으로 구성된 전형적인 아워글래스 씰루엣이 창출되었다〈그림 414, 415, 416, 417〉.

S-커브 씰루엣(S-Curve Silhouette, 1900~1910년) 아워글래스 씰루엣(Hourglass Silhouette)의 거대했던 소매는 1897년경 갑자기 좁은 소매(slim sleeve) 형태로 줄어들기 시작하면서〈그림 418〉 관심의 초점이 힙으로 옮겨갔다〈그림 419〉. 인체의 곡선을 나타내면서 가슴은 앞으로 내밀게 되었고 따라서 옆에서 본 모양이 S자 형태를 이루게 되어 아워글래스 스타일은 S-커브 스타일로 바뀌게 되었다.

S-커브 씰루엣은 보강된 콜셋으로 그 형태가 강조되었으며, 더욱 심한 곡선형태의 S-커브 스타일〈그림 420〉로 발전하게 되었다.

1902년부터 S-커브 스타일을 더욱 굴곡지게 나타내기 위해 힙을 최대한 더 많이 밖으로 돌출시키고 앞 허리선은 아래로 뾰족한 곡선을 그리며〈그림 421〉 더욱 가늘게 강조시켰고〈그림 422〉, 버스트라인부터 허리 사이의 미드리프(midriff)를 앞으로 더 굴곡지도록(overhanging) 만들어 주기 위해 손수건이나 부드러운 헝겊을 가슴속에 넣었다〈그림 423〉. 이 의상은 S자로 굴곡진 형태라는 뜻에서 S-커브 스타일, 깁

그림 426. S-Curve Style의 dress(1901년)

그림 427. S-Curve Style의 two-piece suit (1900년)

◀ 그림 428. Art Nouveau Style의 dress(1901년)

그림 429. Art Nouveau Style의 blouse(1907년)

슨 걸 스타일(Gibson Girl Style), 메이 웨스트 스타일(Mae West Style) 등으로 불리웠다〈그림 424, 425, 426〉.

S-커브 씰루엣은 스커트의 곡선이 길게 흘러내리며 물결치듯이 휘어지는 유연함과 운동감을 더하기 위해 스커트길이가 더욱 길어져 바닥에 끌렸으므로, 걸을 때는

그림 430. two-piece style의 sports wear (1909년)

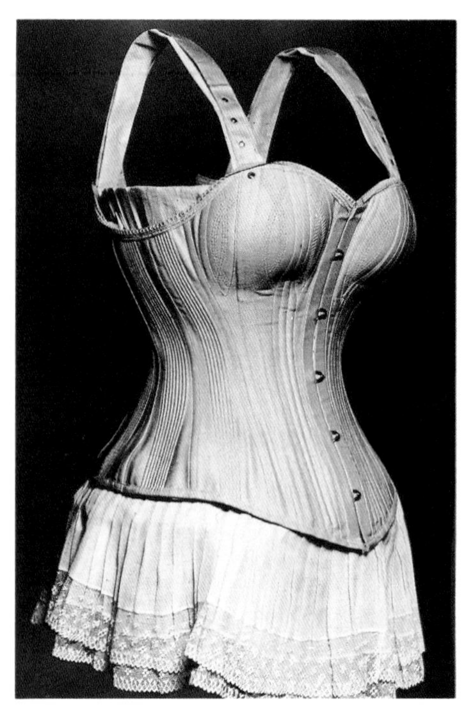

그림 431. 의학적으로 제작된 corset (1890년)

치맛자락을 걷어 올리거나 들고 다녔다. 그리고 들추어진 치마 밑으로 프릴을 화려하게 단 페티코트가 보여지기도 했는데, 이렇게 부자유스러우면서 화려한 레이스로 장식된 의상을 입은 여인은 이 시대의 상징으로서 '에드워디안 레이디(Edwardian Lady)'라고 불리웠다〈그림 419~430〉.

1890년 이전(빅토리아 시대)에는 어둡고 컴컴한 색조가 많이 사용되었는데 아르누보 영향기에 들어서면서부터 환하고 연한 파스텔 계통의 부드러운 색조가 유행했으며, 복잡한 이중적인 색채효과를 얻기 위해 비치는 얇은 옷감이나 레이스로 오버드레스를 만들어 튜닉식으로 덧입기도 했다. 이 시기의 복식에 많이 사용된 레이스와 러플은 부와 사회적 지위의 상징이기도 했지만 환상적인 색채효과를 얻기 위한 방법으로도 쓰였으며, 이것은 인상주의의 영향을 받은 것이다〈그림 419, 420, 421, 422, 423, 424, 425, 426, 427〉.

사용된 직물도 1890년 전에는 무겁고 두껍고 뻣뻣하며 윤기있는 브로케이드가 많이 사용되었던 데 비해 이 시기에는 시퐁, 오건디, 조젯(georgette), 크레이프(crepe), 얇은 리넨, 레이스 등 주로 가볍고 부드러운 재료를 사용했다.

산업혁명 이후 여성 근로자가 많아지고 이 시대에 와서 여성의 사회참여가 활발해지자 여성의 사회적 지위 향상을 위한 노력이 시도되기 시작했다. 따라서 남성복

그림 432. Art Nouveau 시대의 corset(1890)

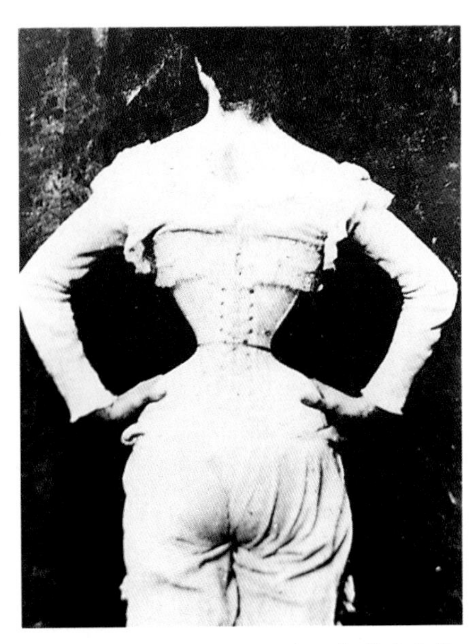

그림 433. corset으로 강조된 개미허리

그림 434. 앞이 납작하고 hip을 돌출시킨 Art Nouveau 시대의 corset

에서 디자인을 본딴 테일러드 쑤트(tailored suit) 차림이 의생활의 중요한 자리를 차지하게 되었다〈그림 427, 428, 430〉.

테일러드 쑤트는 1880년대에 영국의 디자이너인 레드펀(Redfern)에 의해 고안되어 전유럽에 유행하게 되었다. 이 테일러드 쑤트는 착용하기에 덜 불편했고 원피스 드레스보다 기능적이었기 때문에 사회에서 일하는 여성 수의 증가와 함께 인기를 더해 가게 되었다. 또한 투피스 쑤트에 받쳐 입는 블라우스도 함께 등장하여 여러가지 형태로 디자인되었으며 특히 목 주위를 장식할 수 있도록 화려한 레이스가 많이

그림 435. Art Nouveau Style의 모자 장식

그림 436. Art Nouveau 시대의 모자

이용되었다〈그림 429〉. 테일러드 쑤트는 사회 참여 외에 스포츠 붐으로 인한 필요성으로 더욱 다양하게 개발되었다.

이 시대의 콜셋(corset)은 1890년대 말에 이르러 허리에서 힙에 걸쳐 가늘게 정리된 씰루엣을 좋아하게 되자, 가슴을 똑바로 펴고 배를 다듬기 위해 여러 가지의 형태가 나타났다〈그림 431〉. 그 중에서도 콜셋 연구에 공헌이 큰 프랑스의 사로트 부인(madame de Gaches Sarraute)은 1900년에 위생적으로 고려된 건강 콜셋(health corset)을 창안하여 주목을 끌었다. 이 콜셋의 특징은 배에 댄 바스크를 곡선으로 만들지 않고 직선으로 만들어 가슴에서 복부까지 평평한 씰루엣을 이루게 한 것이다. 이것은 유행을 추구하는 여성들 사이에 매우 인기가 있었다〈그림 432〉.

이리하여 가는 허리는 점점 가늘게 강조하게 되었고〈그림 433〉 배는 딱딱한 바스크로 평평하게 압박되어 납작해지고 유방은 콜셋의 상단에서 떠올려 받쳐지는 과장된 씰루엣으로 발전하여, 이른바 S-커브로 알려진 자태를 만들게 되었다. 참신함을 찾던 여자들은 허리에서 힙에 걸쳐 S자형이 되도록 강한 콜셋〈그림 434〉으로 다듬었다. S-커브 씰루엣은 1904년에서 1905년에 걸쳐 유행의 절정을 이루었는데, 그 이후로 차츰 자태를 직선적으로 만들려고 하는 경향이 생겼다. 콜셋에 사용된 직물은 다채로운 색상의 새틴이나 브로케이드 등의 견직물로 여기에 자수를 하거나 레이스 장식이 달린 호화로운 것이었다.

그림 437. Bustle Style 시대의 남자복식 (1870년대)

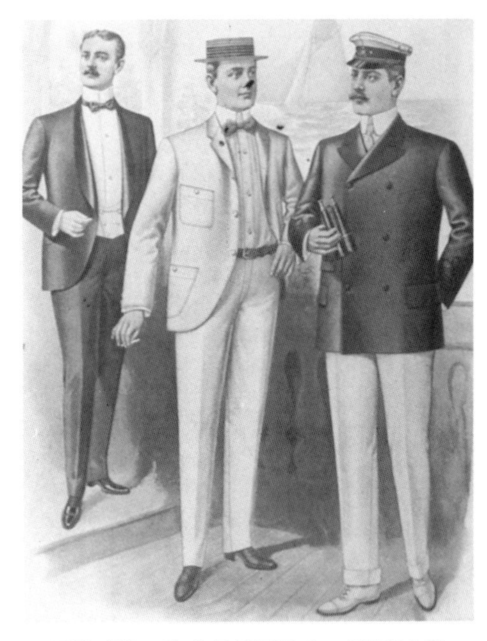

그림 438. 앞이 부풀려진 frac(1880년대)

그림 439. Bustle Style의 남자복식 (1884년대)

그림 440. 흰 chemise와 흰 pantalon, frac (1890년)

그림 441. 프랑스의 작가, Raymond Roussel이 입은 신사복(1890년)

그림 442. Bustle Style 시대의 여러 가지 overcoats(1885년)

이 시대 여성들에게는 깃털로 장식한 커다란 모자를 쓰는 것이 유행했다〈그림 435〉. 큰 모자(over size hat)는 영국의 디자이너 루실(Lucile)의 이름을 따서 '루실'이라고 불리거나, 또는 이 당시 패션 리더였던 여배우 릴리 엘시(Lily Elsie)가 「메리 위도우(The Merry Widow)」라는 연극에서 썼던 모자라고 하여 '메리 위도우'라고 불리기도 했다〈그림 436〉.

3. 남자의 복식(1870～1910)

현대형 남자복의 기본은 이미 제2제정 시대에 확립되어 있었다. 여자복의 모드가 파리에 의해 지배되었던 것에 비해 남자복의 경우는 18세기 이래 영국을 중심으로 발달했다.

이미 언급했듯이 남자복식의 기본은 상의(frac, frock), 조끼(gilet), 바지(pantalon)가 한 벌이다〈그림 437, 438〉.

상의는 길이가 힙 근처까지 오고 앞트임은 2～3개의 단추로 여미게 했다. 모양은 앞여밈이 다소 둥글려진 것을 제외하고는 거의 변화가 없다〈그림 438〉.

조끼인 베스트는 예복으로 사용되고 질레는 현재의 형태와 거의 비슷했지만 작은

그림 443. Bustle Style 시대의 overcoat (1881년)

그림 444. 예복이 된 frock coat와 morning coat(1885년)

칼라가 달린 것이 차이점이다〈그림 439〉. 질레는 상의나 바지와 같은 색조의 천을 사용하여 전체적 통일미를 중시한 듯하다. 이들은 일반적으로 짙은 색 울이 많이 사용되었다.

이 시기가 되면 모든 상의와 맞출 수 있는 바지는 전적으로 판탈롱, 즉 헐렁한 긴 바지가 되었다〈그림 440〉. 바지의 기본적 구성은 현재에 이르도록 변화가 없고, 가랑이의 폭이 약간 좁아진다든가 끝에 커프스가 붙는다든가 하는 변화에 그쳤다.

조끼 밑의 슈미즈(chemise)는 옅은 단색, 줄무늬, 꽃무늬 등이 있었고 칼라는 좁아졌으며 셔트(shirt)로 불리었다. 크라바트는 넥타이 형태로 변화했다〈그림 441〉.

외투(overcoat)는 힙까지, 또는 무릎까지 등 길이가 다른 여러 가지 형태가 있었다〈그림 442, 443〉. 그 중 인버네스 케이프(inverness cape)가 1870년대부터 보이기 시작했는데 이것은 케이프에 소매가 달린 코트이고 벨트를 맸다. 특히 여행이나 날씨가 나쁠 때에 착용되었다.

오늘날의 남자복식으로 일반화된 일상복을 비롯해 예복으로서 프락 코트(frock coat, frac coat)와 모닝 코트(morning coat) 등은 거의 이 시기에 영국에서 확립된 것이다.

모자는 다종다양했다. 일상용으로는 간단한 캡(cap), 얇거나 두꺼운 펠트 모자, 밀집모자 등이 있었고, 예복용으로는 높은 크라운과 좁은 챙을 특징으로 하는 이른바 씰크 햇(silk hat)〈그림 **437, 439, 443**〉이 20세기에 이르도록 애호되었다.

남자들의 생활에 현저해진 활동성은 신발에 직접 영향을 주게 되었나. 긴 부츠는 평상용으로는 거의 안쓰이고 발목까지 오는 부츠나 슈즈가 일반적인 신발 형태가 된다. 모양은 모두 전 시대의 것과 큰 차이가 없으나 단추를 채우는 것과 끈을 매는 것 등이 많아졌다. 야회용 구두는 윤이 나는 검은색 가죽으로 만들었으며, 형태는 펌프스가 가장 많고 검은 장식이 달려 있었다. 스포츠화로는 흰색과 검은 색의 콤비네이션(combination)이 1880년 이후에 보급되었다.

19세기 사용된 남자 복식의 종류별 용어는 20세기로 가면서 그 명칭이 바뀐다. 상의를 지칭했던 쥐스토코르(justaucorps), 프락 아비에(frac habillé), 프락(frac, frock)은 재킷(jacket)으로 바뀌며, 하의를 지칭했언 퀼로트(culotte), 판탈롱(pantalon), 데가제(dégagé) 등은 트라우저스(trousers)나 팬츠(pants), 슬랙스(slacks)로 바뀐다.

제 5 부

현대복식

제 18 장

20세기의 복식

그림 445. Frank Lloyd Wright, 'Falling Water'(1936년)

1. 아르 데코 스타일(Art Deco Style, 1907~1930)

(1) 벨 에포크(Belle Époque) 시대의 복식(1907~1914년)

사회·문화적 배경 변화라는 것은 비약적으로 나타나는 것이 아니듯이 아르 데코(Art Deco) 역시 갑자기 나타난 것이 아니라 아르 누보(Art Nouveau)가 최고의 절정기를 끝내려고 하는 전환점에서 그 모습을 조금씩 드러내기 시작했다. 아르 누보가 수공예적인 것에 의해 나타나는 연속적인 곡선의 선율을 강조하여 공업과의 타협을 받아들이지 않았던 반면에, 아르 데코는 공업적 생산 방식을 미술과 결합시킴으로써 얻어진 기능적이고 고전적인 직선미를 추구했다. 이러한 아르 데코의 이상이 실현된 것은 1910년대로, 제1차 세계대전 이전인 1914년까지는 19세기 말부터 서구 사회에 나타난 세기말적 경향이 지속됨으로써 동방적 이국주의(Exoticism)나 화려한 장식이 모든 예술양식에 강하게 남아 있었다. 그러나 제1차 세계대전 이후 데스틸(De Stijl) 운동과 바우하우스(Bauhaus)의 설립은 국제적 영향력을 행사하게 되었고 이로써 아르 데코는 데스틸 운동의 신조형주의(Neo-Plasticism)와 바우하우스의 기능주의에 자극을 받아 기능성과 단순화를 추구하는 경향이 가속화되었다.

이 시기의 건축양식도 아르 데코 예술양식의 특성인 기능주의와 합리주의의 영향

그림 446. Art Deco Style의 실내장식

그림 447. Lhote, 두 여인

을 받았다. 대표적인 건축물로는 프랭크 로이드 라이트(Frank Lloyd Wright)의 '폴링 워터(Falling Water)'〈그림 445〉나 '로비 하우스(Robie House)' 등이 있으며 이 당시의 실내장식〈그림 446〉 또한 아르 데코의 특성이 잘 나타나고 있다.

아르 데코 예술양식은 기하학적 형태〈그림 448〉를 주특성으로 하고 미래파(Futurism)와 같이 기계의 완벽성을 인정했으며, 현대를 특징짓는 속도감을 표현하기 위해 유선의 법칙에 따라 공기의 저항을 덜 받아 속도를 더 많이 낼 수 있는 유선형의 매끄러운 선을 특성으로 갖게 된다. 또한 아르 데코의 구조를 형성시켜 주는 기본개념은 입체주의(Cubism)로 모든 대상을 입방체로 분석하여 화면상에서 재구성함으로써 구체적인 대상의 형체를 사라지게 하고 기하학적인 형체를 갖게 했다〈그림 446, 447, 448, 449〉.

아르 데코의 주요 색상인 강렬하고 밝은 색조는 미술의 표현양식인 야수주의(Fauvism)〈그림 447〉와, 러시아 발레로 더욱 확산된 오리엔탈리즘(Orientalism)의 영향을 받은 것이다. 강하고 단순한 형상을 적절히 표출하기 위해 밝은 색상과 강렬하고 뚜렷한 색채 대비를 구사했다. 빨강과 검정 그리고 은색은 이 당시의 전형적인 색채 조합인데, 빨강과 검정은 기하학적 형태들의 배경이 되었고, 은색은 주요장면과 뚜렷한 지규레(Ziggurat : 뾰족탑)나 다른 기하학적 모티브를 위해 사용되었다.

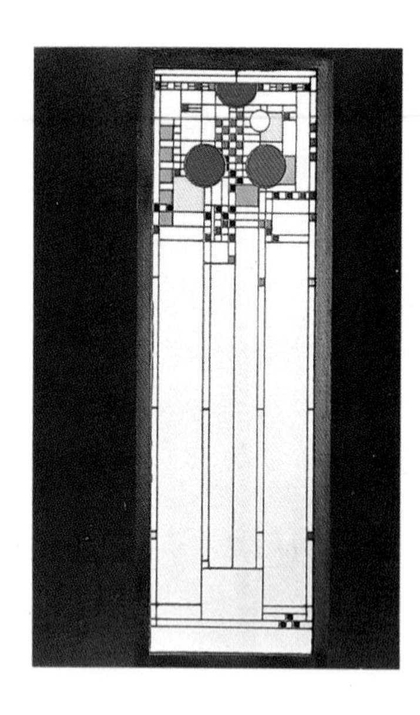

◀ 그림 448. Frank Lloyd Wright, Art Deco Style의 door 디자인

▶ 그림 449. Clemont Roussau, Ebony Chair(1920년대)

아르데코 예술가들은 주로 크롬(chrome)을 소재로 단단하게 날이 세워진 모습을 연출하기도 했다.

장식의 경우에는 기하학적이거나 구상주의적인 형태들을 양식화시킨 것〈그림 450, 451〉이 많으며, 주요 소재로는 오리엔탈리즘의 영향으로 중국, 일본, 페르시아풍이 애호되었고, 아메리칸 인디언이나, 이집트, 혹은 자연 등이 이용되었다. 특징적 모티프로는 여성의 누드 형상들, 동물군에서는 주로 사슴이나 양, 식물의 무성함, 태양광선, 뾰족탑 등을 양식화한 형태들을 표현했다.

다시 말해서 아르 데코 스타일이란 아르 누보 스타일에 대치되는 장식·응용미술의 최신 유행품의 모든 것으로 아르 누보의 곡선적이고 유기적인 성격과는 달리 직선적이고 기하학적인 성격을 대표적 특징으로 하고 있다. 아르 데코 스타일은 동양적인 이국주의와 색채면에서 야수주의를 동반하고 있기 때문에 아르 누보 영향기의 복식과 아르 데코 영향기의 복식은 씰루엣(silhouette)·텍스춰(texture)·컬러(color)·디테일(detail)에서 많은 차이를 보여주고 있다.

패션의 경향 아르 데코 스타일은 1908년경부터 1914년경까지의 벨 에포크 시대의 복식으로, 엠파이어 튜닉 스타일(Empire Tunic Style)〈그림 452, 460, 461〉, 호블 스타일(Hobble Style)〈그림 453〉, 미나레 스타일(Minaret Style)〈그림 454, 459〉, 하렘 팬츠 스타일(Harem Pants Style)〈그림 455〉 등의 복식과, 1914년부터 1920년까지의 튜블러 스타일(Tubular Style)〈그림 456〉, 1920년대의 스트레이트 박스 스타일(Straight Box Style)〈그림 457〉 등의 제1차 세계대전기의 복식으로 구분된다.

그림 450. Art Deco Style의 print

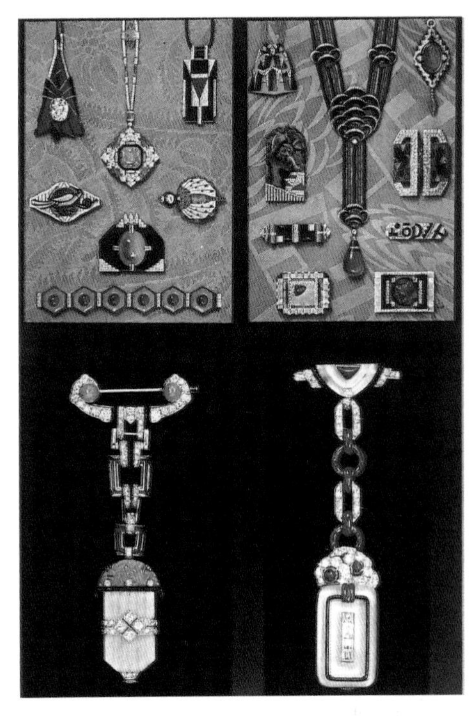

그림 451. Art Deco Style의 액세서리

벨 에포크 시대에 선구적인 역할을 한 디자이너는 영국의 루실(Lucil, Lady Duff Gordon)과 프랑스의 폴 푸아레(Paul Poiret, 1879~1944년)〈그림 458〉였다. 쿠튀리에(couturier)로서 처음으로 순수성을 지향한 Poiret는 1908년에 새로운 작품을 발표함으로써 의상계의 큰 관심을 모았다. 그의 새로운 디자인은 엠파이어 튜닉 스타일(Empire Tunic Style)〈그림 452〉로서, 극심하게 조였던 콜셋이 사라진 형태로 허리선이 버스트라인까지 높이 올라갔으며 스커트는 스트레이트 롱 씰루엣으로 이루어진 것이다. 이것은 허리를 조이지 않고 어깨나 하이 웨이스트라인에서 부드러운 주름이 스커트 단까지 곧고 유연하게 흐르도록 단순하고 편하게 구성된 디자인이다. 이 획기적인 의상은 고대 그리스의 키톤이나 프랑스의 나폴레옹 1세 시대의 엠파이어 드레스와 씰루엣이 거의 비슷하다. 이러한 Poiret의 디자인은 대혁명기나 제1제정 시대에 유행했던 엠파이어 스타일에서 나타난 아름다움이 아니라 더 거슬러 올라가서 직접 그리스 조각으로부터 원리를 끌어내어 그의 시대에 적용시킨 것이다. 이 시대의 엠파이어 튜닉 스타일은 19세기 초의 드레스와는 하이 웨이스트라는 구조까지는 일치하지만 상당히 다른 의미를 지니고 있다. 양자간의 차이는 형태나 미인보다는 오히려 미의식에 관련된 정신적인 것에 있다고 해야 할 것이다. 즉, 19세기 초의 엠파이어 드레스는 노출, 특히 가슴노출에 강조점을 두고 있으나, Poiret의 의도에는

그림 452. Paul Poiret, Empire Tunic Style의 dress(1913년)

그림 453. Paul Poiret, kimono coat와 hobble dress(1912년)

단지 아름다운 디자인을 만들어 내기 위한 순수한 의지가 담겨져 있는 것으로 빗장뼈의 선으로부터 흐르는 목선은 깊이 판 것이 아니고 부드러운 곡선의 바토 네크라인(bateau neckline)이었다. 그는 직접 그리스의 조각상이나 아르 데코의 단순한 건축물에서 영감(inspiration)을 구하고 드레이핑(draping)을 단순화시킴으로써 그때까지 생각지도 못했던 놀라운 아름다움과 우아함을 만들어 낸 것이다〈그림 452〉.

Poiret는 1904년에 파리에 자신의 의상실을 열고 그의 새로운 디자인을 창조하여 동양적인 외모를 지닌 자신의 부인에게 입혀봄으로써 살아있는 모델을 처음으로 시도했다. 그는 아카데믹한 전통에 계속 도전했으며, 보수적인 예술형태로부터 탈피하여 새로운 모던 아트(modern art)로의 움직임을 시작하기에 이르렀다. 즉 그는 아르누보 시대부터 잠재되어 온 변화에의 욕구를 수렴하여 S-커브 씰루엣으로부터 여성들을 과감히 탈피시킴으로써 복식을 현대화(modernization)했고, 따라서 이때부터 현대 패션이 시작된 것이라고 말할 수 있다.

S-커브 씰루엣의 전성기임에도 S-커브 씰루엣과는 상이한 씰루엣이 Poiret를 비롯한 여러 디자이너들에 의해 창출된 것은 이사도라 던컨(Isadora Duncan)이 키톤 스타일의 드레스를 입고 자유롭고 독창적인 춤을 보여주었을 때 그것이 당시 파리의 많은 디자이너들에게 강한 인상을 주었기 때문이라고 본다. 그리스 스타일은 당

그림 454. Paul Poiret, Minaret Style dress(1913년)

그림 455. Paul Poiret, Harem Pants (1911년)

시의 새로운 조류로서 과거로부터의 탈피를 원하며 새로움을 향하고 있던 그 시대의 감각에 적절한 것이었다.

이와 같이 Poiret뿐만 아니라 그를 전후해서 이 당시의 다른 디자이너들이 비슷한 유형의 새로운 디자인을 창출한 것은 오랫동안 콜셋의 구속으로부터 해방되고 싶어 했던 인간의 욕구를 감지했기 때문이며, 때마침 일어난 여성해방운동과 스포츠 붐 등의 영향 때문이었다. 또한 러시아 발레를 통해 페르시아, 아라비아, 일본, 중국 등으로부터 받은 이국적인 분위기의 복식의 영향을 받았기 때문이기도 했다〈그림 453〉.

러시아 발레를 통해 소개된 동양풍의 의상 디자인은 씰루엣의 변화를 가져오게 한 커다란 요인 중의 하나이다. 터키풍의 하렘(Harem) 바지〈그림 455〉와 터번은 의상 디자이너들에게 즉시 큰 영향을 주었다. 이 터키풍의 바지는 전위적인(avant-garde) 의상으로 이 당시에는 이브닝 웨어로만 착용되었지만 1920년대에 가서는 스포츠나 레저용으로 착용범위가 확대되었다.

1910년경 Poiret는 튜닉 드레스의 아랫단을 좁힌 호블 씰루엣(Hobble Silhouette)〈그림 453〉을 발표하여 센세이션을 일으켰다. 호블 스커트는 무릎 부분의 통이 좁은 치마를 말하는 것으로 이것은 상체에서 무릎까지는 여유가 있고 무릎부터 발목까지는 좁혀준 라인으로 비기능적인 형태의 의상이다〈그림 454〉. 이것을 입은 여자들은

그림 456. 전쟁시의 Military Look과 Tubular Style(1915년)

그림 457. Straight Box Style(1920년대)

좁은 스커트 단 때문에 걸음폭을 작게 하면서 넘어질 듯이 걸어야 했기 때문에 호블(오뚜기)이라는 명칭이 붙었다.

콜쎗을 추방하고 브래지어(brassiere)를 창출한 Poiret가 호블 씰루엣을 통해 여성의 다리를 다시 구속해 버린 것은 모순이지만 이는 콜쎗으로부터 해방된 후 또 다른 구속을 원하고 있던 여성들의 심리를 간파했기 때문이다. 활동이 불편함에도 호블 스커트가 널리 보급된 것은 당시 사람들이 그것을 과거 중국 귀족들의 발의 구속이나 르네상스 시대의 러프(ruff)로 인한 목의 부자유스러움과 같이 일종의 '사치스러운 상징'으로 간주했기 때문이다. 따라서 이러한 신체의 구속을 더욱 추종했을 것이며 이런 점에서 호블 스커트의 다리 구속은 Poiret가 추구한 복식에서의 현대주의의 한계가 된다.

빈축을 사온 호블 스커트는 그 후 전체적인 씰루엣은 변화되지 않으면서 활동의 자유를 얻기 위해 치마의 앞·뒤·옆선에 트임이 들어가거나 자연스러운 주름이 들어가도록 디자인되었다. 호블 스타일은 테일러드 쑤트에도 나타나 사회에서 활동하는 신여성(New Woman)들도 호블 스타일의 테일러드 쑤트를 착용했다.

1913년 Poiret는 새로운 씰루엣으로 미나레 튜닉 스타일(Minaret Tunic Style)〈그림 454〉을 발표했다. 이 스타일은 Poiret가 1911년에 하렘 바지나 호블 스커트 위에

그림 458. Paul Poiret(1879～1944년)

그림 459. Paul Poiret가 디자인한 Minaret Style(1913년)

램프(lamp)처럼 둥글게 뻗친 씰루엣의 오버 스커트를 덧입는 것으로 새롭게 디자인했던 것이다. 오버 스커트를 램프처럼 펼쳐 주기 위해 스커트 단에 철사를 넣어 주었는데 이러한 미나레 스타일을 램프쉐이드 튜닉 스타일(Lampshade Tunic Style)이라고도 한다. 이 스타일은 Poiret가 무대의상을 담당했던 연극「르 미나레(Le Minaret)」가 공연된 후 이 명칭이 붙었으며 널리 유행하게 되었다.

미나레 스타일은 여러 가지 형태로 나누어질 수 있는데, 하렘 바지를 입고 그 위에 램프쉐이드 스커트를 착용하는 스타일〈그림 455〉, 아래가 좁은 호블 스커트 위에 램프쉐이드 스커트를 덧입는 스타일〈그림 454〉, 2～3겹의 풀기 없는 오버 스커트가 달린 스타일 등 여러 가지의 다른 씰루엣을 형성했다. 이러한 미나레 튜닉 스타일은 넓은 쌔쉬 벨트(sash belt)를 매기도 했는데, 이것은 아르 데코의 오리엔탈리즘적 성격으로 일본 취향에서 온 것이었다〈그림 454〉.

한편 호블 스커트와 같은 여성적인 복장과 함께 보다 기능적이고 활동적인 복장, 즉 스포츠 웨어로 바지가 착용되었으며, 여성의 사회진출의 증대에 따라 더블 칼라의 재킷과 롱 스커트라는 테일러드 쑤트가 애용되었다. 여자들의 상의는 남자용 상의와 거의 같은 형으로 변해 갔다. 더구나 목에는 남자와 같이 크라바트 모양의 목

그림 460. Empire Tunic Style(1908년)

그림 461. Empire Tunic Style(1912년)

장식을 하기도 했다. 이와 같이 남성복식의 요소를 여성복식에 적용시킨 것은 19세기 중엽에 일어났던 여성들의 페미니즘(feminism) 운동의 일환으로, 이후 현대여성복의 성격으로 특징지워진다.

(2) 제1차 세계대전 전 · 후의 복식(1914~1930년)

사회 · 문화적 배경 프랑스는 제1차 세계대전에서 많은 인명피해와 막대한 재산의 피해를 입었다. 산업의 중심지였던 지방이 황폐화되었으며, 혁명 전에 러시아에 투자한 막대한 채권을 상실했고, 독일로부터 전쟁 배상금도 순조롭게 받지 못했다. 연합국의 주축국이었던 영국도 전쟁의 타격이 심해 휴전 직후부터 경제난에 직면하게 되었다. 반면 미국은 전쟁 동안 중립국으로서 교전중인 연합국에 식량과 군수품을 공급하여 많은 이익을 거두었을 뿐만 아니라 교전 각국의 해외시장에도 진출했다. 제1차 세계대전의 결과 미국은 눈부신 발전을 이룩했을 뿐 아니라 유럽 열강이 국내문제 처리에 힘쓰는 틈을 타 대외로 진출해 아시아, 남아메리카, 태평양 지역의 상권을 장악했다. 러시아는 볼셰비키 혁명에 의해 공산주의 체제가 성립되었고, 이탈리아와 독일에서는 파시즘(Facism)이라는 새로운 이념이 대두되었다.

1914년부터 1918년까지 계속된 제1차 세계대전은, 그 기간이 비교적 짧았음에도

그림 462. 제1차 세계대전 중의 Military suit와 Hourglass Silhouette.

그림 463. 제1차 세계대전 중의 Military Look(1915년)

불구하고 대단히 큰 변혁을 가져왔다. 전쟁에 군인으로 나간 남자들의 공백을 메우기 위해 여자들이 공장과 기타 사회적 분야에 진출했다. 이러한 여자들의 사회적 진출은 여자복장에 합리성과 기능성을 추구하는 등의 커다란 변화를 일으키게 되었다. 그러나 전쟁 동안의 호된 내핍 생활과 긴장 그리고 억압된 의생활에 대한 반발로 오히려 여성다움이 강조된 복식도 유행했다〈그림 462〉.

한편, 전쟁중에도 파리는 복식으로 우아함의 창조자 역할을 계속했다. 대부분의 디자이너들은 전쟁 동안 살아남기 위해 수출을 해야 한다는 것을 인식했다. 특히 오트 쿠튀르 패션을 미국에 수출하기 위해 전력을 다했다. 전쟁기간 동안 의복산업에 필요한 물자가 부족했으며 숙련된 기술자들은 군수품에 관한 일에 종사했음에도 불구하고 오트 쿠튀르 패션 콜렉션은 계속 이루어졌다. 각 매장들의 의상과 장신구들을 보여 주는 많은 일러스트레이션이 「엘레강스 파리지엔(Elegance Parisienne)」이라는 잡지를 통해 외국으로 배포되었으며 이 잡지는 수출의 증진을 위한 중대한 역할을 했다.

패션의 경향 제1차 세계대전 중 많은 여성들이 남자들을 대신하여 사회의 모든 분야에서 활동하면서 제복을 착용하게 되었고, 제복 착용을 계기로 여성들도

그림 464. Paul Poiret, Art Deco 시대의 Tubular Silhouette

그림 465. Straight Box Style(1923년)

테일러드 쑤트를 광범위하게 사용했다〈그림 463〉. 전쟁 전 호블 스커트를 입었던 여성들은 전시 작업에 방해가 됨에 따라 언더스커트를 벗어버리고 오버스커트나 튜블러 스타일(Tubular Style)의 튜닉을 착용했다〈그림 464〉. 한편 전쟁중에는 튜블러 스타일 외에 스커트 길이가 짧은 테일러드 쑤트도 함께 보편화되었다.

1915년 샌프란시스코에서 열렸던 세계박람회에 출품되었던 드레스는 자연스런 아워글라스 스타일로 낮은 허리선과 착용자가 자유스럽게 움직일 수 있는 넓은 폭의 스커트로 구성되어 있었다. 아워글라스 스타일은 힘들고 고된 전쟁이라는 상황과 현실에서 도피하고 싶은 인간의 본능이자 욕구의 발로로 나타난 대표적인 씰루엣으로 후프까지 동원하여 여성스러움을 추구했던 스타일이다. 특히 포켓 가장자리, 소매, 스커트의 햄라인 등에는 모피장식(fur decoration)을 많이 했는데, 전쟁중에는 모피가 부족했기 때문에 희귀한 사치품으로 간주되면서 한층 더 모피를 소유하고 장식하고자 했다. 이것은, 주어진 상황에 역행하려는 인간의 심리를 잘 표현해 주는 것이라 할 수 있다〈그림 462, 464〉.

또한 전시의 패션은 단추달린 파카나 선이 둘러진 커프스와 같이 군복차림에서 아이디어를 빌려 오기도 했다. 복식의 형태뿐 아니라 직물의 색상도 실질적인 검정색, 갈색, 회색 계통을 많이 사용했는데, 이러한 색조의 사용은 세계 염료 시장의 염

그림 466. Flapper girl(1926년)

그림 467. Garçonne Style(1926년)

그림 468. Chanel, 실용적인 knit sports wear(1926년)

그림 469. Straight Box Style의 two-piece suit(1926년)

료부족으로 인한 부득이한 상황이기도 했다.

전쟁 직후 세계는 삶에 대한 열망으로 휩싸였고, 사회적인 개혁보다는 자기 자신

그림 470. 1920년대 후반부의 Garçonne Style

만이 관심의 대상이 되어 1920년대를 재즈와 광란의 시대라 부르기도 했다. 일부 여성들은 전쟁 전의 화려한 차림을 동경하기도 했고, 일부는 기능적인 옷을 즐기면서 새로운 세계로 진출하려 했다. 파리의 오트 쿠튀르조차 혼란에 빠졌으며 다가올 패션에 대한 완전한 개념을 갖지 못했다.

전쟁이 끝나면서 나타난 가장 현저한 현상 중의 하나는 춤에 대한 열광으로 탱고(Tango)춤은 전쟁 후 사람들에게 구원과 기쁨의 대상이 되었고 이때 유행한 등(back) 없는 홀터 드레스(halter dress)는 춤을 외설적이기까지한 즐거움으로 만들었다.

전쟁 후의 이러한 시대감각은, 여성들이 여자다움보다는 가슴을 납작하게 하고 허리 곡선을 완화시킨 스트레이트 박스 씰루엣을 선호하면서 남장을 모방한 보이쉬 스타일(Boyish Style)을 창출하도록 했으며, 이 스타일은 1920년대 말까지 유행했다. 이것은 가슴, 허리, 힙 모두를 억제한 일자형의 슬림(slim)한 스트레이트 씰루엣으로, 여자 답지 않은 모습을 보이기 때문에 말괄량이 아가씨 스타일(Flapper Style)이라고도 한다〈그림 466〉. 그러나 1920년대 후반부에는 1925년에 가장 짧아졌던 스커트의 길이가 차츰 길어지면서 여성적인 분위기의 가르손느 스타일(Garçonne Style)로 변해 갔다〈그림 467, 470〉.

이때부터 여성들도 남성들처럼 바지를 입는 것이 눈에 띄었고 직업을 가진 여성

그림 471. Art Deco 시대의 속옷과 corset

그림 472. Art Deco 시대의 corset

들은 스트레이트 박스 스타일의 투피스 쑤트를 착용했다〈그림 469〉. 1920년대의 자동차의 보급과 함께 여성의 스포츠열은 높아지고 바지는 스포츠 웨어로서 필수품이 되었다. 긴 바지, 바지형 스커트(culotte skirt), 짧은 바지(shorts) 등이 두드러지게 유행하여 여성의 바지 착용이 일반화되어 가고 있었다. 그러나 바지가 여성의 일상복이 되기에는 아직 큰 저항이 있었다.

이 시기 동안 코코 샤넬(Coco Chanel)은 여성들이 좀더 스포티하고 편안한 옷을 원한다는 것을 간파하고 간단한 드레스와 쑤트를 제시했으며, 일하는 여성을 위해 쎄일러 스커트(sailor skirt)와 남성적인 분위기의 풀오버(pullover)를 만들기도 했다〈그림 468〉.

이 시기에는 스트레이트 박스 씰루엣을 만들기 위해〈그림 469, 470〉 이전 시대와는 다른 간편하고 느슨한 형태의 콜셋과 브래지어를 착용했다〈그림 471, 472〉.

스커트 길이가 짧아짐에 따라 스타킹(stocking)이나 구두에 관심이 집중되어 여러 가지 아름다운 색상의 양말이나 구두가 유행했다.

레이온의 개발은 디자이너와 기성복 제조업체에 놀랄 만한 소재가 되었다. 제조업자들은 레이온으로 만든 스타킹을 생산했으나 소비자인 여성들은 여전히 값이 비싼 씰크 스타킹을 구입하여 신었으며 레이온은 1920년대에 가서야 비로소 그 빛을 보

그림 473. Art Deco Style의 모자

그림 474. Art Deco Style의 모자

그림 475. Art Deco Style의 모자들 (cloche)

그림 476. Art Deco Style의 모자

게 되었다.

한편, 전쟁이 여성해방운동을 가속화시키는 계기가 되기도 했는데, 자신이 남성들과 사회적으로 동등함을 인식하게 된 여성들은 수세기 동안 자신들을 묶어 놓았던 종속에 대한 첫 반응으로 머리를 잘랐다〈그림 466〉. 남자 같은 단발머리는 작은 모자를 필요로 했고, 이 작고 꼭 맞는 모자는 귀를 덮고 눈에 그림자를 줄 정도로 낮게 착용되어 암울한 시대를 표현해 주기도 했다〈그림 473, 474, 475, 476〉.

그림 477. Formal Daytime Wear(1924~1925년)

그림 478. knit sweater와 knickerbockers를 입은 Windsor공 (1922년)

그러나 남자복에 있어서는 현대형의 기본이 이미 19세기의 제3제정 시대에 확립되어 있던 것으로, 그 변화는 거의 없었다고 볼 수 있다.

1910년경에 이르러서는 바지(trousers, slacks, pants)의 변화가 눈에 띈다. 즉, 상의(jacket)에는 어깨에 패드를 넣어 폭이 넓어 보이게 했고 바지는 힙을 헐렁하게 하고 아랫단을 좁게 하여, 전체적으로 역삼각형의 씰루엣을 만들어 호블 스커트와 조화를 이루었다.

1920년대의 남자복장은 1910년대와 비슷하고 칼라(collar)의 넓이와 바지의 폭이 약간 넓어졌을 뿐이다〈그림 477〉. 정장복 외에 캐주얼 웨어로는 와이셔트(white shirt)에 넥타이를 매고 그 위에 스웨터를 입고 아래에는 승마용 바지를 입는 것이 유행했다〈그림 478〉. 상의나 스웨터 속에 받쳐 입는 일상용 와이셔트는 옅은 단색이나 분홍색과 청색의 줄무늬나 체크, 잔잔한 꽃무늬 등이 있었다.

남자들의 신발은 이제까지의 것과 다를 것이 없었고, 다만 너욱 실용적이고 간편한 형이 환영을 받았다.

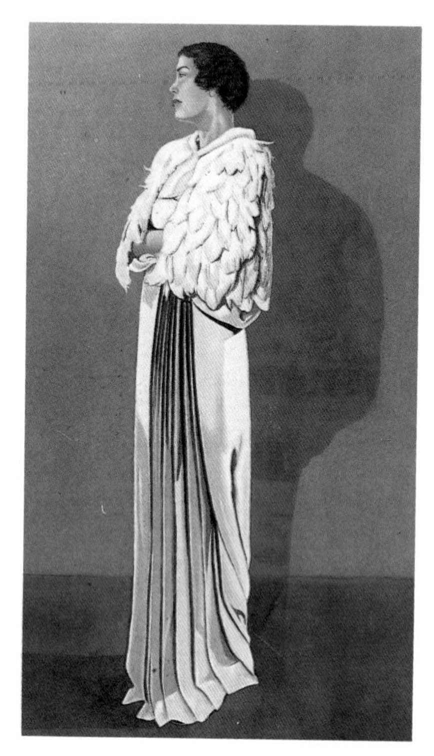

그림 479. E. Schiaparelli, Surrealism이 반영된 dress(1938년)

그림 480. Slim & Long Style bias로 재단된 dress(1932년)

2. 1930년대의 복식(1931~1940)

사회 · 문화적 배경 1929년에 뉴욕 주식시장의 대폭락을 계기로 세계적 대공황이 일어나고 전후 세계경제에 대파탄을 몰고 왔다. 소련을 제외한 전세계는 실업자가 거리에 넘쳤고 제1차 세계대전 종결 후에 세계를 휩쓴 혁명에 이어 대규모 노동운동이 일어났다. 미국에서는 산업여성을 가정으로 되돌려 보내려는 기운이 일어났고 이로써 여성에게 여성다움을 요구하는 태도가 생기기 시작했다.

미술분야에서의 초현실주의(Surrealism) 양식은 패션에 많은 영향을 주었다. 초현실주의는 인간정신의 심층에 묻혀 있는 무의식을 표출시킴으로써 이성이나 고정된 관념으로부터 해방되고 진정한 자유를 얻게 된다고 보았으며, 초현실주의는 기본 개념을 꿈의 무한한 힘, 무관심, 사고(思考)의 작용 등에 잠재해 있는 억제된 연상의 실재성에 두고 있었다. 의상에 나타난 초현실주의의 기법으로는 신체부위 이동의 예로서 얼굴의 눈, 입술 등을 의상의 일부분에 나타내거나, 신체의 감추어진 부분을 드러내기 위해 유방을 의복의 겉에 그려 넣거나, 발가락을 구두 겉 표면에 그려넣는

그림 481. Worth, Slim & Long Style(1932년)

그림 482. Slim & Long Style(1932년)

등의 디자인을 보여주었다. 이 외에도 해양생물, 새, 나무, 꽃, 나비 등 자연물을 의상에 이동시켜 표현하는 것〈그림 479〉, 의상의 앞과 뒤, 속과 겉을 도치시키는 것 등 상징적인 의미를 지닌 소재들을 의상에 위치 전환시켜 반이성적인 표현을 시도했다.

패션의 경향 1920년대의 모드를 단적으로 젊은이들의 것이라 한다면 1930년대는 어른들의 모드라고 할 수 있다. 이것은 스커트에 신비로운 바이어스 커트(bias cut)를 이용한 것이나 이브닝 드레스에 있어 극단적으로 등을 노출한 홀터 네크라인(halter neckline)과 데콜테가 성행한 것 등을 보아 잘 알 수 있다〈그림 480〉. 그러나 이러한 차림은 상류층에 국한되어 나타났다.

일반적인 씰루엣은 홀쭉하고 긴 스타일(Slim & Long Style)〈그림 480, 481, 482〉로 옷감을 바이어스로 재단하거나 폭을 대어 스커트 도련이 플레어지는 형태가 유행했다〈그림 480, 482, 483〉. 1920년대에 로우 웨이스트라인(low waistline)과 다리의 각선미를 대담하게 나타내기 위해 스커트 길이가 짧아졌던 것이 1930년대에 와서는 종아리 길이로 길어지고 허리선이 원래의 위치로 돌아오는 변화가 있었다. 또한 몸통은 꼭맞고 어깨가 넓어지는 등 여성의 가슴, 허리, 힙을 강조하는 스타일도 나타나게 되었다.

이러한 여성다운 씰루엣을 나타내기 위해 탄력성 있는 재료로 만든 올인원(all-in-one)이나 업리프트 스타일(up-lift style)의 브래지어가 개발되었으며 그 당시 파리의

그림 483. bias 재단된 Slim & Long Style의 dress(1939년)

그림 484. 여성의 golf wear

쿠튀리에들은 파운데이션과 바이어스 재단으로 곡선미를 살리는 작품들을 발표했다 〈그림 483〉. 스커트의 길이가 길어지면서 1938년경까지 롱 스커트 시대가 계속되었는데, 전체적으로 날씬한 씰루엣으로 허리선이 부활되었다. 이 시대의 특기할 만한 변화는 복식의 기능이 세분화되면서 타운웨어〈그림 481〉, 운동복〈그림 484〉, 운동관람복, 이브닝 드레스〈그림 483〉 등으로 다양하게 갖추어 입게 된 점이다〈그림 484, 485〉.

미국을 비롯한 대부분의 나라가 대공황에서 벗어날 방법을 모색하고 있던 반면에 일본·독일·이탈리아는 파시즘 정책을 취하면서 노골적인 침략을 강행하기 시작했다. 그리하여 히틀러 유겐트(Hitler Jugent) 등의 제복에서 볼 수 있는 것과 같은 군대복장의 씰루엣이 또 다시 나타나게 되었다. 패드를 넣은 모난 어깨에 몸체는 벨트로 꽉 조이고 롱 스커트를 대신하여 무릎길이의 쇼트 스커트(short skirt)가 주류를 이루었다.

이른바 밀리터리 룩(Military Look)은 단지 침략주의적인 국가뿐 아니라 당시의 사회에 널리 유행하게 되어 가정과 직장과 거리에서 흔히 볼 수 있게 되었다. 그러나 상류층을 위해서는 이러한 경향과는 무관하게 여성의 미를 강조한 이브닝 드레스가 다양하게 디자인되고 있었다.

1930년대에 미국에서는 두 가지의 획기적인 발명이 있었는데 레이텍스(latex)와

그림 485. 활동적인 tennis wear

슬라이드 패스너(slide fastener, zipper)였다. 레이텍스는 신축성이 있는 새로운 직물이고 슬라이드 패스너는 지퍼(zipper)를 의미하며 다양한 색상으로 제조되어 훅 앤드 아이(hook & eye)나 단추 대신 여밈에 사용하게 되었다.

레이텍스 천과 슬라이드 패스너를 이용하여 가장 편하게 느낄 수 있는 씰크 콜쎗이 제작되었는데 이것으로 인해 여성들은 처음으로 자기 체형에 맞는 편안한 씰크 콜쎗을 입을 수 있게 되었다.

당시의 남자복식으로는 고급스러운 모직물이 많이 사용되었고 스포티한 요소를 가미한 정장 스타일 등이 유행했는데 특히 게리 쿠퍼(Gary Cooper)〈그림 486〉, 클라크 케이블(Clark Cable), 지미 스트워트(Jimmy Stewart)〈그림 487〉 등의 영화배우〈그림 488〉들과, 전세계적으로 센세이션을 일으켰던 윈저공〈그림 489〉의 패션이 대중에게 영향을 주었다.

3. 제2차 세계대전 중의 복식(1941~1947)

사회 · 문화적 배경 1930년대 후반부터 유행을 예고했던 밀리터리 룩(Military Look)〈그림 490, 491, 492〉은 제2차 세계대전으로 인해 전세계 여성복으로 결정지워졌다. 각진 어깨, 짧은 스커트의 테일러드 쑤트 스타일인 밀리터리 룩은 이제 완전히 실용적인 기능복이 되었고, 또한 그것이 모드로 변천되었다.

그림 486. Gary Cooper, sports jacket(1932년)

그림 487. Jimmy Stewart, sport jacket(1939년)

그림 488. 고급직물로 만든 double breasted suit(1939년)

그림 489. Windser공 부부의 Wedding dress와 suit(1930년대)

그림 490. Military Look (1939년)

제2차 세계대전 중 파리의 함락으로 디자이너들은 외부 세계와의 접촉을 잃게 되었고, 영국과 유럽 대륙간의 고립도 심화되었다. 1941년 영국에서는 무역청에 의해 유틸리티 클로스(Utility Cloth)〈그림 492, 493〉에 대한 규정을 발표했다. 유틸리티 클

그림 491. Norman Hartnell, 전쟁중의 utility cloth(1943년)

그림 492. Military Look의 영향을 받은 utility suit(1945년)

로스는 옷감을 절약해서 만들 수 있는 간단한 디자인의 의상을 말한다. 이 유틸리티 클로스의 규정에 의해 민간인들은 각각 20개의 배급권을 발급받았고, 주어진 배급권으로만 의복을 충당할 수 있었다. 더구나 이 규정은 모든 의류 생산업자들에게 각 종류의 의상마다, 정해진 양만큼의 직물만 사용하도록 했으며, 한 의류회사가 1년에 50스타일 이상 생산해 내는 것을 금지했다. 군수품생산청이 규정한 직물사용에 대한 규제는 옷감의 양을 15% 절약할 수 있도록 했으나 결과적으로 이것은 여성복의 발전을 방해하는 요소가 되었다.

전쟁기간 동안 파리와 단절된 미국은 패션의 중심지가 되었고 많은 디자이너들이 뉴욕에 그들의 의상실을 열었다. 미국은 패션 창조에 있어서 그 영향력을 계속 넓히고 있었다.

미국에서도 씰크 스타킹의 부족함을 대신하기 위해 발목 길이의 목양말인 바비 싹스(bobby sox)가 유행하기 시작했다. 그러나 1940년부터는 나일론(nylon)이 출현하여 커다란 변화를 가져왔다. 즉, 씰크 스타킹을 대신할 나일론 스타킹이 나왔고, 나일론이 가진 내구성과 탄력성, 가벼움, 손쉬운 세탁 등은 복식 발전에 또 다른 가능성을 주었다.

그림 493. 제2차 세계대전 중의 Utility Cloth(1943년)

패션의 경향 1940년대에 나타난 가장 눈에 띄는 패션현상은 틴에이저들의 패션 문화 성립이다. 「세븐틴(Seventeen)」 잡지를 선두로 시작된 젊은이용 잡지들이 시장에 넘쳐났고, '밍스 모드(Minx Mode)', '조나단 로건(Jonathan Logan)'과 같은 주니어복 생산업체들이 출현하였다.

이 시기에는 고등교육을 받은 젊은이들의 수가 증가하게 되면서 대학을 포함한 교내의 패션이 점차로 중요해졌다. 차츰 직장여성이나 가정주부들까지도 이러한 실용적이고 젊은 매력이 넘치는 대학의 패션을 받아들여 캐주얼 웨어가 전세계적으로 확산되는 계기를 마련했다. 또한 실용성을 강조한 바지 착용이 확대되었으며〈그림 494〉 레이온 직물의 개발로 몸에 밀착되는 힙 라인의 스커트가 등장하기도 했다.

디자이너들은 의복 디자인의 영감을 군대에서 찾아낼 수밖에 없었고 아이젠하워 재킷(Eisenhower jacket), 몽고메리 베레모(Montgomery beret)와 같은 시대적인 모티프들이 일반화되기도 했다〈그림 496〉. 1940년대 초에는 전쟁시의 군복에서 영향을 받아 어깨를 각지게 강조하고 라펠(lapel)이 넓은 쑤트를 착용했다〈그림 497〉.

전쟁이 끝나고 평화가 오자 상대적으로 위엄있고 거대해 보이는 볼드 룩(Bold Look)이 등장했다. 허리가 좁고 넓은 어깨와 상의 포켓 등으로 그 효과가 강조되어 남성적인 분위기가 부각되었다.

전쟁이 끝난 뒤 파리는 예전의 패션 리더로서의 위치를 되찾았고 오트 쿠튀르는 1년에 두번씩(1월, 7월) 정기적으로 발표회를 가지면서 이후 수많은 스타일 라인

그림 494.
활동성의 요구로
출현한 slacks
차림(1940년대)

그림 495. bikini swim suit의 출현(1940년대)

그림 496. 군복의 영향을 받은
coat, beret

그림 497. 넓은 lapel의 tailored suit(1943)

(style line)들을 발표했고, 이는 세계 모드의 방향을 제시하는 역할을 했다. 전쟁중 확대된 민주주의에 대한 개념과 함께 복식에 있어서 계층간의 구별이 사라졌다.

4. 뉴룩(New Look)과 1950년대의 복식 (1947~1960, 라인 시대)

사회 · 문화적 배경 전쟁 후 미·소 대립을 축으로 하는 냉전체제, 즉 세력을 증대한 자본주의국 진영과 사회주의국 진영과의 적대적 상황을 배경으로 온갖 무기의 생산이 이루어졌고 새로운 사회적 분업화와 세분화가 추진되기 시작하여 경제 발전과 자본의 축적 속도는 더욱 빨라졌다.

과학의 발전과 기술의 진보로 모든 물자가 풍부해졌으며 소비자 중심주의(consumerism) 사회가 도래했다. 과학의 발전은 섬유 산업에도 큰 영향을 주어 영구주름가공(permanent pleat finish)〈그림 509〉, 광택가공, 방축가공, 워셔블(washable)가공 등으로 600여 종류 이상의 소재가 개발되었다. 제2차 세계대전 무렵에 합성섬유가 발명되어 50년대에는 나일론이 패션에 혁명을 일으켰는데 스타킹, 슬립, 블라우스, 원피스, 심이 없이 뻗치는 페티코트 등이 나일론으로 만들어졌다.

그림 498. fishnet stocking의 출현 (1950년대)

그림 499. Teddy Boy Look

20세기가 시작되면서 젊은 세대는 기성세대로부터 탈피하고자 하여 그들 특유의 패션과 음악, 영화, 카페 등 젊은이들의 문화를 이루었고 이것은 1950년대 중반부터 일반화되었다. 50년대 틴 에이저에게 유행했던 것은 포니 테일(pony tail) 머리 스타일과 서큘러 드레스(circular dress), 피시네트 스타킹(fishnet stocking)〈그림 498〉, 엘비스의 분홍 캐딜락, 말론 브란도(Malon Brando)의 찢어진 티셔트, 오토바이, 가죽 재킷, 커피 바, 주크 박스, 핀볼 기계 등이었다. 젊은이들의 문화는 새로운 틴 에이저 패션을 만들어 냈는데, 스튜던트 룩(Student Look), 테디 보이 룩(Teddy Boy Look)〈그림 499〉 등이 그것이다.

제2차 세계대전을 전후로 하여 인기 있던 여성 취향의 영화들은 50년대에 들어서도 그 인기가 계속되어 대중들의 우상이 된 글래머 스타들이 탄생했다. 마릴린 먼로(Marilyn Monro), 에바 가드너(Eva Gardener), 엘리자베스 테일러(Elizabeth Taylor)와 같은 여배우들은 글래머러스(glamorous)한 패션을 유행시켰다〈그림 500〉. 이들 영화 주인공들의 스타일은 여성 패션의 흐름을 주도하기 시작했으며 영화는 움직이는 모드의 역할을 담당했다.

제2차 세계대전 후 패션에 있어서도 강대국으로 부상한 미국은 2차 대전 이전의

그림 500. Marilyn Monro가 입은 halter dress

그림 501. Debbie Reynolds

오트 쿠튀르(haute couture) 주도의 패션에서 적절한 가격의 편안한 캐주얼 위주의 단품을 생산하는 대량 생산체제로의 전환을 가져왔다.

전쟁 중에 생겨난 아메리칸 룩(American Look)은 오트 쿠튀르 디자이너들이 고안한 스타일과는 다른 형태로서 영화배우들〈그림 501〉의 스타일이나 뮤지컬 배우인 라나 터너(Lana Tuner)에 의해 대표되는 스웨터 걸 스타일(Sweater Girl Style)이 유행했다. 반바지, 하이 힐과 함께 착용한 바디스에 꼭 맞는 스웨터는 외설스러운 것처럼 생각되었으나 스웨터 그 자체는 여대생의 제복이 되다시피 했다. 큰 가슴에 작은 힙과 가는 허리를 가진 이들 스웨터 걸들은 또 다른 의미의 소녀같은 모습으로 간주되었고, 이로 인해 브레이저 산업이 활발히 전개되었다〈그림 502〉.

패션의 경향 전후 여성복장의 흐름에 영향을 준 가장 큰 공로자는 오트 쿠튀르계의 제1인자인 크리스티앙 디오르(Christian Dior)이다. 1947년 봄 제1회 컬렉션에서 Dior가 발표한 새로운 씰루엣은 세계적인 센세이션을 일으켰다. 그것은 둥근 어깨, 가는 허리, 활짝 펼쳐지면서 길어진 스커트로 8-line을 이루는 새로운 모습, 즉 뉴 룩(New Look)〈그림 503, 504〉이었다. 이 씰루엣에 의해 여성들의 밀리터리 룩은 완전히 평화롭고 로맨틱한 새로운 모습으로 변모했다. Dior가 보여준 뉴 룩은 중세 이래 여성복을 지배해 온 귀족적 취향이 현대 부르주아적 감각에 맞게 재생된 것으

그림 502. Lana Tuner의 Sweater Girl Style

로, 현대여성의 의장(衣裝) 표현이 여기에서 정착되었다. 또한 Dior는 엠파이어 스타일의 하이 웨이스트를 즐겨 사용했는데 이러한 하이 웨이스트는 어떤 의미에서는 여성복에 있어 부르주아적 성격을 나타내는 것이었다. Dior는 이를 그의 풍부한 복식사의 지식과 재능을 발휘해 시대적 감각에 맞춰 현대화시켰는데, 이러한 그의 새로운 시도는 연속적으로 매년 봄·가을에 걸쳐 발표되었다.

그가 1947년 봄 뉴 룩을 처음 발표한 이후 그가 사망한 1957년까지는 여성복의 씰루엣 시대로서, 수많은 라인(line)이 발표되어 이 기간을 라인 시대라고 한다. 더욱이 다른 디자이너들도 Dior와 같은 경향의 특이한 씰루엣 변화와 재단상의 기교를 추구했다.

라인으로 인한 기본적인 씰루엣의 변화는 허리에서 이루어진 것으로 슬림 웨이스트(slim waist), 하이 웨이스트(high waist), 로우 웨이스트(low waist)의 순서로 변화하면서 복식사적 회전을 보여 주었다. 각 라인에는 그 시대의 독특한 미의식과 시대정신이 반영되어 있어 그 중요성은 더욱 크다고 할 수 있다. 이러한 라인 중에는 일부 상류층에서만 소화된 것도 있지만 대부분 발표된 이후 오랜 기간에 걸쳐 전세계 패션을 지배했으며, 이로써 Dior의 공로는 크게 인정되었다.

1948년에는 텐트형, 아워글라스형 등이 나왔는데 뉴 룩의 뒤를 이어 여성적인 씰루엣이 주류를 이루었다〈그림 505〉. 스커트의 길이는 비교적 길고 플레어가 많았으며 코트도 따라서 뒤쪽에 플레어가 많아 전체적으로 삼각형의 피라미드 스타일(Pyramid Style)이 되었다〈그림 506〉. 소매도 부드러운 돌먼 슬리브(dolman sleeve), 래글런 슬리브(raglan sleeve)가 많고, 칼라도 윙 칼라(wing collar)와 숄 칼라(shawl collar)

그림 503. Christian Dior, New Look(1947년)

그림 504. Christian Dior, New Look (1947년)

그림 505. New Look의 영향을 받은 shirtwaist dress(1940년대 후반부)

그림 506. New Look의 영향을 받은 Pyramid Style의 coat(1949년)

그림 507. Dior의 Tulip Line

그림 508. Dior의 Tent Line

등 여성적 형태가 주로 이용되었다.

1950~1952년에는 여성적인 몸매를 강조한 씰루엣이 성행했다. 즉, Dior의 버티칼 라인(Vertical Line)이나 둥근 타원형의 오벌 라인(Oval Line), 프로필 라인(Profil Line) 또는 발렌시아가(Christobal Balenciaga)의 클래식 라인(Classic Line)들은 무릎 길이의 타이트 스커트에 허리를 벨트로 매거나 또는 그대로 여유있게 둔 것으로 라인의 이름은 각 부분이나 전체적 특징을 나타내기 위한 것이었다.

1953년 Dior는 좀더 여성적인 분위기를 표현하려 애썼고 그 결과 어깨선을 아치(arch)와 같이 둥글게 하고 몸의 곡선을 따라 흘러내린 듯한 튤립 라인(Tulip Line)〈그림 507〉이나, 스커트가 밑으로 가면서 넓어지는 씰루엣 등을 발표했다. 여기에서는 프린세스 라인(princess line)이 여체 곡선미를 드러내는 데 중요한 역할을 했다.

1954년 가을 Dior는 다시 혁신적인 새로운 라인을 발표했다. 즉 H-라인을 발표했는데, 이것은 알파벳 문자였기 때문에 누구나 알 수 있어 곧 인기를 끌었다. 이 라인은 직선상의 단순하고 날씬한 씰루엣인데, 일명 플랫 룩(Flat Look)이라 하는 것에서도 알 수 있듯이 여체의 곡선미를 부정하고 있었다. 즉, 뉴 룩 이래 인정되어 온 여자다움의 표현이 H-라인에서는 전혀 무시되어 센세이션을 일으켰다.

1954년 패션계의 최대 뉴스는 샤넬의(Gabrielle Chanel, 일명 Coco)의 컴백이었다. Chanel은 유행을 타지 않는 의상, 입기에 편하고 실용적인 의상을 발표했다. 그녀는 저지나 트위드를 소재로 가장자리에 브레이드(braid)를 장식한 카디건 스타일의 재

그림 509. 합성섬유의 등장으로 유행한 permanent pleats의 skirt

킷과 무릎 밑 5~10cm까지 오는 샤넬 라인의 스커트를 발표했다.

1955년 Dior는 그의 또 다른 대표적인 씰루엣인 A-라인〈그림 510〉을 발표했다. 지방시(Givenchy), Balenciaga도 Dior의 영향을 받아 Y-라인〈그림 512〉과 A-라인〈그림 513〉을 발표했다. A-라인은 어깨폭이 좁고 가슴이 평평하며, 허리가 약간 하이 웨이스트인 상체에, 스커트는 아래폭이 점점 넓어져 전체적으로 A-라인 씰루엣을 이루는 것이다. 이것은 이제까지의 씰루엣에 비해 평범한 형태로 코트, 원피스 드레스, 쑤트, 스커트 등의 모든 여성복에 이용이 가능하여 H-라인보다 인기가 있었다. 그해 가을 Dior는 Y-라인을 발표했는데, 스커트의 폭이 좁아졌을 뿐 그다지 명확한 변화는 없었다.

1956년과 1957년에 Dior는 여성적 분위기의 F-라인과 마그넷 라인(Magnet Line)을 발표했으나, 이미 10년 간의 독자적인 씰루엣의 전성시대는 지나가 버렸다고 볼 수 있으며 라인을 정하지 않고 막연히 리버티 라인(Liberty Line) 또는 프리 라인(Free Line)으로 전체적인 분위기만 제시했다. 그러나 기본적으로는 튜닉과 슈미즈 드레스 형태로서, 자연스럽고 여성적인 경향을 취했다. 1957년 자크 파스(Jacque Fath)는 펜슬 라인(Pencil Line)〈그림 514〉의 드레스를 선보였다.

이후 유행된 그리페(Griffe)의 색 드레스(sack dress)〈그림 515〉도 이러한 슈미즈 드레스의 형태에서 벗어나지 않았다. 색 드레스는 허리선이 완전히 사라진 형태로 1950년대 말기의 이 변화는 단순히 허리선의 문제만이 아니라 라인 시대가 끝남을 예고하는 것이었다.

그림 510. Christian Dior, A-Line suit(1955년)

그림 511. Christian Dior, Trapeze Line(1958년)

그림 512. Balenciaga, Y-Line (1955~6년)

그림 513. Givenchy, A-Line(1950년대)

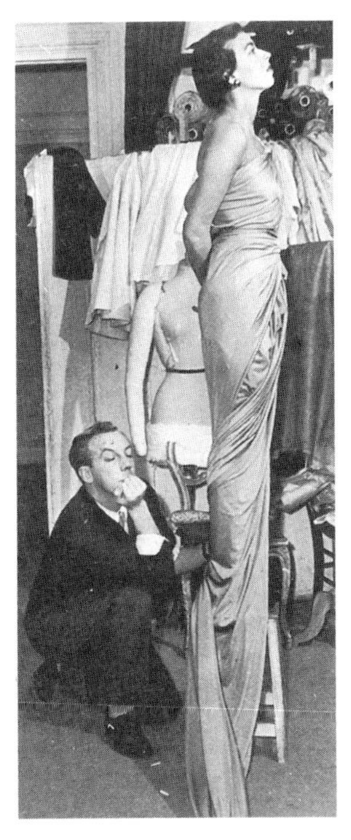

그림 514. Jacque Fath, Pencil Line(1957년)

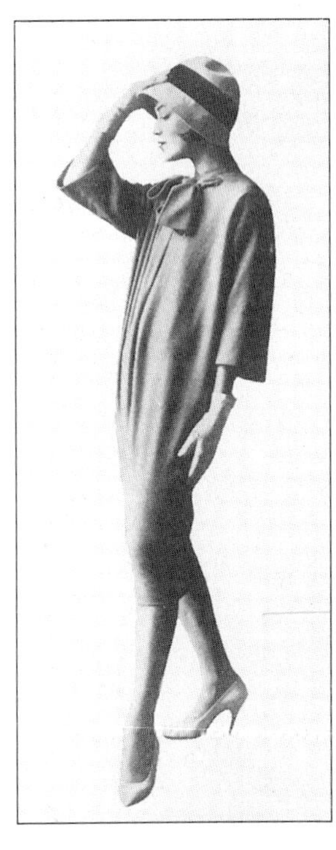

그림 515. Griffe, Sack dress(1958년)

그림 516. Gregory Peck이 입은 남성복 (1950년대)

그림 517. 깃이 좁은 남성복(1950년대)

라인 시대에 활약한 디자이너로는 Dior와 Balenciaga, 파투(Jean Patou), 발맹(Pierre Balmain)이 있고 Dior가 사망한 후에는 이브 생 로랑(Yves Saint Laurent)이 그의 후계자로 나타났다.

제2차 세계대전 후의 여자복식에서 두드러진 또 다른 변화는 바지착용의 일반화이다. 자본주의는 그 자체의 눈부신 발전이 진행되었고 그와 병행하여 민주주의도 그 세력이 강력해져 남녀의 동등한 지위가 인정되기에 이르렀는데, 이러한 가치관의 실현으로 여자도 바지를 일상복으로 착용하게 된 것이다. 바지는 이제 판탈롱으로서 캐주얼 웨어에서부터 포멀(formal)한 쑤트의 감각으로까지 애호되어 새로운 유행을 일으켰다.

1950년대 남성 패션으로는 피에르 카르댕(Pierre Cardin)에 의해 처음 소개된, 어깨가 좁은 플란넬(flannel)로 된 2~3버튼의 싱글 쑤트가 유행했다〈그림 516, 517〉.

5. 1960년대의 복식(1961~1970)

사회·문화적 배경

1960년대는 세계가 새로운 창조력과 역동적인 발전을

그림 518. Y. S. Laurent, Mondrian design(1965년)

그림 519. Op Art의 영향을 받은 dress (1967년)

이룬 시대로 복식사에서는 영 패션(Young Fashion)의 시대이다. 우선 락 스타(rock star)의 부상은 관중들 앞에서 음악을 연주하는 것 이상의 중요성을 지니는데 락 스타는 젊은 세대를 대표하여 그들의 주장을 제시하게 되었다. 잡지, TV, 영화 등 대중매체의 발달로 대중 문화가 급속히 발달했으며 60년대 중반 이후 3C 시대(Color TV, Car, Cooler)가 도래했다. 1969년에는 미국 아폴로 11호가 인류 최초로 달 착륙에 성공함으로써 과학혁명의 시대가 열렸다.

미·소간의 관계는 쿠바(Cuba) 위기 등으로 냉전이 심화되었고, 중국에서는 문화혁명이 전개되었다. 베트남전은 미국내에 사회 혼란을 가져와 청년 세대의 반전운동(anti-war)으로 신좌파(新左派)와 히피(Hippie, Hippy)를 탄생시켰다. 이들 사이에는 물질만능과 성공지향적인 가치관에 대한 반항의식이 생겨나 머리모양, 복장, 습관, 사고방식 등 생활양식의 변화를 가져왔다. 시민의 권리를 위한 투쟁과 마틴 루터 킹(Martin Luther King), 휴이 뉴턴(Hui Newton), 말콤 엑스(Malcom X) 등의 흑인 세력의 부상이 사회적 관심사로 떠올랐다. 미국의 케네디(John F. Kennedy) 의원이 48세의 젊은 나이로 대통령에 당선되면서 젊은이들의 우상이 되었고 재클린 케네디(Jackline Kennedy) 여사는 여성해방운동과 패션에 큰 영향을 미쳤다.

1960년대에 등장한 비틀즈(Beatles)는 청소년들에 의해 젊은이의 문화를 확장시키

그림 520. Pop Art의 영향을 받은 dress(1967년)

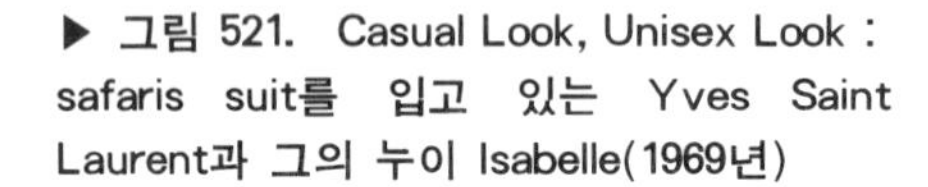

▶ 그림 521. Casual Look, Unisex Look : safaris suit를 입고 있는 Yves Saint Laurent과 그의 누이 Isabelle(1969년)

는 계기가 되었는데, 젊고 활발한 대중음악, 트위스트 춤과 그들의 패션이 전세계를 휩쓸었다.

이 시기는 옵 아트(Op Art)〈그림 519〉, 팝 아트(Pop Art)〈그림 520〉, 미니멀리즘(Minimalism)과 같은 현대적 감각의 새로운 예술 사조가 젊은 예술가들 사이에서 크게 성행했다. 따라서 추상적이고 대담한 무늬의 사용, 강렬한 색의 배합(Mondrian Look)〈그림 518〉과 기하학적 무늬로 특수한 시각적 효과(Optical Illusion)를 노린 것 등 패션에서도 그 영향이 나타났다.

패션의 경향 이 시기의 패션의 주류는 보다 활동적이고 단순한 스타일로, 1920년대를 지배했던 Chanel의 쑤트나 플래퍼 스타일(Flapper Style), 또는 가르손느 스타일(Garconne Style) 등이 다시 유행했다. 이들은 단순함과 실용성을 기본으로 했기 때문에 젊은층의 생활감각에 잘 맞았다.

이러한 단순한 스타일과 함께 어른스럽고 관능적인 스타일도 같이 유행했다. 그 대표적인 씰루엣은 뱀프 스타일(Vamp Style)로, 풍성한 플레어의 스커트나 넓고 가는 벨트, 비대칭 균형(asymmetric balance)의 주름 등으로 보다 성숙하고 요염함 매력을 주었다.

1963~1964년에는 스포티브 룩(Sportive Look)이라 하여 작업복, 스포츠복의 형식

그림 522. Mini dress를 입은 model, Twiggy (1967년)

그림 523. See-Through Look(1964년)

그림 524. 우주 시대의 이미지를 표현한 fashion(1969년)

그림 525. Hippie의 영향을 받은 fashion(1965년)

이나 그와 같은 감각을 살린 디자인이 정장으로도 이용되었다〈그림 521〉. 씰루엣은 완전히 기능적인 단순함을 추구했고 이를 보완하기 위해 단추나 포켓 등을 많이 사용했다. 이것은 후드나 부츠 등과 함께 착용되기도 했는데 이를 내추럴 룩(Natural Look)이라고도 한다.

1965년이 되자 새로운 선풍이 일어났다. 즉, 미니(mini)가 출현한 것이다. 영국의 마리 퀀트(Mary Quant)가 디자인한 미니 스커트(mini skirt)는 스피드 시대의 감각을 잘 표현한 것으로 세계 전역에 걸쳐 오랫동안 유행했다.

미니 스타일을 가장 멋있게 입었던 모델은 트위기(Twiggy)〈그림 522〉로 가냘픈 몸매와 천진난만한 모습의 단발머리(bob hair)에 무늬있는 스타킹을 신은 스타일을 트위기 룩(Twiggy Look)이라 불렀다.

1966년 이후에는 의생활이 더한층 복잡하고 다양해졌다. 여러 가지 특이한 합성직물, 유리, 금속, 인조가죽, 그리고 몸이 그대로 비쳐 보이는 바이널(vinyl), 반투명직(see-through fabric)〈그림 523〉 등이 나와 복식재료는 나날이 그 범위를 넓혀갔다.

또한 인간이 우주탐험을 시작하면서 우주복이 유행하기 시작했고〈그림 524〉, 미국과 소련의 냉전이 길어짐에 따라 밀리터리 룩도 등장했다. 또 미니에 대항하여 미디(midi)와 맥시(maxi) 스커트도 선보였다. 또한 차츰 생활에 여유가 생기고 여성의 활동분야도 더욱 다양해지자 캐주얼 웨어가 본격적인 패션으로 자리잡았다.

1967년 이른바 '피코크 혁명(Peacock Revolution)'이라는 것이 일어나게 되었는데, 공작의 수컷이 암컷보다 화려한 것처럼 미래에는 남성복이 더 화려해질 것이라는 이론이다. 남성 패션 중 콘티넨털 룩(Continental Look), 홍콩 셔트(Hongkong shirt), 컬러 셔트(color shirt) 등을 통해 이 이론이 입증되었다. 이러한 피코크 혁명은 당시의 '사이키델릭(psychidelic)'과 함께 화려한 컬러 시대의 극치를 보여주었다. 대중문화가 확산되면서 유명한 락 스타들(rock stars)의 복장은 사이키델릭 룩(Psychidelic Look)의 절정이 되었다. 다소 반항적인 분위기를 불러일으키는 이들 스타들의 복장은 색상의 다양성뿐 아니라 디자인에 있어서도 파격적이었다.

주로 미국을 중심으로 펼쳐진 히피문화〈그림 525〉는 사이키델릭 음악과 술, 댄스에 몰두하고 환각제를 사용하는 등 현실 회피를 추구했다. 이들은 끝이 풀어진 블루진(blue Jeans), 롱 케이프, 아메리칸 인디언의 튜닉, 짧은 로브, 인도의 자수장식 등으로 수놓은 셔트 또는 오버 블라우스, 아프칸 스타일의 케이프 등 민족적 경향의 영향을 받은 화려하고도 경박한 집시 스타일의 의상을 착용하고, 자연과 자유를 상징하는 긴 머리 스타일을 했다.

1969년에는 여성도 남성과 같은 모양의 테일러드 팬츠 쑤트(tailored pants suit)를

그림 526. Beatles의 Mods Look.
둥근 머리형, Roman jacket, 통 좁은 바지 등으로 세련되고 절제된 감각 표현(1960년대)

그림 527. Mods Look을 유행시킨 Beatles (1960년대)

입음으로써 남녀복식이 거의 동일한 모양으로 변해 갔다〈그림 521〉. 여기에서 유니섹스(unisex)란 말이 파생되었다. 또한 블루진(blue jeans)이 남녀공용으로 입혀지기 시작하여 현대에 이르기까지 애용되고 있다. 이제 유니섹스(unisex)는 복장뿐 아니라 사고와 생활 자체를 표현하는 말로 사용되기에 이르렀다.

1960년대에 활약했던 디자이너들은 Yves Saint Laurent, Pierre Cardin, 쿠레주(Andre Courreges), 웅가로(Emmanuel Ungaro), 보앙(Marc Bohan) 등이다.

1968~1969년은 젊은층을 중심으로 한 캐주얼 패션의 전성기라 할 수 있다. 즉, T(time)·P(place)·O(occasion)를 무시한 패션이 성행했기 때문에 낮에도 드레시한 옷이 보이고 밤의 모임에도 캐주얼한 차림이 가능했다.

한편 주문복이나 집에서 만든 의상보다 기성복이 각광받기 시작했다. 또한 미니

그림 528. S. F. Style
(Star Trek에서의 Diana Ross)

그림 529. Ethnic Style

스커트와 판탈롱, 티셔트를 기본 품목으로 하여 각 의상을 맞추어 입는 것이 일반화됨으로써, 믹스 앤드 매치(Mix & Match)가 최고의 세련미로 간주되었다.

영국의 락앤롤(Rock and Roll) 그룹인 비틀즈는 에드워드 시대의 우아한 복장 스타일과 풍습을 초근대적으로 흉내내면서 사회에 초연한 듯한 태도를 나타내는 복장〈그림 526〉을 했는데 청소년의 우상이 된 비틀즈와 그 밖의 락 가수들의 복장은 젊은이들 사이에서 모즈 룩(Mods Look)을 유행시켰다〈그림 526〉.

6. 1970년대의 복식(1971~1980)

사회 · 문화적 배경 1973년 석유 파동을 계기로 세계경제가 매우 침체되어 '소비가 미덕'이던 시대에서 '절약이 미덕'인 시대로 바뀌었고, 좀더 실질적이고 합리적인 방향으로 소비를 하게 되었다. 70년대 중반으로 가면서 영국과 미국에서는 실업률이 증가했으나 세계의 경제는 안정을 되찾았고, 물가상승은 생활수준을 향상시켰다.

1975년에는 베트남 전쟁이 평화협정 조인으로 일단락되었고, 1977년 중국에서는

그림 530. Punk Style, Rooster hair-cut(Rod Stwart)

등소평이 등장하여 개혁정치를 추진하면서 냉전의 분위기가 서서히 가라앉기 시작했다. 베이비붐 세대의 많은 여성들이 전문직으로 활발한 사회진출을 함으로써 결혼과 가족생활 양식이 변화되었다.

70년대 유행에 가장 중요한 영향을 준 것 중의 하나가 스포츠이다. 운동 선수들은 높은 인기와 명성을 누렸고, 그들의 의상이나 행동은 대중들에게 광적으로 추종되었다. 그들이 착용한 노출된 운동복은 대중에게 신체노출을 자연스럽게 받아들이게 하는 요소가 되었고 결과적으로 일반 패션에 많은 영향을 주었다.

패션의 경향 1970년대의 영 패션은 펑크(Punk)와 팝(Pop)의 영향으로 비구조적(unstructured)이고, 일상적(casual)이며 편안함을 추구하는 형태가 되었다. 이 시대에 들어오면서 미래학에 대한 관심이 깊어짐에 따라 미래지향형 패션이 주목되기도 했다〈그림 528〉. 복장의 혁명으로 진(jeans) 차림이 계속 붐을 이루었고 의상을 겹쳐 입는 방법에 따라 각자의 개성이 표현되는 레이어드 룩(Layered Look)이 일반화 되었다.

1970년대에는 내추럴한 컬러가 유행했다. 브라운, 모스 그린(moss green)과 같은 자연을 소재로 한 면이나 마 등의 천연 섬유가 쓰였으며 초목으로 염색한 직물을 선호했다. 혼탁한 중간색이 범람했으며 가죽이나 노끈, 매듭, 열매, 목공예, 금속, 링

그림 531. Punk Style

▶ 그림 532. Androgynous Look, Punk Look

등으로 만든 각종 장신구를 골고루 갖추어 의상과 함께 판매하는 부틱(boutique)이 출현했다.

또한 일본·중국·아프리카 등의 독특한 스타일이 가미된 민속풍의 에스닉 룩(Ethnic Look)이 유행했다〈그림 529〉.

런던에 나타난 펑크(Punk)들〈그림 530, 531〉은 검은 옷에 빨강·노랑으로 염색한 머리, 검정 눈, 검은 입술 화장, 검정 가죽 옷, 검은 글씨의 깃발 등 검은 색을 사용해 죽음, 절망, 공포, 공허를 표현하여 허무주의, 히스테리, 폭력, 그리고 성혼용(bi-sexual)의 모습(Androgynous Look)〈그림 532〉 등을 극적으로 나타냈다.

1970년대에 파리가 이탈리아의 밀라노(Milano)로 세계 패션의 선두의 자리(leading position)를 물려주면서 밀라노는 세계적인 패션 도시가 되었다. 1975년 남성복과 더불어 여성복을 디자인한 조르지오 아르마니(Giorgio Armani)는 밀라노의 패션 시장을 석권하면서 국제적으로 밀라노를 알리는 데 큰 몫을 했다.

1972~1973년은 영 패션(Young Fashion)에서 성인 패션(Adult Fashion)으로의 교체기간이다. 즉 1920~1930년대를 연상시키는 클래식 씰루엣(Classic Silhouette)의 어덜트 엘레강스(adult elegance)가 부활했다. 클래식 쑤트 같이 몸의 곡선을 아름답게 다듬어 주는 의상과 바지통이 넓어진 클래식한 팬츠 쑤트〈그림 533〉, 그리고 드레이퍼리, 스목(smock), 프릴 등의 여성스러운 복고풍〈그림 534〉 디테일이 다시 등장했

그림 533. 바지통이 넓어진 pants suit(1972년)

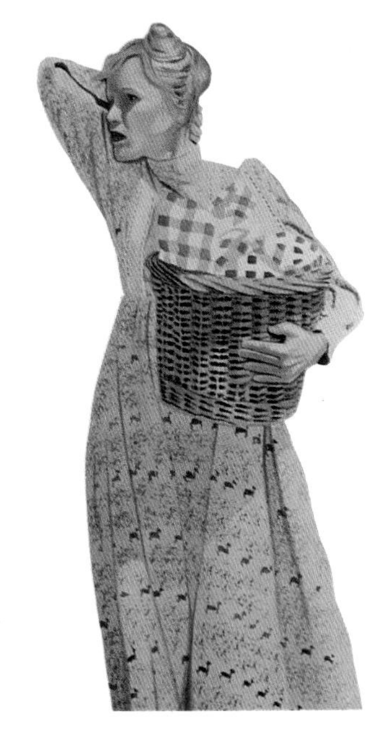

그림 534. Laura Ashley, Victorian Style의 복고풍 dress(1970년대)

고, 색상도 파스텔색으로 다시 돌아왔다.

1970년대 후반에 나타난 여성 패션의 경향은 다음과 같이 세 가지로 요약될 수 있다.

◆ **선정적인 스타일(Glamorous Style)** 세련되고 쎅시(sexy)한 매력과 싱싱한 약동미(躍動美)가 뒷받침된 글래머러스 룩은 매혹적인 여성상의 표현으로, 1979년의 주된 테마이자 가장 혁신적인 변화이다. 그 의미는 감각적, 미적이라는 것으로, 패션 용어로는 섬세하고 우미감이 있고 다소 쎅시한 무드가 있는 것을 말한다. 이것은 지금까지 계속되어 온 페미닌 모드(Feminine Mode)의 연장으로도 볼 수 있으나, 내용과 표현이 전혀 다르게 바뀐 것이 특징이다. 엘레강스(elegance)라는 말로는 표현할 수 없는 것을 가지고 있는 것으로 단적으로 말하면 '쎅시(sexy)'라고 할 수 있다. 즉, 여성의 성적 매력을 표현하는 패션으로 결코 노골적인 성적 표현이 아니고 품격있는 쎅시함(refined sexy)을 의미한다.

이러한 글래머러스 스타일을 초점으로 하는 센슈어스 패션(Sensuous Fashion)을 그게 구분하면 다음의 3가지가 된다.

첫째, 몸의 일부를 대담하게 노출해서 쎅시 무드를 내는 것으로, 캐미솔 드레스(camisole dress)나 홀터 드레스(halter dress), 선 드레스(sun dress) 등이 있다. 또한 스커트가 짧아진 것이나 옆·앞·뒤의 슬릿 등도 이러한 글래머러스의 표현이다.

둘째, 시스루 타입(see-through type)으로, 얇거나 투명한 소재를 이용하여 몸을 반투명하게 보임으로써 섹시 무드를 내는 것이다.

셋째, 피팅 타입(fitting type)이 있는데, 옷을 몸에 타이트하게 입어 몸의 곡선미를 뚜렷하게 내보임으로써 섹시 무드를 내는 것이다. 특히 잘룩한 웨이스트라인과 둥근 힙라인에 강조를 두고 있다.

◆ **신고전형(Neo-Classic Style)** 1970년대 후반의 또 다른 특징은 복고풍이 상당히 강하게 나타난 것이다. 그것은 1940년대와 1950년대에 집중적으로 초점이 맞춰져 있다. 1940년대의 특징인 밀리터리 룩의 영향을 받아 패드로 부풀린 넓은 어깨와 짧은 스커트의 테일러드 쑤트가 유행했는데, 전체적으로 매우 날씬한 씰루엣이다. 1950년대 풍은 할리우드 룩(Hollywood Look)으로 할리우드 영화에 나온 영화배우들의 복장에서 아이디어를 얻은 것이다. 특징은 잘룩한 웨이스트라인과 거기에 계속되는 힙라인의 둥근 곡선을 아름답게 표현한 것으로, 역시 타이트 피팅(tight fitting)에 의한 섹시 무드를 나타내고 있다.

이 네오 클래식 패션은, 감각적으로 표현하면 말쑥하게 세련되었다(sophisticated)고 할 수 있고, 평범하게 말하면 침착한 어른의 여성미를 간결하게 표현한 것이다.

◆ **명쾌한 스타일(Vivacious Style)** 이것은 '쾌활함', '활발함', '명랑함'이라는 의미를 가지고 있다. 스포티브 룩(Sportive Look)의 흐름에 따르는 것이나, 딱딱함이라든가 남자다운 감각이 배제되고 좀더 여성다운 소프트함을 바탕으로 감각적 생동감이 넘치고 있다. 이것은 주로 색상면에서 표현된다. 즉, 밝은 색상과 대비 색상의 배색(contrast coloring)의 채용 등이 그것이다.

이 시기에는 남성들도 패션에 대해 많은 관심을 가지게 되었는데 커다란 칼라가 달린 셔트의 앞가슴을 노출시키고 캐주얼한 바지를 정장 대신 즐겨 입었다〈**그림 535, 536**〉.

7. 1980년대의 복식(1981~1990)

사회·문화적 배경 1980년대에는 이란·이라크 전쟁으로 인한 에너지 파동으로 세계경제는 계속 침체되었으며, 이는 사람들의 생활양식과 가치관의 변화를 초래하여 현명한 소비생활과 절약 풍조가 개인의 생활에 깊숙이 침투했다. 또한 걸프전(Gulf War)의 영향으로 국가를 상징적으로 나타내는 패트리아틱 패션(Patriotic Fashion)〈**그림 537**〉이 유행하게 되었다. 아울러 현대 여성들의 사회 진출 증대와 생

그림 535. Men's fashion (1970년대)

그림 536. 커다란 칼라가 달린 shirt의 앞가슴을 풀어헤친 옷차림의 John Travolta(1970년대)

활 영역의 확대는 생활수준과 소득의 향상을 가져와 여가를 더 중시하게 되었다. 따라서 자연히 패션에 대한 의식이 높아지고 패션 제품의 질적인 추구와 용도의 다양화, 개성화를 요구하게 되었다.

동서 냉전의 분위기 속에서 굳게 닫혀 있던 동구 공산권 국가들이 1987년에 구소련 고르바초프 대통령의 '글라스노스트', '페레스트로이카'와 같은 개방과 정치개혁을 선두로 다양한 국제 교류를 진행했다〈그림 538〉. 또한 환경의 중요성을 인식하면서 세계는 '공동 운명체의 지구촌'이라는 자각이 일게 되었다.

새로운 정보 시스템이 지구촌 문화를 급속히 교류, 확대하게 함으로써 생겨난 다

그림 537. Gulf War 당시의 patriotic fashion

그림 538. Mrs. Gorbachyov와 Nancy Reagan

른 민족 문화에 대한 동경과 이해는 포클로어(Folklore)와 에스닉(Ethnic)이 패션에 도입되도록 한 원인이 되었다.

1980년대 경제대국 일본이 국제 사회에 떠오르면서 일본풍의 의상과 문화가 패션에 크게 영향을 주었다. 또한 런던의 펑크 패션과 프랑스의 피카소 회고전으로 시작된 이색적인 분위기는 색채를 점차 동양풍으로 이끌어 나갔다.

포스트모더니즘(postmodernism)은 모더니즘적인 사고의 틀을 거부하고 주류와 비주류간의 경계를 해체함으로써 장르가 붕괴되고 서로 혼합되는 양상을 보인다. 이러한 포스트 모더니즘적 성격은 1980년대 패션의 흐름을 지배했다. 즉 다른 시대, 다른 문화로부터 양식과 이미지를 차용하고 혼합하는 절충주의 양식과 주변의 모든 것들을 복식요소로 응용할 수 있는 브리콜라주(Bricollage), 원본을 풍자하는 패러디(Parody), 스타일의 쑤퍼마켓(Super market)화를 가져온 패스티시(Pastiche) 등을 표현 기법으로 하여 이 시기의 복식에 표현했다.

패션의 경향 1980년대 초는 펑크 패션과 같은 몇년 전의 스타일이 계속되었으나 곧 신낭만주의(Neo-Romanticism)라고 이름 붙여진 스타일이 런던 거리에서 시작되어 패션 디자이너들에게 채택되어 발달했다. 낭만적인 르네상스(Renaissance)

그림 539. Diana 황태자비의 fashion (1980년대)

그림 540. See-Through Look (1980년대)

스타일은 찰스 황태자와 다이애너 스펜서(Diana Spencer)의 약혼식이 발표된 1981년 초에 성행했다〈그림 539〉.

한편 기능적인 면보다는 관능적인 요구가 반영되어 에로틱한 이미지가 나타났으며 페미닌 룩(Feminine Look)〈그림 540〉의 유행도 뒤따랐다.

파리에서는 다카다 겐조(Takada Kenzo), 이세이 미야케(Issey Miyake), 레이 카와쿠보(Rei Kayakubo)와 같은 일본 출신의 디자이너들이 동양적인 디자인을 구성하여 새로움을 주었다.

미국에서는 랠프 로렌(Ralph Lauren), 캘빈 클라인(Calvin Klein)과 페리 엘리스(Perry Ellis)와 같은 디자이너들이 국제적으로 유명해졌으며, 운동복이 평상복으로 대중화되어 갔다. 트랙 쑤트(track suit), 레오타즈(leotards), 레그 워머(leg warmers), 러닝 쑤트(running suit), 발레 렝스(ballet length)와 머리띠는 모두 평상복 패션으로 받아들여졌다.

1980년대 복식의 전반적인 특징은 다음과 같이 요약될 수 있다.

◆ **소재의 고급화 및 다양화** 소득 수준과 생활의 질이 향상된 현대인은 합성섬유에 불만을 느끼게 되어 다시 천연 섬유를 선호하게 되었으며, 새로 개발된 신소재의 등

◀ 그림 541.
Yamamoto,
Big Look
(1980년대)

▶ 그림 542.
일상복으로 착용하게 된
sports wear(1980년대)

장으로 소재의 사용이 다양화되었다.

◆ **활동적인 의복의 패션화** 건강에 대한 관심이 고조된 1980년대에는 스포츠 웨어가 발달하게 되었으며 여가복으로의 개념이 강해져 반드시 운동복 차림으로 입는 것이 아니라 여행시나 야외에 놀러갈 때 입는 편안한 차림으로 스포츠 웨어를 많이 입게 되었다〈그림 542〉.

◆ **캐주얼 웨어의 보편화** 빅룩(Big Look)〈그림 541〉이 유행하면서 Issey Miyake〈그림 543〉와 요지 야마모도(Yohji Yamamoto)〈그림 541〉 등을 필두로 한 일본의 패션이 세계적으로 부각되면서 1980년대 초반에 재패니즈 룩(Japanese Look)〈그림 543, 544〉이 유행했다.

빅 룩 형태의 복식은 레이 가와쿠보(Rei Kayakubo)도 발표했듯이, 일반적으로 남녀 구별없이 누구나 입을 수 있는 크고 헐렁한 스타일의 무채색이었고 길이는 반코트 또는 롱 코트만큼 길어져 엉덩이 부분을 가렸다. 셔트 종류는 남자 셔트를 길게 늘인 듯한 느낌이 드는 형태가 대부분이었고 긴 셔트는 양 끝을 잡아매거나 벨트를 느슨히 걸쳐 굵은 허리를 커버하는 동시에 활동성을 강조했다.

캐주얼 웨어에서 시작된 유니섹스 모드는 여성의 사회 활동이 증가하면서 때와 장소의 구별없이 착용하게 된 바지를 매개로 하여 다양한 형태로 확산되었다.

1984년 이래 성혁명으로 앤드로지너스 룩(Androgynous Look)〈그림 545〉이 화제가 되어 나타났다. 이것은 자유로운 감성을 기초로 하여 일정한 형태없이 남녀 모두가

그림 543. I. Miyaki의 조형적인 디자인 (1980년대)

그림 544. I. Miyaki, 독특한 소재와 주름을 이용한 조형적인 디자인(1980년대)

입을 수 있는 복식으로 코디네이션(co-ordination)이 적용된 스타일이다. 또한 여성복에 남성복 요소를 도입하거나 자유로운 변형에 의한 이미지 변화로 앤드로지너스 룩의 이미지를 표현하기도 했다.

또한 모자, 의복, 스타킹, 구두, 액세서리 등으로 복식전체를 구성하여 코디네이트시킨 토탈 룩(Total Look)이 등장했는데, 토탈 룩은 착용자에 따라 다양하고 독특한 분위기를 연출할 수 있는 장점을 지녔다. 이러한 토탈 룩의 등장은 디자이너가 조화시켜 제시한 의상을 선택하던 예전과는 달리 착용자 자신이 직접 새로운 의상을 창조하고 연출할 수 있을 만큼 세련된 안목을 갖게 되었음을 의미한다.

◆ **실용적 의복의 패션화** 1980년대에 들어오면서 지난날 실용성만을 강조하던 속옷이 정신적인 만족까지 주어야 하는 패션의류가 되었다.

젊은이들이 캐주얼하게 입는 옷으로 혹은 작업복으로 입던 청바지가 1980년대 중반에는 샌드 워시(sand wash)된 스노 진(snow jean)의 유행을 가져왔다.

◆ **자연회귀 현상** 오존층의 파괴와 온실 효과, 생태계의 파괴로 인한 환경 문제가 대두된 1980년대에는 환경을 보호하고 자연으로 돌아가자는 의식이 확산되었다〈그림 546〉. 그리고 이러한 의식은 천연소재를 선호하고, 꽃무늬와 자연의 문양을 주로

그림 545. 가수 Prince가 입은 Androgynous Look

사용하며, 자연스러운 선을 강조하는 등 의복의 소재, 문양, 디자인에 고루 표현되는 이컬러지룩(Ecology Look)이 유행했다.

한편 포스트모더니즘적 조형성은 80년대 패션 현상에 지대한 영향을 미치게 되었는데, 패션은 종전처럼 하나의 패션 경향이 나타나면 다른 하나가 사라지는 것이 아니라 기존의 것에 새롭게 추가되는 것이 혼재하듯이 이 시대에도 다양한 경향이 함께 전개되었다〈그림 547〉. 결과적으로 80년대의 패션은 동·서양식의 절충, 서로 다른 이미지의 절충 등을 표현하는 절충주의〈그림 548〉, 남성과 여성을 구분하는 이분법적 사고의 해체에 의한 앤드로지너스 룩(Androgynous Look)〈그림 545〉, 초현실주의(Surrealism) 기법을 매개로 하는 은유와 상징 기법(symbolic method)〈그림 549〉, 복고풍(Retro Look)〈그림 550, 551〉 그리고 장식성〈그림 552〉 등으로 특징지워진다.

이 시기의 남성복은 스포츠 웨어의 발달로 캐주얼한 정장 스타일〈그림 553〉이 착용되었다. 또한 1980년대에 등장한 여피(Yuppie)〈그림 554〉는 유명 디자이너 의상을 입고 롤렉스 시계를 차고 비싼 차를 운전했다. 여피 남성들은 주로 넓은 어깨와 이탈리아풍의 긴 재킷, 밑으로 가면서 좁아지는 바지에 생가죽 구두나 끈 달린 단화를 신고 멋진 더블 브레스티드 쑤트를 주로 입었다.

그림 546. Punk & Ecology Fashion(1993년)

8. 1990년대의 복식(1991~1997)

사회·문화적 배경 세계는 정치 이데올로기의 퇴조에 따라 정치적 양극체제에서 경제력에 바탕을 둔 경제적 다극체제로 전환 양상을 보였다. 과학 기술의 진보와 산업 공해에 따른 환경 문제가 큰 관심의 대상이 되었으며 빈곤·기아·문맹의 극복, 후천성 면역 결핍증(AIDS)의 퇴치, 국가간의 개발격차 해소가 세계의 관심사로 등장했다.

사회적으로는 소비 생활에 많은 변화를 가져왔다. 1990년대에는 퍼스널 컴퓨터(personal computer)가 일반화되고 정보의 네트워크가 이루어졌으며 전후 컴퓨터 세대(cybernated generation)들은 그들만의 독특한 문화를 형성하게 되어 리조트와 쾌락, 감각주의로 빠져들게 되었다. 이러한 과정에서 중류계급에서 그들만의 독특한 라이프 스타일(life style)을 가진 중상계급이 세분화하기 시작했고 이들에 의해 소비가 확대되고 더욱 성숙해져 생활의 질을 중시하게 되었다.

인구문제와 식량위기, 소비와 자원 개발, 자연 파괴 등 유익한 지구 개념이 소비의식에 강한 자극을 주어 환경문제(Ecology)가 패션에 영향을 미치게 되었다. 자연과 환경에 대한 인식과 중요성이 패션에도 부각되면서 환경 오염으로 인한 지구촌 전반의 위기감이 재활용(recycle)과 자연보호로 강조되어 색상, 소재, 스타일 등에도 전반적인 영향을 미쳤다.

패션의 경향 1980년대의 과소비와는 반대로 1990년대에는 현재 소유하고 있는 것을 소중히하자는 리사이클 패션(Recycle Fashion)이 나타났고, 이컬러지 테마

그림 547. Postmodern fashion(1985년)

그림 548. Lacroix, 다양한 소재와 print에 의한 Mix & Match Style

그림 549. Y. S. Laurent, Surrealism의 영향을 받은 fashion

그림 550. Ungaro, 17세기의 pourpoint이 현대복에 응용된 Retro Look

그림 551. Chanel, Bustle Style이 재현된 Retro Look

(Ecology Theme)가 1980년대에 이어 더욱 확산되고 있다.

물질적 풍요로움보다는 마음의 풍요를 중시하며 정신적 세계에 대한 향수로 인해 과거와 미래, 동양과 서양이 독특하게 재구성되어 세련된 이미지를 탄생시켰다. 이러한 자연주의 성향과 복고풍 분위기는 이컬러지 룩과 연결되며 에스닉 스타일(Ethnic Style), 그런지 스타일(Grungy Style), 네오 히피 스타일(Neo-Hippie Style), 네오 클래식 스타일(Neo-Classic Style) 등으로 1990년대의 두드러진 세계 패션의 흐름으로 나타났다.

그 중 재현된 네오 히피 스타일은 1960년대와 1970년대 당시 스타일의 맹목적인 답습이 아닌 자유로운 가운데 승화된 아름다움을 간직하고 있다는 평가를 받고 있다. 종전의 히피의 자유스러움에 Chanel의 우아함을 더한 칼 라거펠트(Karl Lagerfeld : Chanel House의 수석디자이너)의 네오 히피 스타일〈그림 556〉에서 빼놓을 수 없는 부분이 액세서리 등의 소품과 헤어 스타일, 메이크업 등이다.

네오 히피 룩과 함께 에스닉 룩〈그림 552〉이 보여지는데 이것은 오랫동안 이어져 내려온 민속 의상 스타일을 가리킨다. 동남아시아를 비롯한 극동의 오리엔탈 문명권과 아프리카의 원시미술을 테마로 한 에스닉 룩이 80년대 이후 계속 선호되고 있다.

또한 1990년대 전반의 문화적 흐름을 대변하는 개념으로 '생태학'이라는 뜻의 이컬러지는 오염되어 가는 지구 환경을 훼손하지 말자는 취지에서 출발한다. 이컬러지 룩은 루즈 룩(Loose Look)으로 자연스러운 편안함과 착용감의 표현으로 새로운 볼륨감의 스타일을 제시해 줄 뿐 아니라 색상에 있어서도 바다, 산림, 모래 등 자연을 상징하는 색을 사용했다. 이컬러지에 대한 동경은 1990년대 초반 패션의 주제가 되었다.

1990년대 중반에 이르러서는 여성들은 많은 노출을 통해 페미니즘(feminism)적 표현을 하기에 이르렀고 시스루(see-through)나 미니멀(minimal)적 표현방법을 통해 인체를 노출하거나 란제리 룩(Lingerie Look)〈그림 555, 557〉을 통해서 여성의 성을 에로틱하게 표현했다. 한편 포스트모더니즘의 영향으로 복고풍(Retro Look)〈그림 556〉이 다시 강조되었다.

복고적인 경향(Retro Fashion)은 패션에 있어 중요한 하나의 주제가 되었고, 90년대의 복고 경향은 특히 한 시대를 대표하는 인물의 의상 등에서 아이디어를 얻어 그 시대적 이미지를 재현하는 방법을 취하고 있다〈그림 558, 559, 560〉. 95년 햅번 룩(Hepburn Look), 재키룩(Jackie Look)〈그림 558〉이나 먼로 룩(Monro Look) 등의 유행이 그 예이다.

그런지 룩(Grunge Look)은 1980년대의 엘리트주의에 대한 반동에서 시작되었으며

그림 552. Ethnic Look과 Decorative Look

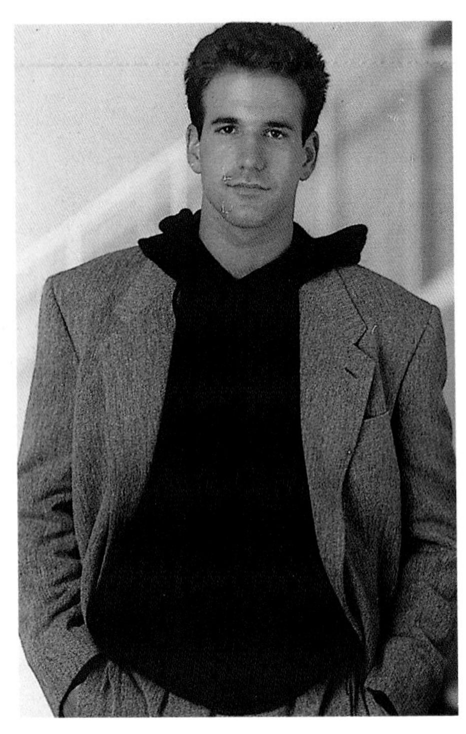

그림 553. casual한 men's wear(1980년대)

그 뿌리는 도시적인 보헤미아니즘(Bohemianism)에 있다. 현실에 대한 냉소적이고 실용적인 가치관이 낳은 이 스타일에서 1960년대 히피 패션의 부활을 느낄 수 있다. 그런지 스타일(Grunge Style)의 특징은 여러 가지 아이템들을 다양하게 레이어링(layering)시킨 형태로 소재로는 투박한 울, 조밀한 울, 고급 벨벳, 가벼운 비스코스 등을 사용하고, 복고풍의 꽃무늬, 럼버 잭 플래드(lumber jack plaid)와 패치워크(patch work)를 결합시킨 패턴을 주로 사용했다. 그런지 룩(Grunge Look)은 세기말의 패션 전환기를 향한 영 스트리트 패션(Young Street Fashion)의 디딤돌 중 하나이다. 그런지 룩은 거리의 청소년들에게서 시작된 비주류 패션으로 하이 패션에 깊이 침투하여 90년대 전반의 가장 획기적인 패션으로 자리잡았다.

그 밖에도 뉴 에이지 컬러(New Age Color)는 미래의 패션을 이끌어갈 새로운 개념을 이루는데 이것은 자연을 탐험과 정복의 의미가 아닌 경의와 동경으로 보는 시각에서 출발했다. 뉴 에이지 컬러는 흰색과 메탈(metal)의 금·은색을 의미하며 우주의 3차원의 세계를 상징하고 더불어 메탈, 스판텍스 외에 신소재와 함께 우주의 신비와 아름다움을 표현하는 요소가 된다. 이것들은 패션에서 싸이버 펑크 룩(Cyber Punk Look) 또는 앤타이 패션(Anti-Fashion)〈그림 561〉으로 표현되며 앞으로 2000년대의 새로운 패션을 창조하고 이끌어 가는 데 중요한 경향들이 될 것으로 추측된다.

그림 554. Yuppie Style(1980년대)

그림 555. Minimalism을 표한한 Lingerie Look

그림 556. Karl Lagerfeld for Chanel, Neo-Hippie Style(1995년)

그림 557. D & G, Inner Wear Style

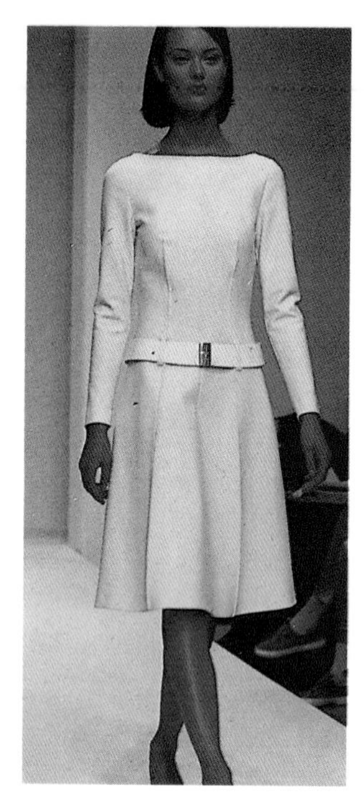

그림 558. minimalism의 영향을 받은 60년대의 Jackie Look(1995~1996년)

그림 559. Gucci, 70년대 디스코에서 영향을 받은 fashion (1995~1996년)

그림 560. Moschino의 Rococo 복식에서 영향을 받은 dress (1995~1996년)

1990년대에는 무엇보다도 패션의 경향이 포스트모더니즘의 영향으로 특별히 어떤 양식이 정해져 있지 않고, 잘 어울린다고 느껴지는 것을 규칙에 얽매이지 않게 표현함으로써 다양한 스타일이 혼합되는 양상으로 발전하고 있다. 즉 복고풍(Retro Look) 디자인에 재활용 소재를 사용하거나 첨단기술의 신소재(techno)의 디테일이나 트리밍 등을 결합시키는 형태 등으로 나타나고 있다〈그림 562〉. 첨단 기술에 대한 매력과 미래지향적인 요소의 테크노풍은 레이텍스, 왁스 코팅(wax coating) 등의 하이테크 가공 소재를 사용하여 테크니컬한 이미지와 아방가르드한 형태로 패션에 다양하게 시도되고 있으며, 한편 스트리트 패션은 디자이너들에 의해 그 특징적 요소들이 디자인에 수용되고 일반인들에게도 보급되면서 1990년대 패션에 여전히 중요한 영향력을 행사하고 있다.

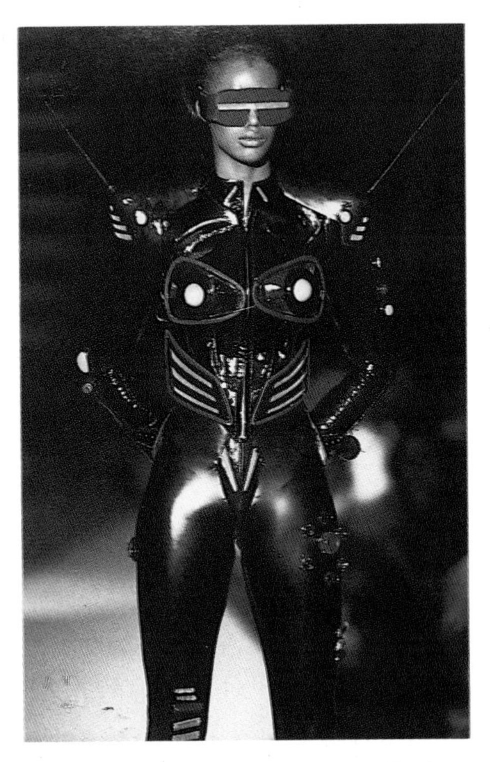

그림 561. Thierry Mugler, Cyber Punk Look, Anti-Fashion

그림 562. Pamela Dennis, 새로운 소재와 새로운 디자인(1990년대)

요 약

산업혁명 이래 급격히 발달한 자본주의는 제국주의와 결합하여 새로운 정치적·사회적 양상을 드러내게 되었다. 제1차 세계대전 직전의 수년 간은 벨 에포크(Belle Époque)로 좋은 시대라 명명되었으며 이 시기의 복식은 근본적인 변화나 새로운 것을 추구하지 않고 이전 세기의 복식이 약간 수정된 형태를 보여 주었다.

1907년 새로운 스타일이 등장하게 되는데 이것은 '자연스런 모습'의 추구로 현대복식적 개념의 시작이며 프랑스의 Paul Poiret, 영국의 Lucil 등은 그 선구자적인 역할을 담당했다. 당시 풍미하던 아르 데코(Art Deco) 예술양식은 복식에도 영향을 주어 직선적·유선형적 씰루엣과 기하학적 무늬 그리고 야수적인 색채의 사용을 받아들였다.

이 시기의 여성복식의 형태는 곡선이 암시되지 않는 직선적인 모습이 이상화되어 허리선이 사라지고 가슴이 납작해졌으며 길이가 짧아져 남장에 가까운 모습을 한 보이쉬 스타일(Boyish Style)과 주름과 리본, 너풀거리는 스커트 등 여성스러움을 가미했던 가르손느 스타일(Garçonne Style)을 특징으로 한다.

1930년대의 일반적인 씰루엣은 홀쭉하고 긴 슬림 앤드 롱 스타일(Slim & Long Style)로 스커트가 길어지고 허리선이 제 위치로 돌아왔다. 30년대 후반에 와서 롱 스커트로 여성미를 강조한 이브닝 웨어가 많이 디자인됨과 동시에 일본, 독일, 이탈리아에서의 파시즘(Fascism) 정책으로 군대복장형의 밀리터리 룩(Military Look)이 유행했다. 제2차 세계대전은 일반인의 생활의 많은 측면을 변화시켰고 복식에서도 밀리터리 룩이 세계적으로 유행하게 했는데 이것은 각진 어깨와 짧은 스커트의 딱딱한 느낌을 가진 실용적 기능복이었다.

즉 노동력과 의복의 부족은 실용계획안(Utility Scheme)을 도입해 의복의 수와 종류를 제한함으로써 결과적으로 창조성이 제한되고 유행의 변화가 느려졌다. 반면 제조적 측면에서는 복식산업의 구조와 생산기술을 발달시켰다.

제2차 세계대전 중 만들어졌던 실용의복인 유틸리티 클로스(Utility Cloth)는 전후에도 계속 입혀졌다. 1947년 Dior에 의해 다시 오트 쿠튀르의 독창성과 위력이 세계에 떨쳐지게 되었고, 그는 뉴 룩(New Look)을 발표한 이후 1957년까지 10년 간 H, A, Y, F Line 등을 계속 발표하여 이 시기를 라인 시대라 부르기도 한다. 이와 같이 1950년대 중반까지는 기성세대를 중심으로 룩(Look), 라인(Line)을 추구하는 하이패션이 주도했으며, 1950년대 후반부터는 청소년 하위문화가 등장하면서 새로운 시장을 형성했다.

1960년대는 베트남 전쟁의 비극을 경험함으로써 젊은이들을 중심으로 물질만능과 성공지향적 가치관에 대한 반항으로 히피(Hippie) 운동이 확산되어 히피 패션을 유행시켰으며 60년대 중반에는 역사상 가장 짧은 길이의 미니스커트가 나와 1960년대의 복식을 특징짓는다.

또한 1970년대는 73년 오일파동으로 세계가 경제적으로 어려움을 겪고 있는 동안 미국을 중심으로 과거, 특히 40~50년대를 회고하는 클래식 디자인이 유행했으며, 입고 벗기에 편리한 비구축적 형태(Unconstructive Look)와 빅 룩(Big Look)이 유행했다.

1980년대에는 새로운 시대사조로 사회와 문화 안에서 표면화되기 시작한 포스트모더니즘(Postmodernism)의 영향으로 복고주의와 장식성, 이분법적 사고의 해체를 통한 비주류 문화의 주류화, 섹슈얼리티(sexuality)의 부각, 절충주의에 의한 동·서양 복식의 조화, 이질적인 것들의 조화 등 복식문화에 있어 풍요로움을 누렸던 시대였다.

1990년대에 와서는 80년대에 다양하게 시도되었던 복식 현상들이 다소 세련되게 정돈되는 모습을 보여주었으며 노출을 통한 여성들의 페미니즘적 표현과 복고적 경향은 90년대 패션의 지배적인 테마가 되고 있으며 거기에 앤타이 패션(Anti-Fashion)의 흐름이 함께 하고 있다.

참 고 문 헌

Aldred, Cyril. 『The Egyptians』. London : Thames & Hudson, 1987.

Anspach, Karlyne. 『The Why of Fashion』. Ames : The Iowa State Univ., 1967.

Arnold, Janet. 『A Handbook of Costume』. New York : S. G. Phillips, 1973.

Arnold, Janet. 『Patterns of Fashion』. London : Macmillan Pub. Ltd., 1972.

Ashelford, J. 『A Visual History of Costume』. London : B. T. Batsford, Ltd., 1986.

Baker, Patricia. 『Fashion of a Decade : The 1940S』. London : B. T. Batsford, Ltd., 1993.

Baker Patricia. 『Fashion of a Decade : The 1950S』. London : B. T. Batsford, Ltd., 1991.

Barilli, Renato. 『Art Nouveau』. New York : Paul Hamlyn, 1969.

Bigelow, Marybelle S. 『Fashion in History』. Minneapolis : Burgess Pub., 1970.

Bigelow, S. M. 『Fashion In History』. Minnesota : Burgess Pub., 1970.

Black, J. Anderson & Garland, M. 『A History of Fashion』. New York : William Morrow., 1975

Blum, Stella. 『Everyday Fashion of the Twenties』. New York : Dover Pub., 1981.

Blum, Stella. 『Victorian Fashion & Costumes 1867~1898』. N. Y. : Dover Pub., 1974.

Boardman, John. 『Greek Art』. New York : Oxford University Press, 1981.

Borioli, Gisella. 『10 Anni di moda』. Paris : Edimoda, 1989.

Boucher, Fran ois. 『A History of Costume in the West』. London : Thames & Hudson, 1966.

Boucher. Fran ois. 『20,000 Years of Fashion』. New York : Harry N. Abrams, Inc., 1987.

Bradfield, Nancy. 『Costume in Detail, 1730~1930』. London : George G. Harrap & Co., 1968.

Bradley, Carolyn. 『History of World Costume』. London : Peter Owen, Ltd., 1970.

Braun & Schneider. 『Historic Costume in Pictures』. New York : Dover Pub., 1975.

Breward, Christopher. 『The Culture of Fashion』. Great Britain : Bell & Bain, Ltd., 1995.

Brinton, C. & Christopher, J. 『A History of Civilization』. New Jersey : Prentice-Hall Inc., 1960.

Brion, Marcel. 『Art of the Romantic Era』. New York : Frederick A. Praeger Pub., 1966.

Brooke, Iris. 『A History of English Costume』. New York : Theatre Arts Books, 1973.

Brown, P. C. 『Art in Dress』. Mendocino : Shep., 1992.

Bruhn, W. & Tilke, M. 『A Pictorial History of Costume』. N. Y. : Frederick A. Praeger Pub., 1965.

Butazzi, Grazietta. 『La Mode : Art Histoire & Société』. Paris : Hachette, 1983.

Byrde, Penelope. 『Nineteenth Century Fashion』. London : B. T. Batsford, Ltd., 1992.

Calloway, Stephen & Jones Stephen. 『Royal Style』. Great Britain : Pyramid Books, 1991.

Carnegy Vicky. 『Fashion of a Decade : The 1980』. New York : Facts On File, Inc., 1990.

Carter, Alison. 『Underwear : The Fashion History』. New York : Drama Book Pub., 1992.

Claitor, D. 『100 Years Ago the Glorious 1890』. New York : Gallery Books, 1990.
Coleman, A. E. 『The Opulent Era』. London : Thames and Hudson, 1990.
Cone, Polly. 『The Imperial Style』. New York : Metropolitan Museum of Art, 1980.
Connikie, Yvonne. 『Fashion of a Decade : The 1960』. London : B. T. Batsford, Ltd., 1990.
Contini, M. 『Fashions from Ancient Egypt to the Present Day』. N. Y. : The Odyssey Press, 1965.
Costantino, Marie. 『Fashion of a Decade : The 1930S』. London : B. T. Batsford, Ltd., 1991.
Crawford, M. D. C. 『One World of Fashion』. New York : Failchild Pub., 1967.
Cunnington, P. 『Costume』. London : A. & C. Black, Ltd., 1970.
Cunnington, W. & P. 『Handbook of English Costume in 16C』. London : Faber & Faber, 1970.
Cunnington, W. & P. 『Handbook of English Costume in 17C』. London : Faber & Faber, 1973.
Cunnington, W. & P. 『Handbook of English Costume in 18C』. London : Faber & Faber, 1972.
Cunnington, W. & P. 『Handbook of English Costume in 19C』. London : Faber & Faber, 1970.
D'Assailly, G. 『Ages of Elegance』. London : Macdonald & Co., 1968.
Davenport, Millia. 『The Book of Costume』. New York : Crown Pub., 1979.
De Young Memorial Museum. 『European Works of Art』. San Francisco : Diablo Press, 1966.
Druesedow, J. L. 『In Style』. New York : The Metropolitan Museum of Art, 1987.
Druesedow, J. L. 『Men's Fashion Illustrations From the Century』. New York : Dover Pub., 1990.
Duncan, A. 『Masterworks of Louis Comfort Tiffany』. N. Y. : Harry N. Abrams., 1990.
Eicher, J. 『Dress, Adornment, and the Social Order』. N. Y. : John Wiley & Sons Inc., 1965.
Eicher, J. & Roach, M. 『The Visible Self : Perspectives on Dress』. N. J. : Prentice—Hall Inc., 1973.
Engelmeier, P. W. 『Fashion in Film』. Munich : Prestel. Verlag., 1990.
Ewing, E. 『Dress and Undress : A History of Women's Underwear』. N. Y. : Drama Book, 1981.
Feldman, Elane. 『Fashion of a Decade : The 1990S』. London : B. T. Batsford, Ltd., 1992.
Fry, R. C. 『Art Nouveau Floral Ornament in Color』. New York : Dover Pub., 1976.
Garland, Madge. 『Fashion』. Middlesex : Pengin Books, Ltd., 1962.
Garland, Madge. 『The Changing Face of Beauty』. London : Weidenfeld & Nicolson, Ltd., 1957.
Garland, Madge. 『The Changing Form of Fashion』. London : J. M. Dent & Sons, Ltd., 1970.
Gilbert, S. K. 『Treasures of Tutankhamun』. N. Y. : The Metropolitan Museum of Art, 1976.
Ginsburg, Madeleine.『Fashion : An Anthology by Cecil Beaton』. London : HMSO, 1971.
Ginsburg Madeleine. 『Victorian Dress』. London : B. T. Batsford, Ltd., 1988.
Gombrich, E. H. 『The Story of Art』. New York : Phaidon Inc., 1968.
Groult, Nicole. 『Paul Poiret』. Palais Galliera, 1986.
Handy, Amy. 『Revolution in Fashion』. New York : Abbeville Press, 1990.
Hans L. C. Jaff . 『20,000 Years of World Painting』. New York : Crown Pub., Inc., 1983.
Harris, Christie 『Figleafing Through History』. N. Y. : Halliday Lithograph Co., 1972.
Harris, Nathaniel. 『Art Nouveau』. London : Hamlyn Pub., 1987.

Hartnell, Norman. 『Royal Courts of Fashion』. London : Cassell & Co. Ltd., 1971.

Herald, Jacqueline. 『Fashion of a Decade : The 1970S』. London : B. T. Batsford, Ltd., 1992.

Hill, Margot H. 『The Evolution of Fashion』. London : B. T. Batsford, Ltd., 1967.

Hollander, Anne. 『Seeing Through Clothes』. London : U. C. Press., 1993.

Holme, B 『The World in Vogue』. London : Martin Secker & Warburg, Ltd., 1963.

Hope, Thomas. 『Costumes of the Greeks and Romans』. New York : Dover Pub., 1962.

Houston, Mary G. 『A Technical History of Costume, I』. London : A. & C. Black, Ltd., 1964.

Houston, Mary G. 『A Technical History of Costume, II』. London : B. & N. Inc., 1965.

Houston, Mary G. 『A Technical History of Costume, III』. London : B. & N. Inc., 1965.

Ishiyama, Akira. 『Early 19 Century : Fashion Plate』. Tokyo : Bunka Pub. Bureau, 1983.

Ishiyama, Akira. 『The Charm of Art Nouveau』. Tokyo : Graphic Pub., 1986.

Janson, H. W. & Janson, D. J. 『The Story of Painting』. New York : Harry N. Abrams Inc.,

Janson, H. W. 『History of Art』. New York : Harry N. Abrams Inc., 1991.

Jenkins, Ian. 『Greek and Roman Life』. London : British Museum Publications, Ltd., 1986.

Jervis, Simon. 『Art & Design in Europe and America 1800~1900』. N. Y. : V. & A. Museum, 1987.

Kemper, Rachel H. 『Costume』. New York : Newsweek Books, 1979.

Kenett, F. L. & Shoukry, A. 『Tutankhamen』. Boston : New York Graphic Society, 1978.

Kitson, Michael. 『The Age of Baroque』. London : Paul Hamlyn, 1966.

Kybalov , Ludmilla. 『The Pictorial Encylopaedia of Fashion』. Middlesex : Hamlyn Pub., 1968.

K hler, Carl. 『A History of Costume』. New York : Dover Pub., 1963.

Latour, A. 『Kings of Fashion』. London : Weidenfeld & Nicolson, Ltd., 1958.

Laurent, S. C. 『A History of Women's Underwear』. London : Academy Editions, 1986.

Laver, James. 『Costume in Antiquity』. London : Thames & Hudson, Ltd., 1964.

Laver, James. 『Costume through the Ages』. New York : Simon & Schuster, 1963.

Laver, James. 『Dandies』. London : Weidenfeld & Nicolson, Ltd., 1968.

Laver, James. 『Dress』. London : John Murray Pub., 1950.

Laver, James. 『Style in Costume』. London : Oxford University Press, 1949.

Laver, James. 『Taste and Fashion』. London : George G. Harrap & Co, Ltd., 1945.

Leese, E. 『Costume Design in the Movies』. New York : Dover Pub., 1991.

Lester, M. & Kerr, N. 『Historic Costume』. Illinois : Chas. Bennett Co. Inc., 1967.

Lilyquist, Christine. 『Excavating in Egypt』.

Lister, Margot. 『Costume』. London : Berrie & Jenkins, Ltd., 1968.

Lobenthal, J. 『Radical Rags : Fashion of The Sixties』. N. Y. : Abbeville Press, 1990.

Lynam, Ruth. 『Paris Fashion』. London : Michael Joseph, Ltd., 1972.

Maeder, Edward. 『Hollywood and History』. London : Thames & Hudson, 1987.

Mansfield, Alan. 『Handbook of English Costume 1900~1950』. London : Faber & Faber, Ltd., 1973.

Martin, R. & Koda, H. 『Haute Couture』. N. Y. : The Metropolitan Museum of Art, 1996.
Massa, Aldo. 『The Etruscans』. Paris : Minerva S. A., 1989.
Mclver, A. J. 『All About Shoes』. Toronto : Bata Ltd., 1994.
Milbank, R. C. 『Couture』. New York : Stewart, Tabori & Chang, Inc., 1985.
Moore, D. L. 『Fashion through Fashion Plates』. London : Ward Lock, Ltd., 1971.
Mortmer, L. Tony. 『Lalique』. New Jersey : Chartwell Books, Inc., 1989.
Mullins, Edwin. 『The Art of Britain』. Phaidon Press, Ltd., 1983.
Mulvagh, J. 『Vogue Fashion : History of 20th Century』. New York : Viking Penguin Inc., 1988.
Murray, P. M. 『Changing Style in Fashion』. New York : Fairchild Pub., 1989.
Myers, S. B. & Copplestone, T. 『The History of Art』. New York : Exeter Books, 1985.
O'hara, Georgina. 『The Encyclopaedia of Fashion』. New York : Abrams, Inc., 1986.
O'Neill. J. P. 『The Age of Napoleon』. New York : Harry N. Abrams, Inc., 1989.
Olian, J. 『Authentic French Fashions of the Twenties』. New York : Dover Pub., 1990.
Olian, Joanne. 『Everyday Fashions of the Forties』. New York : Dover Pub., 1992.
Payne, B. 『History of Costume』. New York : Harper & Row Pub., 1965.
Powell, A. 『The Origins of Western Art』. London : H. B. J. Inc., 1973.
Quant, Mary. 『Quant by Quant』. London : Casell & Co. Ltd., 1966.
Racinet, A. 『Pictorial History of Western Costume』. New York : Dover Pub., 1987.
Ragghianti, L. C. 『Great Museums of the World : Egyptian Museum』. Cairo., 1980.
Ribeiro, A. 『Fashion in the French Revolution』. London : B. T. Batsford, Ltd., 1988.
Ribeiro, A. 『The Art of Dress』. Yale University Press, 1995.
Ribeiro A. & Cumming, V. 『The Visual History of Costume』. London : B. T. Batsford, Ltd., 1989.
Rice, T. D. 『Art of the Byzantine Era』. London : Thames and Hudson. 1986.
River, D. 『A Dictionary of Textile Terms』. Danville : Dan River Mills Inc., 1967.
Robb, M. & Garrison, J. 『Art in the Western World』. New York : Harper & Row Pub., 1963.
Robinson, J. 『The Golden Age of Style』. London : Orbis Pub., 1983.
Ross, J. 『Beaton In Vogue』. London : Thames & Hudson, 1986.
Rothstein, N. 『Four Hundred Years of Fashion』. London : Victoria & Albert Museum, 1984.
Russell, Douglas A. 『Costume History and Style』. New Jersey : Prentice-Hall, 1983.
Russell, Douglas A.『Stage Costume Design』. New York : Meradith Co., 1973.
Saunder, E. 『The Age of Worth』. London : Longman Group, Ltd., 1954.
Selz, Peter. 『Art Nouveau』. Boston : New York Graphic Society, 1975.
Sgarbi Vittorio. 『The History of Art』. New York : Gallery Books, 1988.
Sheila Jackson. 『Costume for the stage』. New York : Gallery Book, 1978.
Sherrard, Philip. 『Byzantium』. New York : Time-Life Ltd., 1988.
Smith, Charles H. 『The Fashionable Lady in the Nineteenth Century』. London : HMSO, 1960.

Squire, Geoffrey. 『Dress Art and Society, 1560～1970』. London : Studio Vista, Ltd., 1974.
Steele, Valerie. 『Women of Fashion』. New York : International Pub., Ltd., 1991.
Stegemeyer, Anne. 『Who's Who in Fashion』. New York : Failchild Pub., 1988.
Stierlin, Henri. 『The Pharaohs Master－Builders』. Paris : Finest. S. A. 1995.
Tait, Hugh. 『Jewelry : 7000 Years』. New York : Harry N. Abrams, Inc., 1991.
Tortora, P. & Eubank, K. 『Survey of Historic Costume』. N. Y. : Fairchild Pub., 1994.
Truman, Nevil. 『Historic Costuming』. New York : Pitman Pub., 1966.
Wilcox, R. T. 『The Mode in Costume』. New York : Charles Scribner's Sons, 1969.
Wilkins & Schultz. 『Art Past & Art Present』. New York : Abrams, Inc., 1990.
Wood, M. & Cole, B. & Gealt, A. 『Art of Western World』. New York : Summit Books, 1989.
Wood, Michael. 『Art of the Western World』. New York : Simon & Schuster Inc, 1989.
Yarwood, D. 『English Costume from the Second Century B.C. to 1972』. London : Batsford, 1972.
Yarwood, D. 『Fashion in the Western World』. London : Batsford, 1992.
Yearout, Floyd. 『Heraldry』. Great Britain : Macdonald & Jane's Publishers, 1976.
Zarnecki, G. 『Romanesque : The Herbert History of Art and Architecture』 Herbert Press, 1989.
－, Byzantium. British Museum Publications Ltd., 1988.
－, The Collezioni Fashion : January, 1997－Seoul
－, The Fashion Collections : '95－'96 Autumn & Winter. Milan－Madrid.
－, The Fashion Collections : 1990 Spring & Summer. Milan－Madrid.
－, The Fashion Collections : 1991 Spring & Summer. Paris－London.
－, Vogue. Italia. Sep, 1987.
丹野 郁 & 原田二郎. 西洋服飾史. 東京 : 衣生活硏究會, 1975.
丹野 郁. 西洋服飾發達史. 古代・中世篇, 近世篇, 現代篇. 東京 : 光生館, 1958.
노명식. 世界史年表. 서울 : 창원문화사, 1980.
이경성. 工藝通論. 서울 : 수학사, 1979.
정홍숙. 복식문화사. 서울 : 교문사, 1981.
정홍숙. 근대복식문화사. 서울 : 교문사, 1989.
차하순. 西洋史總論. 서울 : 탐구당, 1980.

서양복식문화 분야에서 연구 발표된 논문

(저자 가나다순)

곽미영 : 20세기 패션에 나타난 초현실주의 복식양식에 관한 연구, 중앙대 박사논문, 1995.

곽미영 · 정흥숙 : 여성해방운동이 서양복식에 미친 영향에 관한 연구, 한국의류학회지, 1991.

곽미영 · 정흥숙 : 현대복식에 응용된 초현실주의적 표현방법 고찰(제1보), 한국의류학회지, 1995.

구미지 : 러스킨의 장식유형 분류를 사용한 19세기 복식장식의 유형학적 해석, 1992.

구미지 · 임원자 : Bustle style을 중심으로 본 유행의 주기성, 한국복식학회지, 1988.

구인숙 : 초기 그리스도교 시대의 Dalmatic 연구, 한국의류학회지, 1979.

권혁미 : 20세기 모드의 조형성 표현에 관한 연구, 1988.

권현주 : Sports Wear에 관한 고찰—서양복식사를 중심으로, 성신여대 생활문화연구, 1991.

김경희 : 서양복 남자바지의 변천과정 고찰—기원에서 18세기까지, 경희대 석사논문, 1988.

김경희 : 서양복식사에 나타난 바지의 변천 고찰, 경희대 석사논문, 1988.

김기업 : Gothic 시대의 남녀복식에 관한 연구, 홍익대 석사논문, 1985.

김동현 : 1920년대와 1960년대의 구미 여자복식에 관한 연구, 1983.

김명애 : 서양복식에 나타난 직물에 관한 연구—복식사 문헌을 중심으로, 1992.

김명주 : Hood에 관한 연구, 이화여대 의류직물연구, 1979.

김명주 · 김문숙 : 현대복식과 Eroticism적 표현에 관한 연구, 한국의류학회지, 1994.

김미경 : Neo-Carmen의 무용의상 디자인 연구, 1995.

김미혜 : Shakespeare의 희곡에 나타난 Renaissance 복식의 상징성과 무대의상 디자인 연구, 1991.

김민자 : 1960년대 Pop Art의 사조와 패션, 한국의류학회지, 1986.

김민자 : 제2차 세계대전 후 영국 청소년 하위문화 스타일, 한국의류학회지, 1987.

김민자 : 예술로서의 의상 디자인—인상주의와 의상, 대한가정학회지, 1989.

김민자 · 고현진 : 현대패션에 나타난 패러디에 관한 연구, 1994.

김민자 · 김영미 : 르네상스 아이콘화에 표현된 복식의 종교성과 세속성, 1993.

김민자 · 김윤희 : 현대 한국적 복식에 나타난 인체와 복식에 대한 미의식, 서울대 박사논문, 1998.

김민자 · 김정선 : 빅토리아 시대 유행복식과 반(反)유행복식 운동(Anti-Fashion)에 나타난 여성성과 인체미에 관한 연구, 1996.

김민자 · 노정심 : 아방가르드 패션에 관한 연구, 1994.

김민자 · 송수원 : 후기 르네상스 궁정 복식에 나타난 매너리즘 양식, 1997.

김민자 · 이정민 : 19세기 남성복에 나타난 댄디즘, 1998.

김민자 · 이주연 : 라파엘로 전파 회화에 표현된 복식에 관한 연구, 1992.

김민자 · 장은정 : 서양 남성복의 유행 변화, 1992.

김선화 : 서양복식사에 나타난 신의 역사적 고찰, 성신여대 석사논문, 1987.

김성은 : 20세기 미술사조와 현대의상에 관한 연구—Chanel과 Yves Saint Laurent을 중심으로, 1989.
김영미 : Renaissance 아이콘화에 표현된 복식의 종교성과 세속성, 생활과학연구 1995.
김영순 : Renaissance 의복 스타일의 특성에 관한 연구, 숙명여대 석사논문, 1984.
김영옥 : 페르시아 직물문양과 비잔틴 직물문양의 조형성 비교, 한국의류학회지, 1987.
김영자 : 17세기 건축공예에 나타난 Baroque 양식과 복식에 표현된 조형성에 관한 고찰, 1982.
김영주 : 목부분 장식의 유형과 변천사적 고찰—서양복식을 중심으로, 성신여대 석사논문, 1985.
김옥진 : Gothic 시대의 복장 스타일과 건축양식의 비교연구, 대한가정학회지, 1975.
김옥진 : Byzantine 시대의 복식에 관한 연구, 한국의류학회지, 1979.
김옥진 : Baroque 시대의 복장형태에 관한 연구, 대한가정학회지, 1980.
김윤희 : 20세기 서양 패션에 나타난 동양복식의 형태미에 관한 연구, 1991.
김윤희 · 김민자 : 20세기 서양 패션에 나타난 동양 복식의 형태미에 관한 연구(I), 한국가정학회지, 1991.
김은경 : 남성복의 복식사적 고찰—상의와 외투를 중심으로, 청주대 석사논문, 1991.
김은덕 : 현대 패션에 나타난 최소표현기법에 관한 연구, 한국복식학회지, 1995.
김은희 : 여성의 머리형태와 두식에 관한 연구—성신여대 석사논문, 1994.
김인숙 : 서양 고대사회의 髮型과 頭飾에 관한 고찰, 한국복식학회지, 1980.
김인숙 : 서양복식사에 나타난 규제고찰, 대한가정학회지, 1981.
김정숙 : 키치 패션의 미적 가치에 관한 연구, 서울대 석사논문.
김정애 : 20세기 후반에 나타난 테크노사이버 패션에 관한 연구, 홍익대 석사논문, 1995.
김정자 : 고대 Greece의 의복문양에 관한 연구, 효성여대 석사논문.
김중신 : 20세기 미술을 응용한 조형의상—아쌍불라주를 중심으로, 국민대 석사논문, 1990.
김태연 : 중세풍 복식의 미적 가치에 관한 연구—금욕성 · 자연성 · 신비성 · 세속성을 중심으로.
김현수 : Renaissance 시대의 명화를 통해 본 복식에 관한 논문, 성신여대석사논문, 1992.
김현숙 : Rococo 시대 복식에 관한 고찰, 숙명여대 석사논문, 1980.
김혜연 : 중세 말기 회화를 통한 복식 연구, 한국복식학회지, 1991.
김혜연 : 프랑스 혁명기 복식연구(1789～1799), 한국복식학회지, 1983.
김희선 : Pearl Buck 소설의 복식에 나타난 정체성 연구, 한양대학교 박사학위논문, 1994.
김희정 : 서양복식사에 나타난 양말 변천에 관한 연구, 성신여대 석사논문, 1991.
류기주 · 김민자 : 인체에 대한 미의식에 따른 복식형태, 한국의류학회지, 1992.
문경옥 : 기능적으로 본 여성 양복바지의 변천과정에 대한 고찰, 숙명여대 석사논문, 1981.
박경신 : 「FAUST」극의 무대의상에 관한 연구, 홍익대 석사논문, 1985.
박경희 : 현대복식의 양식에 관한 연구—60년대, 70년대 복식을 중심으로, 1979.
박명희 : 1980년대 패션에 나타난 포스트모더니즘에 관한 연구, 숙명여대 박사논문, 1991.
박명희 : 중세 서양복식에 나타난 입체화 과정에 관한 연구, 서울대 석사논문.
박미래 : 19세기 말엽 프랑스 여성복식에 관한연구, 이화여대 석사논문, 1986.
박선애 : Sleeves의 복식사적 고찰 및 구성방법, 숙명여대 석사논문, 1982.

박숙현 · 이정옥 : 15~16세기 회화에 나타난 여성의 인체미와 복식, 한국의류학회지, 1994.
박윤정 : 프랑스 인상주의 예술양식이 Bustle의 조형성에 미친 영향, 1993.
박춘순 : 18세기 프랑스 복식과 Rococo 장식 motif, 한국복식학회지, 1981.
박향미 : Renaissance 시대의 Flanders 지방의 상 · 하류층 복식 비교, 경희대 석사논문, 1994.
박혜원 : Paul Poiret의 Modernism, 1988.
배경은 : 현대복식에 있어서 낭만주의 표현에 대한 연구, 성균관대 석사논문, 1989.
배수정 : Shakespeare 희곡 「King Leara」의 무대의상 디자인 연구, 전남대 박사논문, 1995.
배정원 : 연극 「피가로의 결혼」의 무대의상 디자인 연구, 1992.
서광희 : 영국의 Pop Art와 미국의 Pop Art의 비교연구, 1982.
서유리 : American Hippie와 그 복식에 관한 연구, 1993.
서유리 · 조규화 : American Hippie와 그 복식에 관한 연구, 한국의류학회지, 1995.
소영미 : 20세기의 Slim & Long Silhouette에 관한 연구, 서울여대 석사논문, 1994.
손미숙 : 20세기 전반기 미국 여성복식에 관한 연구, 숙명여대 석사논문, 1987.
손영미 : Les Cencei의 무대의상 디자인 연구, 1990.
손영순 : Renaissance 복식구성에 관한 고찰, 홍익대 석사논문, 1977.
송명숙 : 서구복식이 평면의에서 체형의로 변한 과정에 관한 연구, 한양대 석사논문, 1980.
송명진 : 현대 서양복식에 나타난 이국적 취향에 관한 연구, 숙명여대 석사논문 1991.
송수향 : 페르퀸트를 위한 무대의상 디자인 연구, 이화여대 석사논문, 1989.
신상옥 : 복식사 연구방법에 관한 소고 II, 대한가정학회지, 1985.
신현숙 : Baroque 양식의 직물문양에 관한 고찰, 숙명여대 석사논문, 1983.
안경자 : Byzantine 이후 19세기까지 슬리브 형태에 관한 고찰, 한양대 석사논문, 1983.
안선경 : 현대복식에 표현된 추의 개념, 1994.
안선경 · 양숙희 : 현대복식에 표현된 추의 개념, 한국의류학회지, 1995.
안현주 : Rococo 복식을 응용한 남성예복연구, 1995.
양숙향 : Rococo 시대의 복장형태에 관한 고찰－1717~1780년 프랑스의 경우, 1989.
양숙희 : 19세기 유럽 신사복 Mode의 특성, 한국의류학회지, 1984.
염혜정 · 조규화 : 한국 신세대의 복식양식, 한국의류학회지, 1992.
오영복 : 16세기 서구여성 가운에 대한 형태분석, 한양대 석사논문, 1983.
오현정 : 복식미 범주의 개념구조에 관한 연구－쉬크와 댄디즘, 한국의류학회지, 1991.
오현정 : 복식미 범주의 개념구조에 관한 연구, 한국의류학회지, 1993.
원용옥 : 19세기 이후의 서양의상의 씰루엣에 관한 연구, 국민대 논문집, 1970.
유기주 : 인체에 대한 미의식에 따른 복식형태 연구－고대 이집트~낭만주의 시대, 1991.
유현주 : Rococo 시대의 복식부속품의 장식적 특성에 관한 고찰, 성신여대 석사논문, 1995.
유호림 : 서양복식사에 나타난 규제에 관한 연구, 성신여대 석사논문, 1992.
유희정 : Slash에 관한 고찰－Renaissance 시대 중심으로, 성신여대 석사논문, 1980.
윤경희 : 「파우스트」의 무대의상 연구－인물표현을 중심으로, 이화여대 석사논문, 1989.

윤수경 : 20세기 서구여성복에 나타난 씰루엣의 변천에 관한 고찰, 세종대 석사논문, 1988.
윤진아 : 근세시대의 서양 여자속옷에 관한 고찰-Stomacher를 중심으로 성신여대 석사논문, 1995.
윤혜영 : 20세기 서구여성복에 나타난 선의 변천에 관한 연구, 한양대 석사논문, 1982.
은영자 : 십자군 원정시 서구의 복식에 관한 고찰, 계명대 석사논문, 1982.
이미정 : 의식에 착용한 예복에 관한 연구-17세기 이후 영국을 중심으로, 1985.
이민선 · 김민자 : 복식에서 성의 가시적 불일치에 관한 사적 연구, 한국의류학회지, 1995.
이선화 : 20세기 전반기의 화단을 활용한 현대의상 디자인 연구, 홍익대 석사논문, 1992.
이숙희 : 아메리칸 인디언 복식에 관한 연구, 한국의류학회지, 1994.
이숙희 : 20세기 남성 패션의 변천 및 특성에 관한 연구, 한국의류학회지, 1995.
이영희 : Shakespeare극(Hamlet, Macbeth)의 의상과 무대의상 디자이너의 역할, 홍익대학교, 1979.
이윤주 : 복식에 있어서의 색채이미지에 관한 연구, 연세대 석사논문, 1992.
이은영 : 회화를 이용한 현대의상-칸딘스키의 비구상회화를 중심으로, 이화여대 석사논문, 1990.
이인희 : 몰리에르 作「따르뛰프 : 위선자」의 무대의상 작품 연구, 1989.
이자경 : 무대의상을 위한 디자인 연구-작품「어디서 무엇이 되어 다시 만나랴」1985.
이정남 : 19세기 여자복식을 중심으로 한 Bustle Style에 대한 연구, 1981.
이정미 :「한여름 밤의 꿈」을 위한 무대의상 디자인 연구, 1992.
이정자 : 영화의상의 의미와 역할에 관한 연구, 홍익대학교, 1985.
이정자 : 영화의상의 의미와 역할에 대한 연구-장콕도의「미녀와 야수」에 적용하여 1985.
이정후 : 현대여성복식에 나타난 Anti-Fashion에 관한 연구, 1990.
이화용 : Egypt 복식에 나타난 상징성을 응용한 현대의상 디자인 1993.
이효진 : 복식에 표현된 인상주의 양식에 관한 연구, 중앙대 박사논문, 1992.
이효진 : 현대패션에 나타난 Eroticism적 표현에 관한 연구, 한국복식학회지, 1994.
이효진 : 20세기 후반 패션에 나타난 미니멀 아트의 조형성에 관한 연구, 복식학회지, 1996.
이효진 · 추미경 : 현대복식에서의 키치 유형에 관한 연구, 복식학회지, 1996.
임경복 : 시대별 패션 착용동기에 대한 비교분석-Payne의 복식사를 중심으로, 1990.
임경심 : Pearl Buck의「The Goddes Abides」에 나타난 복식의 분석, 한양대 석사논문, 1991.
임선희 : 쏘냐 들로우네의 회화와 의상 · 직물 디자인에 대한 연구, 한국의류학회지, 1986.
임영자 : Renaissance 시대의 의상에 관한 고찰, 대한가정학회지.
장미선 : Rock & Roll Fashion에 관한 연구, 1994.
장해선 : Op Art와 현대 패션에 관한 연구, 1992.
장희숙 : 현대 Fashion에 나타난 Retro 경향에 관한 연구, 1995.
전광희 : 기독교 복식에 표현된 상징성에 관한 연구, 숙명여대 석사논문, 1990.
전소영 : 20세기 구미여성복식의 변천에 관한 연구, 성균관대 석사논문, 1980.
정경나 : 중세 말기의 프랑스 복식에 관한 고찰-13~14세기를 중심으로, 숙명여대 석사논문, 1986.
정경임 :「The Scarlet Letter」에 나타난 복식 표현-색심상을 통한 무대의상구성, 1979.
정은영 : Baroque 시대의 복식형태에 관한 고찰, 전남대 석사논문, 1981.

정지현 : Postmodernism에 의한 패션의 양식 및 그 변화에 관한 연구, 서울대 석사논문, 1991.
정해순 : Pop Music이 현대 패션에 미친 영향에 관한 연구, 숙명여대 석사논문, 1992.
정현숙 : 십자군 전쟁이 중세복식에 미친 영향, 한양대 석사논문, 1986.
정현숙 · 김진구 : Shakespeare 비극작품에 나타난 복식역할의 분석, 한국의류학회지, 1993.
정흥숙 : A Study on the Analogies of Art Styles in Plastic Arts and Clothing, The Society of International Costume(국제복식학회), 1989.
정흥숙 : A Study on the Fabric Print of Modern Fashion under the Influence of Jackson Pollock's Action Painting, World Congress of Master Tailors(세계주문복업자총연맹회), 1991.
정흥숙 : A Study on the Modern Fashion under the Influence of Abstract Expressionism, International Textile & Apparel Association Proceeding(국제의류학회), 1991.
정흥숙 : Art Nouveau 예술양식이 현대의상에 미친 영향, 한국복식학회지, 1981
정흥숙 : 고대 Egypt 복식에 나타난 상징성에 관한 연구. 한국복식학회지, 1982.
정흥숙 : Renaissance 시대의 복식에 나타난 Slash 장식요소에 관한 연구, 중앙대 가정대논집, 1983.
정흥숙 : 낭만주의 예술양식이 19세기 복식에 미친 영향에 관한 연구, 중앙대가정문화논총, 1987.
정흥숙 : Art Nouveau & Art Deco 예술양식을 통해 본 복식의 조형성에 관한 연구, 세종대 박사논문, 1988.
정흥숙 : 의류학의 재조명, 대한가정학회지, 1989.
정흥숙 : 조형분야와 복식에 나타난 예술양식의 유사성에 관한 연구, 한국복식학회지, 1989.
정흥숙 : Action Painting이 현대의상에 미친 영향에 관한 연구, 중앙대 가정문화논총, 1990.
정흥숙 : 의류학 연구의 최신정보, 대한가정학회지, 1990.
정흥숙 : Arshile Gorky와 Jackson Pollock의 Painting이 현대의상 직물 문양에 미친 영향, 1992.
정흥숙 : 유품과 회화를 통해 본 Rococo 시대의 Robe에 관한 연구, 중앙대 가정문화논총, 1993.
정흥숙 : Postmodern 복식의 조형적 특성으로서의 복고성에 관한 연구, 한국복식학회지, 1994.
정흥숙 : 현대의상에 적용된 Robe à la Française의 특징적 요소에 관한 연구, 1994.
정흥숙 : 현대의상에 표현된 Renaissance 복식 Style의 특징적인 요소에 관한 연구, 1994.
정흥숙 : 근대 개화기에서 현대까지의 여성복식 Style의 변천에 관한 연구, 세계주문복업자총연맹회 국제회의 학술발표, 1995.
정흥숙 : Shakespeare 연극 「Hamlet」의 무대의상 디자인 연구, 1997.
정흥숙 : 이집트의 복식문화, 「이집트 문명전」을 위한 도록, 1997.
정흥숙 · 곽미영 : 초현실주의 복식양식에 관한 연구, 한국복식학회지, 1995.
정흥숙 · 곽미영 : 현대복식에 응용된 초현실주의적 표현방법 고찰(1), 한국의류학회지, 1995.
정흥숙 · 곽미영 : 현대여성복식에 나타난 Collage 기법에 관한 연구, 국제여성학회지, 1996.
정흥숙 · 김민자 : 문화정보 산업매체로서의 의상제작에 대한 사례 연구, 1997.
정흥숙 · 김현지 : 복식에 표현된 르네상스 · 바로크 양식 비교, 중앙대 석사논문, 1996.
정흥숙 · 배정원 : 연극 「피가로의 결혼」 무대의상 디자인 연구, 중앙대 석사논문, 1994.
정흥숙 · 이영주 : 오페라 「리날도」 무대의상 디자인 연구, 중앙대 석사논문, 1996.

정흥숙 · 이효진 : 현대의상에 조명된 인상주의 색채의 영향, 한국의류학회지, 1992.

정흥숙 · 이효진 : 현대의상직물에 조명된 신인상주의 색채표현에 관한 연구, 한국의류학회지, 1992.

정흥숙 · 정현숙 : Postmodern Fashion에 표현된 Feminism 연구, 한국복식학회지, 1997.

정흥숙 · 주명희 : 회화양식이 의상의 조형성에 미친 영향, 한국복식학회지, 1990.

정흥숙 · 주명희 : Fauvism과 현대의상에 나타난 색채미의 유사성에 관한 연구, 한국의류학회지, 1991.

정흥숙 · 주명희 : 제1차 세계대전기의 의상 디자인, 국제여성연구소 연구논총, 1994.

정흥숙 · 주명희 : Karl Lagerfeld의 작품세계에 관한 연구, 국제여성연구소 연구논총, 1995

정흥숙 · 최현숙 : Neo-Classicism 양식이 19세기 복식에 미친 영향에 관한 연구, 대한가정학회지, 1983.

정흥숙 · 현선진 : 20세기 후반 복식에 표현된 Minimalism의 환원성에 관한 연구, 1996.

정흥숙 · 현선진 : 후기산업사회 서구 남성복식에 표현된 유희성에 관한 연구, 1997.

조규화 : 1920년대 가르손느의 출현과 그 복식, 한국의류학회지, 1984.

조규화 · 박혜원 : Art Deco 패션의 색채에 관한 연구, 한국의류학회지, 1991.

조명순 : 남자복식의 Collar와 목장식에 관한 연구－17～19세기를 중심으로, 1991.

조옥례 : 18세기 후기 프랑스 여자복식에 관한 고찰, 한국의류학회지, 1986.

조옥례 : 루이 16세 시대의 여자복식에 관한 연구, 숙명여대 석사논문, 1986.

주명희 : 서양복식사 연구의 단서가 되는 내용에 관한 연구, 건국대 석사논문, 1984.

주명희 : 야수주의의 영향을 받은 현대의상에 관한 연구, 1990.

주명희 : Gianni Versace 의상에 나타난 원시적 성향에 관한 연구, 한국복식학회지, 1991.

최민숙 : 남자바지에 관한 고찰－서양복식사를 중심으로, 성신여대 석사논문, 1993.

최민주 : 고대 Egypt 복식에 표현된 미의식 고찰, 대한가정학회지, 1982.

최수현 · 김민자 : 복식의 미적 범주, 복식 1994.

최연정 : Renaissance 시대 복식에 나타난 미의식에 관한 연구, 성신여대 석사논문, 1987.

최영옥 : Corset에 관한 고찰, 안동대학교 논문집, 1983.

최영옥 : Under Wear에 관한 연구－Hoop와 Petticoat를 중심으로 , 안동대학교 논문집, 1984.

최영옥 : 서양 문장의 상징성에 관한 연구, 한국의류학회지, 1990.

최윤미 : 복식에 표현된 초현실주의 양식 및 그 변화에 관한 연구, 한국의류학회지, 1993.

최윤미 · 김민자 : 복식사 연구 방법에 있어서 양식 및 변화에 관한 연구, 복식, 1993.

최향원 : Iliad와 Odyssey에 표현된 복식, 이화여대 석사논문, 1989.

추희경 · 임원자 : 서구복식의 근대적 변천에 대한 연구, 한국복식학회지, 1982.

하지수 : 현대 패션에 표현되는 유희성, 한국복식학회지, 1994.

황선진 : 나일강과 티그리스 · 유프라테스강 지역의 복식문화 비교연구, 성균관대 석사논문, 1981.

황은실 : Rococo 예술양식이 복식에 미친 영향, 1991.

정흥숙, 박영애 : 로코코시대의 프랑스 직물에 나타난 신와즈리(chinoiserie) 영향에 관한 연구, 중앙대학교 생활과학논집, 1998.

정흥숙 : 고대 이집트 복식에 나타난 특성에 관한 연구, 중앙대학교 생활과학논집, 1998.

정흥숙 · 현선진 : 후기산업사회 서구적 남성복식에 표현된 유희성에 관한 연구, 국제복식학회지, 1998.

정흥숙 · 김정은 : 제2차 세계대전시의 여성복 디자인의 특성에 관한 연구, 국제여성연구소 연구논총, 1998.

정흥숙 · 박은희 : 19세기 여성의상에 관한 연구, 중앙대학교 생활과학논총, 1999.

정흥숙 · 박은희 : 입체재단법에 의한 Art nouveau의상 Silhouette의 Pattern 연구, 한국복식학회지, 2000.

정흥숙 · 김정은 : 제2차 대전 후 조형예술과 Christian Dior의 복식디자인에 나타난 미적 특성에 관한 연구, 한국복식학회지, 2000.

정흥숙 · 정미진 : 넥타이 문양에 나타난 호안 미로의 기호적 특성, 중앙대학교 생활과학논총, 2000.

정흥숙 · 김남주 : 20세기 여성 패션에 나타난 일본 모드에 관한 연구, 아시아민족조형학회지, 2000.

정흥숙 · 김은하 : 세기말에 나타난 버슬 스타일의 재등장 원인에 관한 연구, 한국복식학회지 제 52권 1호, 2002. 1

정흥숙 · 김은하 : 키치패션에 관한 연구, 중앙대학교 생활과학논집 제15집, 2002. 2

정흥숙 · 박은희 : 계몽 시대의 여성복에 관한 연구, 중앙대학교 생활과학논집 제15집, 2002. 2

정흥숙 · 이수정 : 서양 아동복에 관한 역사적 고찰, 중앙대학교 생활과학논집 제15집, 2002. 2

정흥숙 · 고정원 : 남성 상의에 대한 고찰, 중앙대학교 생활과학논집 제15집, 2002. 2

정흥숙 · 정미진 : 복식사 연구에서의 타 학문과의 연계성 현황, 한국복식학회 학술발표, 2002. 5

정흥숙 · 고정원 : 고대 크리트와 르네상스 시대 여자복식의 유사성 연구, 국제복식학회 학술발표, 2002.7

정흥숙 · 정미진 : 한국복식학회지에 게재된 논문의 연구동향 분석, 국제복식학회 학술발표, 2002.7

정흥숙 · 김영삼 : 현대 패션에 나타난 동양모드에 관한 연구, 아시아민족조형학회 학술발표, 2002. 7

정흥숙 · 고정원 : Fashion Dall의 역할변천에 관한 연구, 중앙대학교 생활과학논집 제16집, 2002.7

정흥숙 · 이수진 : 영웅성이 의상의 과장에 미친 영향, 중앙대학교 생활과학논집 제16집, 2002.7

정흥숙 · 정미진 : 복식사 연구에서의 타 학문과의 연계성 현황, 한국복식학회지 제 52권 4호, 2002.7

정흥숙 · 정미진 : 락(Rock)음악의 발전에 따른 스트리트 스타일의 발생과 변천, 한국복식학회지, 2002.8

정흥숙 · 정민선 : 공연예술에서 의상디자인을 위한 작품접근 방법에 관한 연구, 국제복식학회 학술발표, 2002.1

정흥숙 : Approaches to the Analysis of Performing Art Works For the design of Theil Costumes, International Costume Conference, 2002. 10

복식용어해설

ㄱ

가나슈(ganache) : 고딕 시대에 남녀가 사용한 코트. 품이 넓고 긴 소매가 달렸거나 진동둘레에 팔을 뺄 수 있는 슬릿이 있고, 후드가 달려 있음. 현재 학위수여식 때 입는 가운과 비슷.

가르드 코르(garde-corps) : 14세기에 쉬르코 대신 또는 쉬르코 위에 입은 통넓은 겉옷. 남자는 무릎 길이, 여자는 발목까지 오는 길이의 오버튜닉으로, 넓은 소매가 달렸거나 소매없이 팔을 내놓을 수 있는 슬릿이 있음.

가브리엘 샤넬(Gabrielle Chanel) : 1884년에 프랑스에서 출생. 일명 코코 샤넬(Coco Chanel). 처음에 모자 디자이너로 출발했으나 1910년경부터 여성복 디자이너로 전향. 단순하고 스포티한 분위기의 드레스 디자인으로 유명. 제1차 세계대전 때 상의가 길고 스커트가 짧은 디자인을 발표한 것이 크게 유행되었음. 그 뒤 스웨터나 니트로 만든 스포츠 웨어 보급. 1939년에 개점하고 샤넬 향수만 제조. 1954년에 다시 파리로 돌아와 '샤넬 룩'이라는 카디건 스타일을 발표하여 크게 붐을 일으켰음. 1971년에 사망.

가터(garter) : 양말이 흘러내리지 않게 잡아매는 리본이나 끈.

갤리가스킨즈(galligaskins) : 17세기에 입은 통넓은 바지로, 베네샹과 비슷함.

게이터즈(gaiters) : 다리를 보호하기 위해 가죽이나 튼튼한 리넨으로 만든 각반으로 단추나 버클로 여미고, 발바닥을 지나는 끈이 달린 것도 있음.

고넬(gonelle) : 중세의 암흑시대에 남녀가 착용했던 튜닉. 넓적다리까지 오는 길이에 잘 맞는 소매가 달렸음. 목둘레선과 소매 끝, 스커트 단에 자수로 장식.

고데(godet) : 고어(gore), 거셋(gusset)과 같은 뜻으로 프랑스에서는 고데라고 함. 플레어(flare) 형태를 만들어 주기 위해 삽입하는 삼각형의 헝겊 조각.

고즈(gauze) : 팔레스타인의 가자(Gaza)에서 처음 생산하기 시작한 실크와 카튼의 교직물로, 얇고 비치는 직물. 카튼으로만 짜서 병원에서 사용하기도 함.

그런지 룩(Grunge Look) : 1990년대 거리의 청소년들에게서 시작된 비주류 패션으로 여러 가지 소재를 다양하게 레이어링(layering)시킨 스타일을 말함.

깅함(gingham) : 실을 염색해서 체크 무늬가 생기게 짠 얇은 면직물. 주로 여아복이나 식탁보에 사용.

꼬뜨(cotte) : 중세에 남녀 공통으로 널리 입혀진 겉옷. 상체는 넉넉하게 맞고 스커트가 넓게 플레어지는 형인데, 목둘레가 둥글게 파임. 소매는 손목길이로 진동 부분은 넓고 손목으로 갈수록 좁아짐. 이 위에 쉬르코를 착용.

ㄴ

나이트셔트(nightshirt) : 19세기 말 파자마(pyjamas)가 나타나기 전 모든 계급의 남자들이 애용했던 잠옷. 적당히 맞는 소매와 발목 길이의 튜닉으로 목에서 허리까지 단추가 달렸으며 간단한 자수로 장식되었음.

네오 로맨티시즘(Neo-Romanticism) : '새로운 낭만주의'라는 뜻. 19세기 초두의 고대 그리스·로마풍이 의상에 반영되어 나타난 것을 태동으로 하여, 복식에서는 기능적, 캐주얼, 획일적인 복장에 대해 장식적, 회고적인 스타일을 가리키고, 일반적으로 가는 웨이스트의 강조, 긴 스커트, 컬한 긴머리, 수예를 이용한 장식 등을 특색으로 할 때가 많음.

네오 클래시시즘(Neo-Classicism) : '신고전주의' 라는 의미. 역사적으로는 고대 그리스나 로마에 이어지는 고전주의에 대응하는 것을 의미. 모드상에서는 19세기 초 엠파이어 스타일(Empire Style)이 나오기 직전의 스타일 그리고 1965년 전후의 미니 스커트를 계기로 앙드레 쿠레주 등을 중심으로 한 기하학적, 건축적인 조형감각에서 더욱 우주시대적 감각에로 에스컬레이트(Escalate)해 가는 초현대적인 패션 경향의 반동으로서, 충분한 장식성과 공들인 디자인으로 상징되는 소위 고전적인 복장에 대한 동경의 표현을 가리킴.

네오 히피(Neo-Hippie) : 새로운 히피 모드를 말함. 히피는 1967년경 미국에서 일어나 세계적으로 화제를 모았던 반체제파의 젊은이들을 가리키는데, 그들의 독특한 스타일이 1960년대 히피 룩의 붐을 타고 현재의 패션에 도입. 사이키델릭에서 나타나는 눈부시게 화려한 모드가 특징.

넥스탁(neckstock) : 18세기 말과 19세기 초에 사용된 남자들의 목장식. 빳빳이 풀먹인 칼라를 세우고 그 위를 길고 하얀 천으로 두세 번 감는 형식. 목 뒤에서 끝을 맺거나 앞에서 리본으로 매줌.

노퍽 재킷(norfolk jacket) : 19세기 말 영국에서 유행했던 벨트가 달린 재킷으로, 앞과 뒤에 주름이 있고 보통 트위드로 만들었음. 현재도 운동할 때나 여행할 때 무릎 밑까지 오는 니커보커즈와 함께 착용되고 있음.

니나 리치(Nina Ricci) : 이탈리아의 여류 디자이너로, 1932년에 파리에서 개업. 특히 미국에서 인기를 끌었음.

니스데일(nithsadale) : 니스데일 부인의 이름을 딴 18세기 여성들의 승마용 코트.

니커보커즈(knickerbockers) : 무릎에 주름이 잡힌 풍성한 모양의 바지(baggy breeches)로, 끝을 밴드나 버클로 조정.

ㄷ

다마스크(damask) : 원래 중국산 견직물로, 중세 동·서 직물교역의 중심지이던 다마스쿠스(Damaskus)를 거쳐 유럽에 소개됨으로써 다마스크란 이름이 붙음. 브로케이드와 비슷하나 브로케이드만큼 입체감이 나지 않고, 겉과 안 양쪽을 다 사용할 수 있는 장점이 있음. 재료는 리넨, 카튼, 레이온, 실크, 또는 이들의 교직도 가능함, 드레스 외에 테이블 클로스, 커튼 등 실내장식용으로도 많이 사용.

다이아뎀(diadem) : 크라운이 없는 밴드 형식의 왕관. 보통 여러 가지 보석으로 장식되어 있음.

달마티카(dalmatica) : 1세기경 달마티아(Dalmatia) 지방에서 입기 시작한 데서 유래된 T자형 튜닉으로, 소매가 넓고 흰색의 달메이션 울(dalmatian wool)로 만들었음. 로마 시대 기독교인들이 클라비라는 장식 밴드를 어깨에서 아랫단까지 수직선으로 대어 입었음. 기독교가 국교로 공인된 후 달마티카는 비잔틴 제국의 가장 대표적인 귀족복이 되었고, 중세 유럽 의복의 기본형이 되었음. 현재에도 종교적인 예식복으로 내려오고 있음.

대깅(dagging) : 독일에서 시작된 것으로, 14세기에서 17세기까지 유행한 가장자리 장식. 소매 끝이나 아랫단을 불규칙한 형태의 톱니모양으로 자른 것. 우플랑드가 그 하나의 예.

더블릿(doublet) : 14세기 십자군 전쟁 당시 군복에서 유래한 남자용 상의로, 프랑스에서는 이를 푸르푸앵이라 했음. 몸에 꼭 맞게 패드를 대어 누빈 것으로, 16~17세기까지 남자의 대표적인 상의가 되었음.

더스터 코트(duster coat) : 맑게 갠 날 먼지를 피하기 위해 입는 품이 넓은 코트로, 레인코트와 비슷. 천은 먼지가 잘 묻지 않는 것을 이용. 더스터 코트처럼 앞을 지퍼나 단추로 여미고 소매와 품이 넓은 드레스를 더스터 드레스라고 하며, 패치 포켓(patch pocket)이 달렸음. 집안에서 일할 때 사용.

더플 코트(duffle coat) : 제2차 세계대전 때 사용한 거친 모직의 코트로, 전후에 스포츠 코트로 인기를 모음. 후드가 달린 짧은 싱글 브레스티드(single breasted) 코트로, 단추 대신에 끈으로 여미는 것이 특징.

덕(duck) : 노동복에 주로 이용된 면직이나 마직으로, 캔버스와 비슷함.

덕 빌 슈즈(duck bill shoes) : 르네상스 시대에 널리 유행했던 앞이 네모진 신발. 모양이 오리 부리와 비슷한 데서 덕 빌이라는 별명이 붙음.

데님(denim) : 프랑스의 마을 니메(Nimes)에서 처음 생산. 원래 이름은 서지 드 니메(serge de nimes). 질겨서 실용적인 복장에 적당. 블루 데님으로 짙은 곤색이지만 갈색, 검정색, 흰색 등이 많고, 요즈음엔 여러 가지 색상과 함께 체크무늬나 꽃무늬도 많다. 내핑 가공(napping finish : 융처럼 표면에 기모 처리를 하는 가공법)이나 샌드 워시(sand wash) 가공을 해서 표면이 부드러운 것도 있음. 스포츠 웨어에 많이 사용.

데콜테(décolleté) : 영국에서는 데콜타주(décolletage)라고 함. 여성들의 드레스에서 목을 깊게 판 형태를 가리키는데, 때로 어깨까지 드러내기도 함. 르네상스 이래 현재까지 여성들의 에로티시즘을 강조해 줌.

도갈린(dogaline) : 14~15세기에 남녀 공통으로 입혀진 베니션 가운. 소매 끝이 거대하게 넓은 것이 특징으로 브로케이드나 다마스크 등의 고급 직물로 만들고 모피로 소매 끝에 트리밍을 대기도 했음.

듀케이프(ducape) : 17세기 말 이후 미국에서 사용된 무겁고 골이 진 견직물.

드로어즈(drawers) : 중세 때 리넨으로 만든 속옷. 16세기 이후 바지 브리치즈와 혼동되면서 사용되었으나, 원래는 피부 바로 위에 입은 속옷이고 브리치즈는 그 위에 입었음.

디프테라(diphtera) : 크리트의 사냥군이나 농부들이 입었던, 가죽이나 울로 만든 외투.

ㄹ

라 모디스트(la modiste) : 18세기 여자 가운의 데콜테를 덮기 위해 사용된 정교한 레이스. 파플렛(partlet)이라고도 함.

라밀리즈 햇(ramillies hat) : 18세기 트리코른 햇의 일종으로 뒤챙이 앞보다 더 올라갔음. 라밀리즈는 같은 시대에 유행된 머리모양, 즉 피그테일을 의미함.

라케르나(lacerna) : 골(Gaul)족이 입기 시작한 것으로 로마에서 받아들여 보급시킨 외투. 토가 위에 입을 만큼 충분히 길고 폭이 넓었으며, 후드가 달려 추위를 막기에 적당했음.

라티클라브(laticlave) : 로마 시대 토카의 일종으로 붉은 보라색의 트리밍을 대어 착용자가 고귀한 신분임을 표시.

랭그라브(rhingrave) : 스커트처럼 생긴 무릎 길이의 바지. 페티코트 브리치즈의 프랑스 이름.

러프(ruff) : 16세기 말에서 17세기 초에 걸쳐 크게 성행했던 르네상스의 대표적 칼라. 론(lawn)이나 케임브릭을 풀먹여 S자 모양으로 정교하게 주름잡은 것으로, 바퀴모양의 가장 넓은 러프는 목에서 18인치 정도로 넓어 철사로 만든 받침대로 받쳐야 했음. 러프는 대개 흰색이었으나 황색이나 푸른색 등 다른 색으로 만든 흔적도 엿보임.

러플(ruffle) : 프릴과 비슷하나, 한쪽은 직선이고 다른 한쪽만 주름잡은 형태.

레그 오브 머튼 슬리브(leg of mutton sleeve) : 소매 윗부분은 크게 부풀리고 손목은 꼭 맞게 만든 소매형으로, 프랑스에서는 지고 슬리브라고 함. 16~17세기, 1830~1890년대에 여자들 의복에서 크게 유행.

레노(rheno) : 메로빙 왕조 때 사용된 동물의 가죽으로 만든 짧은 맨틀.

레이어드 룩(Layered Look) : 층이 진 모양이란 뜻으로, 여러 겹을 겹쳐 입은 스타일 여러 단을 연결한 것도 레이어드 룩이라고 함.

레일(rail) : 18세기에 프랑스에서 특히 성행했던 케이프로 가운 위에 착용되었음.

로디어(lodier) : 17세기에 힙을 강조하기 위해 두른 둥근 패드.

로브 아 랑글레즈(robe a l'anglaise) : ① 18세기 프랑스의 마리 앙투아네트 시대에 유행한 흰 모슬린 드레스. 영국풍으로서 상체는 꼭 끼고 스커트는 길이가 땅에 끌리며 허리에 주름을 잡아 풍성한 형으로, 로코코 시대의 다른 의복보다 비교적 간소하고 실용적인 드레스. ② 19세기 말 어린이의 드레스.

로셰(rochet) : 17세기 초에 유행된 남자들의 짧고 칼라가 없는 코트로, 작은 스플릿(split)이 소매를 대신함.

로인클로스(loincloth) : 고대에 일반적으로 입혀졌던 가장 간단한 옷의 총칭. 긴 끈을 허리와 힙 둘레에 감거나, 삼각형이나 직사각형의 천을 간단히 두르는 형식. 끝을 옷 속에 끼워넣거나 허리끈으로 둘러 매어 고정시킴.

로제트(rosette) : 17세기에 신발에 장식한 리본 다발.

론(lawn) : 16세기 초엽, 처음 생산지였던 론(Lawn)에서 비롯된 이름으로, 카튼이나 리넨의 얇고 고운 직물.

루슈(ruche) : 목 주위에 트리밍으로 사용한 정교한 프릴이나 레이스 장식. 16세기 말 루슈는 러프로 발전.

루시앙 르롱(Lucien Lelong) : 1889년 파리에서 출생. 제1차 세계대전에 참가하여 수훈 제대 후 1917년에 파리에서 개업했으며 몰리치와 샤넬, 그리고 비요네와 함께 빛나는 디자이너의 대열에 끼여 명성을 떨침. 1948년에 파리 생디카의 조합장이 되고, 그 후 47년 간 명예조합장으로 일함.

르댕고트(redingote) : 18세기 영국의 승마복(riding coat)에서 유래된 것으로 더블 브레스티드와 이중 칼라 그리고 짧은 케이프가 달려 있는 남성적인 코트. 18세기 말부터는 여자들도 르댕고트를 착용하기 시작. 또한 드레스에도 이 스포티 모드가 적용되면서 기능적인 의생활로 옮겨가기 시작.

리넨(linen) : 플랙스(flax) 섬유에서 얻은 모든 직물. 직조방법에 따라 케임브릭 같이 섬세한 직물에서 캔버스 같은 거친 직물까지 다양하게 얻게 됨. 리넨은 인간의 힘으로 짠 가장 최초의 직물. 흡수성과 강도가 커서 실용적인 직물로 사용됨.

리딩 스트링즈(leading strings) : 부모들이 걸음마를 배우는 어린 아이들을 보호하기 위해 아이 옷의 등에 부착시킨 긴 끈으로, 17~18세기 영국이나 프랑스에서 성행했음.

리리피프(liripipe) : 13~14세기 남자들의 모자장식으로 샤프롱에 길게 늘어뜨린 끈. 한때는 매우 길어 착용자의 발까지 닿았는데, 이를 목에 몇 번 감기도 하고 어깨에 내려뜨리기도 했음. 가짜소매(hanging sleeve)를 의미하기도 함.

리바이스(levis) : 진으로 만든 튼튼한 바지로, 캘리포니아 금광의 대소유주이던 리바이스 트라우스(Levis Trauss)의 이름을 따서 리바이스라 했음. 처음엔 질기고 실용적인 노동복에서 점차 여가를 즐기는 간편한 복식으로 되고 패셔너블해짐.

리바토(rebato) : 16세기 스페인에서 시작된 러프의 받침대로, 러프의 수그러짐을 막을 뿐 아니라 러프를 앞으로 경사지게 하는 역할도 했음.

리버티 캡(liberty cap) : 고대 그리스인들이 착용했던 프리지안 캡(phrygian cap)이 18세기에 다시 유행된 것. 프랑스 혁명군들이 자유의 뜻으로 착용.

ㅁ

마들레느 비요네(Madeliene Vionnet) : 바이어스

재단의 창시자. 의상실의 조수로 일하다가 1914년 파리에서 개점하여, 후에 제2차 세계대전으로 폐점하기까지 눈부신 활동을 함. 바이어스로 마름질한 드레스를 비롯하여 드레스와 코트 안을 같은 천으로 하는 앙상블 룩(ensemble look)을 창시하는 등, 샤넬과 함께 여성복의 근대화에 공로가 큼.

마르크 보앙(Marc Bohan) : 1926년 파리 태생. 디자이너인 모친의 영향으로 고교재학 시절부터 디자이너를 지망하여 놀라운 재능을 보임. 1945년 피게의 의상실에 들어간 것이 첫걸음이 되었음. 디오르 의상실의 3대째 디자이너. 1956년 마르크 보앙 명의로 개업하여 제1회 콜렉션을 열었을 때는 호평이 대단했으나, 얼마 후 문을 닫고 장 파투(Jean Patou) 의상실의 주임 디자이너로 있다가 디오르 의상실의 런던 지점을 맡아봄. 1960년, 디오르 의상실의 2대째 디자이너로 있던 이브 생 로랑이 군에 입대하자, 그 뒤를 이어 3대로 근무하여 디오르 의상실의 명성을 떨치고 있음.

마리 스튜어트 햇(Mari Stuart hat) : 16세기의, 간단하게 머리에 얹어 놓은 여자 모자. 얼굴 정면으로 볼 때 모자가 이마 가운데로 뾰족하게 내려와서, 양쪽으로 불룩한 머리모양과 함께 하트형을 이룸.

마리 퀀트(Mary Quant) : 1934년 영국에서 출생. 런던 최초의 부틱 바자(boutique bazar)를 개점. '미니 스커트의 여왕'으로 불림. 스타킹, 부츠, 비닐 가공의 레인코트에 이르기까지 끼친 영향이 크며, 1966년에는 엘리자베스 여왕으로부터 제4 영국훈장을 받았음.

마크라메(macrame) : 아라비아에서 시작되었다가 후에 이탈리아에서 만들어진 매듭. 처음엔 스카프나 숄에 사용하기 위해 손으로 짠 매듭진 레이스.

마포(mafor) : 5세기부터 11세기까지 사용된 여자들의 베일. 길고 좁은 천을 머리와 어깨에 걸쳤음.

만타(manta) : 가운데 머리가 들어갈 네크라인이 있고 위로 뒤집어쓰는 직사각형의 판초.

만투아(mantua) : 17~18세기 이탈리아의 만투아에서 생산된 견직. 색이 다른 페티코트가 있는 로브. 허리에서 옆으로 직각으로 퍼져나간 18세기의 드레스.

말로트(marlotte) : 16세기에 여자들에게 유행된 작은 두르개. 앞이 트이고, 짧은 퍼프 소매에 스탠딩 칼라나 러프 칼라를 달았음.

망토(manteau) : 15세기부터 사용하기 시작한 어깨 위에 걸쳐 입는 두르개.

망틀레(mantelet) : 유제니 황비가 즐겨 입었던 작은 망토, 레이스나 태슬로 가장자리를 장식했음.

매머루크 슬리브(mameluke sleeve) : 진동선에서 소매 끝까지 여러 개의 퍼프를 내고 들어간 곳을 리본으로 맨 소매.

매킨토시(mackintosh) : 스코틀랜드의 과학자 찰스 레닌 매킨토시(1766~1843)의 이름에서 나온 방수 코트. 그는 고무 직물을 사용하여 방수(water-proof) 방법을 제일 먼저 고안해 냈음.

맨틀(mantle) : 망토의 영국식 표현.

머즐린(muslin) : 이라크의 모술(Mosul)에서 따온 이름으로, 처음에는 금사로 수놓은 실크를 가리켰음. 18세기에는 얇은 면직의 총칭이 됨. 오늘날엔 얇고 비치는 옷감으로부터 책표지로 사용되는 두꺼운 직물까지를 포함함. 머즐린은 얇게 짠 저렴한 직물로 드레이핑 디자인할 때 많이 사용됨.

머프(muff) : 손을 따뜻하게 하기 위해 털에다 패드를 대어 만든 원통형의 토시. 17세기 초엽 프랑스에서 남녀가 함께 사용하기 시작했으나, 18세기 이후에는 남자는 거의 사용하지 않았음.

머플러(muffler) : 추위를 막기 위해 목에 두른 스카프나 네커치프의 일종. 머플러는 19세기에 소개된 이후 모양, 색, 직물에 끊임없는 변화가 계속되고 있음.

메디치 칼라(Medici collar) : 16세기에 메디치가

(家)에서 사용하기 시작한 주름잡힌 레이스 칼라로 러프의 일종. 철사로 받침대를 만들어 받치거나 레이스와 함께 칼라 모양을 부채형으로 구성했기 때문에, 목뒤에 칼라가 높이 섰음.

모브 캡(mob cap) : 18세기에 여성들이 사용한 리넨으로 만든 나이트 캡.

모슬린(mousseline) : 실크, 울, 카튼으로 짠 정교한 직물. 꼬임수가 많은 강연사로 짰기 때문에, 구김이 잘 생기지 않는 고급직물로부터 성글게 짠 저렴한 직물까지 그 종류가 다양함. 모슬린 드 수아(mousseline de soir)는 얇은 고급 실크천을 말함.

모즈 룩(Mods Look) : 모즈란 모던즈(Moderns)의 약칭으로, 1966년경 런던의 카너비 스트리트를 중심으로 나타난 비트족의 한무리를 말함. 당시의 락 뮤직과 밀접한 관계를 가지며 기발한 옷차림이 많은 화제를 낳았음. 허리를 가늘게 조인 꽃무늬가 있는 화려한 셔트, 바지 끝이 넓은 판탈롱, 무늬가 큰 넥타이 등이 특징.

모카신(moccasin) : 부드러운 가죽으로 만든, 구두창이 없는 슬리퍼형 신발.

무스커테르(mousequetaire) : 17세기 기사들의 전형적인 장갑. 가죽으로 만들었고 자수를 놓았으며 레이스로 끝장식을 했음. 후에는 프랑스에서 유행했던 팔꿈치 길이의 여자 장갑을 가리킴.

뮬즈(mules) : 16~17세기에 유행했던 여자들의 굽없는 슬리퍼.

미트르(mitre) : 고대 페르시아에서 왕이 썼던 챙없는 납작한 원뿔형의 모자로, 보석과 자수로 장식.

밀리터리 룩(Military Look) : 군복에서 유래된 스타일로, 제1차 세계대전과 제2차 세계대전 당시와 직후 여성들에게 사용되었음. 패드를 넣은 각진 어깨의 테일러드 재킷과 쇼트 스커트나 견장, 단추, 커다란 아웃 포켓 스타일을 사용한, 딱딱하고 남성적인 스타일을 말함.

ㅂ

바베트(barbette) : 귀 위로부터 턱과 목을 가리는 베일. 중세 때 시작된 유행으로, 현재는 천주교의 수녀들에게만 그대로 착용되고 있음.

바볼레(bavolet) : 머리에 쓴 캡의 일종. 위에서 어깨 위로 늘어지게 한 리넨 헝겊 장식으로 16세기에 유행.

바스크(basque) : 곡선을 내기 위해 콜셋에 사용된 심을 의미하기도 하며, 또는 상의의 허리선에 달린 짧은 스커트와 같은 페플럼을 의미하기도 함.

바스킨(basquine) : 16세기의 콜셋, 코르피케라고도 함.

바토 네크라인(bateau neckline) : 보트의 갑판선과 같은 모양의 목둘레선.

바티스트(batiste) : 13세기 프랑스의 직조사(織造師) 샹브레(Batiste Chambrai)에 의해 처음 생산된 아주 고운 리넨 직물.

배틱(batik) : 자바에서 시작된 염색방법 중의 하나. 초를 녹여 디자인하고 염색을 하면 초 입힌 부분에만 염색이 되지 않는 방법.

백 슬리브(bag sleeve) : 소매통이 자루처럼 넓고 소매 끝이 오므려진 소매. 14 · 15 · 19세기 말에 유행. 일명 레그 오브 머튼 슬리브 또는 지고 슬리브라고도 함.

백 위그(bag wig) : 18세기에 남자들이 사용한 가발 주머니. 가발에 뿌린 머릿가루가 의상에 떨어지는 것을 방지하기 위해 검은색 실크로 자루를 만들어 가발 끝에 달고 리본으로 매 주었음.

밴도어(bandore) : 18세기에 여자들이 상중(喪中)에 쓴 검은색 베일.

버사(bertha) : 목둘레에서 어깨와 몸판을 덮는 케이프와 같은 레이스 칼라. 17 · 19세기에 많이 유행.

버스킨(buskin) : 그리스 비극배우들이 신었던 종아리 길이의 부츠로, 밑창이 높고 앞을 끈으로 엮어 올라간 것이 특징.

버슬(bustle) : 크리놀린이 사라지고 나서 드레스의 부풀림을 뒤로 모으기 위해 사용한 스커트 버팀대의 일종. 고래수염이나 철사로 만들었는데, 1880년대에 가장 컸고 그 후 점차 작아지면서 1900년경에 거의 사라졌음.

버크럼(buckram) : 리넨이나 카튼을 아교로 처리하여 치밀하게 만든 것. 의복에서 웨이스트 밴드와 같이 빳빳한 힘이 필요한 부분에 사용.

버크세인(bucksain) : 19세기 중엽에 유행되었던 남자용 외투로, 패드를 넣어 어깨를 부풀린 것이 특징.

버퐁(buffonts, buffon, buffant) : 18세기 말 여자 가운의 깊이 파진 목둘레(데콜테, 데콜타주)를 가리기 위한 스카프로, 얇은 천이나 레이스 등으로 만들었음.

벌룬 슬리브(balloon sleeve) : 19세기 말에 여자 의상에 사용된 소매. 어깨부터 팔꿈치까지 안에다 패드나 빳빳한 리넨을 넣어 크게 부풀린 소매로 멜론 슬리브(melon sleeve)라고도 함.

범롤(bum-roll), **롤 파딩게일**(roll farthingale) : 패드를 넣어 소시지(sausage) 모양으로 만든 스커트 버팀대.

베네샹(vénétians) : 16세기 말과 17세기 초에 유행한 고무풍선과 같이 부풀린 바지.

베레(beret) : 챙이 없는 작고 둥근 모자. 현재 스코틀랜드인이나 또는 영국 군인들이 사용.

베르튀가댕(vertugadin) : 파딩게일과 같은 것으로, 16세기에 스커트를 부풀리기 위해 사용한 버팀대.

베스트(veste) : 17～18세기에 남자들이 코트 속에 입었던 의상으로, 몸에 꼭 맞는 상의. 처음엔 소매가 달리고 길이가 겉에 입은 코트와 거의 같았는데, 차츰 길이가 짧아지고 소매도 없어져서 조끼의 성격으로 변했음. 웨이스트 코트(waist coat), 베스트(vest), 질레(gilet)로도 표현됨.

베이비 보닛(baby bonnet) : 고운 리본과 레이스로 장식된 귀여운 모자.

벨벳(velvet) : 실크 섬유를 기모(起毛) 처리하여 한 면에 부드러운 효과를 낸 직물. 중세 때 인도에서 처음으로 짜기 시작했고 서유럽에서 비싼 금액으로 수입했음. 16세기부터 프랑스와 이탈리아에서 직조하기 시작했고, 17세기부터 온 유럽의 나라들이 직조했음. 요즈음에는 실크 외에 카튼, 레이온, 아세테이트, 화학섬유 등을 이용해서 비싸지 않은 벨벳을 생산.

볼드릭(baldric) : 17～18세기에 귀족계급의 남자들이 상의 위에 착용한 장식적인 띠(belt). 오른쪽 어깨에서 왼팔 밑으로 걸쳤으며 브로케이드나 벨벳으로 만들고 수를 놓았음. 여기에 칼이나 뿔피리를 차고 다녔음.

볼랑(volant) : 불어로 주름(flounce, ruffle)이라는 뜻이며, 18세기에 유행한 소매없는 짧은 상의. 앞에 오프닝이 있고 목에서 단추 한 개로만 여미게 했음. 로브 볼랑은 주름이 있는 와토 가운을 말함.

볼러 햇(bowler hat) : 남자들의 빳빳한 모자로, 크라운이 둥글고 챙이 위를 향해 구부러져 있는 것이 특징임. 1870년경부터 사용되었으나 제1차 세계대전 이후에는 정장용으로만 쓰여짐.

부알(voile) : 실크, 울, 카튼으로 곱게 짠 반 투명한 직물. 영어는 보일(voil)이라 함.

부트 호즈(boot hose) : 부츠와 함께 실크 속양말 위에 신은 길고 넉넉한 양말. 윗단은 자수나 레이스로 장식한 것으로, 17세기에 특히 기사들에게 유행했음.

부팡(bouffant) : '부풀렸다'란 의미로, 일반적으로 머리모양에 사용되거나 18세기의 크게 뻗친 스커트 모양을 가리키기도 함.

브라코(braco) : 1～2세기 골족이나 그밖의 북유럽의 게르만인이 훈족으로 부터 받아들인 바지(breeches)의 시원형. 가죽이나 거친 직물로 만들었고 가죽끈이나 꼬아 만든 끈으로 허리를 조여서 매어 입었음. 일명 브레(braies), 브라케(braccae)라고도 함.

브랑(branc) : 15세기 여성들의 속옷으로 쉥즈와 같음.

브레이드(braid) : 옷 가장자리의 장식으로 사용된 트리밍이나 바인딩의 일종. 실크, 울, 리넨 등의 테이프나 또는 이들을 땋거나 꼬아서 만든 것.

브로케이드(brocade) : 실크나 울을 브로케이딩 셔틀을 이용하여 입체감이 나게 짠 직물. 꽃이나 꽃잎 모양의 무늬의 색이 대비를 이루게 짠 것. 중세 이래 상류계급에서 주로 이용하여 왔는데, 금·은실을 함께 사용하여 두껍고 매우 호화로움.

브리치즈(breeches) : 무릎 길이의 16세기 남자 바지. 그 전까지는 네더호젠(netherhosen)이나 트렁크호즈(trunkhose)로 불리워짐.

브리콜라주(bricollage) : do-it-yourself, 즉 스스로를 표현하고자 하는 사람들의 욕구를 충족시켜 주는 한 방법으로 패션에서는 주변의 모든 요소들이 스타일을 구성하기 위해 사용될 수 있음을 의미함.

블랑셰(blanchet) : 흰색의 면직물로 만든 더블릿의 일종. 슬리브와 칼라가 달려 있고, 모피(fur)로 가장자리를 두르기도 했음.

블랙 워크(black work) : 흰 레이스 바탕에 검정 실로 수를 정교하게 놓은 것.

블레이저(blazer) : 19세기 중엽의 가벼운 스포츠 재킷. 굵은 세로줄 무늬가 있거나 화려한 색을 사용해 눈에 띄는 재킷을 블레이저라 부르기 시작. 그 후 스포티하게 입을 수 있는 재킷의 총칭이 됨.

블루머즈(bloomers) : 발목 바로 위까지 오는 길이의 풍성하게 주름잡힌 바지. 1850년 처음 이 옷을 발표한 블루머(Amelia Jenks Bloomer) 여사는 미국에서 좋은 반응을 얻지 못하고 유럽으로 가서 이옷을 소개했음. 후에 종아리 중간까지 오는 바지(여학생들이 학교에서 체육시간에 입는 것)나 넓적다리까지 오는 넓은 바지도 블루머즈에 포함됨.

블리오(bliaud) : 남녀가 함께 입은 중세 로마네스크 시대의 대표적 튜닉. 바디스는 꼭 맞고 스커트 부분은 넓게 플레어짐. 마루에까지 끌리는 넓은 소매가 달린 것이 이 의상의 특징. 여자들은 상체를 더욱 꼭 맞게 하기 위해 앞뒤나 옆을 잘라내고 끈으로 묶고 이 위에 중세 때의 콜셋인 코르사주를 입기도 했음. 또한 허리띠는 아랫배에 걸쳐 맸음.

비루스(birrus) : 로마 시민들이 입었던 후드 달린 외투로, 이후 중세까지 널리 애용되었음.

비비(bibis) : 1880년대에 유행한 여성들의 조그만 모자. 그러나 후에는 소형의 아름다운 모자의 총칭이 됨.

비코른(bicorne) : 삼각모의 변형으로, 19세기에 유행되었던 양쪽으로 챙이 접힌 남자용 모자.

비타(vitta) : 고대 로마 여성들이 사용한 머리띠. 머리카락이 흐트러지는 것을 막기도 하는 한편 자유시민 출신이라는 것을 상징.

빅룩(Big Look) : 1973년에 빅 스커트가 등장한 것을 계기로 1974~75년경에 유행했던 스타일. 개더나 플레어 등을 많이 잡거나 레이어드, 오버사이즈 등에 의한 커다란 느낌을 특징으로 함.

ㅅ

사굼(sagum) : 고대 켈트족이 입기 시작했던 직사각형의 의복으로 왼쪽 어깨를 덮고 오른쪽 어깨에서 묶었는데, 담요로 쓰기도 했음. 그리스의 클라미스와 같음.

사보 슬리브(sabot sleeve) : 18세기 말 여자 가운의 특이한 소매모양으로, 팔꿈치 위는 꼭 맞고 러플로 소매 끝을 장식.

사크(sacque) : 뒤에 와토 주름이 있는 품이 넓은 가운으로, 18세기에 유행했음.

새시(sash) : 장식적인 밴드나 부드러운 천으로 만든 벨트.

새틴(sateen) : 실크나 레이온으로 만든 직물로,

표면은 매끈하고 뒷면은 매끈하지 않은 것이 특징. 새틴조직으로 짠 윤이 나는 직물.

샤마르(chamarre) : 16세기 초에 유행한 긴 코트로, 보통 모피로 안을 대거나 브레이드로 가장자리를 장식했음.

샤콘느(chaconne) : 17세기의 목과 가슴을 장식하기 위한 리본 네크라인.

샤프롱(chaperon) : 중세 때부터 르네상스 시대까지 입혀진 작은 케이프가 달린 모자.

샬로트(charlotte) : 18세기 후반에 영국의 샬로트 여왕이 애용한 데서 그녀의 이름을 딴, 챙이 넓은 모자.

샬리(challis) : 원래는 울과 실크의 교직으로 짠 얇고 가벼운 옷감. 요즈음에는 울로만 짜거나 또는 울과 레이온, 울과 카튼의 교직으로 짠 얇고 가벼운 옷감.

샴보드(chamboard) : 표면에 골이 진 모직으로, 원래 상복(喪服)을 만드는 데 사용했음.

섀터레인(chatelaine) : 시계나 가위, 열쇠, 그 밖의 다른 장식품을 매달기 위해 허리 벨트에 다는 장식 쇠사슬로 중세 때 유행.

서포타스(supportasse) : 16~17세기에 유행한 러프를 받쳐 주는 금속틀.

세그멘툼(segmentum) : 세그멘티(segmenti)의 복수형. 고대 로마와 비잔틴 제국 때 튜닉이나 달마티카에 사용한 장식선이나 장식판. 사각형이나 원형 등의 천에 화려하게 수를 놓은 것.

세이마이트(samite) : 금실이나 은실을 섞어 함께 짠 견직으로 튼튼하고 두꺼움. 중세 초기 비잔틴 제국에서 생산되었고, 왕족이나 귀족의 의식용 의상에만 사용했음.

세이프가드(safeguard) : 17~18세기 영국과 미국에서 여자들이 승마할 때 입은 오버스커트. 옷이 더럽혀지는 것을 막기 위해 입은 스커트.

세일 클로스(sail cloth) : 원래는 항해용품의 제조에 사용되던 튼튼한 캔버스 직물. 19세기에 재킷의 앞과 라펠을 딱딱하게 만드는 데 사용되었고, 현재는 남녀 모두의 캐주얼 웨어의 재료가 되고 있음.

솔라나(solana) : 16세기에 유행한 크라운이 없는 모자. 밀짚으로 만든 챙만 있기 때문에 머리를 햇볕에 노랗게 태울 수가 있었음. 이때는 머리를 노랗게 블리치하는 것이 유행이었음.

쇼핀(chopines) : 4~5인치의 높은 창을 대어 착용자의 키가 더 커보이게 하는, 중세의 신발.

숄(shawl) : 어깨에 두르는 직사각형으로 된 어깨걸이.

수바르말레(subarmale) : 고대 로마 군인들이 입은 소매없는 튜닉 주름잡힌 짧은 스커트 달린 이 튜닉은 가죽이나 금속 전투복 속에 입었다.

수부쿨라(subucula) : 고대 로마인들이 추위를 막기 위해 튜닉 속에 입은 울로 된 언더튜닉.

수신타(succinta) : 고대 로마인들이 걸을 때 옷이 밟히는 것을 막기 위해 허리에 맨 벨트.

쉔트(pshent) : 상·하 이집트가 합쳐진 상징적인 왕의 모자.

쉔티(schenti) : 고대 이집트인들이 착용했던 로인클로스의 일종으로, 스커트형을 이룬 것이 특징.

쉘(shell) : 소매와 칼라가 없는 블라우스. 여자들의 쑤트 재킷 속에 입음.

쉥즈(chainse) : 중세 때 블리오 속에 입은 속옷. 흰 리넨으로 만든 튜닉으로 길고 타이트한 소매와 커프스가 달리고 허리에 벨트를 맸음. 근세부터 슈미즈라고 함.

쉬르코 투베르(surcot-ouvert) : 쉬르코의 변형 중의 하나로, 14세기부터 15세기까지 유행했음. 쉬르코의 양옆 솔기선을 꿰매고 진동선을 힙까지 깊게 파고 모피로 장식.

쉬르코(surcot) : 중세 13세기경에 병사들이 햇볕이나 눈, 비, 먼지로부터 갑옷을 보호하기 위해 입기 시작한 소매없는 튜닉.

슈미즈(chemise) : 고대로부터 남녀가 착용한 속옷의 총칭. 원피스식의 직선형 씰루엣으로 주로 흰색의 리넨으로 만들었음.

슈미즈 아 라 렌(chemise â la reine) : 18세기 말

여자들의 가운(드레스, 로브)의 일종. 얇은 모슬린 등으로 만들었고, 콜셋 없이 입었음.

슈타인커크(steinkirk) : 1692년 슈타인커크 전쟁 후에 유행. 긴 천을 목에 한두 번 감고 끝을 상의 단춧구멍에 낀, 남자들의 목장식 수건으로 크라바트의 일종. 여자들의 경우엔 목장식 수건을 목에 한두 번 감고 그 끝을 앞가슴 콜셋 끈에 꿴 것을 말함.

스누드(snood) : 13세기부터 16세기에 걸쳐 머리 모양이 흐트러지지 않게 하기 위해 쓴 여자용 헤어 네트(hair net). 19세기 중엽에 프랑스에서 다시 유행했음.

스모킹 재킷(smoking jacket) : 저녁식사 후 담배 피울 때 입는 라운지 코트(lounge coat). 19세기 말부터 20세기 초에 유럽과 미국에서 유행했던 재킷으로 벨벳이나 화려한 브로케이드로 만들어졌고 브레이드로 가장자리를 장식하기도 했음.

스카프(scarf) : 처음에는 긴 끈이 달린 가방을 의미했으나, 후에 볼드릭과 같은 장식 벨트를 가리킴. 19세기에 들어와서 목장식이라는 의미를 가짐. 요즈음에는 목을 장식하는 보자기를 말함.

스터머커(stomacher) : 16~18세기에 드레스의 가슴과 배 부분에 부착한 V자형의 장식판. 주로 견직에다 보석, 자수, 리본, 털 등으로 장식하는 등 드레스의 강조점으로 중요시했음.

스톨(stole) : 19세기 중엽 왕정복고 시대에 착용한 두르개. 폭이 좁고 긴 숄의 일종으로, 수를 놓거나 태슬을 달기도 했음. 요즈음에는 보통 짐승의 털로 만든 긴 숄을 말함.

스톨라(stola) : 로마 여인들이 입은 그리스의 이오닉 키톤(ionic chiton)과 같은 튜닉. 짧은 소매나 긴 소매가 달리고, 길이는 발목까지 오며 허리에는 허리띠를 한두 번 휘감았음.

스트로피움(strophium) : 고대 로마 시대 여자들이 유방을 보호하기 위해 가슴과 아래 부분에 두른 긴 마직 천. 브래지어와 팬티의 원조라고도 할 수 있음. 짧은 바지와 함께 입은 스트로피움은 요즈음의 비키니 수영복과 비슷함.

스펜서(spencer) : 19세기 초에 엠파이어 드레스 위에 입혀진 짧은 볼레로 재킷(bolero jacket). 스탠딩 칼라(standing collar)에 좁고 긴 소매가 달리고, 앞은 보통 여미지 않고 속에 입은 엠파이어 드레스를 보이게 함.

슬래쉬(slash) : 16세기 르네상스 시대에 겉옷을 째고(slash) 그 슬릿 사이로 대조적인 색상의 속옷이나 안감을 보이게 함으로써, 특이한 복식미를 나타냈음. 중세 십자군의 군복에서 시작된 이 유행은 일반인과 귀족들 사이에 크게 성행하여 사치금지령(sumptuary law)까지 여러 번 내려졌으나 효과를 거두지 못하고, 150여 년간 계속 되었음.

슬랙스(slacks) : 1920년대에는 스포츠형 바지에 붙여진 이름이었는데, 현재는 남녀가 착용하는 캐주얼 트라우저스를 말함.

슬롭스(slops) : 영국에서 16~17세기에 유행한 무릎 길이 바지로, 패드를 넣지 않고 통이 넓은 바지.

시뇽(chignon) : 고대 그리스에서 성행했던 여자 머리모양. 머리를 땋거나 꼬아 목 뒤에서 묶은 형태.

시르카시엔느(circassienne) : 18세기에 유행되었던 여자들의 폴로네즈 가운의 변형. 스커트의 부풀린 부분을 커튼처럼 끌어올려 발목이 보일 정도로 길이가 짧은 것이 특징.

시어서커(seersucker) : 실크, 카튼, 레이온으로 제직한 얇은 직물. 주름진 표면과 젖어도 곧 마르는 특수성이 있음. 골이 있어서 여름 잠옷에 적당함.

시클라스(cyclas) : 중세에 왕족이 착용한 장식적인 쉬르코. 쉬르코보다 화려한 직물을 사용했고 가장자리에 태슬을 대기도 했음.

시퐁(chiffon) : 실크의 한 종류로, 극히 가볍고 얇아 비치는 직물.

신데시스(synthesis) : 고대 로마에서 식사 때 입은 캐주얼한 튜닉.

싸마르(samarre) : 17세기 말에서 18세기 초에 걸쳐 네덜란드 여자들이 입은 벨벳이나 견직의 짧고 헐렁한 재킷.

써클릿(circlet) : 중세의 머리장식으로 머리 둘레에 쓴 좁은 금속 밴드이며 보석을 박기도 했음.

썸추어리 로(sumptuary law) : 개인의 지나친 사치를 규제하는 법령. 지나친 보석·레이스·리본·자수·러플·색상 등을 규제했음.

쎄일러 쑤트(sailor suit) : 19세기 중엽부터 20세기 초까지 입혀졌던 어린이들의 겉옷으로, 프랑스와 영국 해군의 제복에서 따온 것임. 색은 항상 네이비 블루(navy blue) 이고 흰색의 브레이드로 가장자리를 장식 함. 남자 아이는 블라우스와 바지를, 여자 아이는 블라우스와 스커트를 입었는데, 조그맣고 둥근 모자를 함께 씀.

쑤트(suit) : 19세기 말에 생긴 용어. 같은 직물로 만든 재킷과 조끼, 바지를 한 세트로 한 의상. 또는 프락 코트, 조끼와 줄무늬 바지로 이루어진 한 세트의 남자신사복을 말함.

ㅇ

아 라 모드(a la mode) : 프랑스어로 '유행의'란 뜻. 인도에서 생산되는 품질좋은 실크로, 무척 부드럽고 고움. 19세기 말부터 20세기에 걸쳐 서유럽에서 여자들의 드레스에 가장 인기있었던 고급 실크.

아르 누보(Art Nouveau) : 1890년부터 1910년경까지 기계문명에 대한 반발로 일어난 예술양식. 주로 자연물에서 소재를 취하며 전통적인 형식미를 벗어나 보다 자유롭고 생동하는 듯한 새로운 분위기를 창조. 아르 누보의 특성은 감각적인 곡선을 불타오르는 듯하고, 파도치는 듯한 율동감으로 표현한 것임.

아르 데코(Art Deco) : 1910년부터 1930년대까지의 입체파(cubism) 예술활동에서 영향을 받은 디자인 운동. 지선, 유선형, 기하학적 배열, 야수주의적 색채 등을 특징으로 함.

아르투아(artois) : 17세기 프랑스 루이 16세의 남자 동생인 아르투아 백작 이름을 딴 오버코트. 보통 종아리나 발목까지 내려오는 길이에, 몸에 잘 맞는 씰루엣. 여러 개의 케이프가 겹쳐달린 코트로, 남녀가 착용했음. 19세기에 와서는 박스 씰루엣으로 변하고 마부들만이 착용.

아모어(amore) : 전쟁 때 병사들이 신변보호를 목적으로 의상 위에 입은 금속 갑옷.

아미스(amice) : 13세기까지 천주교 의식 때 사제가 입은 옷의 일부로, 흰 마직의 후드. 직사각형의 천을 어깨에 걸치고 두 개의 끈으로 뒤쪽에서 교차시켜 앞허리에서 매어 입으며, 수로 장식함.

아볼라(abolla) : 로마의 군인들이 입었던 작은 두르개. 어깨에 두르고 목근처에서 피불라로 고정시켰음. 그리스의 클라미스에서 유래함.

아비(habit) : 프랑스어로 드레스라는 뜻.

아비 아 라 프랑세즈(habit à la française) : 18세기에 공식복으로 사용한, 코트와 같은 재킷. 쥐스토코르와 같으나, 사용한 옷감과 장식이 화려한 점이 다름.

아코디언 플리츠(accordion pleats) : 아코디언의 자베라와 흡사한 데서 유래된 명칭. 1/8~1/2인치 정도의 폭으로 곧게 접은 주름을 말함. 합성섬유의 열가소성을 이용한 퍼머넌트 프레스(permanent press) 가공법이 발달함에 따라 이 주름을 여성의상에 많이 이용.

아포티그마(apotigma) : 고대 그리스 도릭 키톤의 바깥으로 접힌 부분.

아플리케(appliqué) : 17세기에 프랑스에서 유행한 손으로 만든 곱고 섬세한 레이스.

알랑송 레이스(alençon lace) : 17세기에 프랑스에서 유행했던 손으로 만든 곱고 섬세한 레이스.

알리쿨라(alicula) : 로마 시대의 후드가 달린 무거운 코트로, 여행자들이나 사냥꾼이 주로 입었음.

알바니안 햇(Albanian hat) : 크라운이 높고 앞이 올라갔으며 깃털로 장식한 모자. 16세기 후반 프랑스의 잉리 4세에 의해 유행되었음.

알파카(alpaca) : 낙타의 한 종류인 알파카에서 얻은 털. 보통 튼튼한 다른 모섬유와 교직하여 직물로 만듦.

앙가장트(engageantes) : 17세기 말에서 18세기 중엽까지 성행한 여자 드레스의 소매장식. 레이스 러플을 층층으로 겹쳐 달았음.

앙고라(angora) : 앙고라 고양이, 앙고라 염소, 앙고라 토끼 등 부드럽고 털이 긴 동물에서 얻은 모피.

앙드레 쿠레주(Andre Courréges) : 1923년 프랑스 태생. 제2차 세계대전 후 파리로 나와 25세 때 발렌시아가 의상실에 들어가 11년 동안 수업한 뒤 1961년에 독립·개업하여 제1회 콜렉션을 개최한 후 유명해짐. 1964년의 로브 드 판탈롱, 1965년의 미니 스커트 등 모드계에 새로운 선풍을 불러일으켰음. 최근에는 젊고 기능미를 추구하는 쿠레주 룩(Courréges Look)이 전세계 여성들의 인기를 끌고 있음.

애벗 클로스(abbot cloth) : 바스켓 위브(basket weave)식으로 짠 뻣뻣하고 거친 견직물로 캔버스와 비슷함.

애스콧(ascot) : 19세기 중엽, 남자들에게 유행한 끝이 넓은 크라바트(cravatte).

애프터눈 드레스(afternoon dress) : 오후의 모임에 입는 드레시한 의상으로, 착용시에는 때와 장소를 염두에 두어야 함. 그러나 이브닝 드레스(evening dress)처럼 특별한 격식은 필요없음.

앤타이 패션(Anti-Fashion) : 유행과 반대되는 현상 그 당시 유행과는 달리 독특한 스타일을 표방하는 것 예를 들어 프랑스 대혁명 이후의 앵크르와야블(Incroyable)과 메르베유(Mereveilleu-ses)나 영국에서 나타난 댄디(Dandys) 등이 이에 속한다.

앨모너(almoner) : 중세 십자군 원정 당시 신부(神父)가 십자군에게 십자가를 넣어 주던 주머니. 값진 물건을 넣어가지고 다니기에 편리하므로 애용하다가 일반인에게도 유행하게 됨. 일반인들은 이 주머니에 동전을 넣고 다니다 가난한 사람들에게 나누어 주었다고 함.

앨브(alb) : 로마에서 시작된 길고 하얀 튜닉. 9세기 전까지는 일반인이 입었으나, 9세기 후부터는 천주교의 전례복으로 성직자들만이 의식 때 착용. 소매 끝과 단에 수를 놓기도 함.

얼스터(ulster) : 종아리까지 닿는 품이 넉넉한 오버 코트. 보통 더블 브레스티드에 벨트를 맸음. 원래는 북아일랜드에서 입혀지기 시작했는데, 20세기에 미국에서 크게 유행.

에냉(hennin) : 14세기와 15세기에 사용된 여자 모자. 높이가 3피트나 되는 높이의 원뿔모양도 있고 하트 모양도 있으며, 끝에 베일을 달았음.

에드워드 몰리뇌(Edward Molyneux) : 1894년에 영국에서 출생한 의상 디자이너. 1919년 파리에서 개업. 제2차 세계대전 전까지 몰리뇌 시대를 형성. 윈저공의 부인을 비롯한 영국 황실의 고객을 위해 우아한 의상을 디자인. 그의 디자인의 흐름은 항상 여성적인 것이 특징.

에마누엘 웅가로(Emanuel Ungaro) : 프랑스 태생의 의상 디자이너. 1965년에 첫 작품전시회를 열어 실력을 인정받아, 오트 쿠튀르계의 각광받는 신인이 됨. 의상 전체의 구성, 참신한 색채감각, 고도의 재단기술 등 뛰어난 감각의 소유자임.

에셸(échelle) : 17~18세기에 여자 드레스의 앞가슴과 배를 리본으로 장식한 스터머커의 한 종류.

에스카르팽(escarpin) : 16세기에 유행했던 신발로, 새틴이나 두꺼운 실크로 만들었음.

에이프런(apron) : 원래는 노동하는 사람들이나 가정주부들이 옷이 더러워지는 것을 막기 위해 입는 앞치마. 청교도인들이 의상이 더러워지는 것을 막기 위해 실용적인 목적으로 입기 시작한 것이, 17세기 말에 귀족들에게까지 유행. 17세기 말의 앞치마는 좋은 옷감에다 레이스로 장식함으로써 기능적이기보다 장식적인 목적으로 사용되었고 궁정복의 필수적인 장식품이 되었음.

에폴렛(epaulet) : 프랑스에서는 에폴렛(épaulette)이라고 함. 소매와 어깨 접속선을 가리기 위해 고안한 어깨장식. 특히 르네상스 시대에 크게 유행.

엑조미스(exomis) : 짧고 소매없는 튜닉으로 옆이 트이고 벨트로 맸음. 원래 고대 그리스의 하층계급에서 입었으나, 고대 로마에서도 계속 성행했음.

엘자 스키아파렐리(Elsa Schiaparelli) : 파리 오트 쿠튀르의 여류 디자이너. 이탈리아 출신으로 대담한 디자인을 특색으로 하며, 그녀가 발표한 볼레로(bolero)나 브로드 숄더(broad shoulder) 등은 세계적인 화제를 일으킴.

엥슬랭(haincelin) : 15세기에 프랑스에서 유행한 짧은 우플랑드.

여피(Yuppie) : 영 어번 프로페셔널즈(Young urban professionals)의 약자. 도시의 젊은 지식노동자, 특히 뉴욕을 중심으로 한 도회 근교의 25~45세까지의 지적 직업에 종사하는 사람들을 일컬음.

오 드 쇼오스(haut de chausses) : 르네상스 시대의 반바지로 프랑스에서 사용된 명칭. 영국에서는 브리치즈라고 했음.

오비(orby) : 싱글 브레스티드(sing breasted)된 미국식 코트로 20세기 초에 유행.

오트 쿠튀르(haute couture) : 유명한 디자이너들의 의상실. 원칙적으로는 파리의 고급 의상조합(생디카)에 가맹하여 조합규정의 규모와 조건을 갖추고 운영하고 있는 의상점을 말함.

오페라 클록(opera cloak) : 1850년경부터 입혀진 무릎 길이의 외투로, 벨벳으로 만든 커다란 스탠딩 칼라가 특징.

오프리(orphrey) : 천주교 진례복인 앨브의 앞과 뒤, 아랫단에 금·은실로 수를 놓아 장식한 것.

옥스퍼드 길리(Oxford gillie) : 19세기 말 남자들의 스포츠 슈즈로 안쪽에 끈이 달려 있어 발목까지 조이는 형식.

와토 가운(Watteau gown) : 프랑스의 화가 와토의 그림 중에서 나타난 가운 스타일. 18세기 초에 유행한 드레스로, 목둘레선은 데콜테되고 앞판은 타이트하며, 뒤판은 풍성한 박스 플리츠가 들어가 있음. 이 주름을 와토 플리츠라고도 함.

우플랑드(houppelande) : 14~15세기에 남녀가 착용한 넓고 긴 가운. 약간 높은 하이 웨이스트라인에 벨트를 매어 아름다운 주름이 지게 했음. 턱까지 받치는 높은 칼라에 소매 끝이 깔때기나 자동차의 바퀴처럼 크고 둥근 것이 특징으로, 나뭇잎이나 톱니모양 등으로 요란스럽게 디자인되었음. 안에 모피를 대거나 가장자리만 모피로 장식했음.

웨일 본(whale bone) : 고래수염으로, 16~18세기에 콜셋이나 스커트 버팀대에 사용되었음.

윔플(wimple) : 중세 초기에 유행한 베일. 리넨천을 모자에 늘어뜨려서 얼굴 양쪽과 머리, 목을 가렸음.

위스크(whisk) : 17세기에 유행한 반원형의 레이스 칼라로, 목 뒤가 메디치 칼라처럼 빳빳하게 뻗침.

유니온 수트(union suit) : 콤비네이션(상·하복의 색이 틀린 세트)을 미국식 용어로 표현한 것.

이브 생 로랑(Yves Mation Saint Laurent) : 1936년 알제리에서 출생. 현재 세계의 패션 리더로 지목되고 있는, 파리의 쿠튀리에. 국제양모사무국(IWS)이 맨 처음 주최한 1954년의 콘테스트에서 1위로 입상된 것을 계기로, 디오르의 인정을 받아 그의 의상실에 18세의 나이로 들어감. 1957년 디오르 의상실의 후계자로 뽑힘. 1958년 제1회 작품전시회에서 트라페즈 라인(trapeze line : 사다리꼴 선)이 대성공을 거둠. 1961년 말에 독립·개업. 1965년에 몬드리안 룩(Mondrian Look)을 발표하고, 이어 베스트 쑤트, 팝 아트에 의한 작품과 판탈롱 쑤트 등을 발표함.

이컬러지 룩(Ecology Look) : 이컬러지는 '생태학'이란 뜻. 자연의 생태계를 연구하는 학문을 말함. 자연을 찬미하고 자연에 동화되려는 사고방식을 가리킴. 천연소재를 충분하게 사용한 민속풍의 옷 차림과 자연지향 룩의 총칭.

인버네스 케이프(inverness cape) : 19세기 말부터 나타난, 남자들의 칼라가 달린 케이프형 외투.

ㅈ

자보(jabot) : 처음에는 17세기 남자들의 슈미즈의 목트임과 이를 장식한 레이스 트리밍을 가리켰으나, 후에는 앞트임을 가리기 위해 목을 두르고 끝을 리본형으로 묶거나 늘어뜨린 앞 장식 자체를 가리킴. 여기에 레이스, 러프를 다는 등 매우 화려하고 정교하게 만들었음. 19세기 초까지 정장용으로 계속 사용되었으나 점차 사라짐. 그러나 19세기 말과 20세기 초에 여자들의 드레스에 다시 나타남.

자케트(jaquette) : 18세기 남자들의 사냥용 재킷을 모방. 19세기 여자들의 레이스가 달린 재킷.

잔느 랑방(Jeanne Lanvin) : 파리의 유명한 오트 쿠튀르 창립자인 잔느 랑방 여사는, 1890년 자기 딸에게 디자인하여 입힌 옷이 호평을 받아 이것이 디자이너가 된 동기가 되었고, 그 후 랑방의 상표에는 이것을 기념하는 모녀상이 새겨지게 되었음. 1946년 그녀가 죽은 뒤에는 매니저였던 카스티요(Antonio del Castillo)를 기용하여 랑방・카스티요라는 명칭으로 개업했는데, 카스티요가 독립・개업한 후에는 니나 리치의 주임 디자이너로 있던 크라헤이(Francois Crahay)를 기용함. 계속 콜렉션을 열어 정평을 받아 오던 중, 1969년부터는 콜렉션도 중단하고 새로운 형식의 부틱과 남성복 및 향수부만 경영하고 있음.

장 파투(Jean Patou) : 파리 더블릿 오트 쿠튀리에의 한 사람. 1925년에 웨이스트를 늦추기 위한 플래퍼 스타일(flapper style)을, 1929년엔 롱 스커트를 내는 등 패션 스타일을 이끌었음. 지금은 의동생인 레몬 발바가 2대째를 계승.

잭(jack) : 캔버스 직물로 만든, 군복으로서의 초기 더블릿.

잭 부츠(jack boots) : 검은 가죽으로 만들고 힐(heel)이 무딘 형태로 무릎 위까지 올라오는 남자들의 부츠. 17세기 사냥복용으로 시작되었음.

저지(jersey) : 메리야스 조직으로 짜여진 부드럽고 신축성있는 직물. 저지란 이름은 처음 편직의 쑤트가 생산된 영국해협의 저지 섬에서 유래한 것임.

저킨(jerkin) : 16세기 후반과 17세기 초에 남자들이 입은 겉옷으로서의 더블릿. 소매가 없는 것이 특징이며, 현재에는 소매나 칼라가 없는 겉옷을 총칭함.

조나(zona) : 고대 그리스의 남자들, 특히 운동하는 남자들이 허리에 맨 가는 끈 또는 천을 접어 두른 새시 벨트.

조키(jockey) : 19세기 초에 유행한 어깨와 소매의 플라운스 장식.

주르나드(journade) : 16세기의 캐석의 일종으로, 의례적인 행사에만 착용. 슬릿 소매가 달려 있는 것이 특징.

쥐스토코르(justaucorps) : 17세기 후반 푸르푸앵이 없어지면서 나타나 18세기까지 유행한 남자들의 겉옷. 처음에는 색상과 재료가 검소했으나 점차 고급직물을 사용하고, 앞면이나 소매 가장자리에 수를 놓기도 했으며 금실로 단추장식을 하는 등 매우 화려해졌음. 화려한 조끼 베스트나 수수한 조끼 질레와 한 세트로서 착용되었음. 카프탄형의 코트(이 시대에는 재킷과 같은 성격을 띠었음)로 스탠드 칼라와 소매 끝에는 넓은 커프스가 달렸음. 프런트 오프닝에는 단추가 촘촘히 달리고 단쪽이 넓게 플레어지기 때문에 곡선의 씰루엣을 이룸. 궁정의 공식복으로 착용되면서 아비 아 라 프랑세즈로 불렸음.

쥐퐁(jupon) : 푸르푸앵의 원조. 14세기 십자군원정 당시 갑옷 위에 착용. 몸에 꼭 맞고 문장이 새겨진 힙 길이의 군복. 이것이 일반에게 유행되어 더블릿이 됨. 또한 여자들의 짧은 페티코트 언더드레스를 가리키기도 함.

쥐프(jupe) : 지퐁과 같음. 길고 꼭 끼는 소매를 가졌고 전체를 누빈 중세 남자용 상의. 쥐프의 또 다른 뜻은 바로크 시대 여자들의 언더드레스를 가리킴.

지고 슬리브(gigot sleeve) : 어깨부터 팔꿈치까지 부풀린 소매. 레그 오브 머튼 슬리브와 비슷하나 그보다 더 부풀린 형태의 소매.

진(jeans) : 처음에는 북이탈리아에서 만들어진 튼튼한 능직의 면을 가리킴. 진은 여러 가지 색상으로 염색이 되지만, 보편적으로 청색이 사용되었으므로 블루진(blue jeans)으로 대표함.

ㅊ

찰스 프레드릭 워스(Charles Frederic Worth) : 최초의 남성 재단사로서, 12세부터 런던에서 기술을 습득하여 1846년 파리에 있는 가주에랑 의상실에 들어감. 1850년, 파리 최초의 고급 의상실인 워스 의상실을 창립. 의복을 패션 모델에게 입혀보고 파는 것을 처음 생각해 냄. 1860년 유럽 왕실의 전속 디자이너로 일할 때부터 그 이름이 국제적으로 알려짐.

체스터필드(chesterfield) : 19세기 말에서 20세기 초에 걸쳐 유행된 남자용 외투로 검은색이 많고 벨벳 칼라가 달린 것이 특징. 이 코트의 애호자인 체스터필드 경의 이름을 따서 체스터필드라고 함.

치터링즈(chitterlings) : 18세기 말부터 19세기 중엽까지 유행된 레이스 주름으로, 남자 스커트의 앞을 장식한 것.

친 밴드(chin band) : 모자를 고정시키기 위한 것으로, 보통 뺨을 지나 턱에서 묶기 때문에 친 밴드라고 함.

친츠(chintz) : 인도에서 생산된 광택이 있고 무늬가 있는 얇은 카튼.

ㅋ

카농(canons) : 흰 레이스로 된 무릎장식으로 램프의 갓처럼 생긴 것도 있음. 17세기에 주로 남자들이 착용.

카도간(cadogan) : 18세기 남자들의 머리모양. 머리를 뒤에다 묶어 곤봉 모양을 만든 것으로, 클럽윙(club-wing)이라고도 함.

카드피스(codpiece) : 16세기에 남자 바지의 앞 중심의 성기를 보호하기 위해 만든 삼각형의 덮개. 이 안에 패드를 넣어 부풀렸으며 슬래쉬와 보석, 자수 등으로 장식. 교회의 비난에도 불구하고 50여 년 간 유행하다가, 바지의 부피가 커지자 가려지면서 유행으로부터 사라짐.

카디건(cardigan) : 19세기 초 크리미아 전쟁 때 영국 군인들이 입었던 짧은 재킷. 그 당시 카디건 백작이 애용한 데서 유래된 명칭. 칼라가 없고 프런트 오프닝이 있는 간단한 상의로 현재까지 그대로 계속 유행되고 있음.

카라코(caraco) : 프랑스에서 1780년대에 유행했던 드레스. 허리까지 몸통에 꼭 맞고 허리선에는 스커트 같은 페플럼이 달려 있어 투피스 수트 처럼 보이는 원피스 드레스.

카르디날(cardinal) : 17세기에 여자들이 입은 후드 달린 작은 케이프.

카르마뇰(carmagnole) : 프랑스 혁명 당시 혁명가들이 입었던 짧은 상의. 높고 넓은 칼라가 달렸음.

카방(caban) : 14세기에 동방으로부터 전래된, 소매가 달린 꼭 맞는 코트.

카우나케스(kaunakes) : 기원전 3000년경 수메르인들이 사용했던, 튜닉과 같은 스커트. 털이 길게 늘어진 짐승털이나 울 다발로 여러 가지 기하학적인 무늬 효과를 냈음.

카파(capa) : 로마 제국, 16~17세기에 스페인과 프랑스에서 유행한 후드가 달린 큰 두르개.

카프탄 코트(caftan coat) : 프런트 오프닝이 있고 양 옆을 활동하기에 편하게 터놓은 터키 스타일의 코트. 1955년 가을 Dior가 여성복 디자인에 이용한 후 명칭이 일반화됨.

칵테일 드레스(cocktail dress) : 오후나 저녁 파티에 입는 드레시한 의상. 이브닝 드레스보다는 인포멀(informal)한 분위기.

칸주(canezou) : 19세기 초에 유행한 여자용 짧은 외투. 스펜서보다 길고 허리에 벨트를 매기도 했음.

칼라시리스(kalasiris) : 고대 이집트인의 품이 넓은 직사각형 튜닉으로, 시리아에서 받아들인 것 같음. 매우 얇은 흰색의 리넨으로 만들어 속의 몸이 비쳤고 허리에 벨트를 맸음. 칼라시리스는 왕에서부터 노예에 이르기까지의 모든 이집트인들이 착용했는데, 품이나 길이, 입는 방법 등은 계급에 따라 달랐음.

캐릭(carrick) : 어깨에 케이프가 두세 개 달린 긴 코트. 1860년대에는 신사들의 코트로 유행하다가 후에는 말을 끄는 마부들만이 착용.

캐미솔(camisole) : 수평선으로 된 네크라인에다 어깨끈을 단 간단한 드레스.

캐석(cassock) : 프랑스의 쥐스토코르와 같은 코트로, 17세기에 영국에서 유행된 코트. 상체는 꼭 맞고 단추가 촘촘히 달렸으며 하체는 플레어로 넓게 퍼짐. 주로 검은색이 많이 이용되었으며, 무릎 길이의 짧은 것은 군인·사냥꾼들이 애용했고 무릎보다 긴 것은 사무관들이 착용했음. 천주교의 성직자들이 일상복으로 착용하기도 함.

캔디스(kandys) : 아시리아인과 페르시아인이 입었던 품이 넓은 튜닉. T자로 네크라인을 내고 소매에는 팔꿈치부터 소매 끝까지 다른 천을 대어 주름을 잡은 것이 특징. 품이 넓고 허리띠를 둘러서 양 옆에 주름이 지게 했음.

캔버스(canvas) : 리넨이나 카튼으로 짠 뻣뻣하고 거친 직물.

캘리코(calico) : 실크 스크린 수법에 의해 한쪽 면에만 짐승, 새, 나무, 꽃 등이 프린트된 면직물의 일종. 19세기 중엽의 인도 캘리커트(Calicut)산으로 가격이 저렴해 노동자층에서 많이 사용되었음. 영국이나 미국에서는 무늬없는 흰 면을 의미하며, 홈 드레스나 에이프런에 많이 이용.

캠릿(camlet) : 카튼이나 실크 섬유를 카멜 헤어(camel-hair)와 교직한 직물로, 터키에서 생산됨. 12세기에 유럽으로 소개되었으며 주로 겉옷, 두르개에 사용.

캡(cap) : 머리 형태에 따라 머리에 꼭 맞고, 챙이 없는 모자. 앞에 챙이 달리기도 함.

커머번드(cummerbund) : 허리에 두르는 넓은 새쉬 벨트. 원래 페르시아에서 전래된 것으로, 19세기 후반에 웨이스트 코트(vest의 원조)에 애용됨. 현재에도 디너 재킷, 검은 타이와 함께 정장용으로 사용되고 있음.

커치프(kerchief) : 고대 이집트인들의 머릿수건과 같은 독특한 헤드드레스.

커틀(kirtle) : 14세기에서 17세기 사이에 유행했던 여자용의 속옷. 슈미즈나 페티코트.

케수블레(chesuble) : 고대 로마의 페눌라에서 유래한 것으로, 천주교 사제가 앨브 위에 입은 소매없는 망토.

케이프(cape) : 소매가 없고 어깨로부터 팔을 덮어 입는 두르개. 어원은 포르투갈어의 카파에서 온 것임. 코트에다 케이프를 붙인 것이 케이프 코트임.

케임브릭(cambric) : 리넨이나 카튼으로 짠 얇고 고운 직물.

코더너스(cothurnus) : 그리스 비극배우들이 신었던 약 7.5~8cm의 높은 굽의 신발.

코듀로이(corduroy) : 원래는 왕의 의상에 사용한 면직물로, 기모(起毛)가 골이 지게 짠 것을 말함. 요즈음에는 실용적인 평상복에 사용.

코르발레네(corps-baleine) : 17세기의 콜셋.

코르사주(corsage) : 중세 때의 상체를 조이기 위한 콜셋. 가슴이나 어깨에 다는 작은 꽃묶음.

코르피케(corps-pique) : 16세기의 콜셋. 바스킨이라고도 함.

코슬릿(corselet) : 크리트의 여인들이 유방을 내놓고 윗배를 끈으로 조인 것.

코이프(coif) : 중세에 머리에 꼭 맞게 쓴 캡. 부드러운 흰색의 마직으로 만들고 턱 아래나 얼굴 양 옆을 감싸는 스타일.

코트아르디(cotehardie) : 12세기 말에서 14세기에 걸쳐 남녀 공통으로 입혀진 튜닉. 전체적으로 꼬뜨(cotte)와 비슷하다. 바디스는 몸에 꼭 끼고 앞중심과 팔꿈치에서 손목까지 단추가 촘촘히 달린 것이 특징. 남자의 코트아르디는 넓적다리 길이로 짧고, 여자의 코트아르디는 바닥에 끌릴 정도로 길다.

코프(cope) : 교회의 성직자나 교인들이 비올 때 입은 후드 달린 케이프. 후에 유럽 전역에 유행되어 일반인들도 사용.

콘티넨털 햇(continental hat) : 미국 독립전쟁 당시 조지 워싱턴의 군대가 썼던 모자. 트리코른 형태로 세모난 챙 넓은 모자.

콜로보스(kolobos) : 고대 그리스에서 착용된 무릎 길이의 짧은 키톤.

콜포스(kolpos) : 고대 그리스 키톤에서 벨트를 매고 밖으로 늘어뜨린(blousing) 부분.

콤비네이션(combination) : 원피스로 된 속옷의 총칭. 슈미즈와 드로어즈, 또는 언더 팬츠가 함께 이어진 것. 소매없는 언더 셔츠와 드로어즈가 함께 이어진 것.

쿠튀르(couture) : 불어로 '의상실'이란 뜻. 원칙적으로 파리의 고급의상조합에 가입되어 있는 점포로, 오트 쿠튀르(haute couture)라 부름.

쿠튀리에(couturier) : 남자 디자이너. 예를 들어 크리스티앙 디오르, 이브 생 로랑, 피에르 카르댕 등.

쿠튀리에르(couturiere) : 여자 디자이너. 예를 들어 가브리엘 샤넬 등.

퀼로트(culotte) : 17~19세기 초기까지 남자들이 입었던, 몸에 꼭 끼는 무릎 길이의 바지. 20세기에 들어와서는 여자들의 스커트 모양의 바지(divided skirt)를 가리킴.

퀼팅(quilting) : 두 장의 천 사이에 솜을 넣고 기하학적 도안으로 누비는 방법. 중세 이래 추위나 적의 무기로부터 보호하기 위해 지퐁과 더블릿에 사용해 왔음.

큐큘러스(cuculus) : 로마 시대 하류층 사람들이 작업복으로 입던, 후드가 달린 케이프.

크라바트(cravatte) : 1660년경부터 2세기에 걸쳐 성행되었던 남자 넥타이의 전신. 실크나 레이스 등의 부드럽고 고운 천을 목에 감고 앞에서 리본으로 묶거나 늘어뜨렸음.

크리놀린(crinoline) : 19세기 중엽 나폴레옹 3세가 치세하던 시기에 유행했던 여자들의 스커트 버팀대. 1840년대에는 말털을 섞어 짠 천으로 만든 페티코트였고, 1850년대에는 고래수염과 함께 카튼을 누벼서 만든 페티코트를 사용. 1860년대에는 금속으로 틀을 만들어 사용. 크리놀린은 재료에 따라 계속 변화했으나 전체적 씰루엣은 종 모양(bell-shape)이나 닭장 모양을 이루었음.

크리스토발 발렌시아가(Christobal Balenciaga) : 1938년 스페인 혁명까지는 고국인 스페인의 마드리드와 바르셀로나, 산 세바스찬의 세 도시에 의상실을 갖고 있다가 파리로 진출, 개점하자 곧 벨라스케스(Velazquez:스페인 화가) 풍에다 파리의 엘레강스를 가미한 작품으로 인기를 모아 일류 디자이너로 성공. 1939년에는 미국에서 제1회 콜렉션을 개최하여 세계적으로 알려짐. 1951년 가을과 겨울의 콜렉션에서 웨이스트라인이 없는 쑤트를 발표했음. 당시는 웨이스트라인의 의식이 뚜렷한 시대였지만, 그로부터 6년 후인 1957년부터 그가 주장했던 웨이스트라인의 해방은 슈미즈 드레스라 불리면서 전세계에 유행되었음. 1968년 5월 혁명이 있은 뒤, 그는 갑자기 30년 간의 전통에 빛나던 의상실을 폐쇄하고 73세로 은퇴함. 그의 제자로는 앙드레 쿠레주가 있음.

크리스티앙 디오르(Christian Dior) : 제2차 세계대전이 끝난 뒤 패션계를 10여 년 동안 지배한 세계적인 디자이너. 1905년에 프랑스 노르망디의 한 실업가의 아들로 태어나 정치학을 배우다가, 복식 디자인에 뜻을 두고 1938년에 로베르 피게 의상실에서 디자인 지도를 받다가, 1941년에는 루시앙 르롱의 의상실로 옮겼음. 1947년 2월에는 그가 처음으로 시도한 콜렉션을 뉴 룩(New Look)이라 명명하여 발표. 이를 계기로 전세계 여성들이 높은 어깨와 쇼트 스커트를 처진 어깨와 우아한 롱 스커트로 바꾸었으며, 그의 명성은 세계적으로 알려졌음. 그 후 계절마다 발표하는 새로운 창작 씰루엣에 튤립 라인, H-라인, A-라인, Y-라인, 애로 라인(arrow line)이라 이름을 붙여, 세계의 패션계를 지배해 왔음. 디오르 의상실은 세계 각 도시에 지점을 두고 있는 세계 최대의 의상실로 두각을 나타냄. 1957년에 사망. 그의 문하생으로는 생 로랑, 카르댕, 라로시, 보앙 등의 수재들이 배출되었음. 오늘날의 디오르 의상실은 보앙에 의해 계승되고 있음.

클라미스(chlamys) : 고대 그리스의 짧은 군복용 외투. 간단한 정·직사각형의 모직으로 두르고 오른쪽 어깨나 앞가슴에 피블라로 고정하였음.

클라버스(clavus) : 클라비(Clavi)와 같은 뜻으로, 로마의 튜닉이나 토가에 사용된 수직선의 장식. 사회적인 계급에 따라 색과 폭이 결정되기도 했음.

클라프트(klaft) : 고대 이집트인들의 머릿수건인 커치프 중 왕이나 왕비가 쓴 것. 줄무늬가 독특하고 삼각 피라미드를 연상하게 함.

클로 해머 코트(claw hammer coat) : 19세기 초에 유행한 이브닝 코트로 끝이 뾰족하게 꼬리처럼 나온 스타일.

클로슈(cloche) : 1920년대에 유행한 작은 모자로, 좁은 챙이 달렸음.

키톤(chiton) : 고대 그리스에서 남자가 입은 기본복으로, 이오닉 키톤과 도릭 키톤이 있음. 대형의 직사각형 천을 반 접어 몸에 걸치고 장식핀인 피불라로 어깨에서 고정시킴. 길이는 무릎 위에서 발목까지 다양하고, 허리에 띠를 맸는데 앞부분을 끌어올려 늘어뜨리기도 했음. 도릭 키톤은 보다 단순한 거친 울을, 이오닉 키톤은 주름이 많고 부드러운 리넨을 많이 사용하였으며 가장자리를 다른 헝겊으로 두르거나 수를 놓기도 했음.

킬트(kilt) : ① 고대 이집트에서 착용한 간단한 스커트로, 초기의 로인클로스가 점차 길어져 킬트가 됨. 전체적으로 주름이 정교하게 잡혀 있음. ② 스코틀랜드와 아일랜드 사람들이 입은 무릎 길이의 스커트인데, 타탄 체크의 두꺼운 모직물로 만들었고 뒤에 주름이 잡혀 있음.

ㅌ

타바드(tabard) : 13세기부터 16세기까지 유행한 의상. 병사들이 갑옷을 보호하기 위해 입은 쉬르코와 비슷한데, 캡 슬리브가 달렸으며 가문을 나타내는 문장이 새겨져 있음. 길이가 긴 것은 예복으로 입었고, 짧은 것은 병사들이 갑옷 위에 입었음.

타블리온(tablion) : 비잔틴 제국에서 팔루다멘툼에 달았던 네모난 헝겊 장식. 금·은·색실 등으로 새나 황제의 초상화 등을 수놓음.

타이츠(tights) : 원래는 무용의상으로 시작된 바지와 같은 양말이었으나, 1960년대부터는 허리에서 발끝까지 몸에 꼭 끼게 입는 양말을 가리킴.

태슬(tassel) : 장식을 목적으로 만들어진 실 다발로 길이가 다양함.

태피터(taffeta) : 17세기에 더블릿을 만드는 데 사용. 실크나 레이온, 아세테이트로 직조하기도 함. 얇고 윤이 나며 약간 빳빳함.

턱시도(tuxedo) : 영국의 디너 재킷을 표현한 미국식 용어. 야회복 테일(tail)을 없애고, 긴 숄 칼라와 같은 턱시도 칼라가 달렸음.

테디 보이 룩(Teddy Boys Look) : 영국의 에드워드(Edward) 7세 시대의 복장을 즐겨입는 불량 청소년들을 일컫는데, 1950년에 젊은이들에게 유행한 패션형태로 벨벳 트리밍을 댄 칼라와 커프스에 길이가 길고 몸에 꼭 끼는 싱글 여밈 재킷과 통이 좁은 바지, 그리고 화려한 브로케이드 조끼와 한 벌로 입음.

테베나(tebenna) : 에트루리아인들의 두르개로, 직사각형, 반원형으로 만들어졌음. 로마인들이 후에 이를 모방하여 만든 옷이 토가임.

테일 코트(tail coat) : 19세기 초 남자들이 입은 코트로 뒷자락이 제비꼬리와 같음.

테일러드 쑤트(tailored suit) : 울 서지나 두꺼운 울로 만든 재킷과 스커트의 한 세트의 옷. 이러한 유행은 1880년대 프랑스에서 처음 소개되었고, 19세기 말에는 프랑스와 영국에서 낮에 입는 옷으로 자리를 굳히게 되었음.

테일러드 코트(tailored coat) : 1910년에 영국에서 유행된 여자 코트.

테일즈(tails) : 남자들의 화려한 야회복(formal evening wear). 뒤가 제비꼬리처럼 길게 늘어진 프락 코트와 흰 셔츠에 흰 베스트, 바지로 한 세트를 이룸. 라펠 칼라는 견직으로 만들었고 바지의 옆선은 브레이드로 장식.

테툴루스(tetulus) : 모직으로 만든 여자용 원추형 모자와 원추형 머리 스타일. 고대 로마 시대 때 유행.

텐트(tent) : 1951년 스페인의 디자이너인 발렌시아가가 디자인한 씰루엣으로, 위보다 아래가 퍼진 형.

토(tow) : 플랙스로부터 제거된 거칠고 부서진 섬유. 중세부터 17세기까지 브리치즈나 더블릿을 부풀리는 데 거친 마직을 사용했고, 이 거친 은 마직은 토(tow)를 재료로 하여 직조했음.

토가(toga) : 로마 시민의 대표적인 겉옷으로 직사각형이나 반원형으로 된 두르개. 몇 세기 동안 착용되면서 크기와 두르는 방법이 변하기는 했어도, 근본적으로 흰색의 모직천을 몸에 두르는 형식은 바뀌지 않았음. 토가에 사용된 장식선(clavis)의 색상과 넓이는 사회계급에 따라 다르게 사용됨. 토가의 색상과 크기, 용도에 따라 다른 명칭이 붙음. 즉, 토가 프라에텍스타(toga praetexta), 토가 트라베아(toga trabea), 토가 픽타(toga picta), 토가 푸라(toga pura), 토가 풀라(toga pulla) 등.

토리아(tholia) : 고대 그리스 여인들이 쓴 끝이 뾰족한 모자.

토크(toque) : 머리에 꼭 맞는 챙없는 작은 모자.

튤(tulle) : 실크로 짠 망사 천. 한때 튤이 프랑스의 튤(tulle)이라는 도시에서 시작된 것으로 알았으나, 원래는 영국의 노팅검에서 1768년에 양말 제조기계에 의해 처음 생산되었음. 처음에는 실크나 카튼으로 직조되었으나, 요즈음에는 나일론이나 인조섬유로 직조되며 베일을 만드는 데 많이 사용됨.

트라베아(trabea) : 로마 제국과 비잔틴 제국 초기에 원로원들이 사용한 스카프로 브로케이드로 만들었음.

트라우저스(trousers) : 남녀가 입는 바지로 16세기부터 트라우저스라는 단어를 사용했지만, 바지 형태의 의상은 원래 동유럽에서 오래전부터 착용되어 왔음. 서유럽에서는 16세기부터 19세기 초까지 길이가 짧은 형태로 씰루엣이 여러 가지로 변하다가, 19세기 초부터 발목까지 오는 풀 렝스(full length)의 바지로 정착함. 현재 신사들의 트라우저스는 긴 바지를 의미함.

트랙 쑤트(rack suit) : 육상 선수의 보온복에서 힌트를 얻어 만든 경쾌하고 심플한 쑤트. 타월지로 헐렁하게 되어 있음.

트렁크 호즈(trunk hose) : 브리치즈라는 바지의 명칭이 나오기 전에 반바지에 붙여진 이름. 16~17세기의 넓적다리나 무릎까지 오는 통넓은 반반지.

트레인(train) : 여자들의 정장 드레스 뒤에 꼬리처럼 길게 마루에 끌리는 부분. 드레스 뒷부분이 앞부분보다 길게 늘어지게 하는 수도 있고, 따로 트레인을 만들어 어깨나 허리에 부착시킴으로써 더욱 포멀한 분위기를 만들어 주었음.

19세기 초 나폴레옹 1세 때에는 엠파이어 드레스에 화려한 트레인을 달아 입었음.

트렌치 코트(trench coat) : 원래는 제1차 세계 대전 때 영국의 상관이 입던 오버 코트. 후에는 앞이 더블 브레스티드(double breasted)되어 있고 벨트를 맸으며 방수된 옷감으로 만든 코트를 의미.

트루스(trousse) : 르네상스 시대에 유행했던 남자의 반바지로 호박처럼 부풀린 바지.

트리콘(tricorne) : 챙을 삼각형으로 구부린 남자 모자. 1690년대와 1780년대에 유행.

티아라(tiara) : 서남아시아 국민들의 민족복식의 하나로, 좁은 리본으로 된 머리띠. 19세기와 20세기에 와서 미국과 영국의 최신 유행을 따르는 여성들이 착용한 것으로, 보석이 박힌 초생달 모양의 머리띠를 말함.

티어드 스커트(tiered skirt) : 2단, 또는 그 이상을 수평으로 끊어서 개더, 턱, 플레어, 플라운스 등으로 장식한 스커트. 아래로 내려가면서 좁아진 씰루엣, 또는 아래위가 같은 씰루엣 등이 있음.

티핏(tippet) : 중세 동안 유럽 여인들의 드레스에 사용된 행잉 슬리브(hanging sleeve).

ㅍ

파고다 슬리브(pagoda sleeve) : 1730년대에 유행했던 소매모양으로, 팔꿈치까지 오는 긴 커프스가 달려 있음. 층을 이루는 데, 밑으로 내려갈수록 길이는 짧아지나 옆으로 퍼짐. 19세기 나폴레옹 3세의 제2제정 당시 여자들의 의복에서 다시 나타남. 동양의 사원이나 절의 탑이 디자인 모티프가 된 것 같음.

파나마(panama) : 19세기 말과 20세기 초에 유행했던 남자들의 모자로, 둥근 크라운의 밀짚모자.

파뉴(pagne) : 고대 이집트에서 왕이 입은 스커트형의 로인클로스를 파뉴라고 함. 여기에 쉔도트(shendot)라는 장식 판넬을 늘어뜨려 왕의 권위를 표시.

파니에(panier) : 18세기 초 여자들의 스커트를 부풀리기 위한 버팀대로, 금속이나 고래수염, 나무줄기 등으로 만들었음. 큰 것은 스커트를 8～10피트 정도로 넓혔다고 함.

파니에 두블(panier double) : 파니에가 발전한 것으로, 파니에의 양 옆을 더 크게 부풀린 스커트 버팀대.

파딩게일(farthingale) : 여자들의 스커트를 밖으로 뻗치기 위해 힙에 두른 바퀴모양이나 종모양의 거대한 금속틀. 16세기 초엽 스페인에서 시작되었으나 점차 유럽 전역으로 퍼져 나가 성행했음.

파일리어스(pileus) : 로마에서 남자들이 착용했던 펠트 캡.

파티 컬러드 드레스(parti-colored dress) : 옷을 반으로 나누어 각각의 색상을 달르게 한 것으로, 12～14세기에 걸쳐 유행했음.

판탈레츠(pantalettes) : 19세기 중엽 어린 소녀들의 바지로, 스커트 아래로 보이게 입었음.

판탈롱(pantalon) : 캐서린 드 메디치에 의해 처음 선보인 여자들의 속옷. 드로어즈나 팬털룬즈(pantaloons)로 표현하기도 함. 실키나 리넨으로 만들었고, 드레스의 단 밑으로 보이게 입었는데, 19세기 이후에는 레이스로 층층이 장식했음. 남자복으로는 18세기 말 프랑스 혁명 당시 혁명군들이 짧은 퀼로트에 대항하는 뜻으로 긴 판탈롱을 입기 시작했고, 그 후 신사복 바지의 원조가 됐음.

팔라(palla) : 그리스의 히마티온이 로마에 와서 유행한 것. 토가가 없어지면서 일상복으로 입혀진 여자들의 옷으로, 비교적 작은 직사각형의 천이 히마티온처럼 다양한 모양으로 연출되었고 수장식을 많이 했음.

팔루다멘툼(paludamentum) : 바잔틴의 공식복으로 견직의 직사각형 천을 두르고 한쪽 어깨에서 고정시킨 극히 간단한 형태. 그 크기가 매우 크고 붉은 보라색, 타블리온(tablion), 브로케이드 등을 사용하여 화려한 위용을 자랑함.

팔리움(pallium) : 팔라와 같은 것이나 남자용임.

패러디(parody) : 어떤 원본을 모방하고 내용은 완전히 다른 것을 표현함으로써 그 외형과 내용과의 불일치로 익살스러운 효과를 주는 기법을 말함.

패스티시(pastiche) : 문학, 미술 등에서 모방작품을 의미하는 것으로, 원본의 고유성을 염두에 두지 않고 중성적인 모방만을 함으로써 새로운 양식의 가능성을 부정하는 것.

패치(patch) : 검정 실크 조각을 얼굴이나 목에 붙이는 것으로, 17세기 여자들 사이에 유행되었음. 뷰티 스팟(beauty spot)으로도 표현됨.

패튼(patten) : 15세기에서 17세기에 걸쳐 남녀공통으로 애용한 것으로 신을 보호하기 위한 나무밑창. 또는 나무밑창에 둥근 쇠가 스프링처럼 달린 나막신.

패틀락(patlock) : 15세기에 예비 기사나 시종들이 다 입던 짧고 꼭 끼는 더블릿.

퍼루크(peruke) : 프랑스어 페루크(peruque)에서 유래된 말로, 17세기부터 19세기 초엽까지 사용된 가발을 뜻함.

퍼빌로(furbelow) : 플라운스나 프릴, 또는 리본으로 이루어진 장식적인 트리밍.

펄스 슬리브(false sleeves) : 14세기 초부터 나타나 르네상스 시대에 전성을 이룬 장식 소매의 일종. 어깨에서 늘어뜨려 땅에까지 닿은 것도 있었는데, 이를 행잉 슬리브(hanging sleeve)라 하기도 하고 프랑스에서는 리리피프라 했음.

펌프스(pumps) : 16세기에 하인들이 신었던 끈 없는 가벼운 신발. 또는 윤나는 검정 가죽 신발에 보(bow)가 달린 댄싱 슈즈.

페눌라(paenula) : 로마 시대의 두꺼운 모직이나 가죽으로 만든 외투. 판초 형태이고 후드가 달리기도 함.

페도라(fedora) : 챙이 위로 구부러지고 크라운의 가운데가 움푹 들어간, 남자들의 모자. 19세기 말부터 나타나기 시작함.

페둘(pedule) : 고대와 중세의 양말로, 부드러운 가죽이나 모직으로 만듦.

페리위그(peri-wig) : 18세기에 유행된 머리형으로, 컬된 긴 머리를 앞가슴에 늘어뜨린 스타일.

페미닌 룩(Feminine Look) : 여성다움 우아한 분위기를 가진 스타일. 인체의 곡선미를 살려서 둥근어깨선, 부풀린 가슴, 잘룩한 허리 등을 나타내지만 일정한 형식은 없고 그때마다 시대를 반영한 우아함이 포인트.

페이싱(facing) : 커프스나 칼라 가장자리에 모피나 화려한 직물로 장식하는 것으로, 원래 그 의복 안으로 연속되어 있는 것처럼 보이게 했음. 오늘날은 의복 가장자리 안쪽에 함께 붙여진 모든 종류의 트리밍을 페이싱이라고 함.

페타소스(petasos) : 로마 시대의 넓은 챙이 달리고, 낮고 둥글거나 약간 뾰죽한 크라운이 달린 모자.

페티코트 브리치즈(petticoat breeches) : 17세기 중엽에 유행한 통넓은 바지로, 스커트같이 생겼음. 원래 네덜란드 농부들이 입던 옷을 유럽에서 받아들인 것. 긴 직사각형을 스커트처럼 둘둘 말아 입은 것도 있고, 스커트처럼 보이지만 가운데를 막아 바지로 만든 것도 있음. 프랑스에서는 랭그라브(rhingrave)라고 불렀음.

페플럼(peplum) : 그리스의 페플로스를 로마에서 페플럼이라 했음. 또한 짧은 스커트라는 뜻으로 드레스의 허리선이나 블라우스·재킷의 허리선에 달린 짧은 스커트를 말하기도 함.

페플로스(peplos) : 그리스 여자들이 입었던 짧게 주름진 두르개. 어깨에서 핀으로 고정시켜 준 것도 있음. 짧은 스커트라는 뜻도 있음.

펠레린(pèlerine) : 19세기 여자들의 짧은 장식용 케이프. 실크나 벨벳으로 만들고 모피를 가장자리나 안쪽에 대기도 했음.

펠트(felt) : 울이나 동물의 털을 실로 만들어, 짜지 않고 단지 짓눌러 천을 만든 것. 털을 망치로 두들기거나 증기와 압력을 가해 펠트(felt)

화시킴.

포니 테일(pony tail) : 머리를 뒤에서 하나로 묶어 말꼬리처럼 길게 늘어지게 한 것.

포스트모더니즘(Postmodernism) : 20세기의 모더니즘을 부정하고 고전적, 역사적인 양식이나 수법을 받아들이려는 예술운동.

폴 푸아레(Paul Poiret) : 파리 태생의 디자이너(1880~1944년)로서 1911년 파리의 고급 의상점 조합의 창시자임. 콜셋이 없는 심플하고 입기 편한 복장을 제창, 여성복 근대화에 이바지했음.

폴로네즈(polonaise) : 18세기 말의 여자 드레스로, 겉 스커트를 끌어올려 3개의 큰 퍼프를 만들고 바디스는 꼭 맞게 한 것. 1870년경에도 비슷한 형으로 나타남.

퐁탕주(fontange) : 1780년경부터 시작된 여자들의 머리모양으로, 컬로 머리를 높이 만들고 리본으로 고정했음. 후에는 좀더 발전하여 모슬린 러플, 레이스와 리본 등으로 정교하고 높은 머리장식이 되었음. 루이 14세 말기까지 여러 가지 형태로 변형되면서 성행했음.

푸르푸앵(pourpoint) : 15~17세기에 걸쳐 남자들이 입었던 상의. 허리까지 맞고 허리선에 페플럼이 달리기도 했음. 푸르푸앵은 차차 소매가 짧아지다가 없어지고 후에 베스트로 바뀜. 영국에서는 이 옷을 더블릿이라고 불렀음.

풀레느(poulaine) : 14세기에 유행한 앞이 대단히 뾰죽한 신발.

프락(frac) : 18세기 말부터 나타난, 남자들의 정장용이 아닌 겉옷. 영국에서 시작된 의상.

프락 코트(frock coat) : 19세기 왕정복고 시대에 특히 유행한 무릎 길이의 외투로 현대예복의 기본형.

프렌치 후드(french hood) : 16세기에 유행되었던 후드로, 머리 뒤쪽으로 기울여 앞의 머리카락이 보이게 썼음.

프로그(frog) : 길고 브레이드로 된 루프. 단추의 여밈장식. 프랑스의 몰(mol)과 같음.

프리지안 보닛(phrygian bonnet) : 펠트나 가죽으로 만든 원시적인 캡으로, 턱에서 끈으로 매 주었음. 그리스와 로마에서 노예를 해방시킬 때 이 모자를 내 주었기 때문에, 그 후 이 모자는 자유를 상징하게 되었음. 18세기 말 프랑스 혁명 당시 혁명가들이 이 모자를 다시 착용.

프린세스 드레스(princess dress) : 19세기 후반에 유행한 드레스. 상·하가 분리되지 않고 하나로 재단된 드레스로, 허리가 들어가고 안쪽은 약간 퍼져서 날씬해 보이는 것이 특징. 가슴 다트와 허리 다트가 합해진 프린세스 라인을 이용했기 때문에 다른 다트는 필요로 하지 않음.

플라운스(flounce) : 천을 주름잡아 층층이 배열한 장식의 일종으로 18세기 여성들의 드레스에 주로 사용되었음.

플란넬(flannel) : 올이 치밀하고 두터운 고급의 모직으로 18세기 후엽부터 널리 이용됨.

플래퍼(flapper) : 처음에는 지그재그 모양의 스커트단을 가리켰으나, 그 후 범위가 넓어져 아주 짧은 스커트나 또는 등이 깊이 파진 드레스를 입는 등, 눈에 띄는 차림을 한 젊은 여성 전부를 가리킴.

플랙스(flax) : 리넨의 원료가 되는 마섬유.

플러스 포(plus-four) : 1920년대에 영국에서 유행한 통넓은 바지. 길이가 무릎에서 4인치 내려오기 때문에 이러한 명칭이 붙었음.

플리스(pelisse) : 플리스에는 여러 가지 의미가 있음. ① 중세에 남녀 함께 착용한 긴 코트로, 가장 자리에 모피를 두르고 패드를 대었으며, 플리슨(pelisson)이라고도 함. 플리스는 19세기 왕정복고 당시 여성들의 야회용 코트로 다시 부활되었는데, 역시 모피로 안을 대거나 가장자리를 장식했음. 19세기 말 남자들도 야회용 코트로 플리스를 입었음. ② 18세기 중엽 여자들의 발목 길이의 코트로, 실크나 벨벳으로 만들고 양옆에 팔을 내놓을 수 있는 슬릿이 있는 것이 특징. ③ 19세기 중엽에는 어린 아이들의 실외용 코트를 의미했음. ④ 방한용으로, 플랫 칼라와 어깨를 덮는 케이프가 달린 망토 스타일의 외투.

피가체(pigache) : 12세기에 유행한 위로 뾰죽하게 구부려진 신발.

피그테일 위그(pigtail wig) : 18세기에 유행했던 머리장식. 뒤에서 하나로 길게 땋은 스타일.

피불라(fibula) : 고대 그리스나 로마에서 두르는 형식의 의복을 고정시키기 위해 사용했던 안전핀. 장식을 겸하기도 했기 때문에 고대인들의 주요한 장신구 중의 하나였음.

피쉬(fichu) : 18세기에 성행했던 여자용 스카프의 일종. 실크나 고운 리넨, 레이스 등으로 만들고, 목을 두르고 매듭지어 어깨에 늘어뜨리거나, 드레스의 네크라인 가장자리에 두르고 앞가슴에 찔러 넣기도 함. 피쉬 칼라는 피쉬를 군데군데 묶어서 목선에 단 것과 같음. 주로 데콜테에 많이 사용. 19세기 말에 크게 유행했음.

피스카드 벨리(peascod-belly) : 16세기 말 남성미를 강조하기 위해 더블릿의 앞이 튀어나오게 만든 패드 폼(pad form).

피에르 발맹(Pierre Balmain) : 프랑스 태생의 디자이너. 1914년 스위스 국경에 가까운 사보이의 중류 가정에서 출생. 소년 시절에는 인형의상을 만들기도 했으며, 건축학을 배우기 위해 파리의 미술학교에 입학했음. 몰리뇌에게 발탁되어 루시앙 르롱 의상실에 있다가 디오르와 함께 독립·개업하여 곧 일류가 되었음. 우아하고 경쾌하며 간단히 착용할 수 있다는 점이 피에르 발맹 디자인의 특징임. 영화나 발레, 연극 등의 의상을 디자인하기도 하는 정력가이며 「드레스메이킹(Dress-making)」 잡지의 콘테스트 심사위원.

피에르 카르댕(Pierre Cardin) : 이탈리아 태생인 파리의 오트 쿠튀리에. 처음에는 파캥(Paquin) 의상실에서 일하다가 디오르 의상실로 옮겨 디오르의 제1회 콜렉션에 협력. 생 로랑, 라로시와 함께 디오르 의상실의 '3 프린스'라 불리웠음. 1953년에 독립하여 포블 생토노레에서 개업. '옷감의 마술사'로 불리는 천재적인 재능은 그 뒤로도 계속 발휘되었음. 세계 남성 모드계를 주도하고 있기도 함.

피엘트로(fieltro) : 16세기 스페인에서 유행했던 남자용 외투로 넓적다리까지 내려왔음.

필릿(fillet) : 머리 둘레에 매는 좁은 밴드나 머리카락을 묶는 끈.

ㅎ

하이크(haik) : 아랍인들이 머리로부터 온몸에 걸친 타원형의 외투. 보통 손으로 짠 울로 만들었음.

헤나(henna) : 붉은 색상의 염료를 채취할 수 있는 식물 이름. 머리를 붉게 물들이거나 붉은 화장품을 만드는 데 사용.

호사(hosa) : 양말(hose)의 시원형으로 중세 초기에 다리를 천으로 감싸고 끈으로 묶었음.

홀터 네크라인(halter neckline) : 1930년대부터 이브닝 드레스에 사용하기 시작한 네크라인. 앞은 막히고 앞판 끝이 길게 연장되어 목 뒤에서 매어 주고 뒤와 어깨는 맨살을 드러내 놓음.

함부르크(hamburg) : 독일의 함부르크(Hamburg)에서 쓰기 시작한 중절모자. 부드러운 펠트지로 만들었으며, 좁고 빳빳한 챙이 달렸음.

후프(hoop) : 18세기의 스커트 버팀대로, 고래수염이나 금속으로 틀을 만든 파니에와 같음.

히마티온(himation) : 고대 그리스에서 남녀가 사용한 직사각형의 두르개.

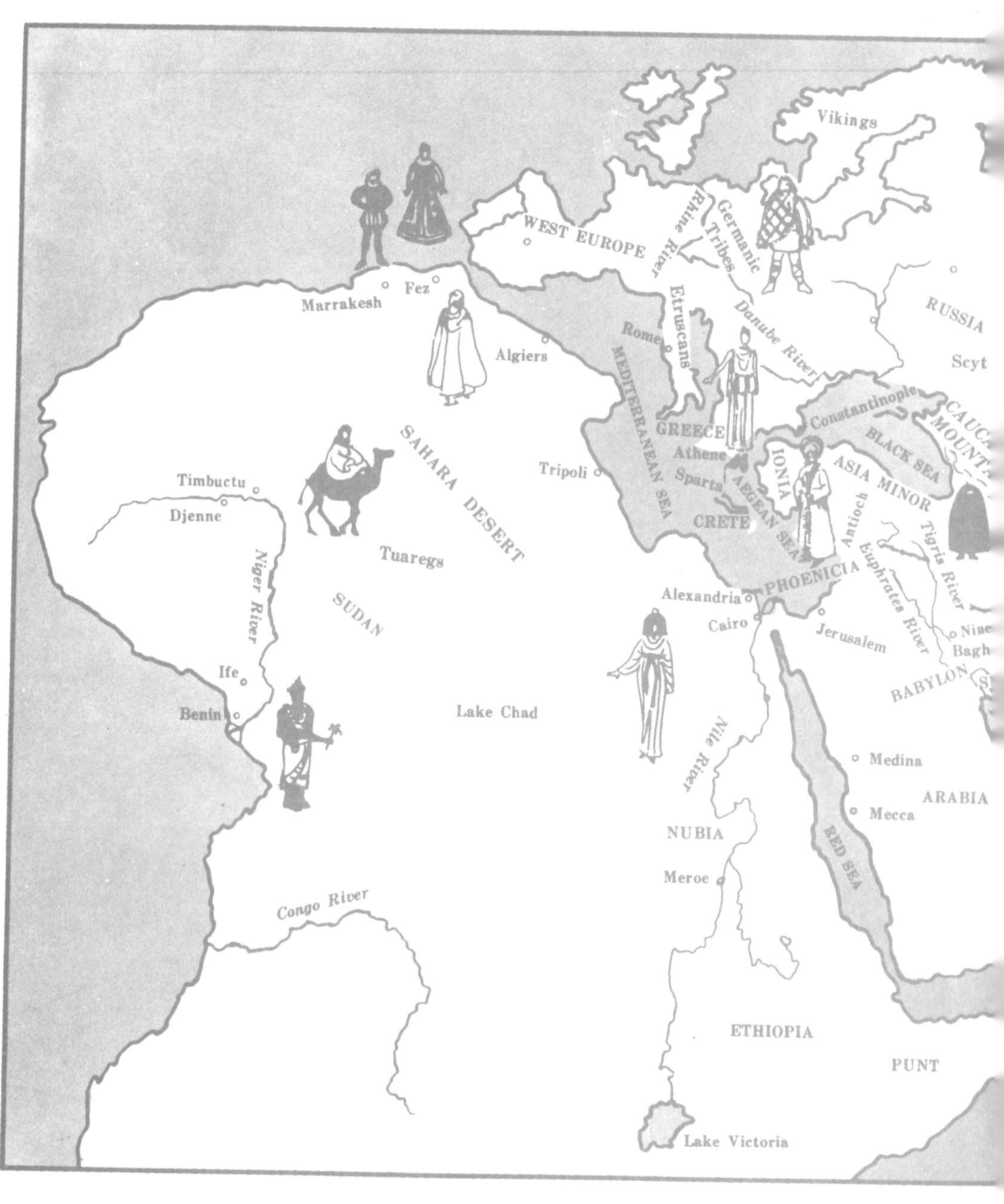

Vikings
WEST EUROPE
Rhine River
Germanic Tribes
Danube River
RUSSIA
Scyt
Marrakesh
Fez
Algiers
Rome
Etruscans
MEDITERRANEAN SEA
GREECE
Athene
Sparta
CRETE
AEGEAN SEA
IONIA
Constantinople
BLACK SEA
ASIA MINOR
Antioch
Tigris River
Euphrates River
PHOENICIA
SAHARA DESERT
Tripoli
Timbuctu
Djenne
Niger River
Tuaregs
SUDAN
Alexandria
Cairo
Jerusalem
BABYLON
Ife
Benin
Lake Chad
Nile River
Medina
Mecca
ARABIA
NUBIA
RED SEA
Meroe
Congo River
ETHIOPIA
PUNT
Lake Victoria

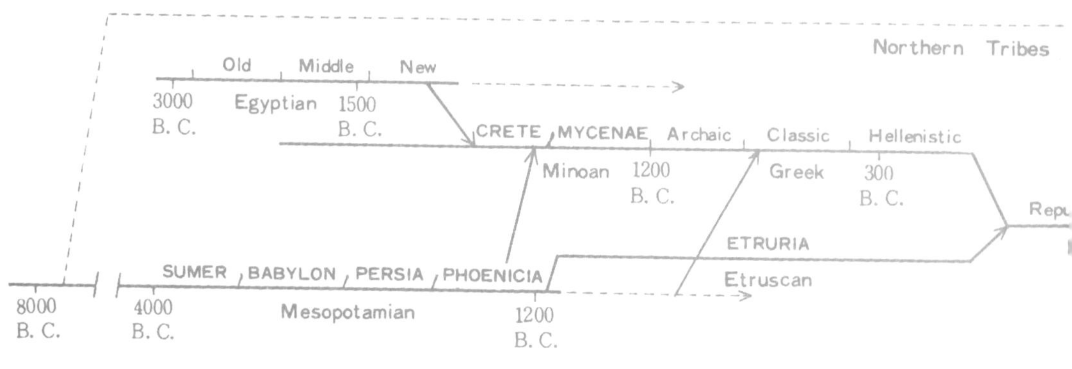

Northern Tribes
Old
Middle
New
3000 B. C.
Egyptian
1500 B. C.
CRETE
MYCENAE
Archaic
Classic
Hellenistic
Minoan
1200 B. C.
Greek
300 B. C.
ETRURIA
Etruscan
SUMER
BABYLON
PERSIA
PHOENICIA
8000 B. C.
4000 B. C.
Mesopotamian
1200 B. C.

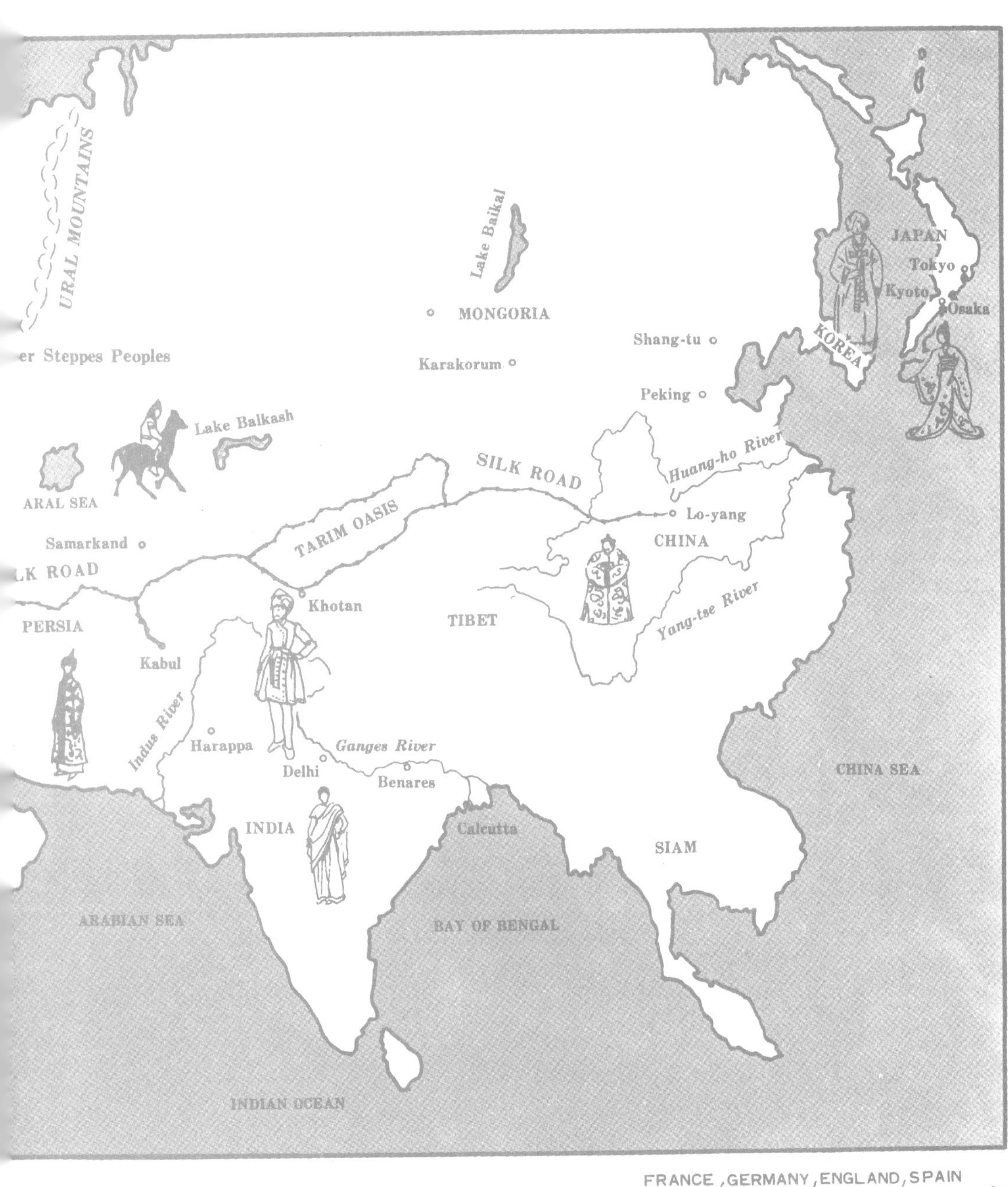

URAL MOUNTAINS
Lake Baikal
MONGORIA
JAPAN
Tokyo
Kyoto
Osaka
KOREA
Shang-tu
Karakorum
er Steppes Peoples
Peking
Lake Balkash
Huang-ho River
SILK ROAD
ARAL SEA
TARIM OASIS
Lo-yang
Samarkand
CHINA
LK ROAD
Khotan
PERSIA
TIBET
Yang-tse River
Kabul
Indus River
Harappa
Ganges River
Delhi
Benares
CHINA SEA
INDIA
Calcutta
SIAM
ARABIAN SEA
BAY OF BENGAL
INDIAN OCEAN

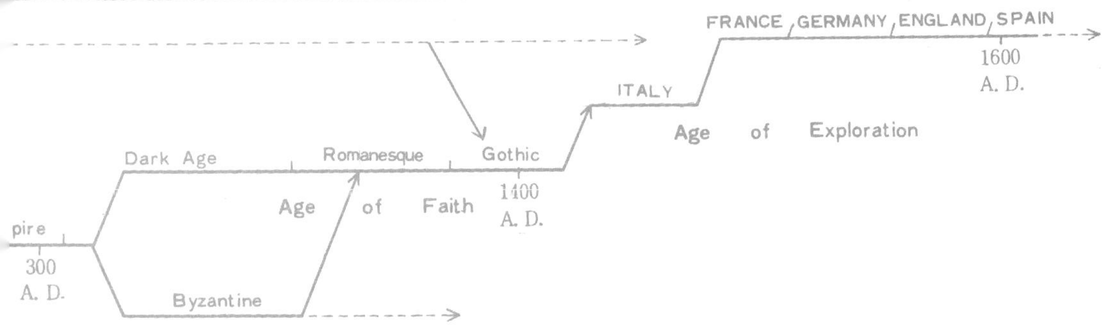

FRANCE
GERMANY
ENGLAND
SPAIN
1600
A. D.
ITALY
Age of Exploration
Dark Age
Romanesque
Gothic
Age of Faith
1400
A. D.
pire
300
A. D.
Byzantine